こども からだのしくみ絵じてん

坂井建雄 監修　三省堂編修所 編

三省堂

はじめに

　私たちはどうやって体を動かしているのか、そんなことをいちいち考えなくても、立ったり座ったり、ものをつかんだりすることができます。でも、「体を支える骨組みがあること」「筋肉が縮んで骨を動かしていること」、このようなしくみを考えてみると、とても不思議に感じられます。

　私たちは体を自在に動かすことができますが、先に述べた手足を動かす骨や筋肉のしくみに加えて、生命を支えてくれる内臓のしくみがあります。食べ物は胃腸で消化され、吸収されて血液の中に栄養が取り込まれます。肺から吸い込んだ空気から血液の中に酸素が取り込まれます。そうして全身をくまなく循環する血液によって、栄養と酸素が運ばれます。私たちの体は、すみずみまで送り届けられた栄養と酸素を使って、生きるためのエネルギーを生み出しています。

　また、本を読んだり人の話を聞いたり、目と耳を通して私たちは多くのことを知ったり学んだりします。鼻で感じるにおいや舌で感じる味は、感性を豊かにして心に幸せを与えてくれます。全身の皮膚で感じる熱さや冷たさは、体を守るために大切な情報です。そういったあらゆる感覚を、脳は受け止めて、それをもとに判断して行動したり、記憶に残してあとで役立てたりします。

私たちはこのように、手足を動かしたり、内臓で生命を支えたり、感覚の情報を脳で役立てて、体に命令を出したりして生きています。そういった体のしくみがうまく働かなくなって病気になることもあります。特に子どもの体は成長する途中なので、そのためにかかりやすい病気がいくつかあり、また活発に動いてけがをしたりします。そんなけがや病気のこともよく知っておくと、いざというときに体を守るのに役立つことでしょう。

この本を通して、自分自身の体を支えるしくみを知って、体や健康を大切にしていただきたいと願っています。

順天堂大学医学部解剖学・生体構造科学教授　坂井建雄

この絵じてんの特長と使いかた

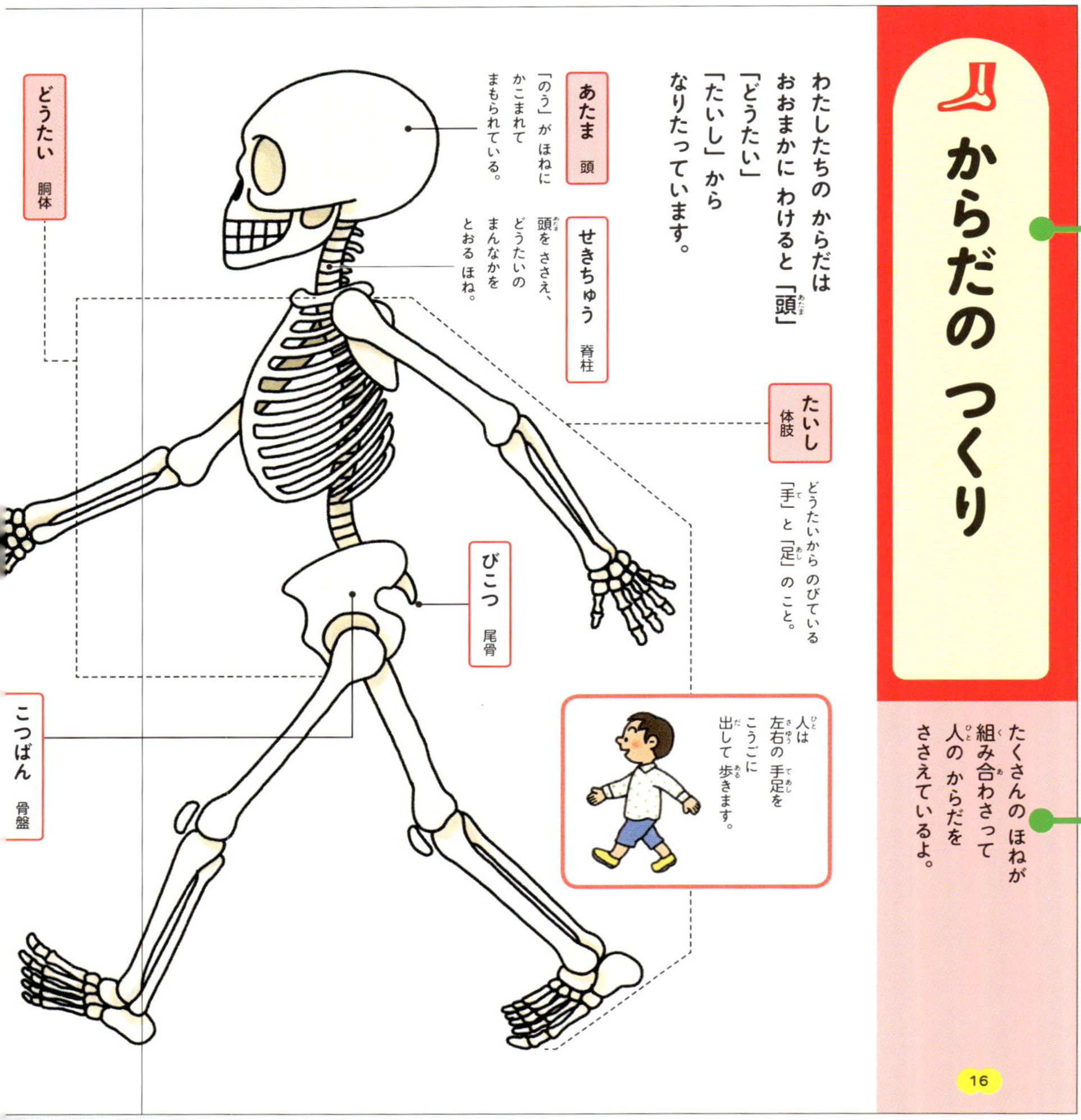

からだの つくり

たくさんの ほねが 組《く》み合《あ》わさって 人《ひと》の からだを ささえているよ。

わたしたちの からだは おおまかに わけると「頭《あたま》」「どうたい」「たいし」から なりたっています。

たいし 体肢
どうたいから のびている「手《て》」と「足《あし》」の こと。

あたま 頭
「のう」が ほねに かこまれて まもられている。

せきちゅう 脊柱
頭《あたま》を ささえ、どうたいの まんなかを とおる ほね。

どうたい 胴体

びこつ 尾骨

こつばん 骨盤

人《ひと》は 左右《さゆう》の 手足《てあし》を こうごに 出《だ》して 歩《ある》きます。

16

タイトル
そのページで取り上げたテーマを示しています。

リード文
テーマに関連して、子どもが興味をもつようなことについてまとめました。

1 体の部分ごとに章を分けて紹介

「ほねと きんにく」「おなかの なか」など、体の部分や機能によって章を分けて、それぞれの働きやしくみを取り上げています。

2 楽しいイラストで絵本感覚で読める

イラストをメインに構成しているので、体のしくみについて初めて知る子どもも、楽しんで読むことができます。

3 関係する用語を一覧で解説

各章ごとに、関係する用語一覧のコーナーを設けています。各部の名称には、ひらがなと漢字を併記しています。

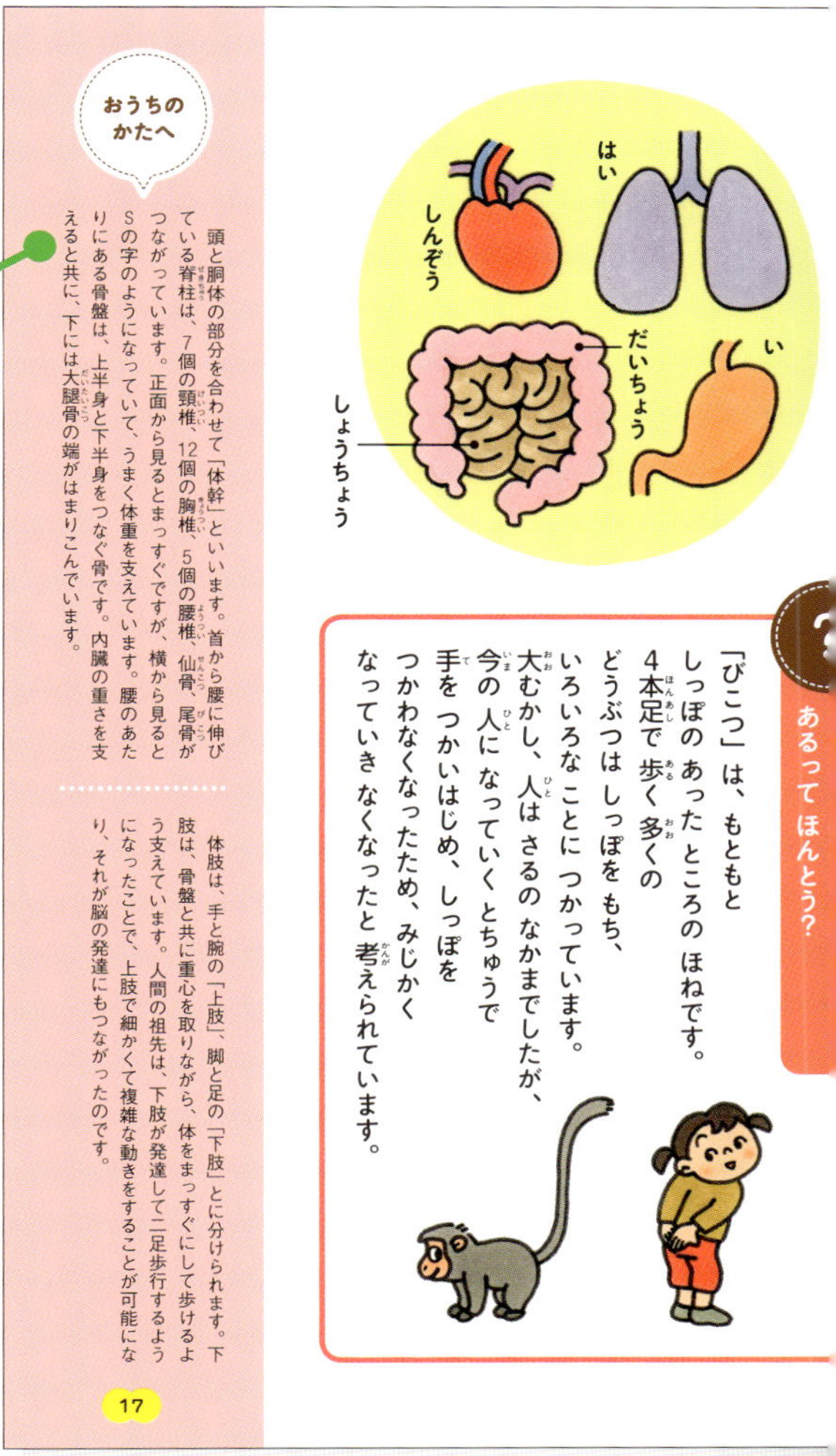
はい
しんぞう
い
だいちょう
しょうちょう
あるって ほんとう?
「びこつ」は、もともと
しっぽの あった ところの ほねです。
4本足《ほんあし》で 歩《ある》く 多《おお》くの
どうぶつは しっぽを もち、
いろいろな ことに つかっています。
大《おお》むかし、人《ひと》は さるの なかまでしたが、
今《いま》の 人《ひと》に なっていく とちゅうで
手《て》を つかいはじめ、しっぽを
つかわなくなったため、みじかく
なっていき なくなったと 考《かんが》えられています。
おうちのかたへ
頭と胴体の部分を合わせて「体幹」といいます。首から腰に伸びている脊柱《せきちゅう》は、7個の頸椎《けいつい》、12個の胸椎《きょうつい》、5個の腰椎《ようつい》、仙骨《せんこつ》、尾骨《びこつ》がつながっています。正面から見るとまっすぐですが、横から見るとSの字のようになっていて、うまく体重を支えています。腰のあたりにある骨盤は、上半身と下半身をつなぐ骨です。内臓の重さを支えると共に、下には大腿骨《だいたいこつ》の端がはまりこんでいます。
体肢は、手と腕の「上肢」、脚と足の「下肢」とに分けられます。下肢は、骨盤と共に重心を取りながら、体をまっすぐにして歩けるよう支えています。人間の祖先は、下肢が発達して二足歩行するようになったことで、上肢で細かくて複雑な動きをすることが可能になり、それが脳の発達にもつながったのです。
17

おうちのかたへ

各テーマの内容について、特に大人向けに補足情報をまとめました。

見開きのずかいページ

見開きの大きなイラストで、骨や器官などの名称をまとめています。名称は、ひらがなと漢字を併記しています。

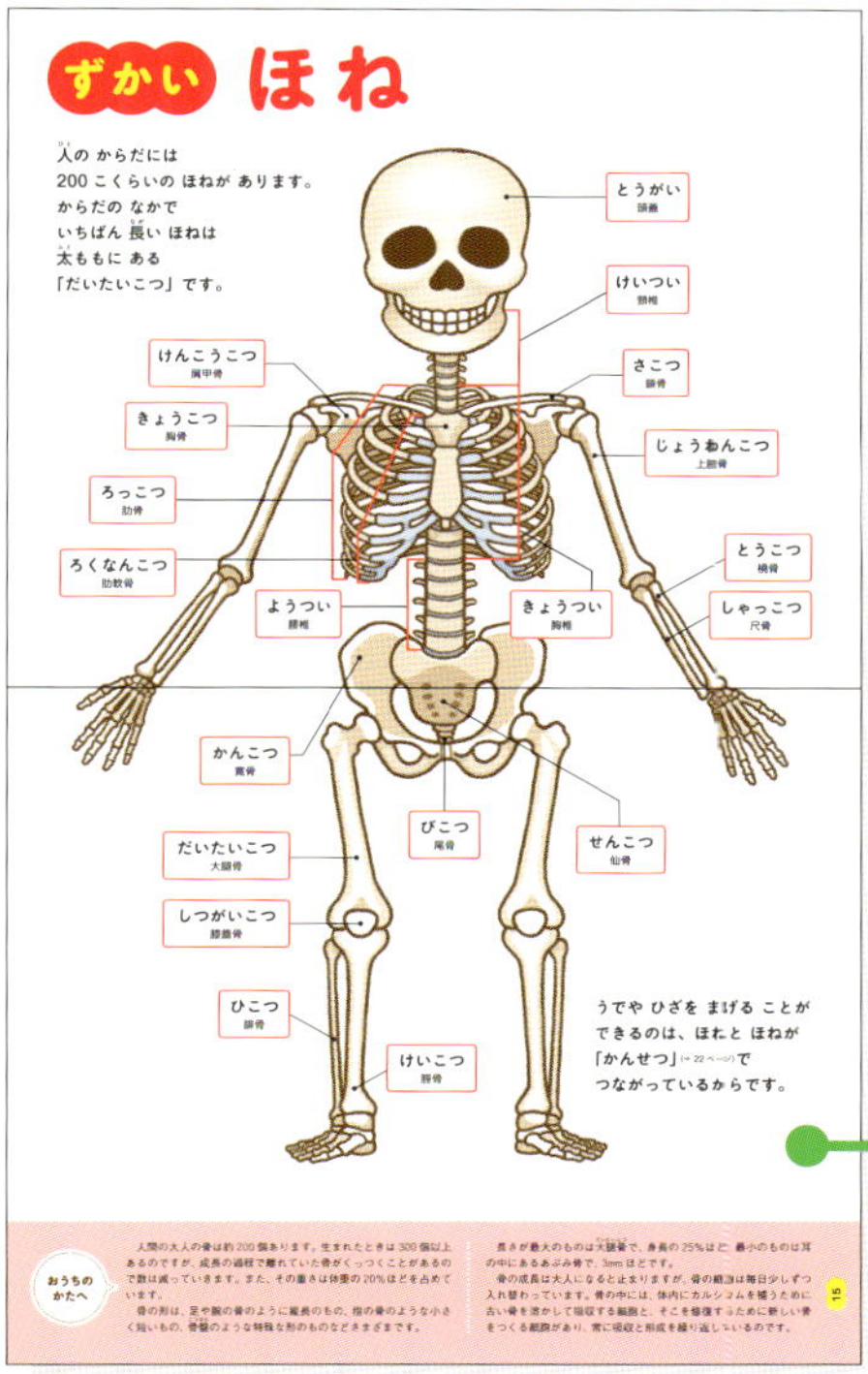
ずかい ほね
人《ひと》の からだには
200 こくらいの ほねが あります。
からだの なかで
いちばん 長《なが》い ほねは
太《ふと》ももに ある
「だいたいこつ」です。
とうがい
けいつい
さこつ
けんこうこつ
きょうこつ
じょうわんこつ
ろっこつ
ろくなんこつ
とうこつ
しゃっこつ
ようつい
きょうつい
かんこつ
びこつ
せんこつ
だいたいこつ
しつがいこつ
ひこつ
けいこつ
うでや ひざを まげる ことが
できるのは、ほねと ほねが
「かんせつ」で
つながっているからです。
おうちのかたへ

4 「おうちのかたへ」のコーナーでさらに詳しく

各ページで取り上げたテーマについて、子どもの疑問にも答えられるように、さらに詳しい情報を掲載しています。

子どもの興味を広げるコラム

「もっとしりたい!」では各章に関連するQ&A、「くらべてみよう!」では人間とほかの動物との違いについて解説しています。

くらべてみよう!
人《ひと》の ほねと どうぶつの ほね
へびの ほね
こうもりの ほね
馬《うま》の ほね
29
もっと しりたい!
ほねと きんにくの ふしぎ
おれた ほねは どのようにして なおるの?
たくさん うんどうを すると きんにくが ふとくなるのは どうして?
ほねの せいちょう
36

もくじ

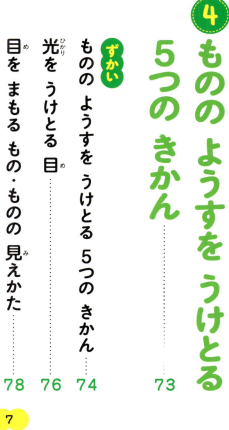

---

5 のうと しんけい

全身《ぜんしん》

からだの 名前《なまえ》

からだの いろいろな ぶぶんには それぞれ 名前《なまえ》が ついているよ。

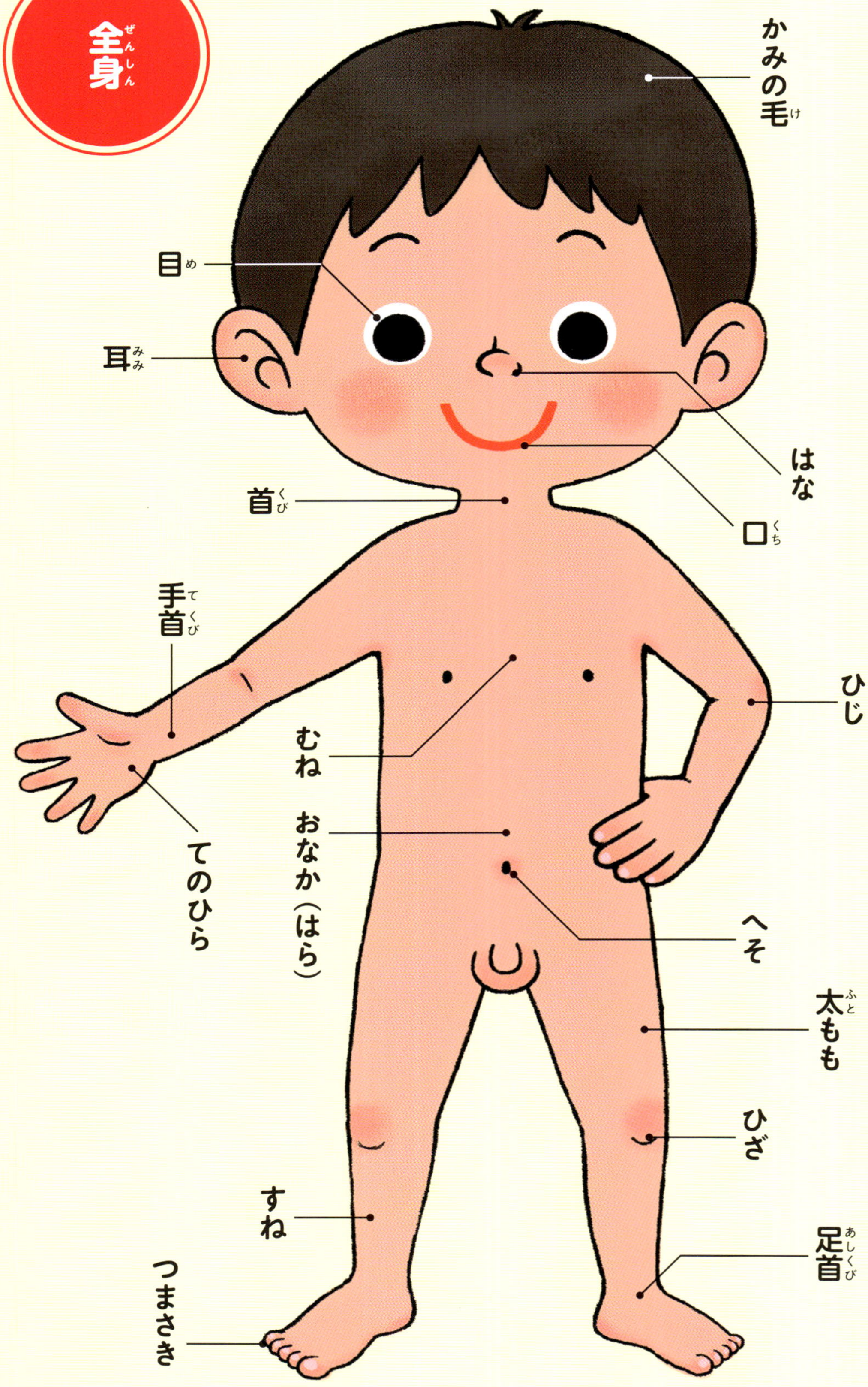
かみの毛《け》
目《め》
耳《みみ》
はな
口《くち》
首《くび》
手首《てくび》
むね
ひじ
てのひら
おなか（はら）
へそ
太《ふと》もも
ひざ
すね
足首《あしくび》
つまさき

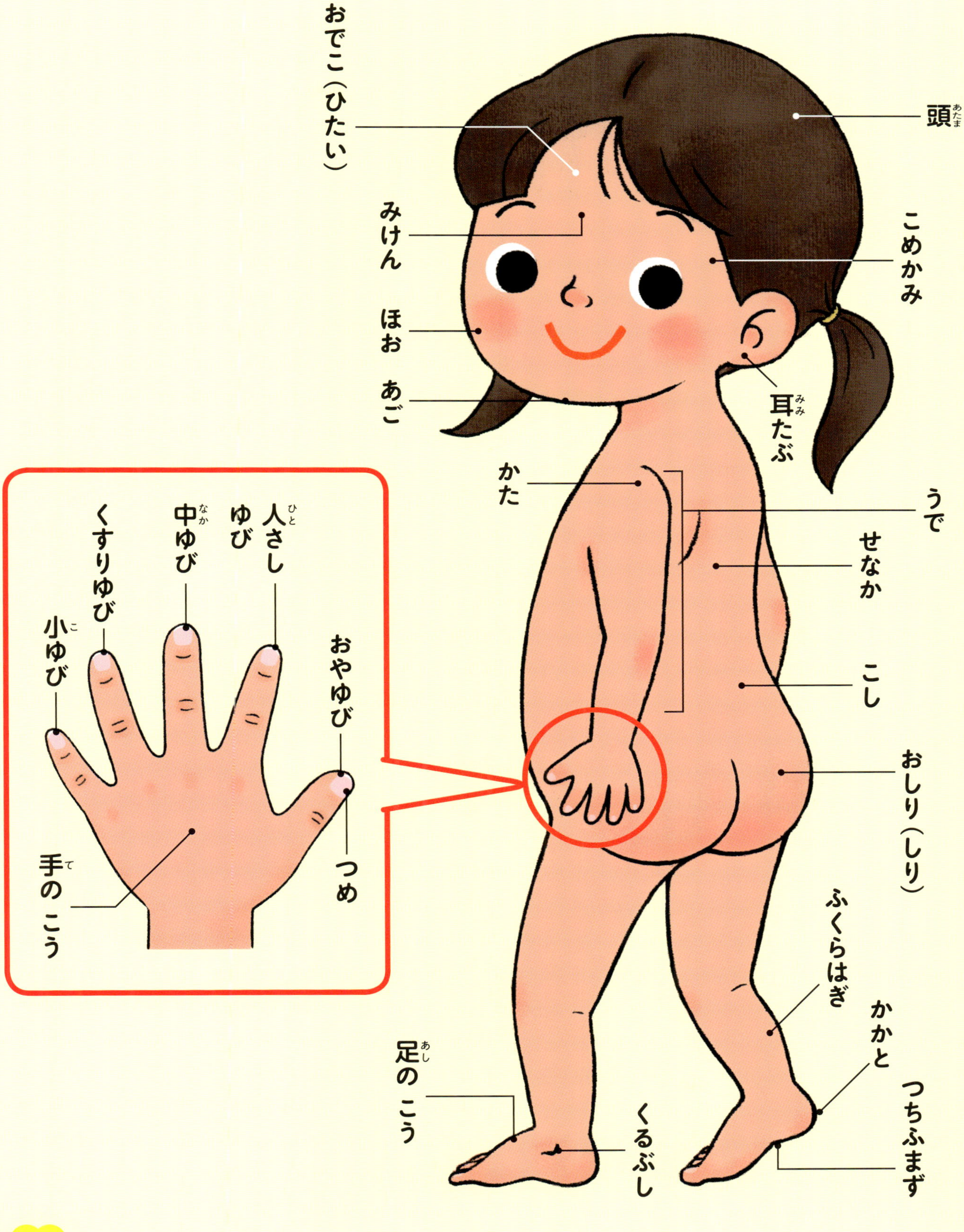

おでこ（ひたい）
頭《あたま》
みけん
こめかみ
ほお
あご
耳《みみ》たぶ
かた
うで
せなか
こし
おしり（しり）
ふくらはぎ
かかと
つちふまず
くるぶし
足《あし》の こう
人《ひと》さしゆび
中《なか》ゆび
くすりゆび
小《こ》ゆび
おやゆび
つめ
手《て》の こう

顔《かお》

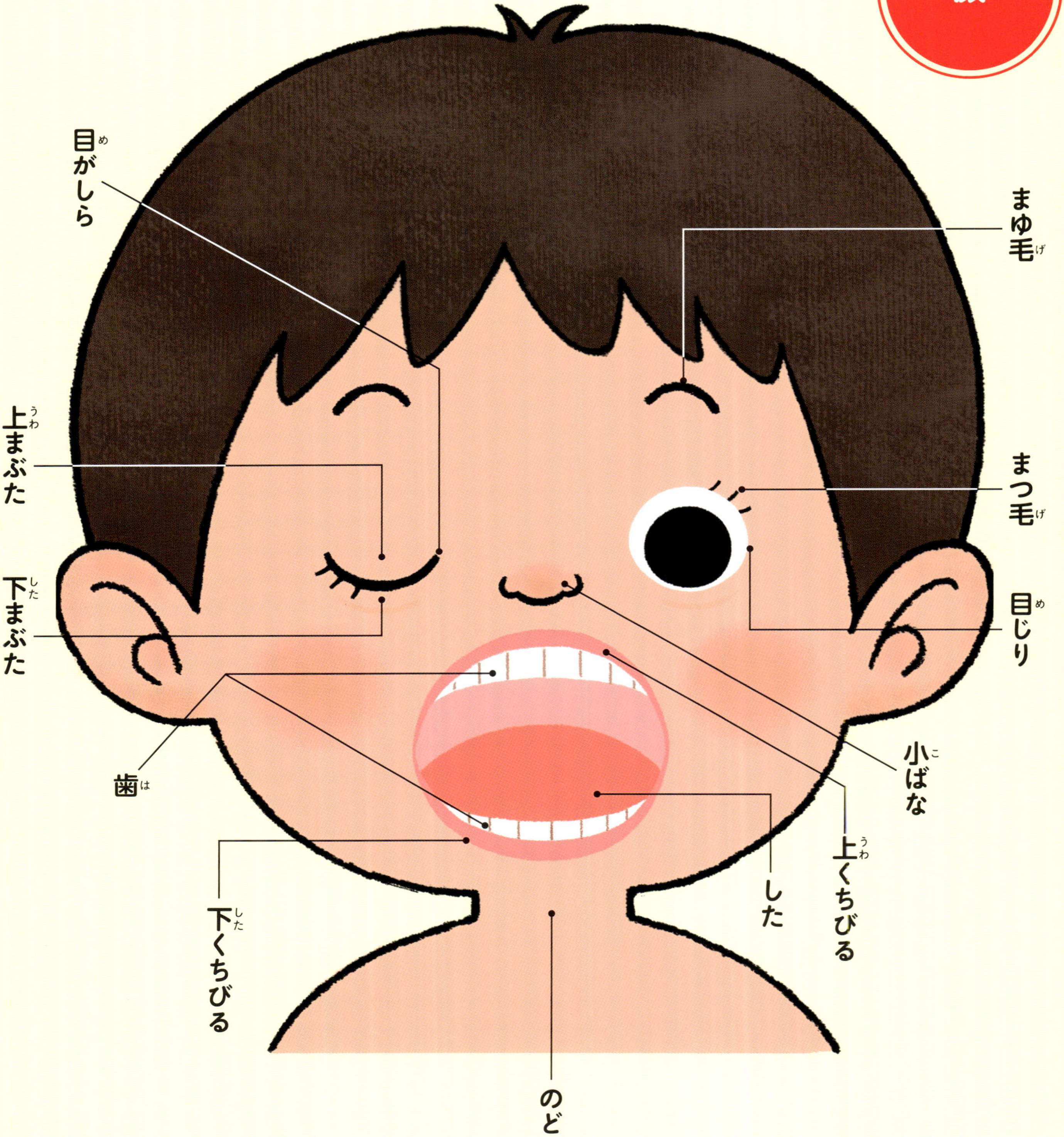
目《め》がしら
まゆ毛《げ》
上《うわ》まぶた
まつ毛《げ》
下《した》まぶた
目《め》じり
歯《は》
小《こ》ばな
上《うわ》くちびる
した
下《した》くちびる
のど

1　ほねと きんにく

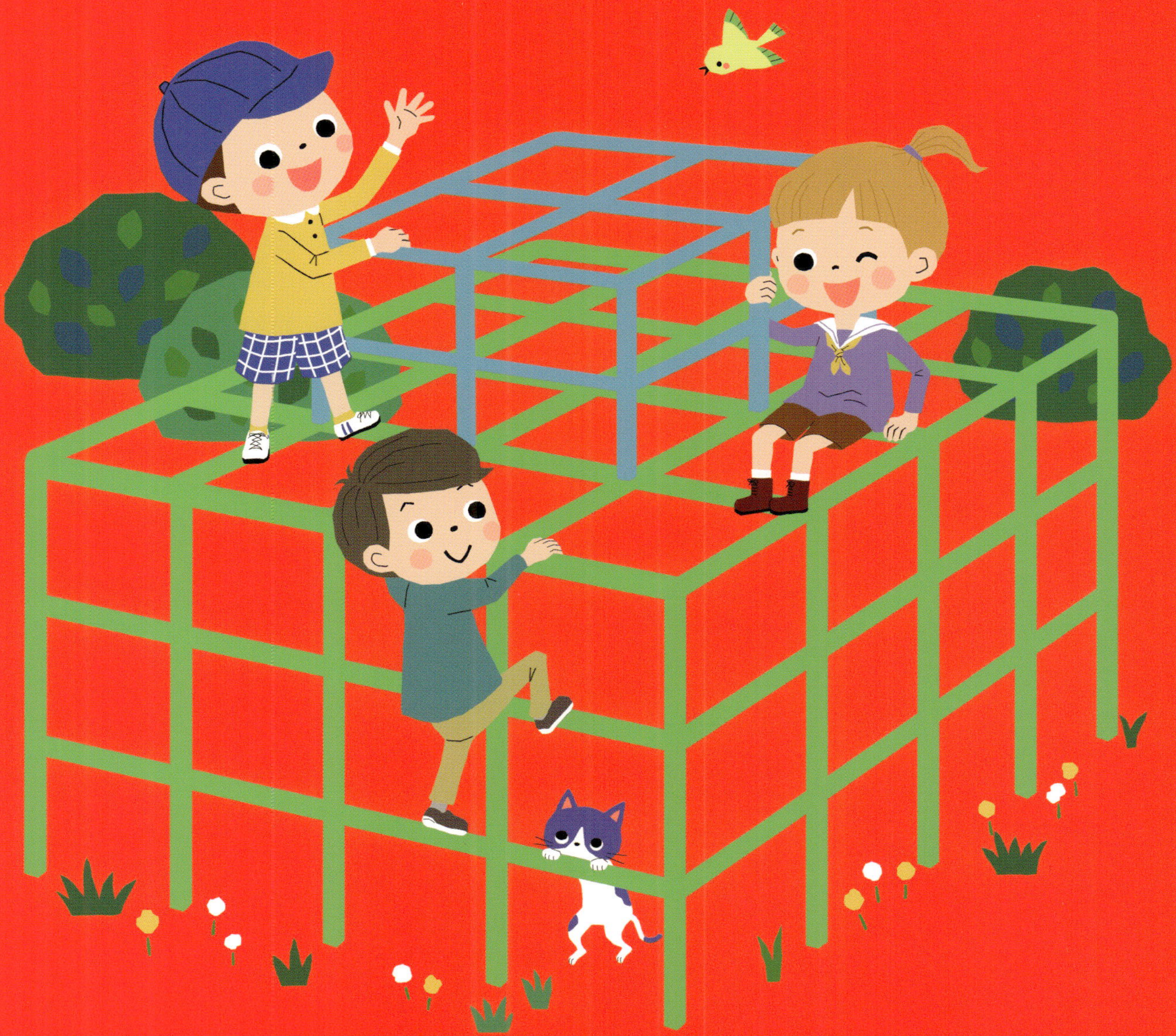

きょうは こうえんで 友《とも》だちと 元気《げんき》いっぱい あそぶよ。
ジャングルジムに のぼったり おりたりできるのは
ほねと きんにくの はたらきの おかげなんだって。

ずかい ほね

人《ひと》の からだには
200 こくらいの ほねが あります。
からだの なかで
いちばん 長《なが》い ほねは
太《ふと》ももに ある
「だいたいこつ」 です。

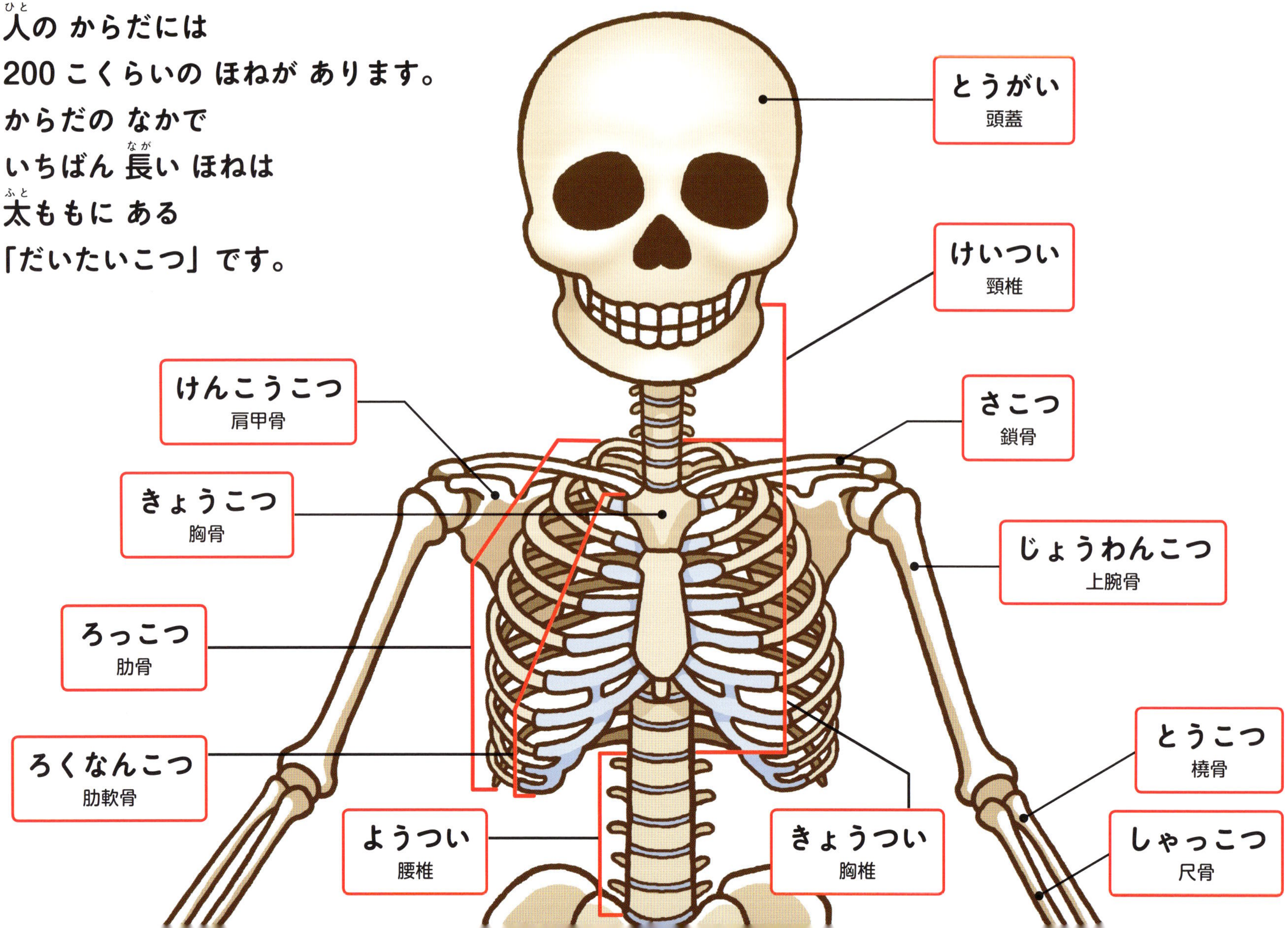

とうがい
頭蓋
けいつい
頸椎
さこつ
鎖骨
じょうわんこつ
上腕骨
とうこつ
橈骨
しゃっこつ
尺骨
けんこうこつ
肩甲骨
きょうこつ
胸骨
ろっこつ
肋骨
ろくなんこつ
肋軟骨
ようつい
腰椎
きょうつい
胸椎

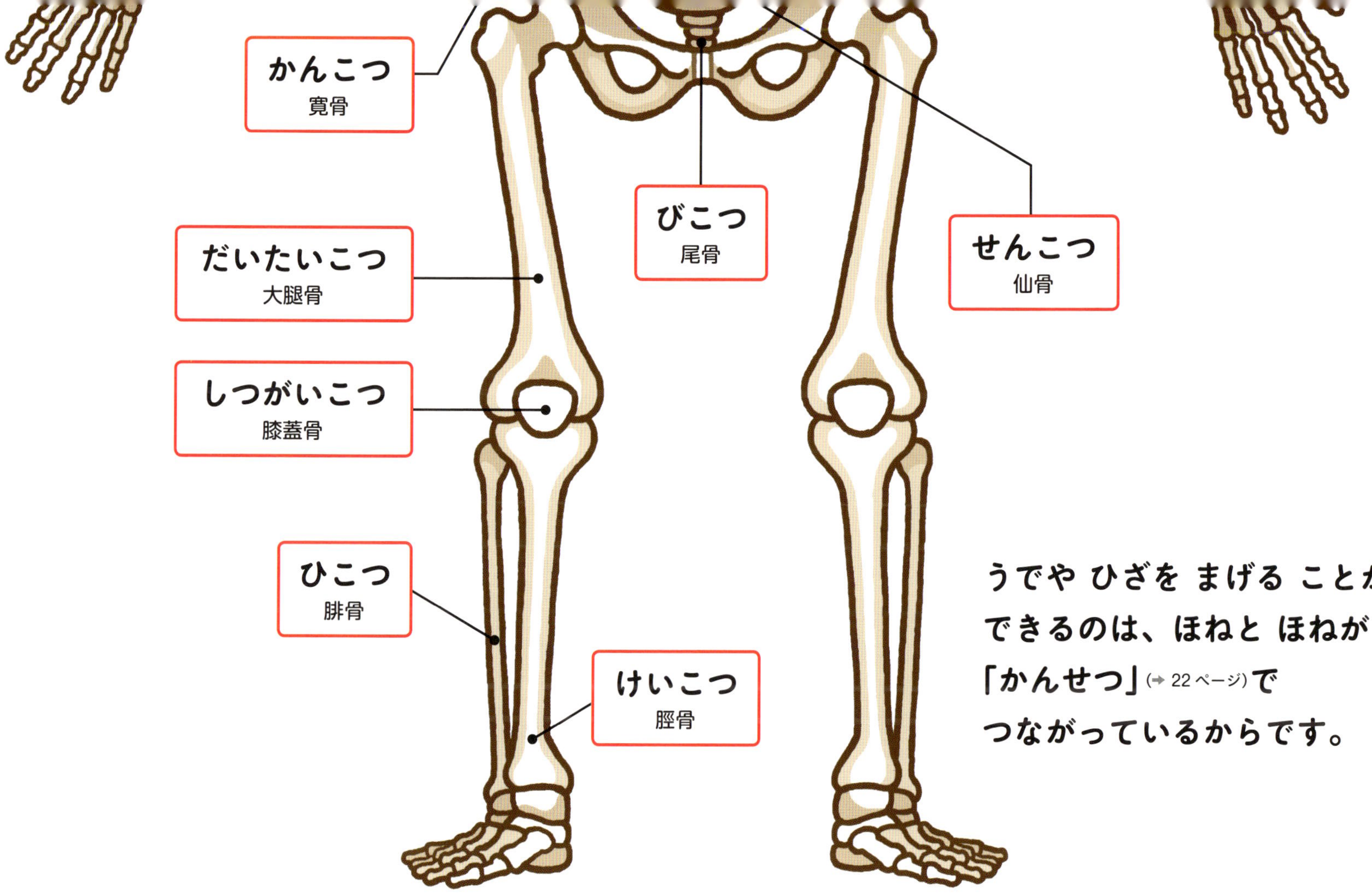

うでや ひざを まげる ことが できるのは、ほねと ほねが 「かんせつ」(➡ 22ページ)で つながっているからです。

おうちのかたへ

人間の大人の骨は約200個あります。生まれたときは300個以上あるのですが、成長の過程で離れていた骨がくっつくことがあるので数は減っていきます。また、その重さは体重の20%ほどを占めています。

骨の形は、足や腕の骨のように縦長のもの、指の骨のような小さく短いもの、骨盤《こつばん》のような特殊な形のものなどさまざまです。

長さが最大のものは大腿骨《だいたいこつ》で、身長の25%ほど、最小のものは耳の中にあるあぶみ骨で、3mmほどです。

骨の成長は大人になると止まりますが、骨の細胞は毎日少しずつ入れ替わっています。骨の中には、体内にカルシウムを補うために古い骨を溶かして吸収する細胞と、そこを修復するために新しい骨をつくる細胞があり、常に吸収と形成を繰り返しているのです。

からだの つくり

たくさんの ほねが 組《く》み合《あ》わさって 人《ひと》の からだを ささえているよ。

わたしたちの からだは おおまかに わけると「頭《あたま》」「どうたい」「たいし」から なりたっています。

たいし 体肢

どうたいから のびている「手《て》」と「足《あし》」の こと。

人《ひと》は 左右《さゆう》の 手足《てあし》を こうごに 出《だ》して 歩《ある》きます。

あたま 頭

「のう」が ほねに かこまれて まもられている。

せきちゅう 脊柱

頭《あたま》を ささえ、どうたいの まんなかを とおる ほね。

びこつ 尾骨

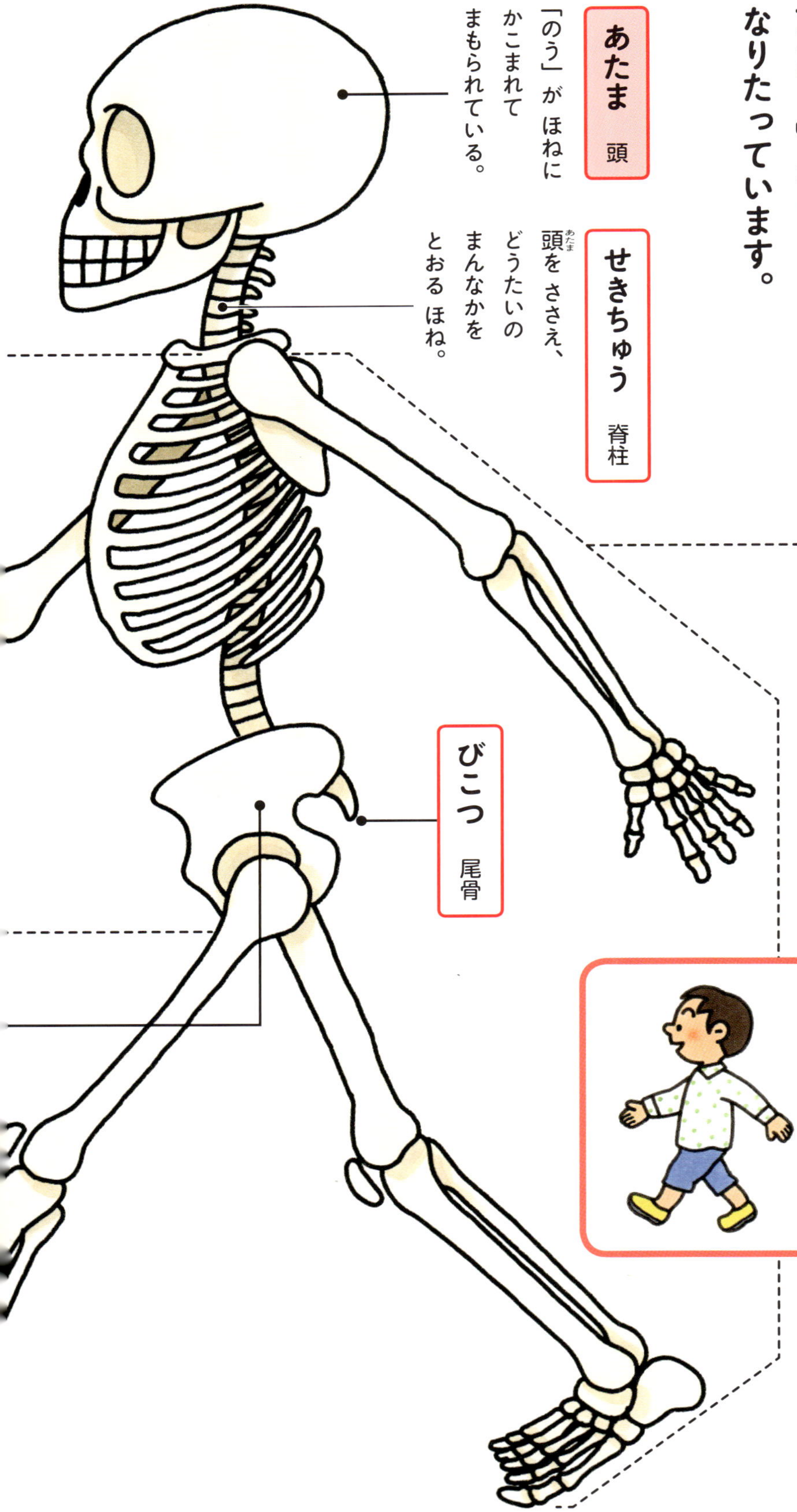

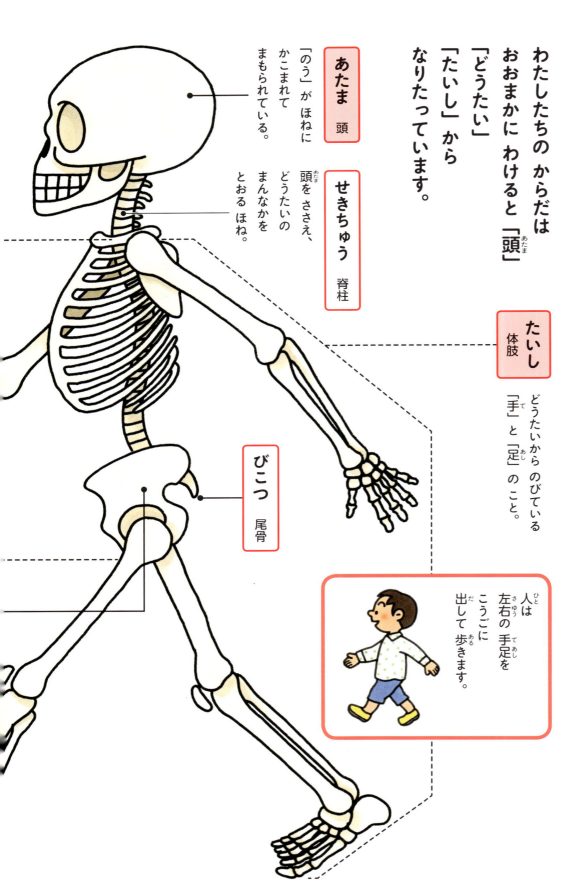

どうたい 胴体

どうたいは「むね」と「おなか」に わかれる。むねの なかには「しんぞう」や「はい」など、おなかの なかには「い」や「しょうちょう」「だいちょう」などが ある。

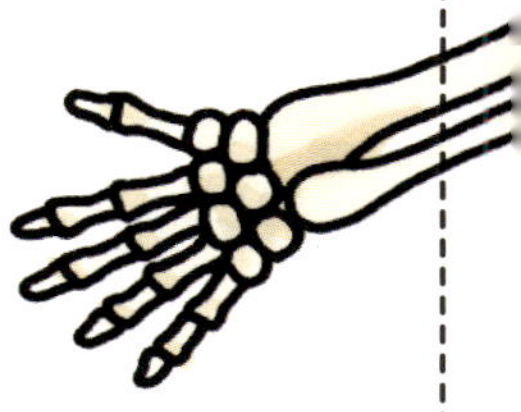

こつばん 骨盤

からだを まっすぐに ささえるために 大《おお》きくて しっかりと している。

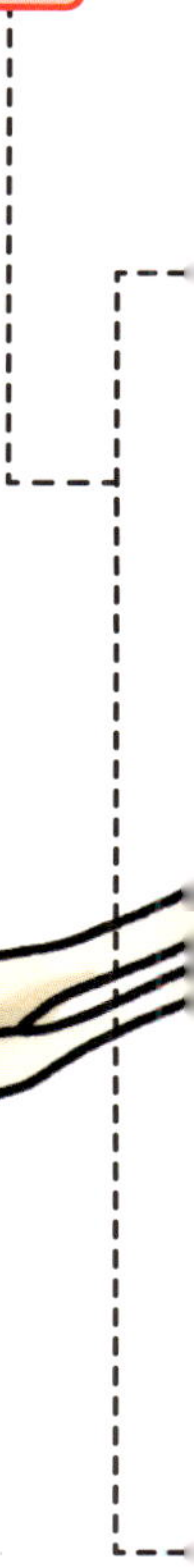

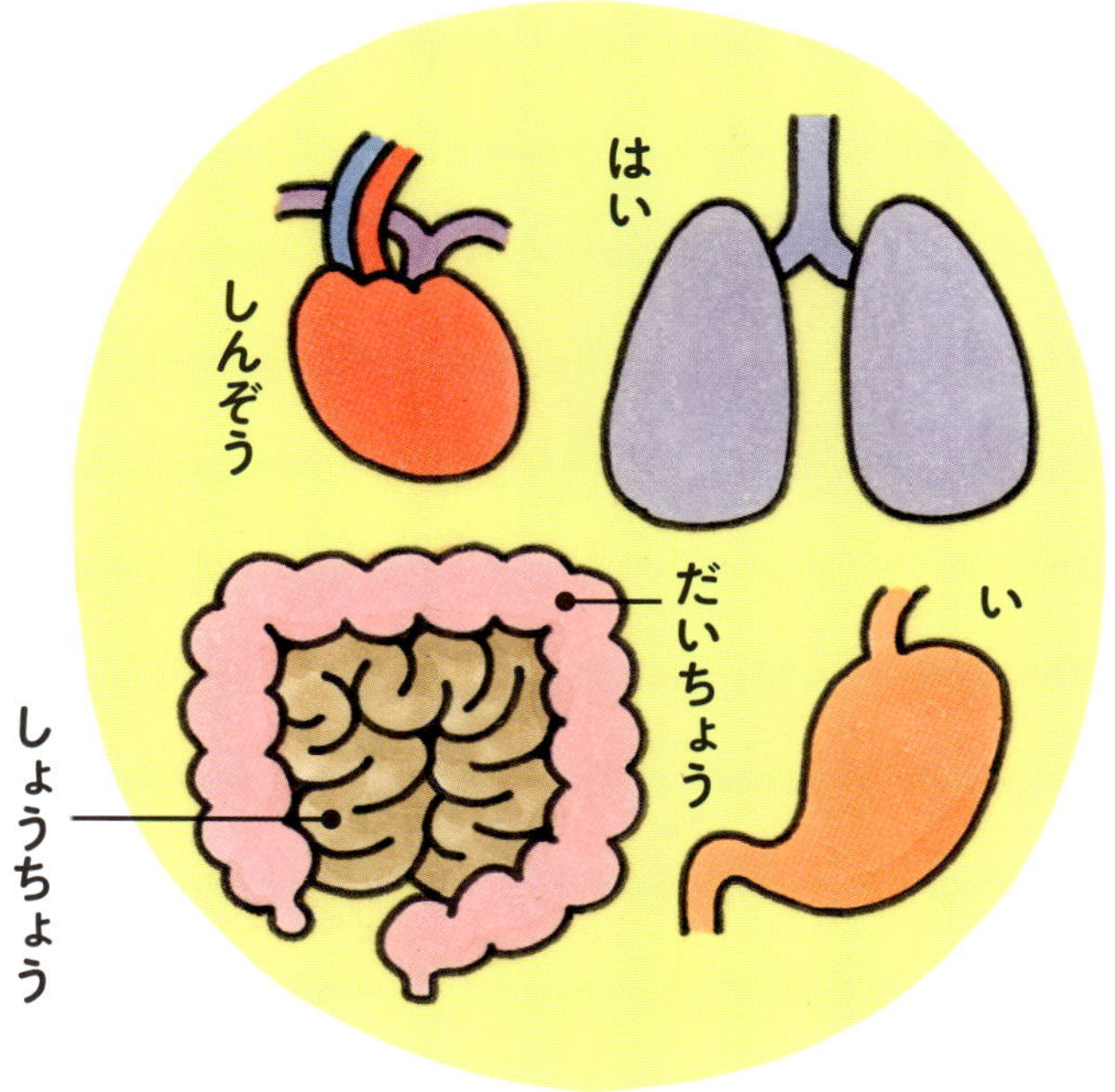

? 人《ひと》にも しっぽの あとが あるって ほんとう?

「びこつ」は、もともと しっぽの あった ところの ほねです。4本足《ほんあし》で 歩《ある》く 多《おお》くの どうぶつは しっぽを もち、いろいろな ことに つかっています。大《おお》むかし、人《ひと》は さるの なかまでしたが、今《いま》の 人《ひと》に なっていく とちゅうで 手《て》を つかいはじめ、しっぽを つかわなくなったため、みじかく なっていき なくなったと 考《かんが》えられています。

おうちの かたへ

頭と胴体の部分を合わせて「体幹」といいます。首から腰に伸びている脊柱《せきちゅう》は、7個の頸椎《けいつい》、12個の胸椎《きょうつい》、5個の腰椎《ようつい》、仙骨《せんこつ》、尾骨《びこつ》がつながっています。正面から見るとまっすぐですが、横から見るとSの字のようになっていて、うまく体重を支えています。腰のあたりにある骨盤は、上半身と下半身をつなぐ骨です。内臓の重さを支えると共に、下には大腿骨《だいたいこつ》の端がはまりこんでいます。

体肢は、手と腕の「上肢」、脚と足の「下肢」とに分けられます。下肢は、骨盤と共に重心を取りながら、体をまっすぐにして歩けるよう支えています。人間の祖先は、下肢が発達して二足歩行するようになったことで、上肢で細かくて複雑な動きをすることが可能になり、それが脳の発達にもつながったのです。

ものを つかむ 手《て》

手《て》を つないだり、ものを もったり、手《て》は いろいろな ことに つかわれて いるね。

手《て》の さきには 5本《ほん》の ゆびが あります。この ゆびを それぞれ まげたり のばしたり する ことで、ものを もったり うごかしたり、こまかな どうさが できます。

手《て》を つかった さまざまな どうさ

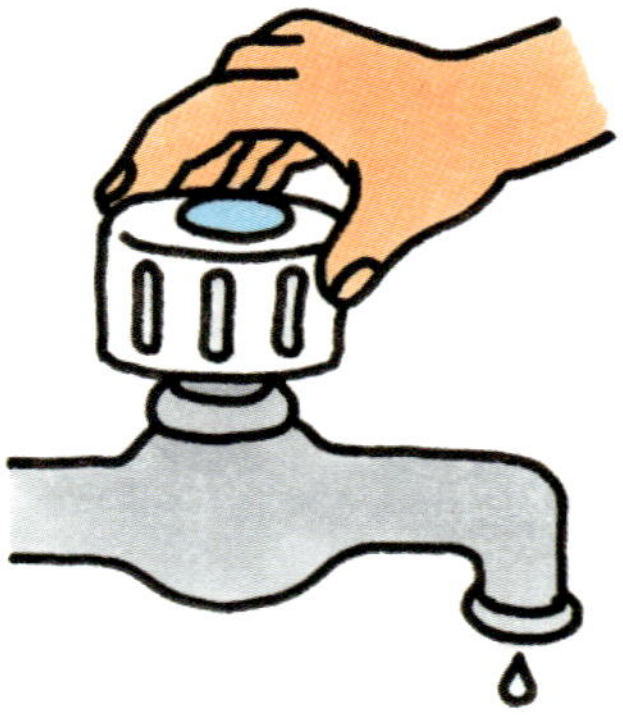

じゃぐちを ひねる

じゃんけんを する

手《て》を つなぐ

ボタンを おす

にもつを もつ

ねこを なでる

手《て》の つくり

手《て》は 27この 小《ちい》さな ほねが あつまって できています。
おおまかに 3つの ぶぶんに わかれています。

右手《みぎて》 てのひらがわ

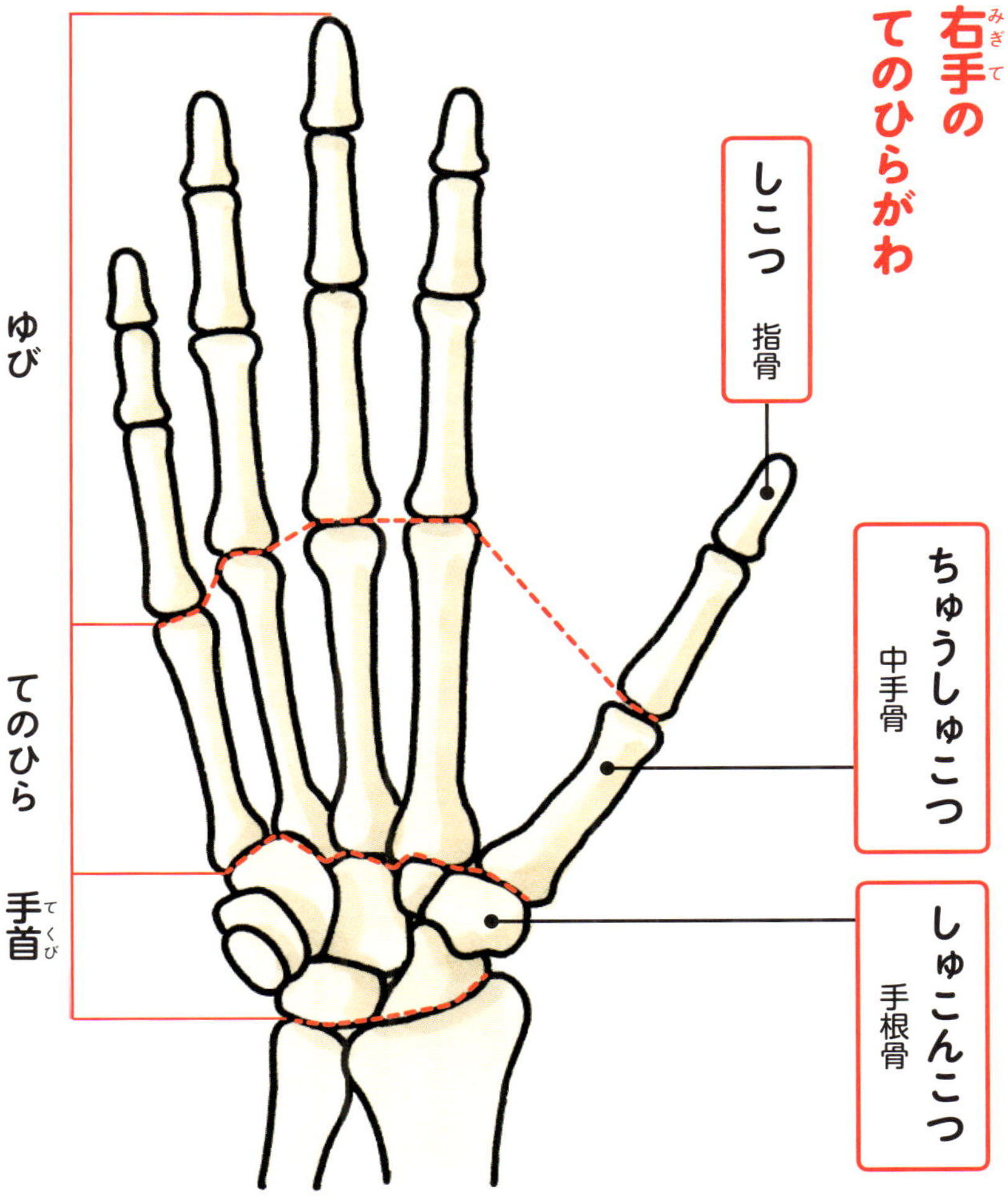

しこつ
指骨
ちゅうしゅこつ
中手骨
しゅこんこつ
手根骨
ゆび
てのひら
手首《てくび》

ゆびに しもんが あるのは どうして?

ゆびさきの、こまかい みぞが もように なっている ものを しもんと いいます。この しもんの おかげで すべらずに、ものを つまんだり、にぎったり する ことが できます。

しもんの しゅるい

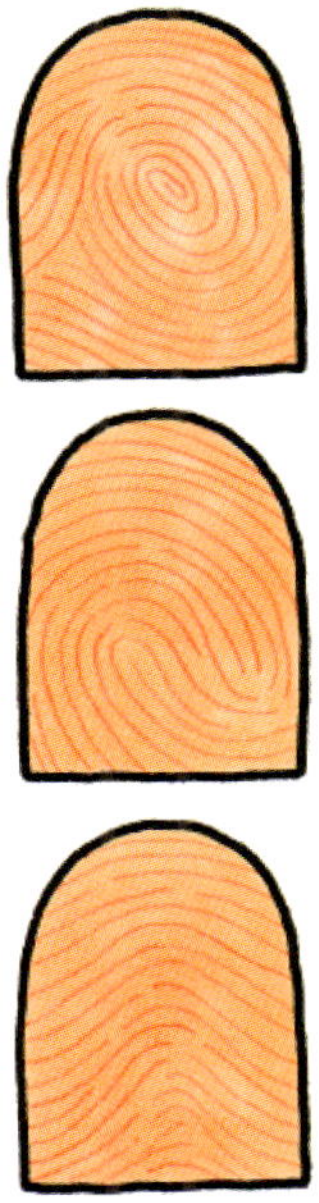

うずがた
ひづめがた
ゆみがた

しもんの かたちは、ひとりひとり 少《すこ》しずつ ちがうが、おもに 3しゅるい ある。

おうちの かたへ

手には骨が多く、指にあたる指骨《しこつ》、てのひらの中手骨《ちゅうしゅこつ》、手首の手根骨《しゅこんこつ》に分かれています。特に指骨は、骨が細かく分かれていて、関節が多いので、指先で細かく複雑な動きをすることができます。また、人間の親指は、4本の指と向かい合わせにすることができるため、親指がほかの指の支えとなることで、しっかりとものをつかんだりつまんだりすることができます。ゴリラやチンパンジーの手の形は人間と比較的似ていますが、この動きはできません。

指には指紋があり、てのひらにも掌紋《しょうもん》と呼ばれるたくさんのしわがあります。また、手には体のほかの部位に比べて多くの汗腺があり、汗もすべり止めとして働きます。指紋の模様は、日本人の半数が渦状紋《かじょうもん》（渦形）で、蹄状紋《ていじょうもん》（蹄形）は4割ほど。弓状紋《きゅうじょうもん》（弓形）はわずかです。

からだを ささえる 足《あし》

赤《あか》ちゃんの ときは はいはいしているけれど せいちょうすると 立《た》って 歩《ある》けるように なるね。

人《ひと》は 2本足《ほんあし》で 立《た》って からだを ささえています。歩《ある》く ときは ひざを まげたり のばしたりしながら 前《まえ》に すすみます。

足《あし》を つかった さまざまな どうさ

とびはねる

せのびを する

歩《ある》く

走《はし》る

おどる

しゃがむ

足《あし》の つくり

26この 小《ちい》さな ほねが あつまって できていて、手《て》と おなじように おおまかに 3つの ぶぶんに わかれています。よこから 見《み》ると 下《した》がわに くぼんでいる「つちふまず」が あるのが 足《あし》の とくちょうです。

右足《みぎあし》の 上《うえ》がわ

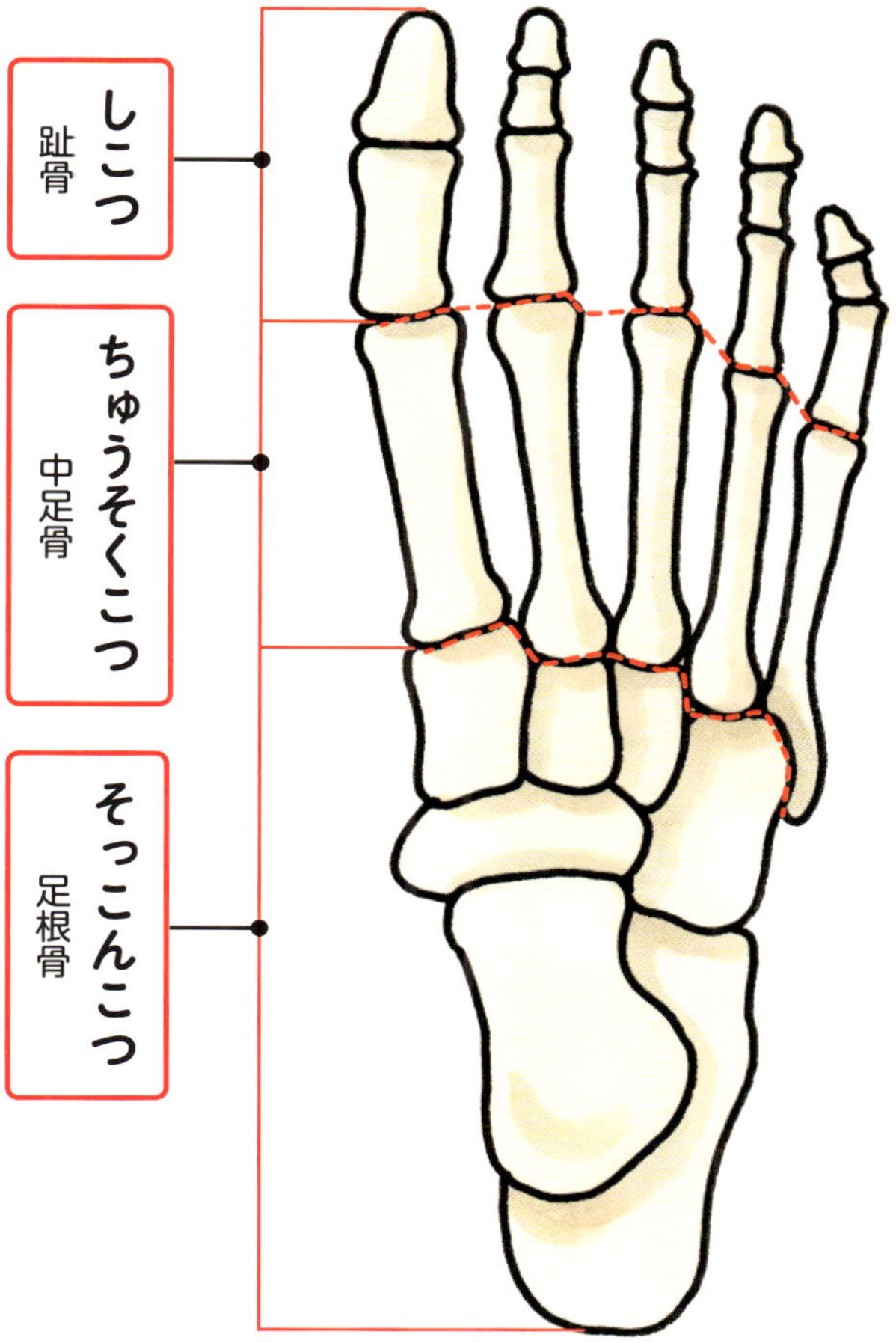
しこつ
趾骨
ちゅうそくこつ
中足骨
そっこんこつ
足根骨

足《あし》の うらは どうして へこんでいるの?

足《あし》の うらの つちふまずは、人《ひと》にしか ありません。この へこみは、からだの おもみを ささえて、うまく バランスを とって、2本《ほん》の 足《あし》で 立《た》ったり 歩《ある》いたり することを たすけてくれます。

足《あし》の へこみ

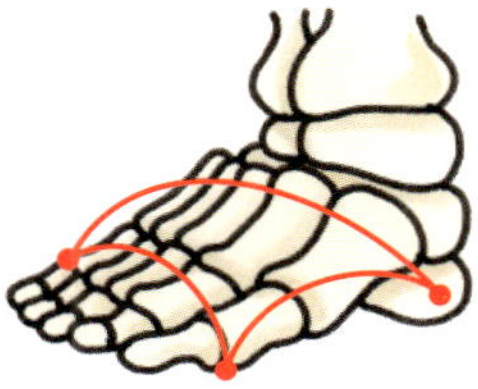

足《あし》を 上《うえ》から 見《み》ると まんなかが もりあがっている。

強《つよ》い 力《ちから》で 足《あし》が じめんに つくときに、へこみが クッションのように はたらいて 足《あし》を まもってくれる。

おうちのかたへ

足の裏が弓のようにくぼんでいる土踏まずは、人間以外の動物にはありません。前後方向に2本、左右方向に1本あるアーチは、上からかかる体重を支えつつ、足の裏への負担を分散させます。また、このアーチが足の前とうしろの骨を強い靱帯《じんたい》でつないでいてバネのようにも働くため、かかとと指先の動きを連動させてバランスよく歩くのを助け、さらに走ったり跳んだりしたときの足への衝撃を和らげてくれます。サルなどは、2本足で歩く際にこのような助けがないため、膝でバランスをとっているので前かがみになります。

土踏まずは、生まれたばかりの赤ちゃんにはありません。歩くことにより形成されていくものなので、幼少期にたくさん歩いたり、走り回ったりすることが大切です。

ほねと ほねを つなぐ かんせつ

ひじや ひざを まげたり かたや 首《くび》を うごかしたり できるのは かんせつの おかげなんだ。

うごく ほねどうしは かんせつで つながっています。かんせつは、全身《ぜんしん》の いろいろな ところに あります。

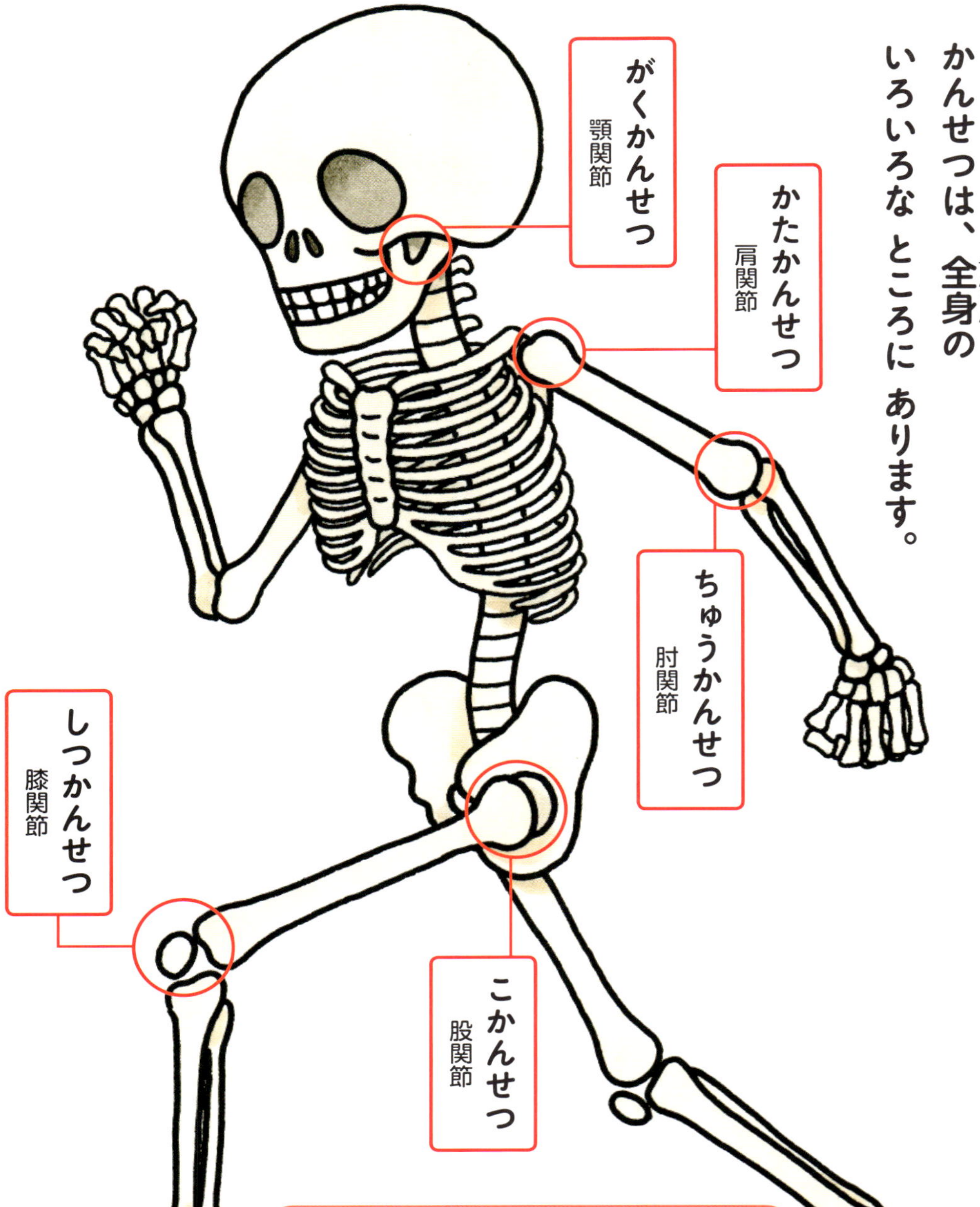

がくかんせつ 顎関節
かたかんせつ 肩関節
ちゅうかんせつ 肘関節
しっかんせつ 膝関節
こかんせつ 股関節

ほねを つなぐ じんたい

ほねと ほねが こすれあわないように あいだには すきまが あって、ぬるぬるした えきが 入《はい》って います。

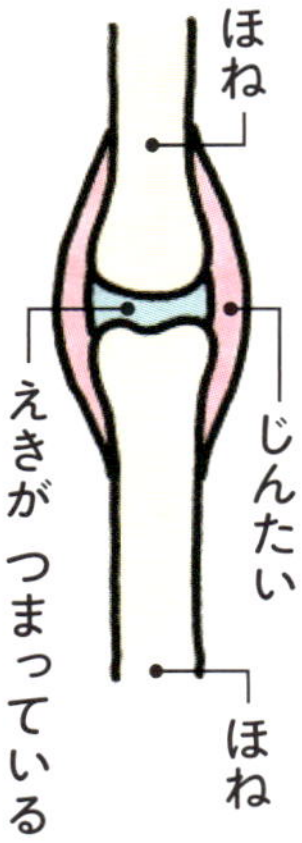

ほね
じんたい
えきが つまっている
ほね

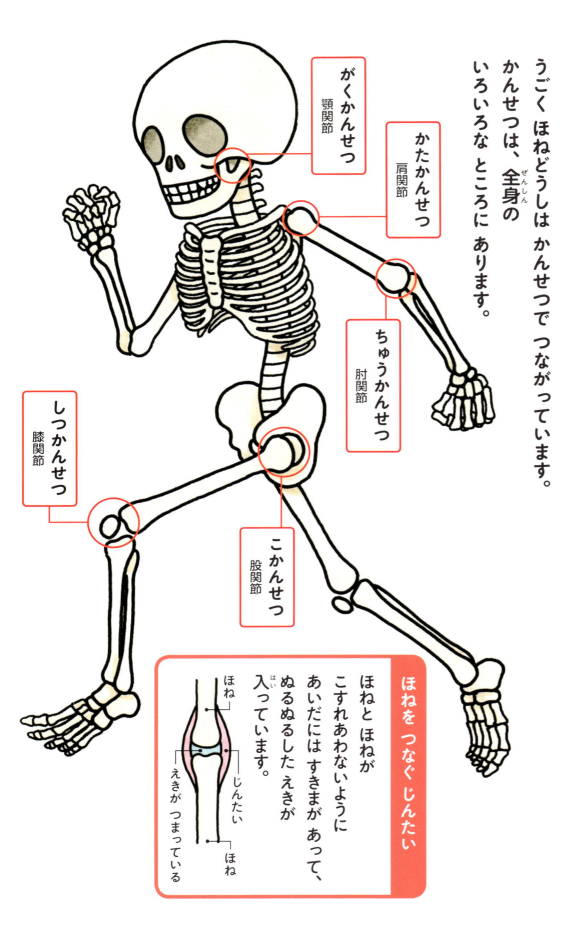

かんせつの うごき

ばしょに よって まげられる ほうこうが きまって います。

ひじ ひざ

きまった ほうこうに うごく。

べつの ほうこうに うごかす ことは できない。

かた

ぐるぐる まわる。

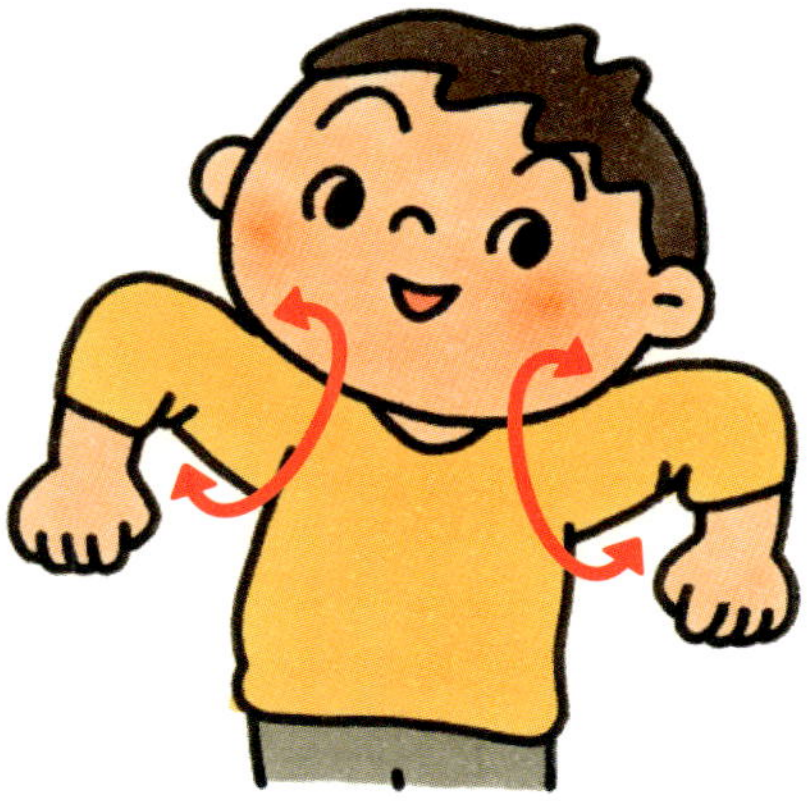

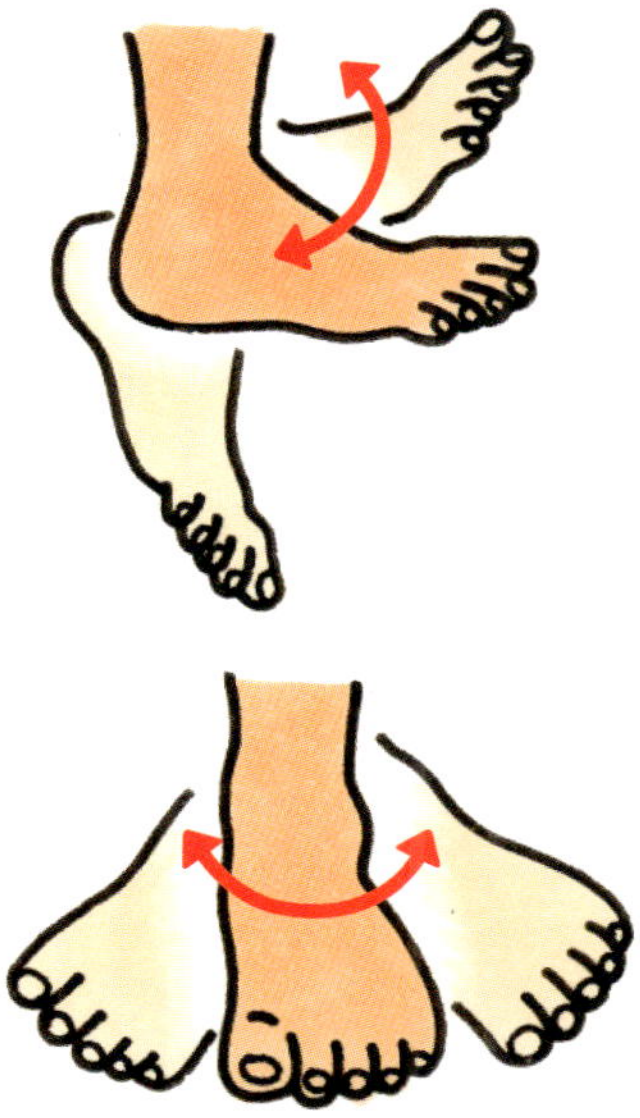

首《くび》

左右《さゆう》に まわり、前後《ぜんご》と 左右《さゆう》に かたむく。

足首《あしくび》

上下《じょうげ》左右《さゆう》に うごく。

おうちの かたへ

関節とは、骨と骨をつなぐ部分をいいます。関節が動かせる構造であることにより、体のさまざまな部分を動かすことができます。関節では、骨と骨は靱帯《じんたい》によってつながっています。向かい合ったそれぞれの骨の端には軟骨があり、隙間にはぬるぬるした滑液《かつえき》が入っているため、お互いがこすれ合ってすり減らないようになっています。

関節の構造には、いくつか種類があって、それぞれの場所にとって必要な動きができるようになっています。首などを左右に回転できる「車軸《しゃじく》関節」、肩などを回せる「球《きゅう》関節」、肘や膝などを一方向にだけ動かすことができる「蝶番《ちょうつがい》関節」などです。足首では、足先を上下に動かす「距腿《きょたい》関節」と、左右に動かす「距骨下《きょこつか》関節」のふたつの関節が、距骨の上下に組み合わさっています。

からだの つくりに かんけいする ことば

あたま・どうたい・たいかん・たいし
頭・胴体・体幹・体肢

人《ひと》の からだは、「頭《あたま》」「どうたい」「たいし」から なりたっている。頭《あたま》と どうたいを 合《あ》わせて「たいかん」と いう。たいしは、「じょうし」と「かし」に わける ことが できる。

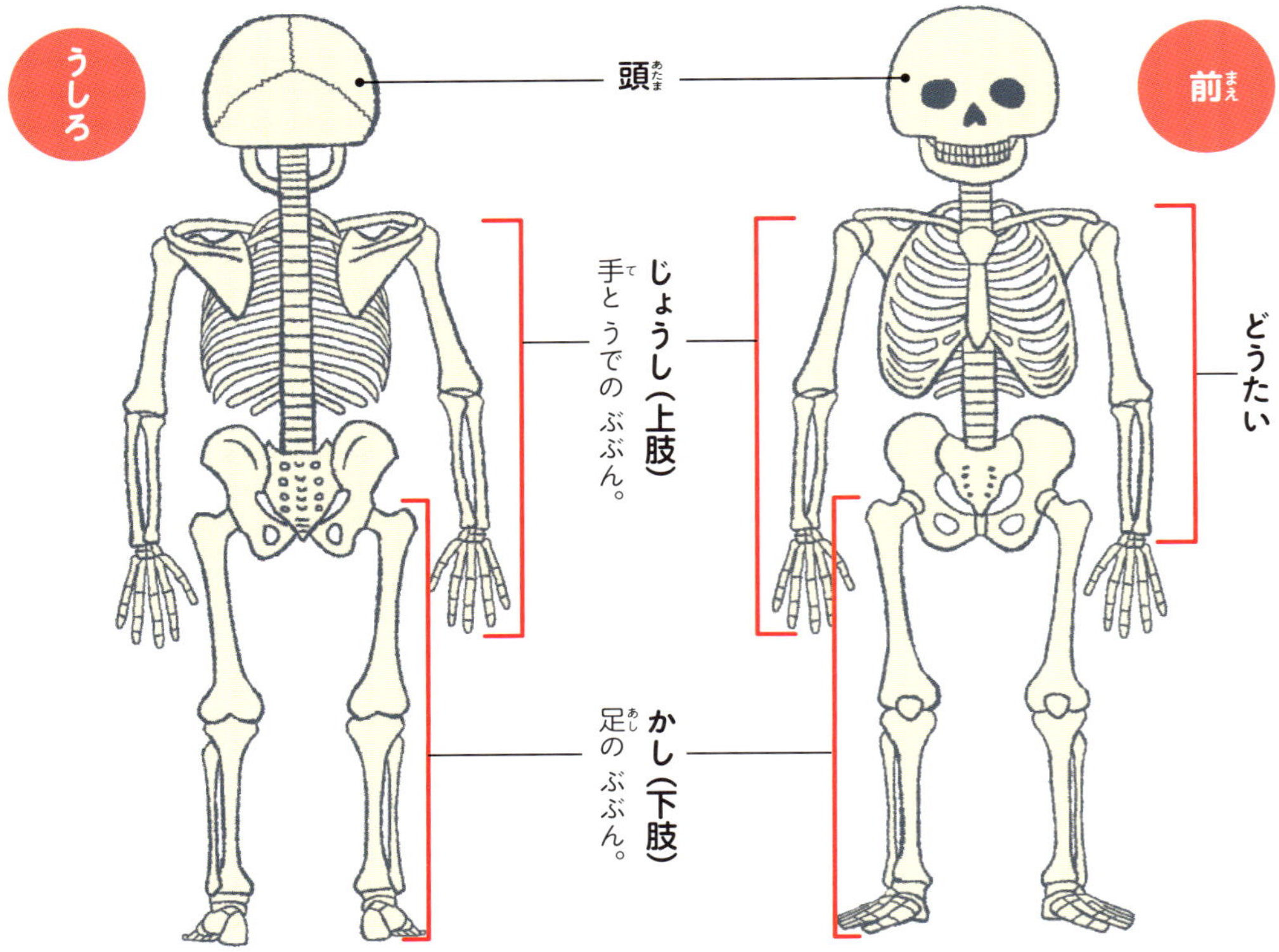

うしろ
前《まえ》
頭《あたま》
どうたい
じょうし（上肢）
手《て》と うでの ぶぶん。
かし（下肢）
足《あし》の ぶぶん。

せきちゅう
脊柱

頭《あたま》と どうたいを ささえている、からだの まんなかを とおる ほねで「せぼね」と よばれる ところ。「せきつい」とも いわれる。
「けいつい」「きょうつい」「ようつい」「せんこつ」「びこつ」の 5つの ぶぶんに わかれている。

きょうつい・ようつい
胸椎・腰椎

「きょうつい」は むね、「ようつい」は こしに ある ほね。ようついの ほねは ほかの ぶぶんよりも 大《おお》きくて じょうぶ。

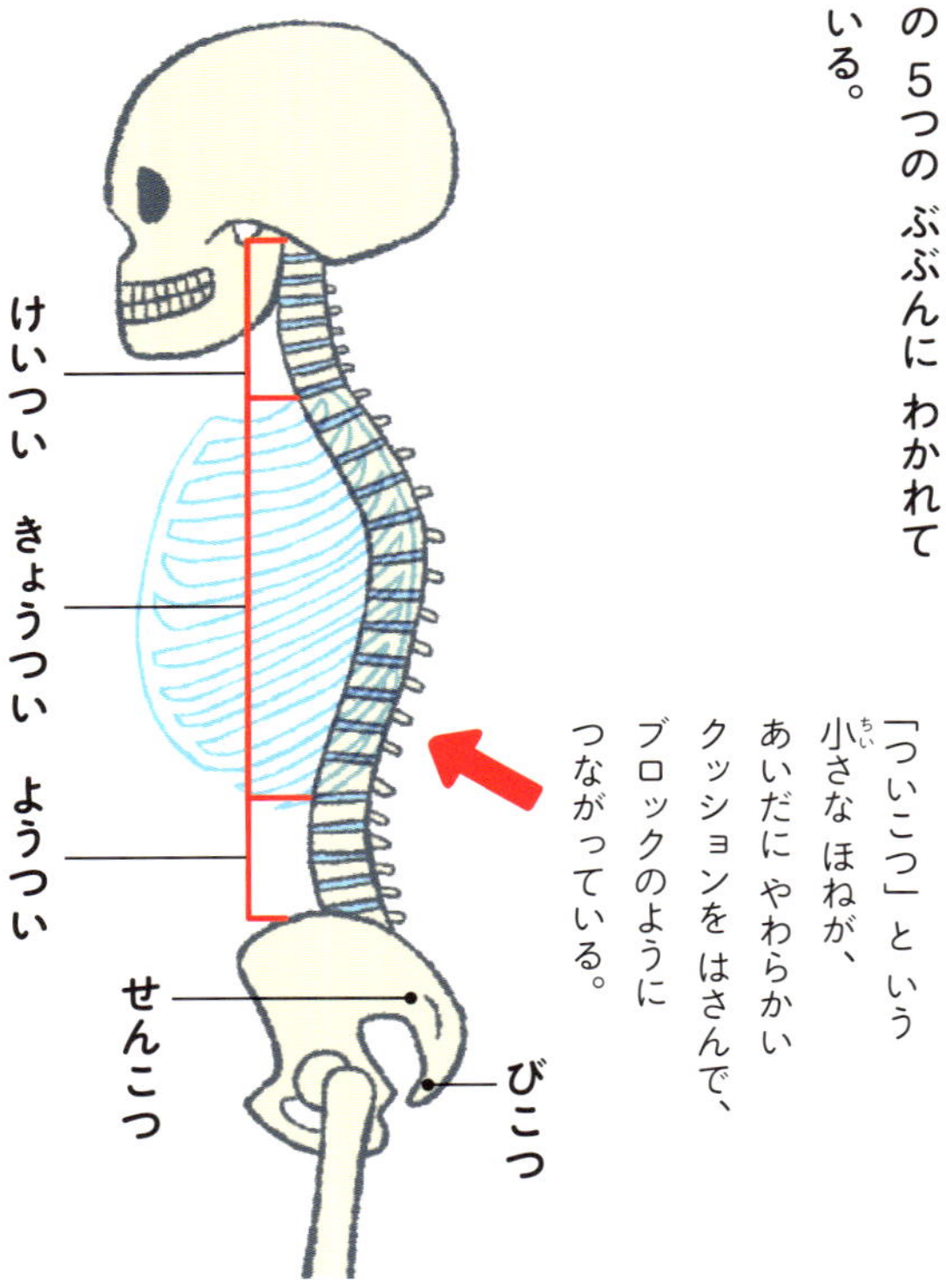

けいつい
きょうつい
ようつい
せんこつ
びこつ
「ついこつ」と いう 小《ちい》さな ほねが、あいだに やわらかい クッションを はさんで、ブロックのように つながっている。

けいつい
頸椎

首《くび》に ある ほねで 頭《あたま》から つながっている。首《くび》を 上下《じょうげ》や 左右《さゆう》に うごかす ことが できる つくりに なっている。

せんこつ・びこつ
仙骨・尾骨

おしりに ある ほね。「せんこつ」の さきに「びこつ」が くっついている。

ほねに かんけいする ことば ①

とうがい
頭蓋

頭《あたま》と 顔《かお》を かたちづくって いる ほね。23この ほねが 組《く》み合《あ》わさって できている。なかに ある やわらかい のうを まもるため、ほねと ほねの つなぎめが ぎざぎざに なっていて、しっかり くっつくように なっている。

赤《あか》ちゃん

赤《あか》ちゃんの ときは ほねと ほねの あいだに すきまが ある。

おとな

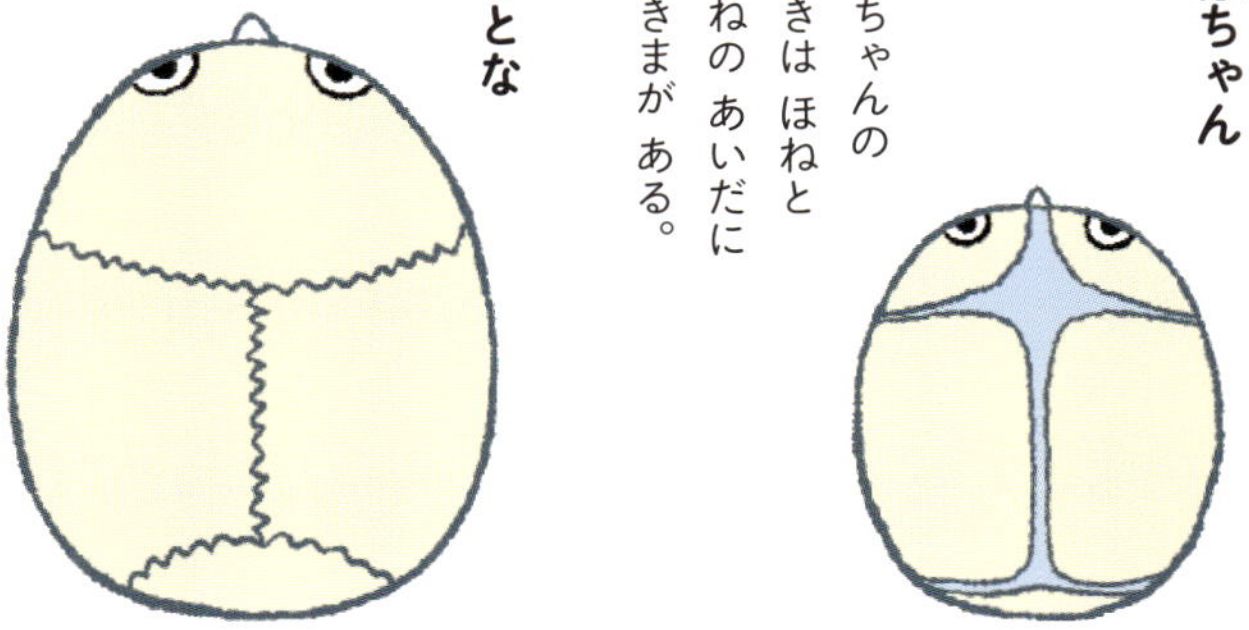

とうこつ・しゃっこつ
橈骨・尺骨

ひじから 手首《てくび》まで ある 2本《ほん》の ほね。

「とうこつ」は おやゆびが わに あり、手首《てくび》に むかって 太《ふと》くなっている。「しゃっこつ」は 小《こ》ゆびが わに あり、ひじに むかって 太《ふと》くなって いる。

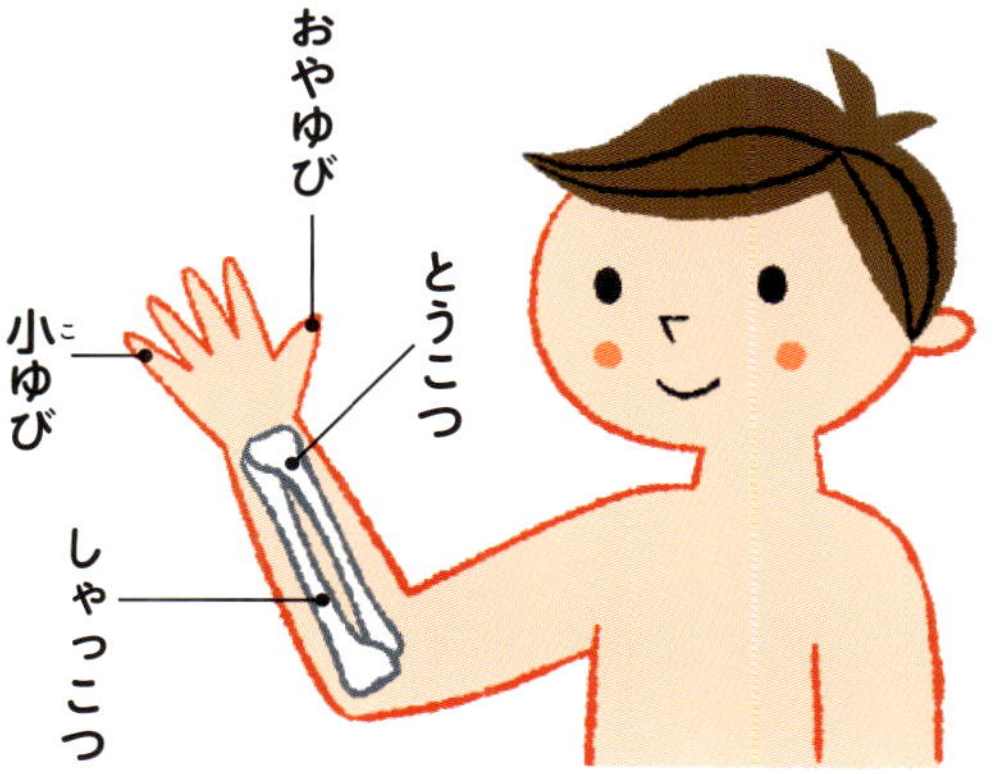
おやゆび
とうこつ
小《こ》ゆび
しゃっこつ

●手《て》の ゆび

しこつ・ちゅうしゅこつ・しゅこんこつ
指骨・中手骨・手根骨

「しこつ」は ゆび、「ちゅうしゅこつ」は てのひら、「しゅこんこつ」は 手首《てくび》の ぶぶんに ある ほね。

ゆびは こまかい ほねが たくさん あつまって できていて、おやゆびは「まっせつこつ」と「きせつこつ」の ふたつ、それいがいの ゆびは「まっせつこつ」「ちゅうせつこつ」「きせつこつ」の 3つに わかれて いる。

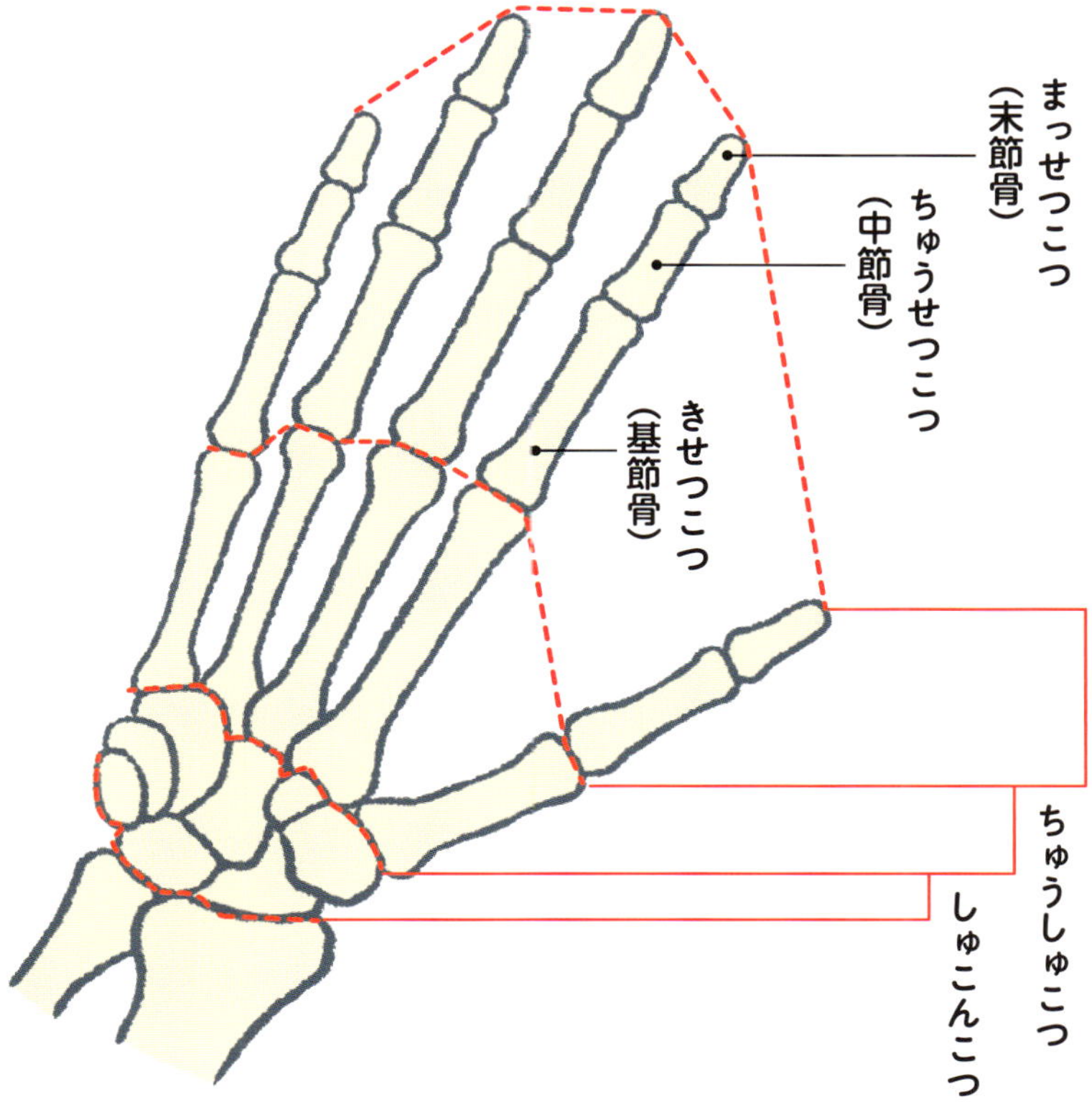
右手《みぎて》の てのひらがわ
まっせつこつ
（末節骨）
ちゅうせつこつ
（中節骨）
きせつこつ
（基節骨）
しこつ
ちゅうしゅこつ
しゅこんこつ

ほねに かんけいする ことば ②

さこつ
鎖骨

むねの ほねと かたの ほねを つなぐ やくわりを している。ほそくて ゆるやかに まがっている。

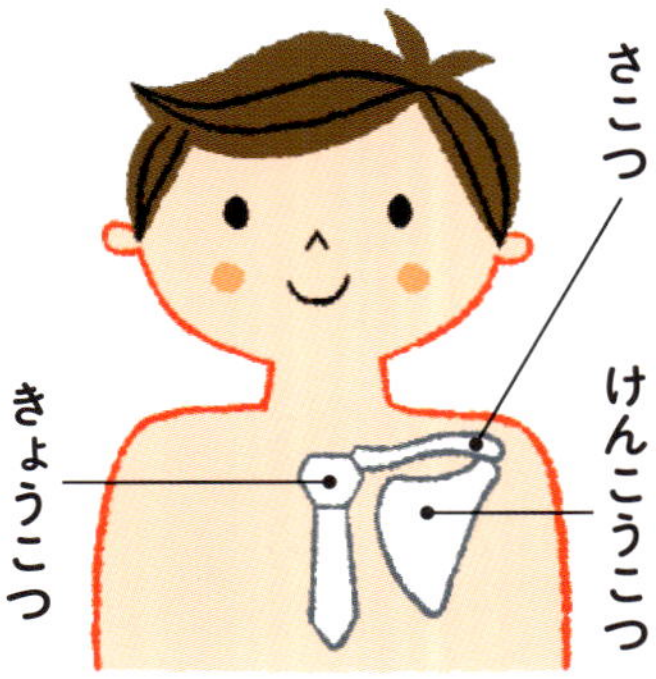
さこつ
けんこうこつ
きょうこつ

じょうわんこつ
上腕骨

かたから ひじまで ある長《なが》い ほね。おとなで やく30センチメートル ある。

じょうわんこつ

けんこうこつ
肩甲骨

せなかの りょうがわに ある三角《さんかく》の ほね。せなかに むかって もりあがっている。

けんこうこつは じょうわんこつ、さこつと つながっているため、かたを うごかすと 3つが どうじに うごく。

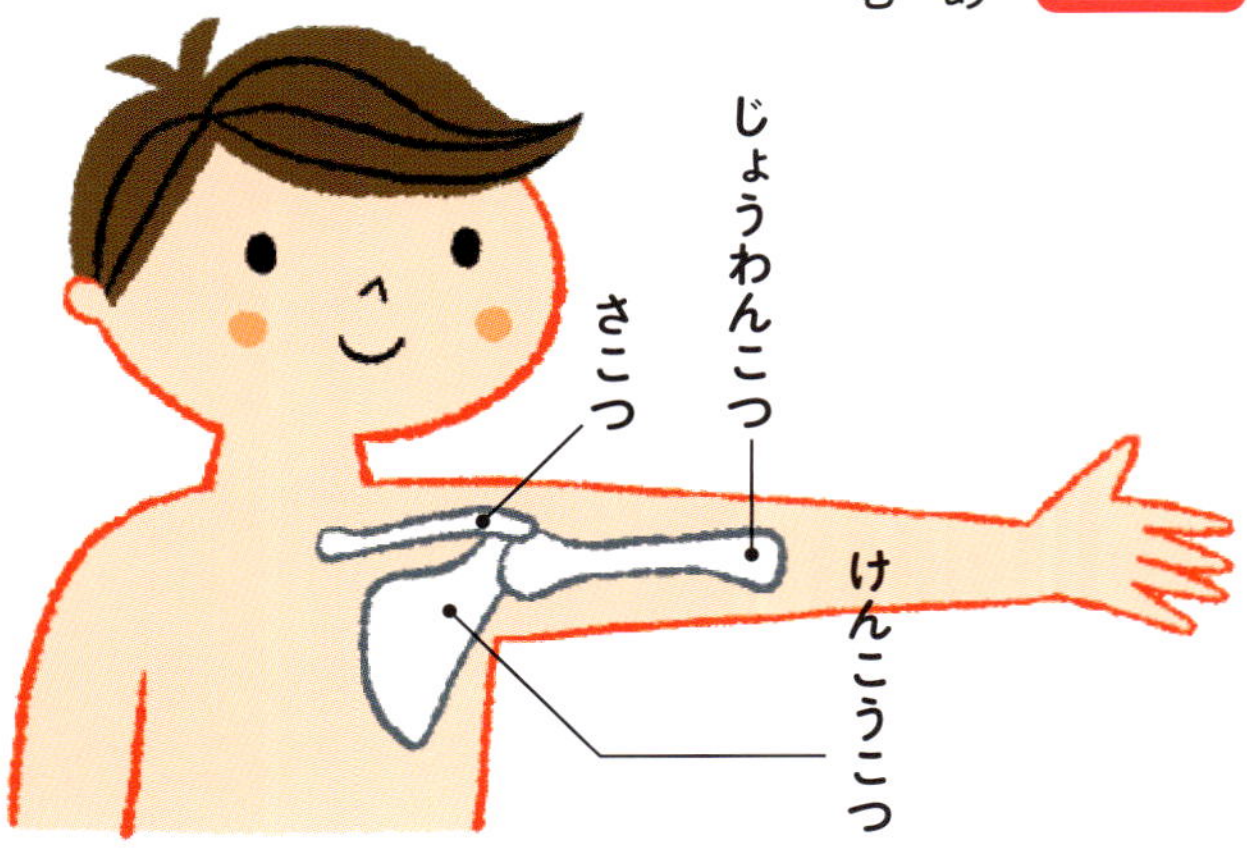
じょうわんこつ
さこつ
けんこうこつ

きょうかく
胸郭

「きょうつい」(→24ページ)「ろっこつ」「ろくなんこつ」が かごのように むねを かこんでいる ぶぶんを 「きょうかく」と いう。はいと しんぞうを まもっている。

きょうこつ
胸骨

きょうこつは きょうかくの前《まえ》の まんなかに ある ほそ長《なが》い ほね。

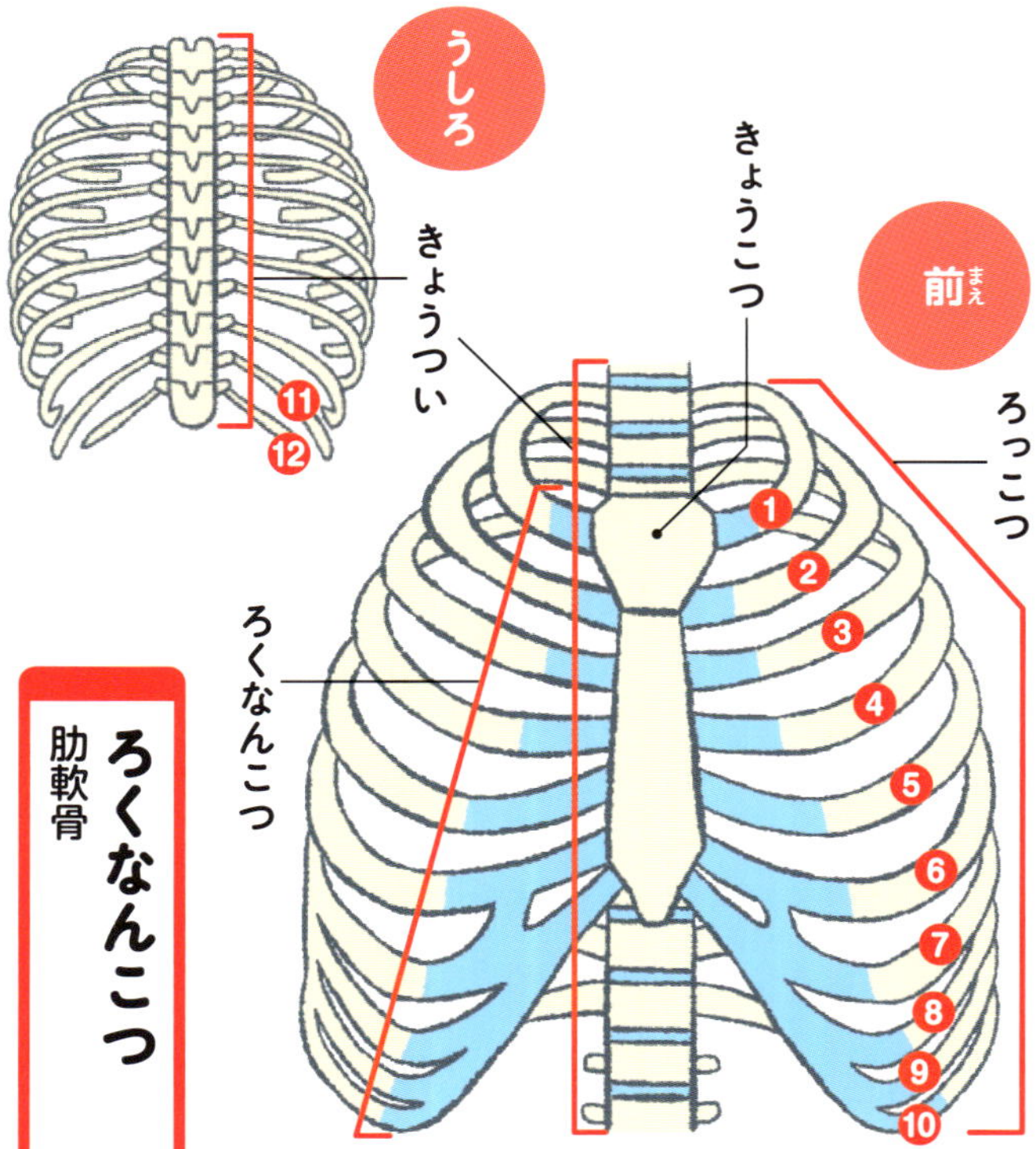
うしろ
きょうつい
11
12
前《まえ》
きょうこつ
ろっこつ
ろくなんこつ
1
2
3
4
5
6
7
8
9
10

11本《ほん》めと 12本《ほん》めの ほねは みじかくて きょうこつに とどいていない。

ろっこつ
肋骨

きょうついの 左右《さゆう》から 12本《ほん》ずつ のびている ほね。弓《ゆみ》のように まがっている。

ろくなんこつ
肋軟骨

きょうこつと ろっこつの あいだに ある 少《すこ》し やわらかい ほね。

こつばん
骨盤

どうたいと 足《あし》を つなぐ ほね。どうたいを ささえる せきちゅうと、足《あし》の だいたいこつの あいだに ある。
　せきちゅうの いちぶで ある「せんこつ」「びこつ」と かしの つけねの「かんこつ」で できている。
　おうぎのような かたちで、上《うえ》に ある ないぞうを うけとめる はたらきも ある。

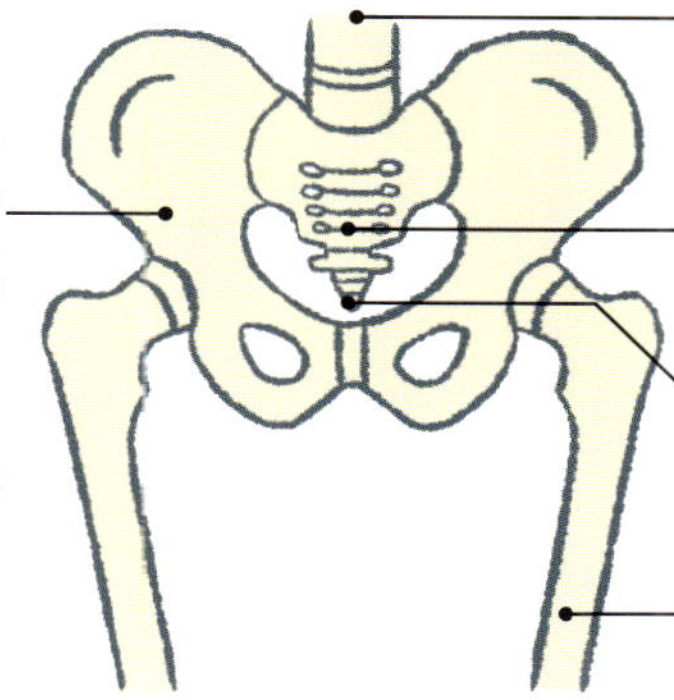
せきちゅう
せんこつ
かんこつ
びこつ
だいたいこつ

●足《あし》の ゆび

しこつ・ちゅうそくこつ・そっこんこつ
趾骨・中足骨・足根骨

「しこつ」は ゆび、「ちゅうそくこつ」は 足《あし》の こうの ぶぶん、「そっこんこつ」は 足首《あしくび》と かかとの ぶぶんに ある ほね。

　そっこんこつに「きょこつ」「しょうこつ」など の みじかい ほねが たくさん あつまっている。

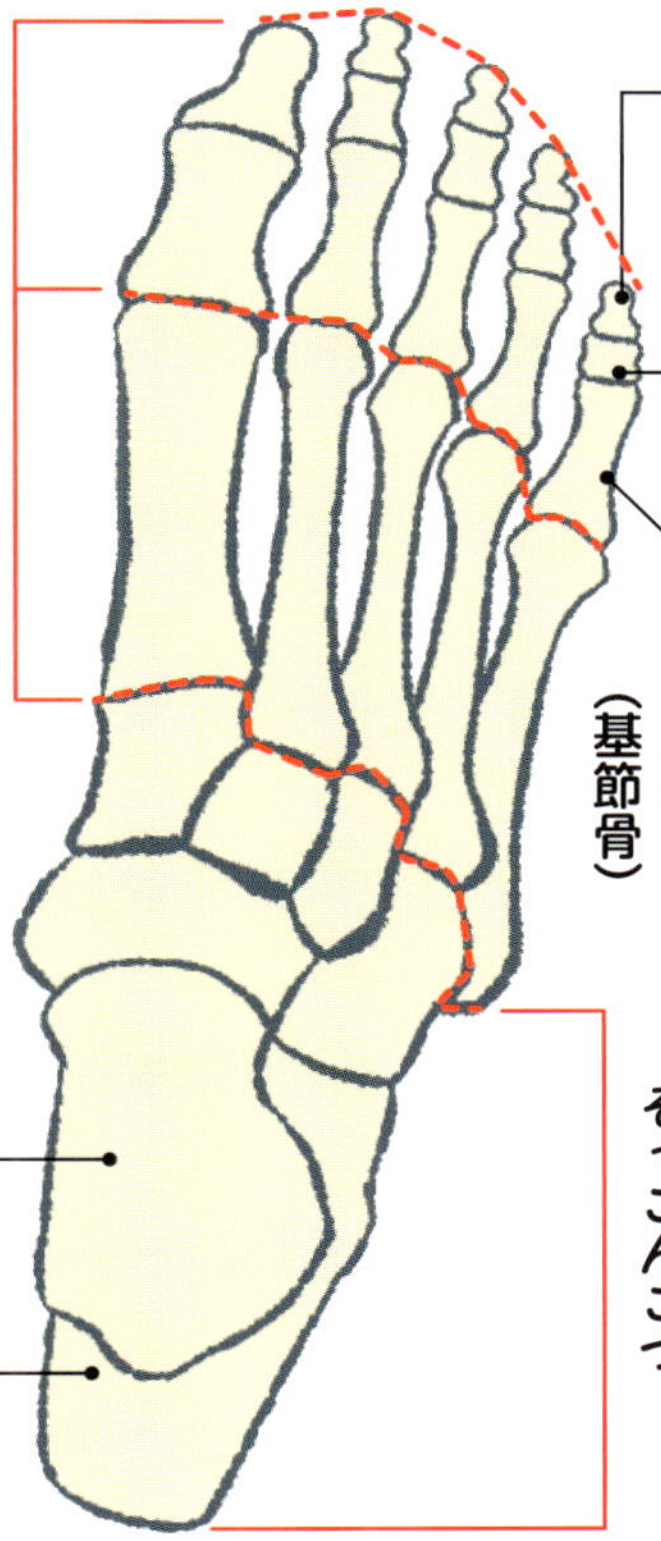
右足《みぎあし》の 上《うえ》がわ
まっせつこつ
（末節骨）
ちゅうせつこつ
（中節骨）
きせつこつ
（基節骨）
しこつ
ちゅうそくこつ
そっこんこつ
きょこつ
（距骨）
しょうこつ
（踵骨）

●足《あし》の ほね

だいたいこつ
大腿骨

太《ふと》ももの ぶぶんに ある ほね。前《まえ》から 見《み》ると ななめに まがっている。

しつがいこつ
膝蓋骨

ひざの ほね。石《いし》ころのような かたちを している。「ひざこぞう」と いわれるのは この ぶぶん。

けいこつ・ひこつ
脛骨・腓骨

ひざの 下《した》に ある ほね。内《うち》がわに ある 太《ふと》い ほねが「けいこつ」、外《そと》がわに ある ほそい ほねが「ひこつ」。

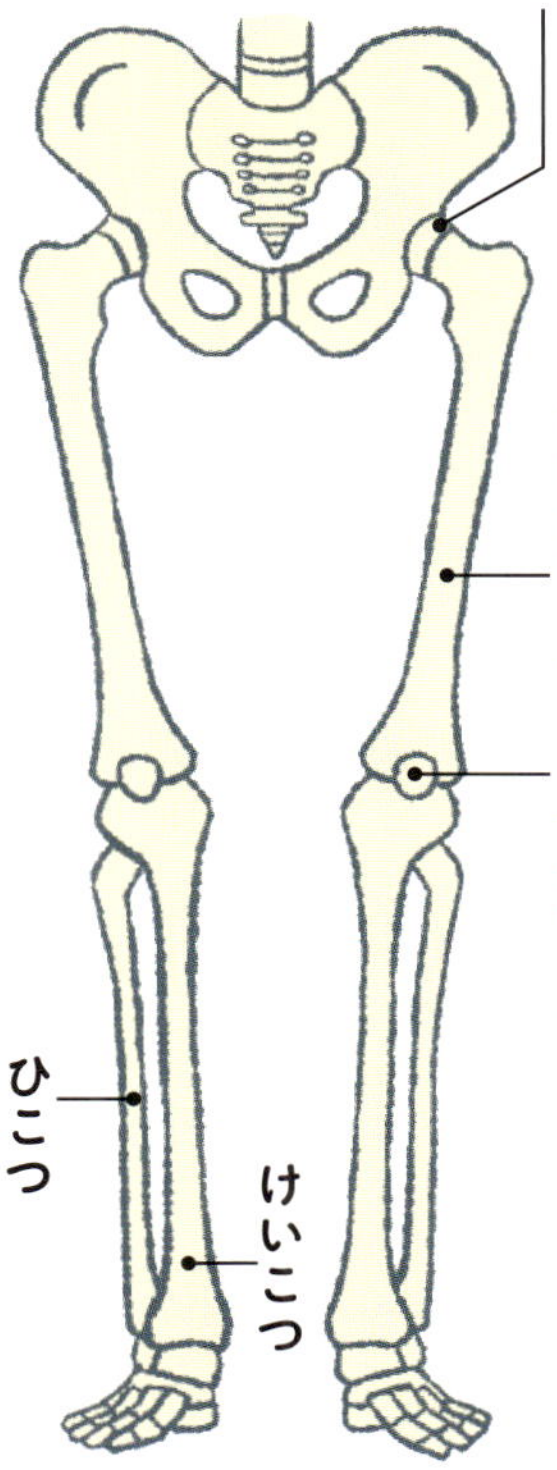
こかんせつ
（→28ページ）
だいたいこつ
しつがいこつ
ひこつ
けいこつ

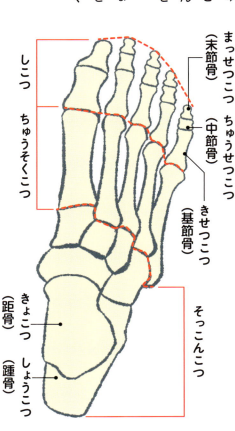

かんせつに かんけいする ことば

がくかんせつ
顎関節

あごの ぶぶんに ある かんせつ。歯《は》を かみあわせたり、口《くち》を ひらいたりする ときに つかう。

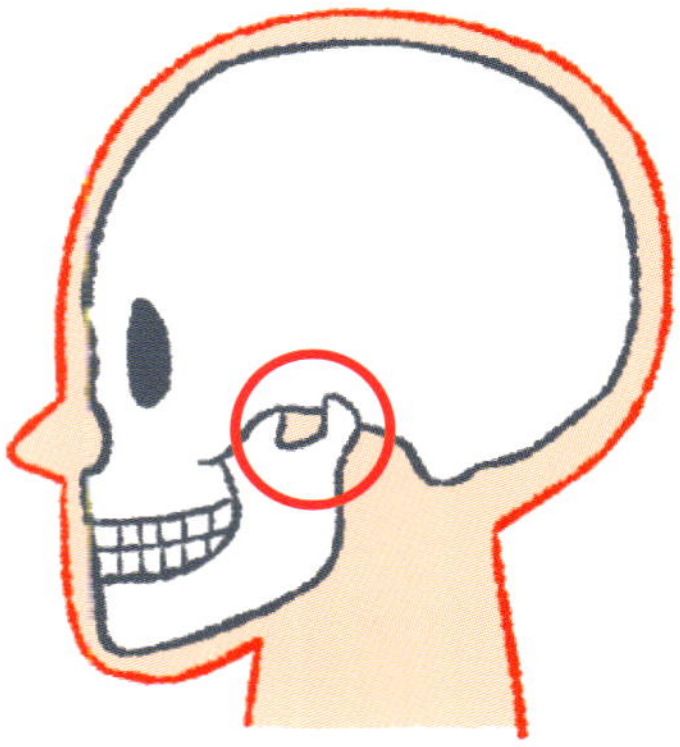

ちゅうかんせつ
肘関節

ひじの ぶぶんに ある かんせつ。ひじを まげたり のばしたり、ひねったり できる。

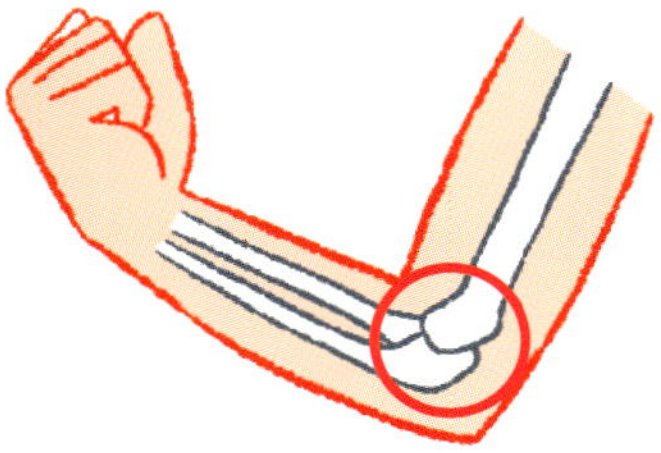

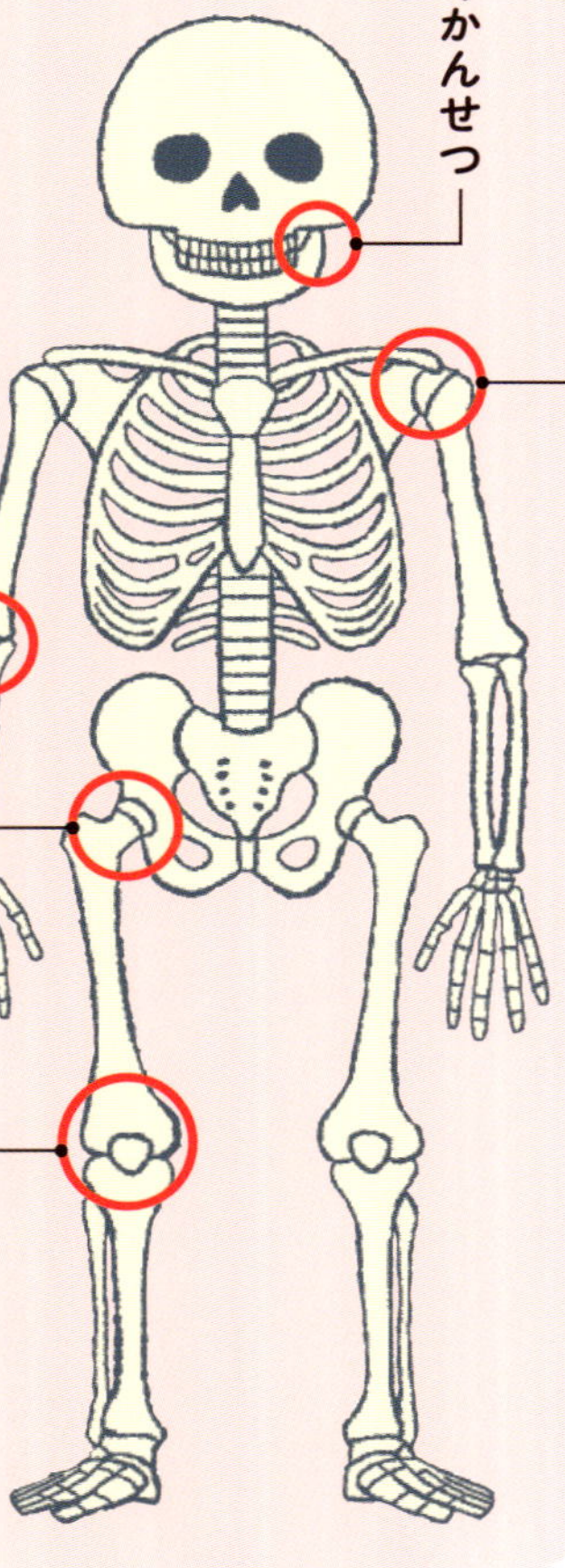

かたかんせつ
肩関節

かたの ぶぶんに ある かんせつ。さまざまな ほうこうに うごかす ことが できる。

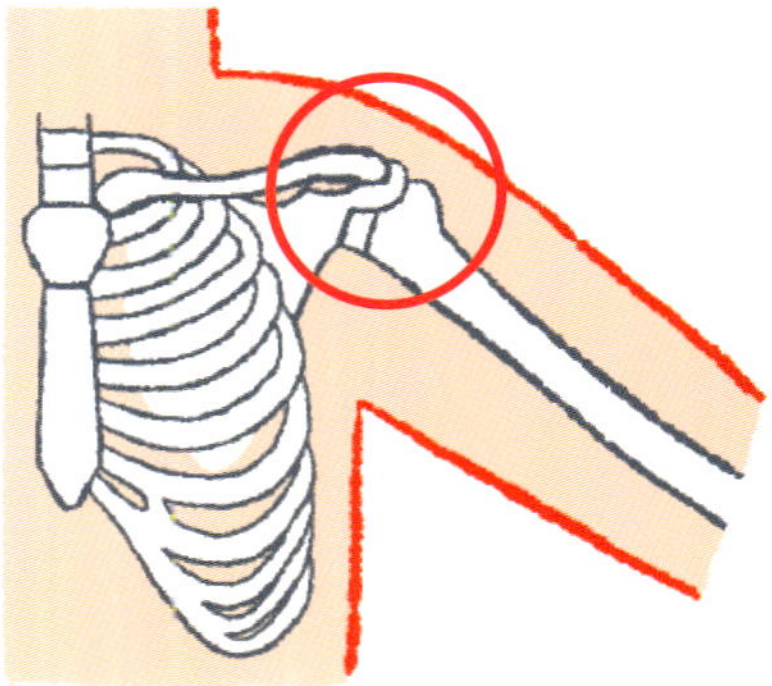

こかんせつ
股関節

足《あし》の つけねの ぶぶんに ある かんせつ。こつばんと だいたいこつを つないでいる。

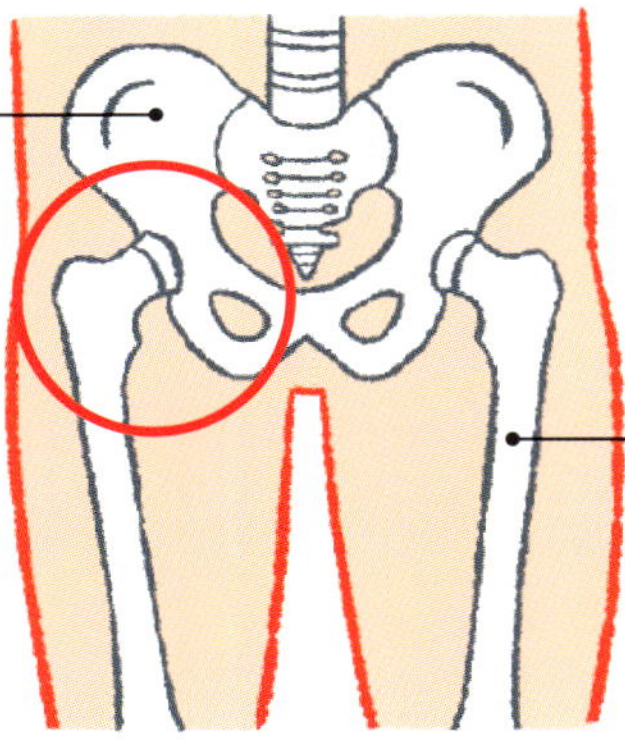

しつかんせつ
膝関節

ひざの ぶぶんに ある かんせつ。ひざを まげたり のばしたり、ひねったり できる。

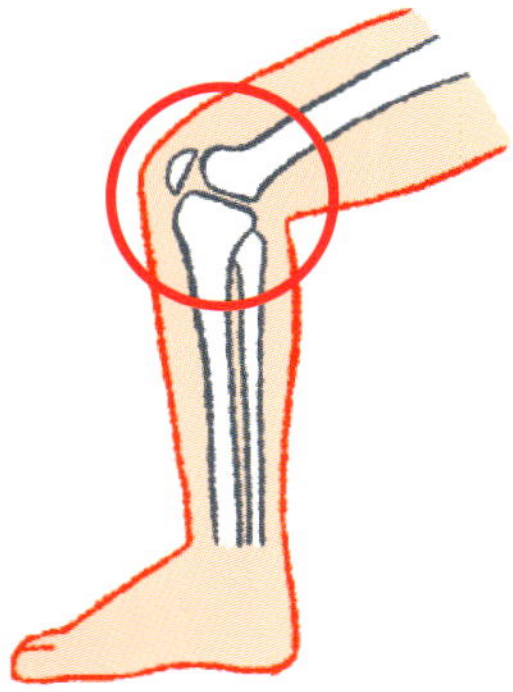

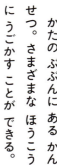

人《ひと》の ほねと どうぶつの ほね

くねくねしたり
とんだり かけたり……。
人《ひと》とは ちがう うごきを する
どうぶつの ほねって
どうなっているのかな？

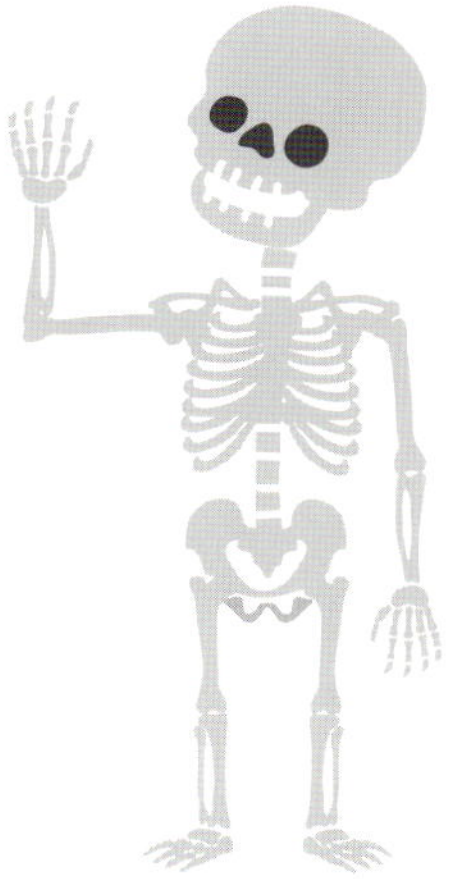

こうもりの ほね

つばさを ささえている 前足《まえあし》と ゆびの ほねが 長《なが》い。
こうもりは 人《ひと》と おなじ 5本《ほん》ゆびだよ。おやゆびが とても みじかくて ほかの 4本《ほん》の ゆびが 長《なが》いよ。

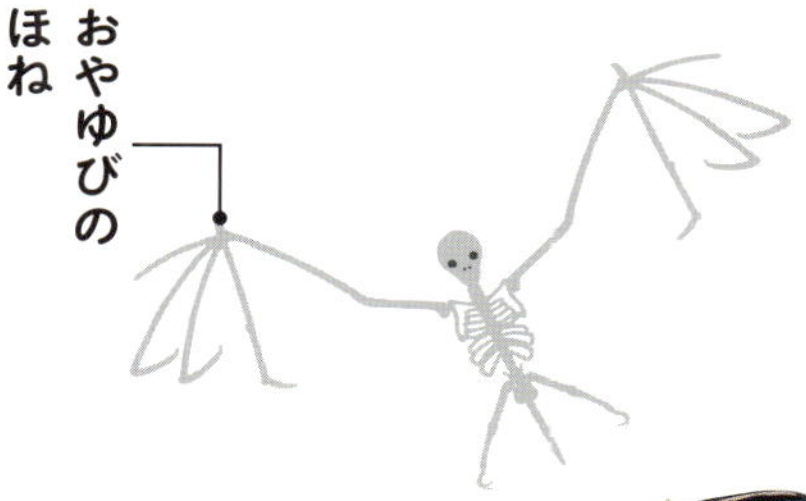

へびの ほね

うでや 足《あし》の ほねは なく、せぼねが たくさん ある。
へびが からだを くねくねと まげながら すすむ ことが できるのは、首《くび》から しっぽに かけて 小《ちい》さな せぼねが たくさん ならんでいるからなんだ。

馬《うま》の ほね

馬《うま》の うしろ足《あし》は つまさき立《だ》ちの ような つくりに なっているんだ。
てきに ねらわれた ときに はやく にげるためなんだ。

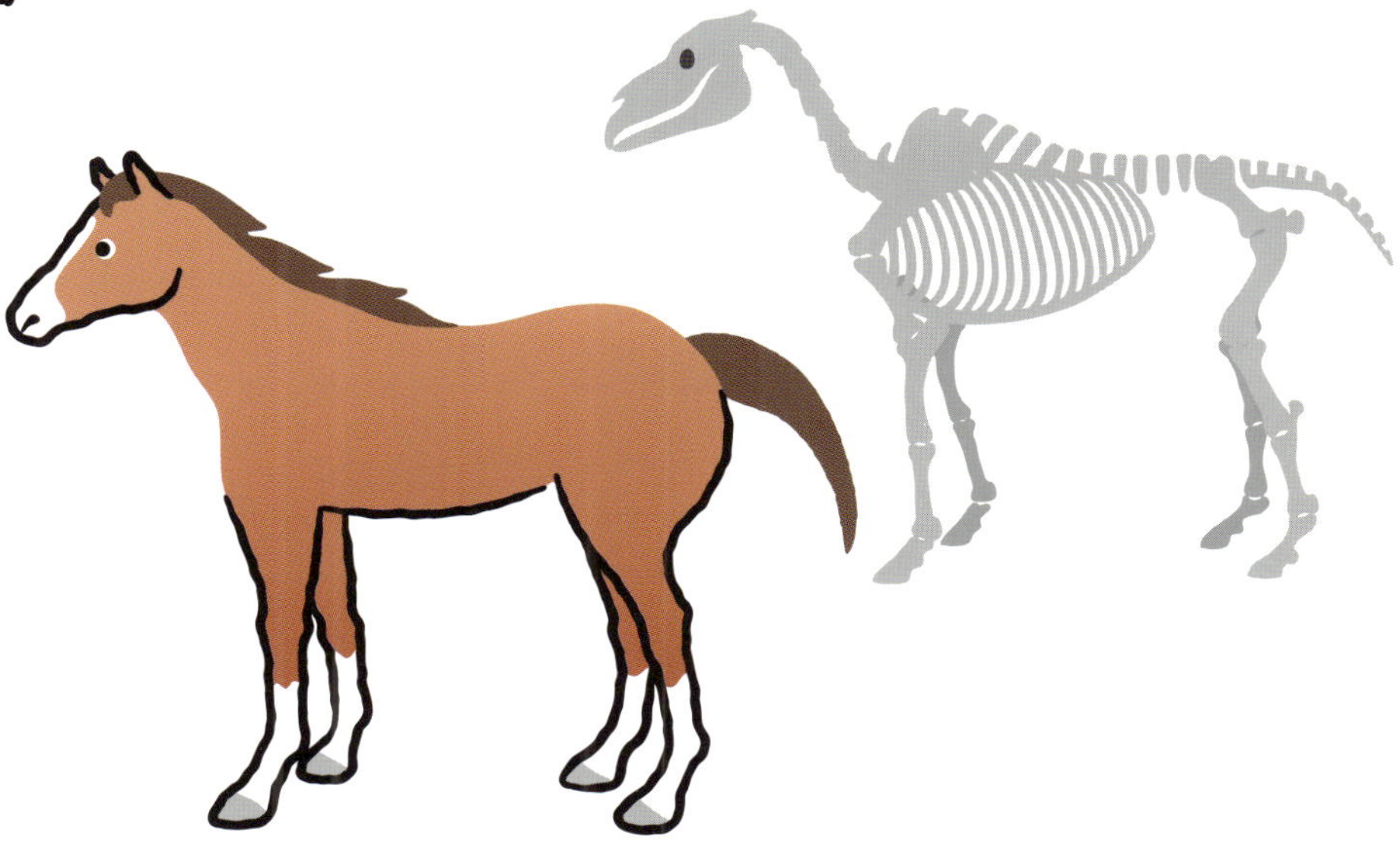

ずかい きんにく

走《はし》ったり、およいだり、ジャンプしたり……。
わたしたちが からだを
うごかす ことが できるのは
きんにくの おかげです。

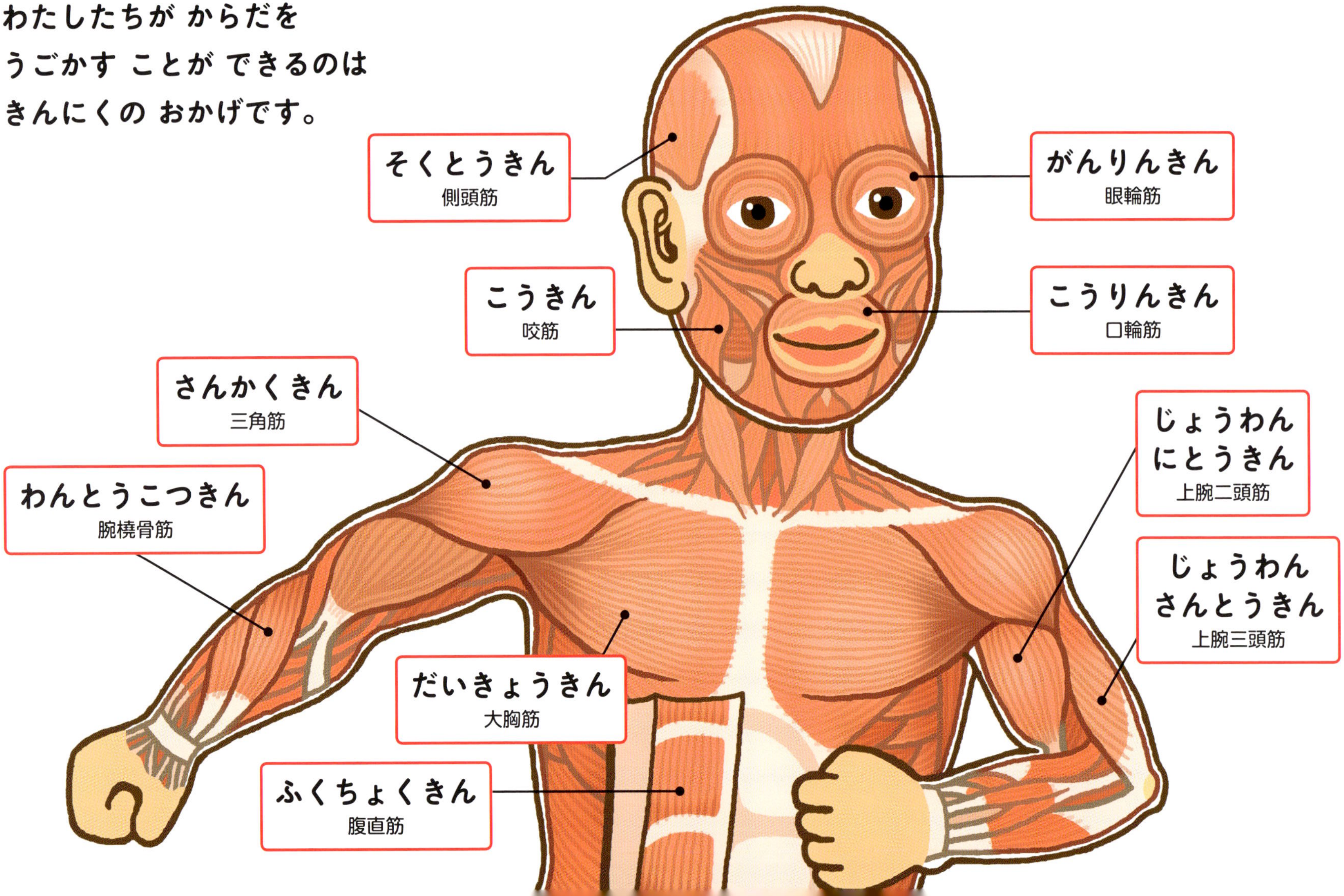

そくとうきん
側頭筋
がんりんきん
眼輪筋
こうきん
咬筋
こうりんきん
口輪筋
さんかくきん
三角筋
わんとうこつきん
腕橈骨筋
じょうわん にとうきん
上腕二頭筋
じょうわん さんとうきん
上腕三頭筋
だいきょうきん
大胸筋
ふくちょくきん
腹直筋

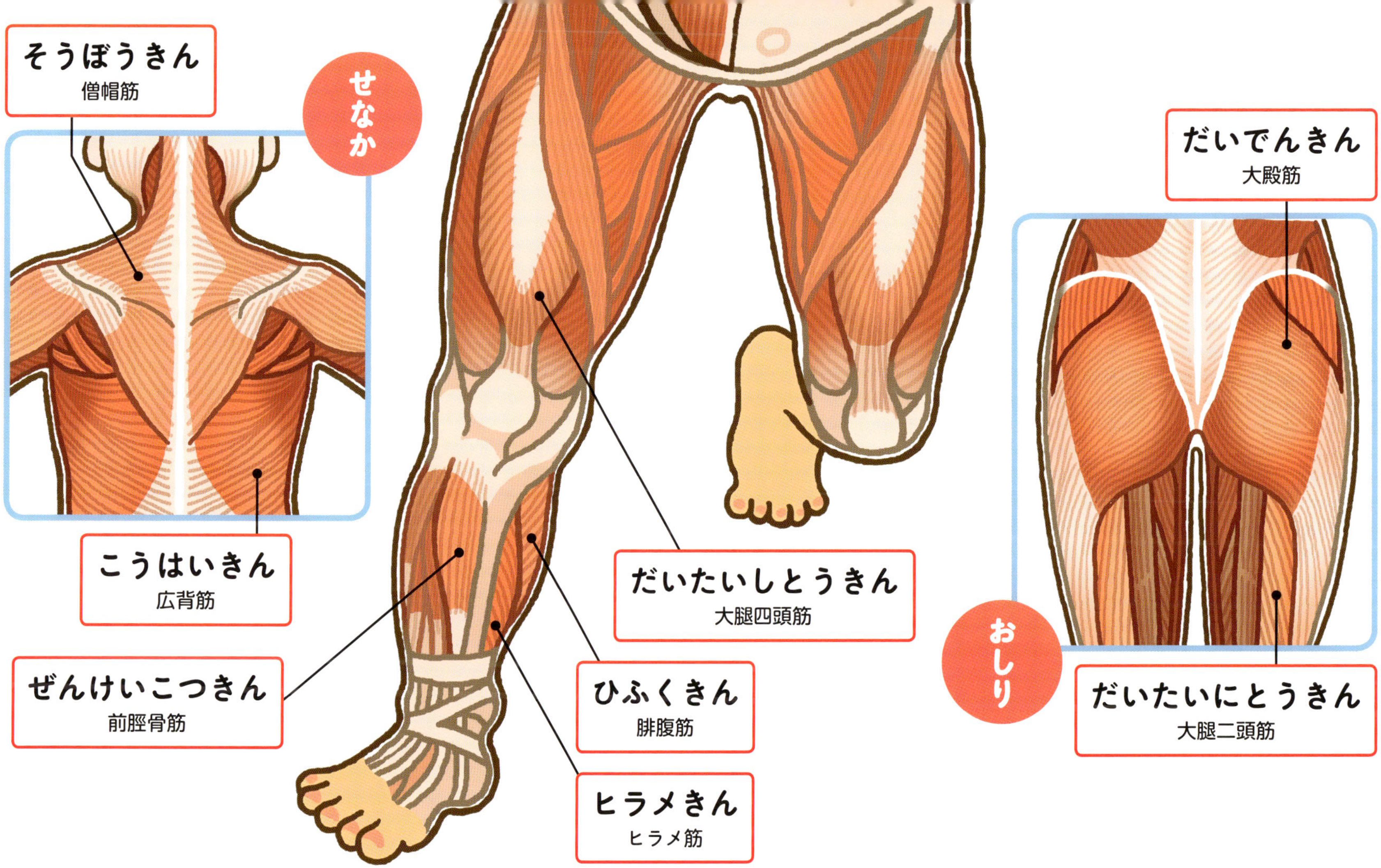

おうちのかたへ

筋肉は大きく分けると3種類あります。胃や腸などの内臓や血管にある平滑筋《へいかつきん》、心臓の壁にある心筋《しんきん》、そして手や足の骨格についている骨格筋《こっかくきん》です。平滑筋と心筋は、自分の意思で動かすことができません。一般的に筋肉という場合、骨格筋のことを指します。骨格筋のおかげで、体を自由に動かせるのです。

骨格筋は、筋繊維《きんせんい》という細長い細胞が束になってできていて、その両端にある細く丈夫な腱《けん》で筋肉と骨をつないでいます。重さは体重の40～50％を占めています。伸び縮みすることで体を動かすだけではなく、体を覆って血管や内臓などを外からの衝撃から守る役割もあります。また、筋肉を収縮させることで、体温を調整したり、血液を体中に循環させるのを助けたりする働きもあります。

手足《てあし》を うごかす きんにく

力《ちから》を 入《い》れて うでを まげると
力《ちから》こぶが できるね。
この 力《ちから》こぶを つくっているのは
きんにくなんだ。

きんにくが のびたり ちぢんだりする ことにより、からだを うごかす ことが できます。ある うごきを する ときには 2しゅるいの きんにくが うごき、かたほうが ちぢむと もうかたほうが のびる しくみに なっています。

ひじを まげる とき

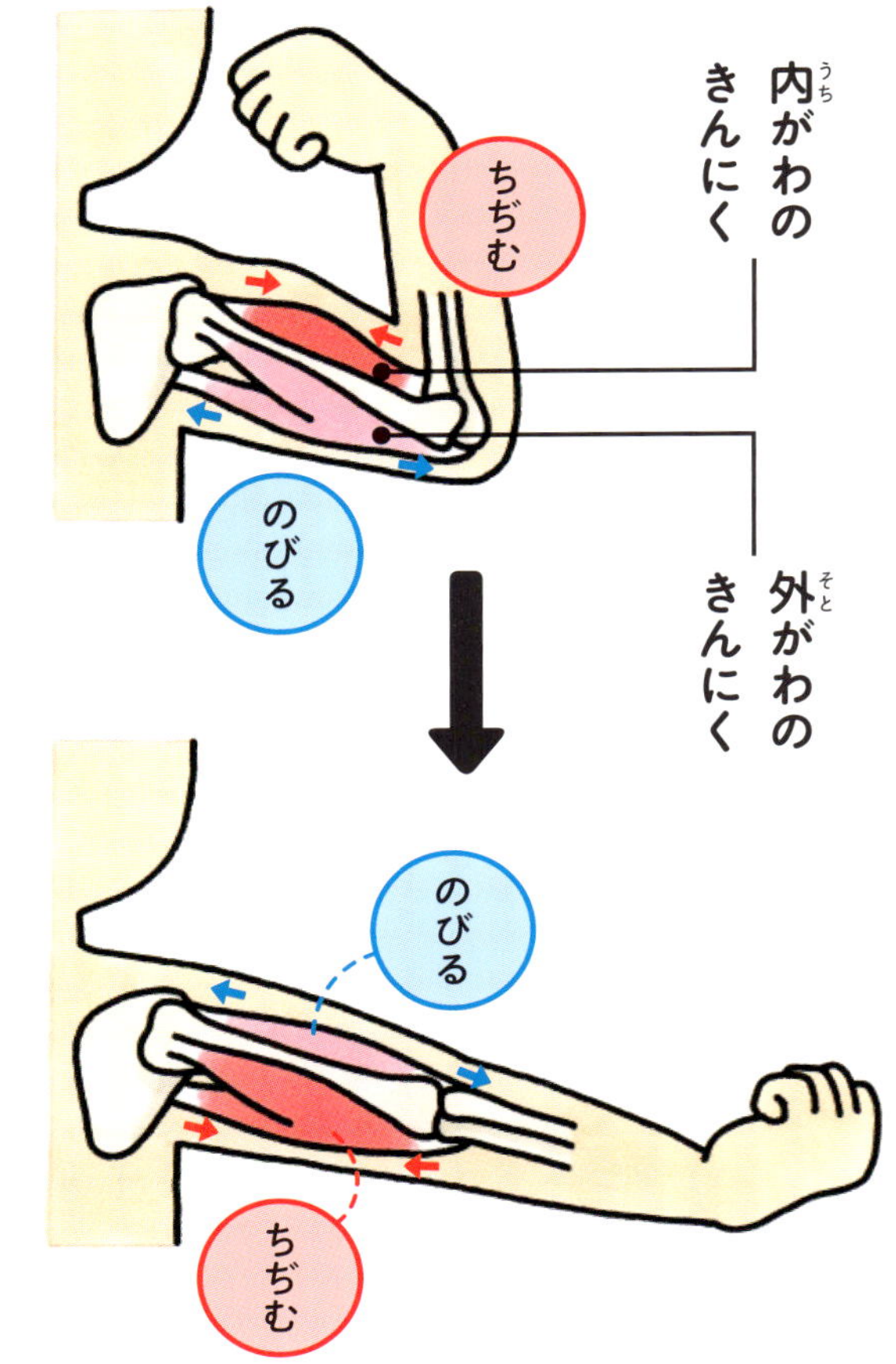
内《うち》がわの きんにく
外《そと》がわの きんにく
ちぢむ
のびる
のびる
ちぢむ

ひざを まげる とき

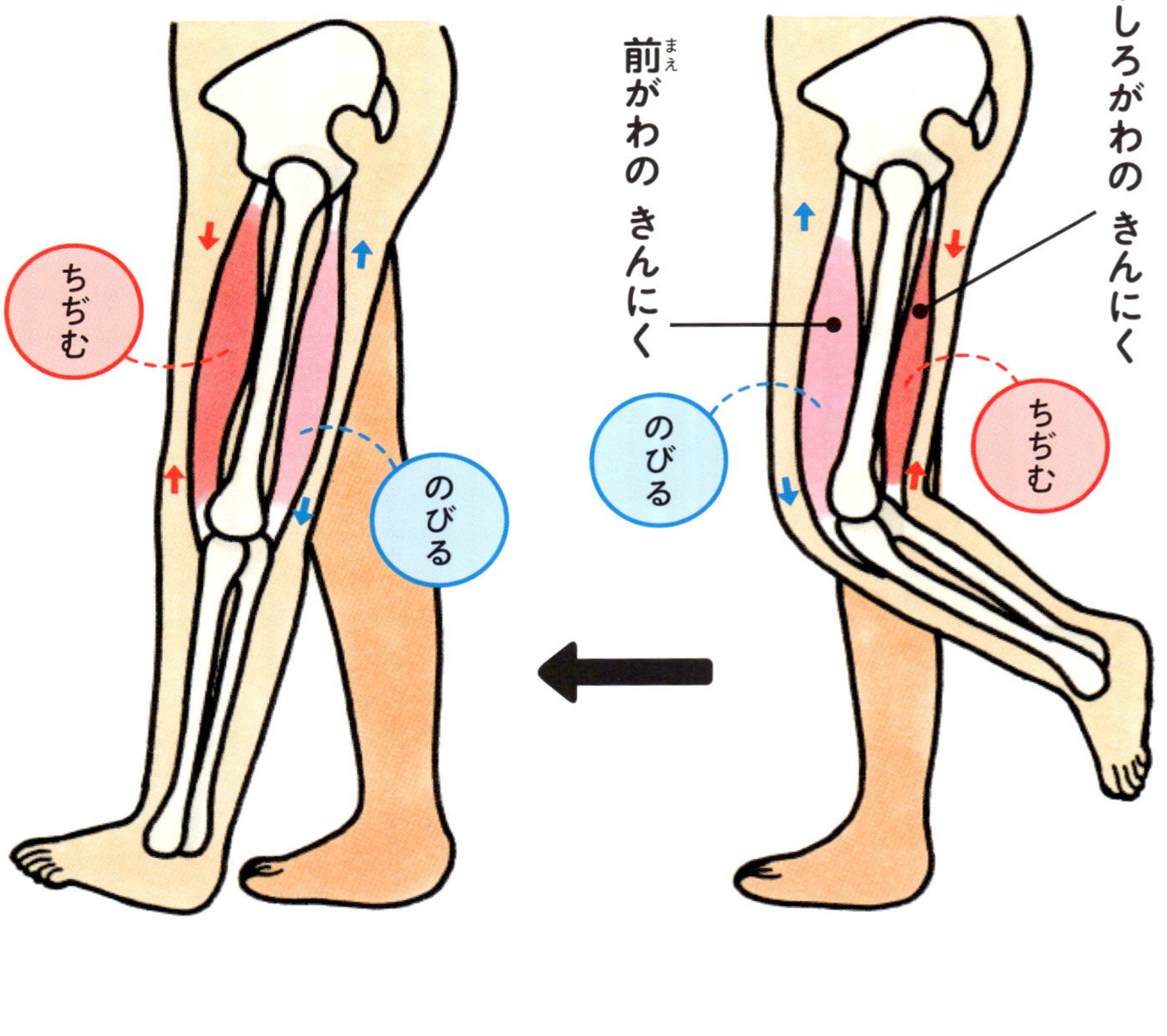
うしろがわの きんにく
前《まえ》がわの きんにく
ちぢむ
のびる
ちぢむ
のびる

赤《あか》い きんにくと 白《しろ》い きんにく

からだを うごかす
きんにくの さいぼうには
赤《あか》く 見《み》える ものと、
白《しろ》く 見《み》える ものが あります。

きんにくの さいぼう

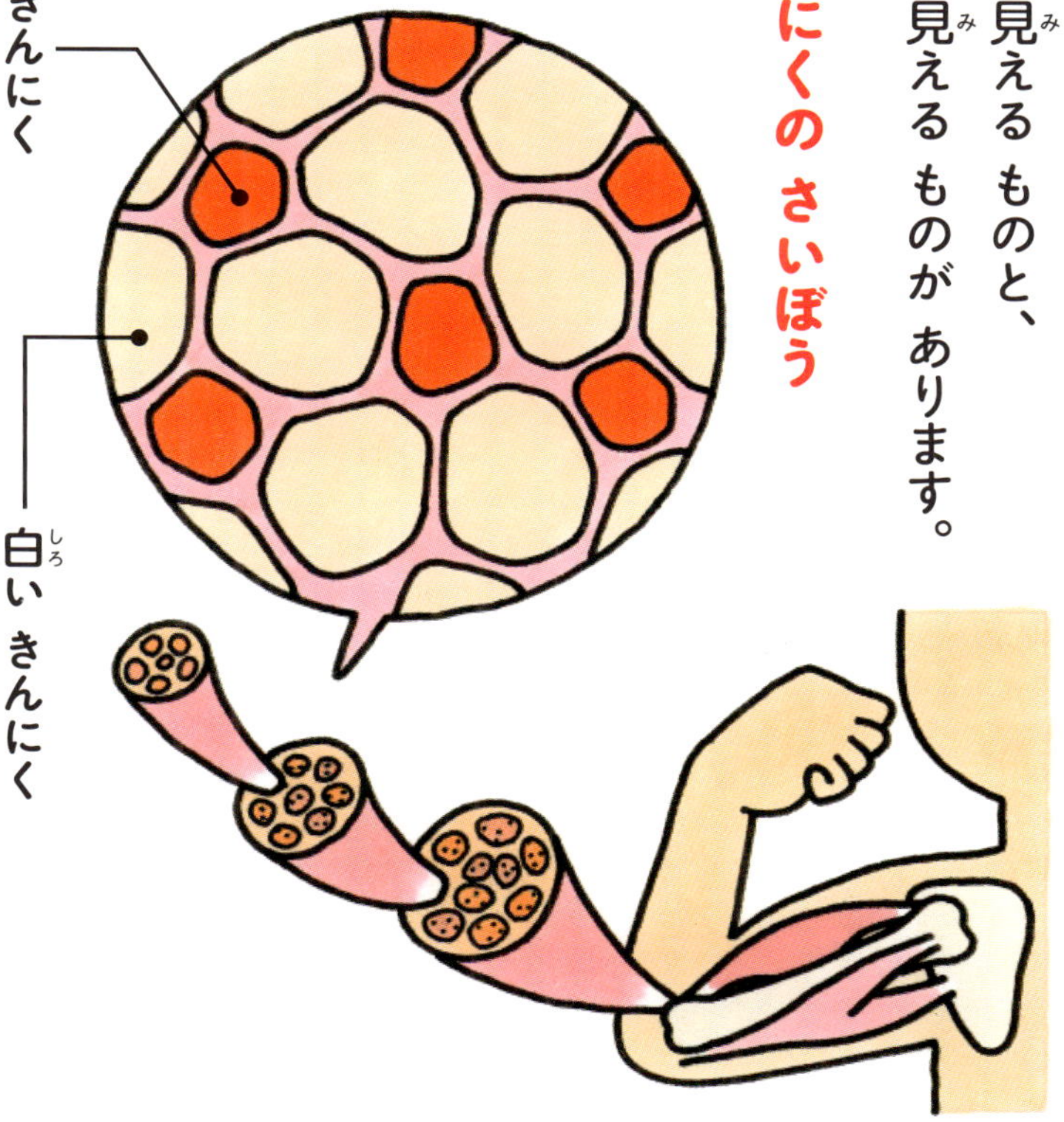

赤《あか》い きんにく
長《なが》い 時間《じかん》 少《すこ》しずつ 力《ちから》を
出《だ》しつづけることは できるが、
大《おお》きな 力《ちから》は 出《だ》せない。

白《しろ》い きんにく
すばやく 大《おお》きな 力《ちから》を 出《だ》す
ことは できるが、 長《なが》い あいだ 力《ちから》を
出《た》しつづける ことは できない。

赤《あか》い きんにくを つかう うんどう

長《なが》い きょりを およぐ

長《なが》い きょりを 走《はし》る

白《しろ》い きんにくを つかう うんどう

とびばこを とぶ

みじかい きょりを はやく 走《はし》る

おうちのかたへ

骨格筋《こっかくきん》が骨を引っぱり、関節でつながっているほかの骨を動かすことで、手や足を自由に動かすことができます。手足などを動かす場合は、縮む筋肉と伸びる筋肉が常に協調して働いています。なお、伸び縮みといっても、実際は骨格筋が自ら伸びているのではなく、協調している筋肉が縮むことでもう一方の筋肉を伸ばしているということになります。

骨格筋の赤い部分は「遅筋《ちきん》」、白い部分は「速筋《そっきん》」と呼ばれています。遅筋は、運動を長時間継続できる筋肉で、速筋は、瞬間的に大きな力を出せる筋肉です。

成長すると遅筋と速筋の割合に個人差が出始め、短距離走は得意だけれど、長距離走は苦手というように、運動の種類によって得意、不得意が現れるようになります。

きんにくに かんけいする ことば ①

● 顔《かお》の きんにく

がんりんきん
眼輪筋

目《め》の まわりを とりまく きんにく。おもに まぶたを とじる ときに つかう。

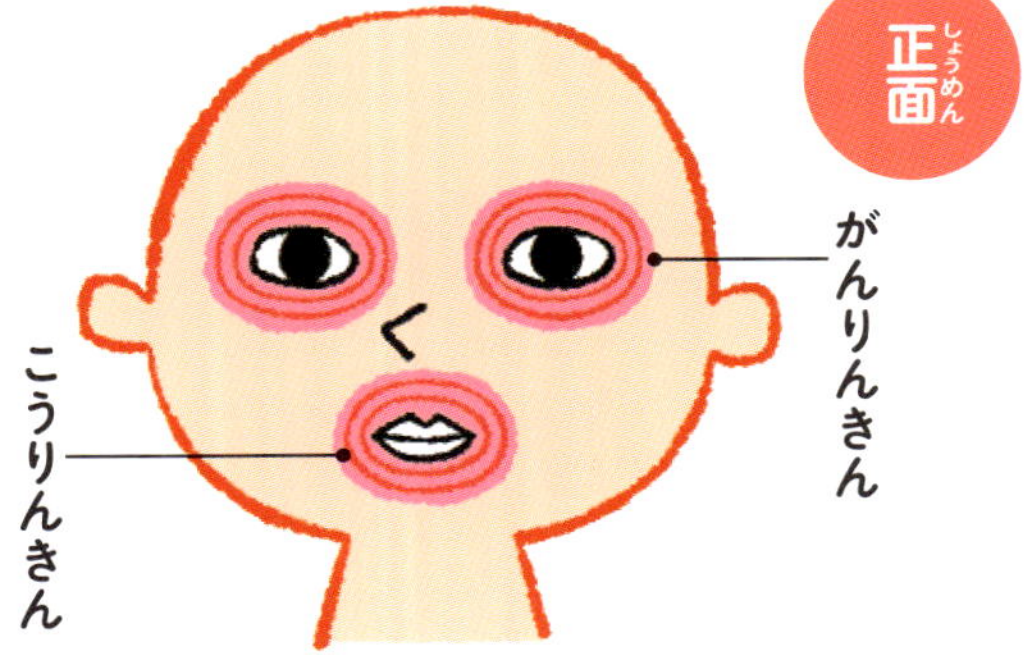

こうりんきん
口輪筋

くちびるの ぶぶんに ある きんにく。おもに くちびるを とじたり とがらせたり する ときに つかう。

そくとうきん・こうきん
側頭筋・咬筋

あごを うごかす きんにく。おもに 食《た》べものを 食《た》べる ときに つかう。頭《あたま》の 左右《さゆう》に あるのが 「そくとうきん」、あごに あるのが 「こうきん」。

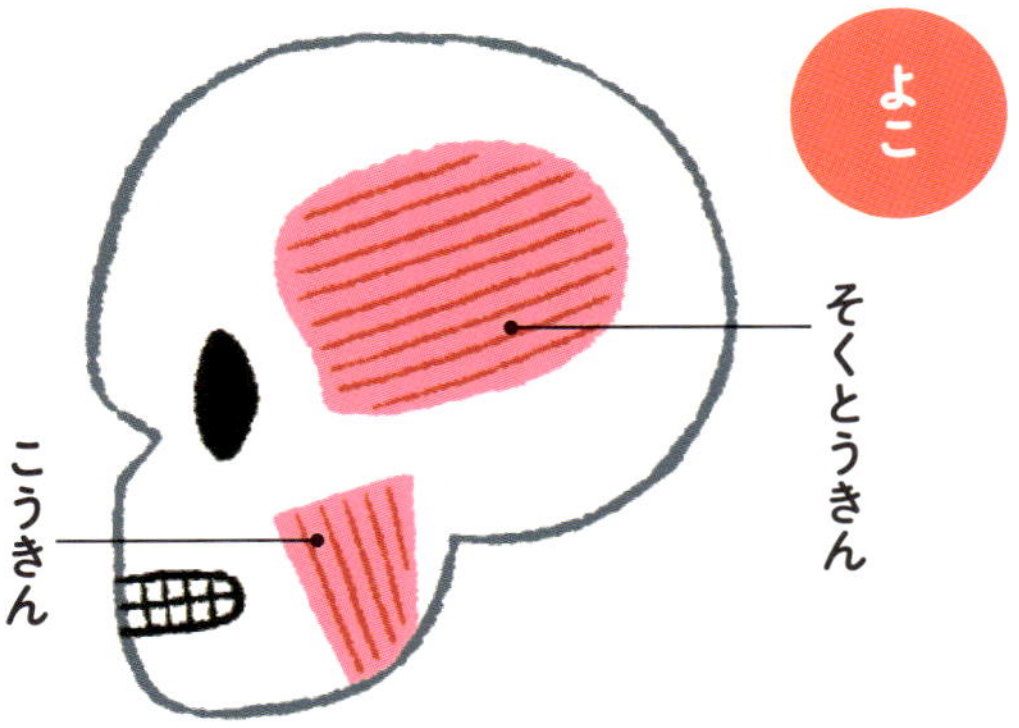

● むねや かたの きんにく

さんかくきん
三角筋

「さこつ」「けんこうこつ」「じょうわんこつ」(➡26ページ)を つなげる きんにく。

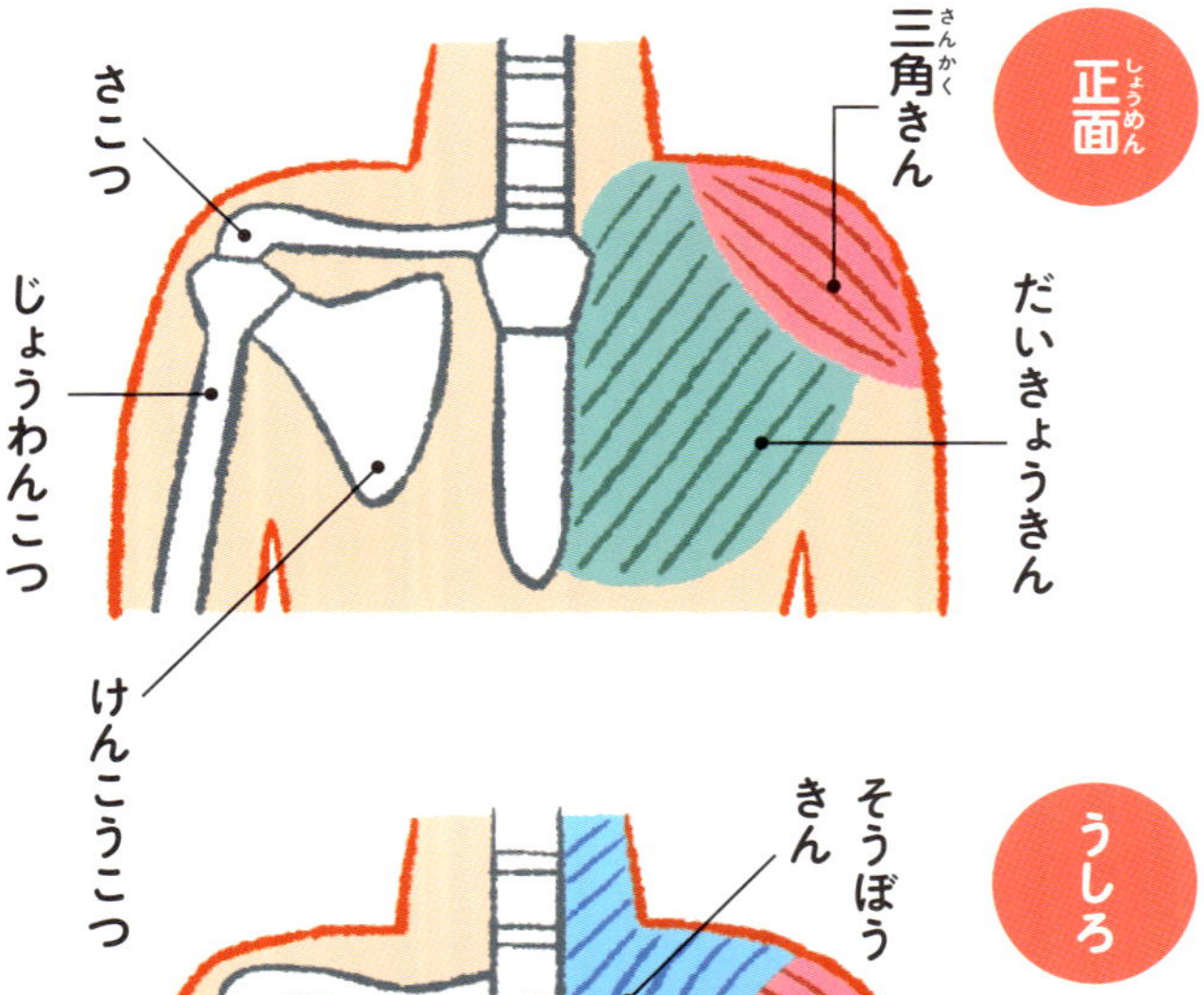

だいきょうきん
大胸筋

むねに ある 大《おお》きな きんにく。

そうぼうきん
僧帽筋

首《くび》から せなかに かけて 広《ひろ》がる きんにく。けんこうこつを うごかす。

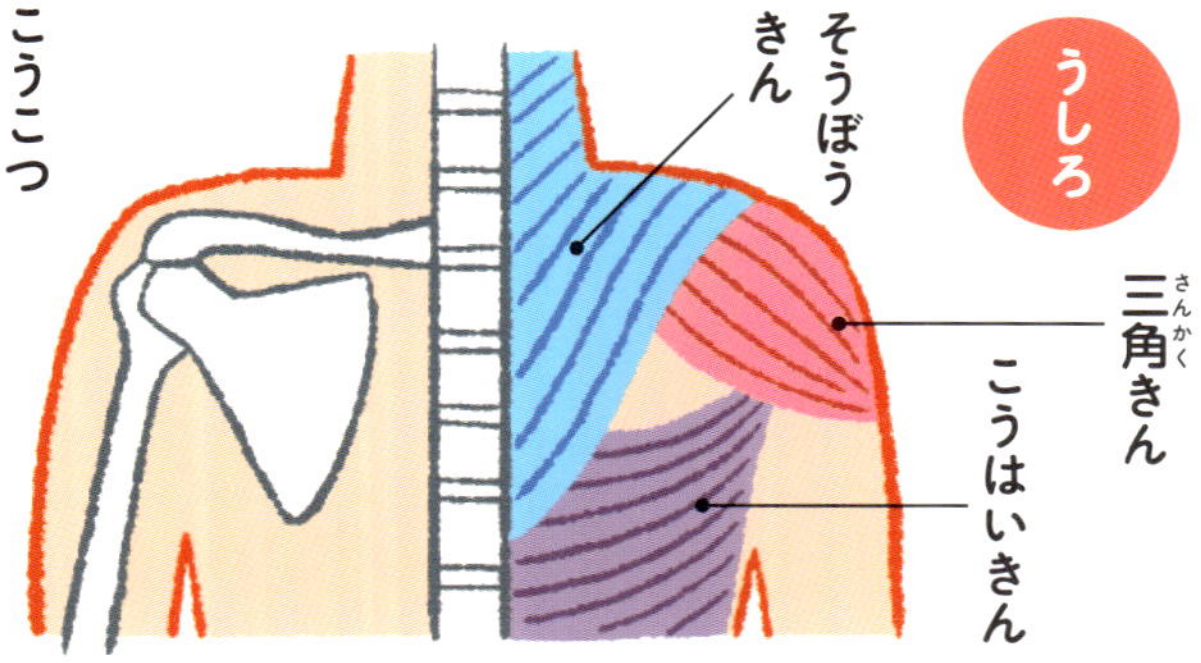

こうはいきん
広背筋

人《ひと》の からだの なかでは もっとも 広《ひろ》く 大《おお》きな きんにく。

きんにくに かんけいする ことば ②

ふくちょくきん
腹直筋

おなかの ぶぶんに ある きんにく。ひらたくて 長《なが》い。「ふっきん」とも よばれる。からだを まげる ときや、こきゅうを する ときに つかう。

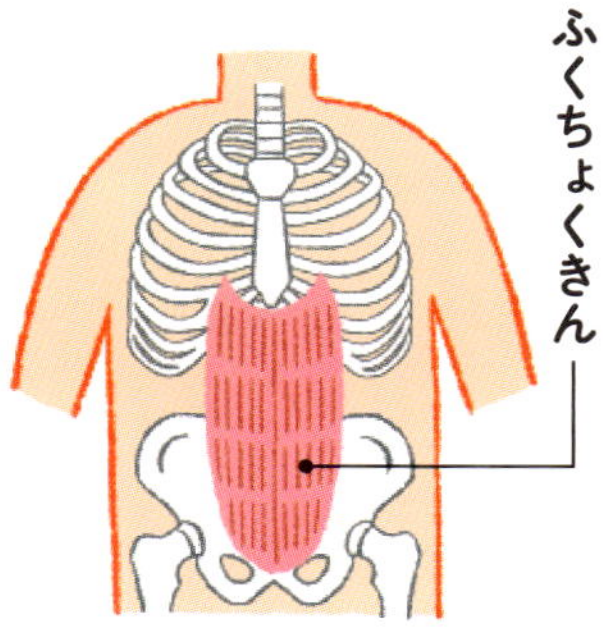

じょうわんにとうきん・じょうわんさんとうきん
上腕二頭筋・上腕三頭筋

「じょうわんにとうきん」は「けんこうこつ」と「とうこつ」を つなぐ きんにく。力《ちから》を 入《い》れて ひじを まげると 力《ちから》こぶが できる。

「じょうわんさんとうきん」は かたから ひじを またいで しゃっこつに つながる きんにく。

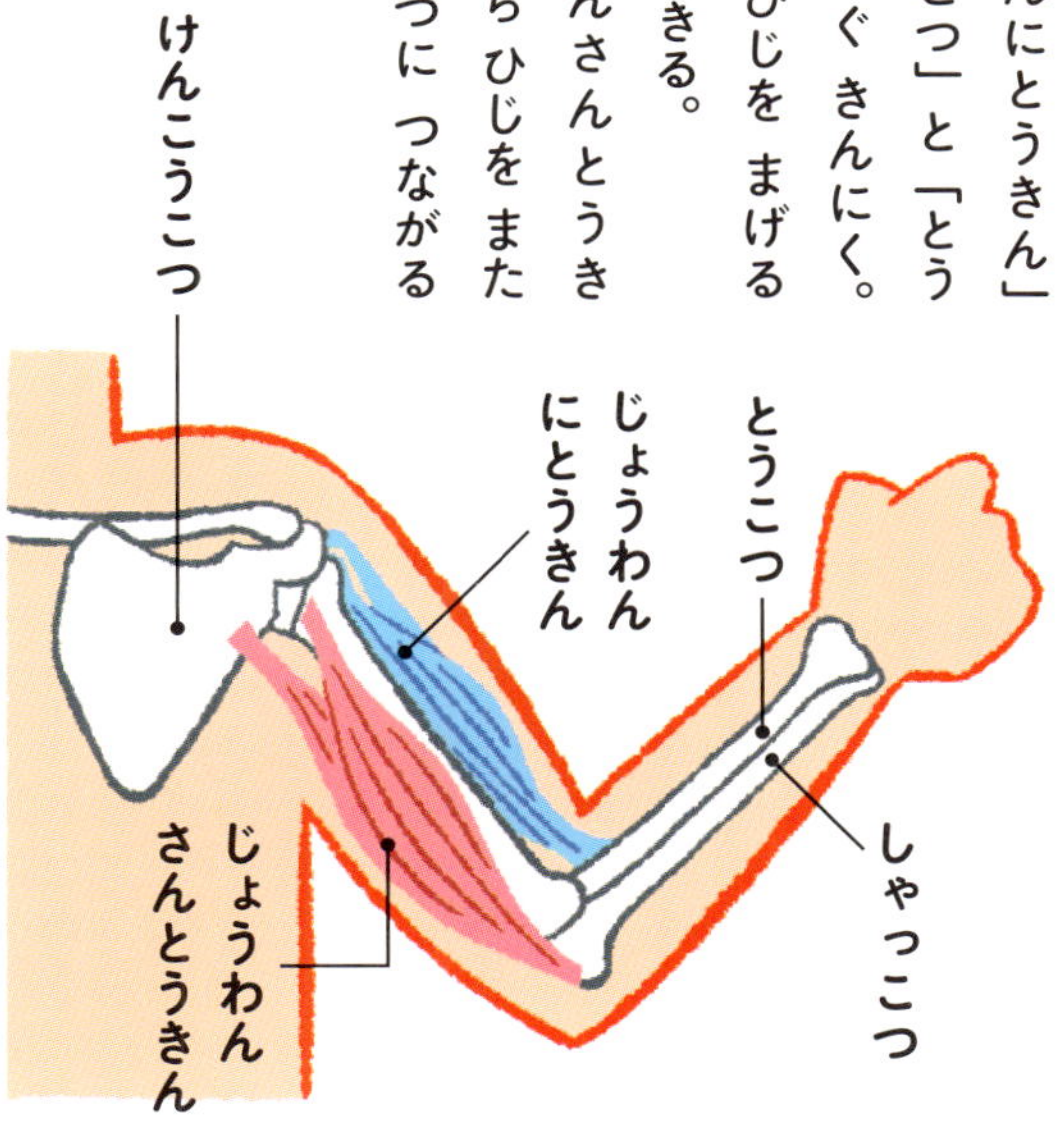

わんとうこつきん
腕橈骨筋

ひじから 手首《てくび》を つなぐ きんにく。ものを ひろいあげる ときなどに つかう。

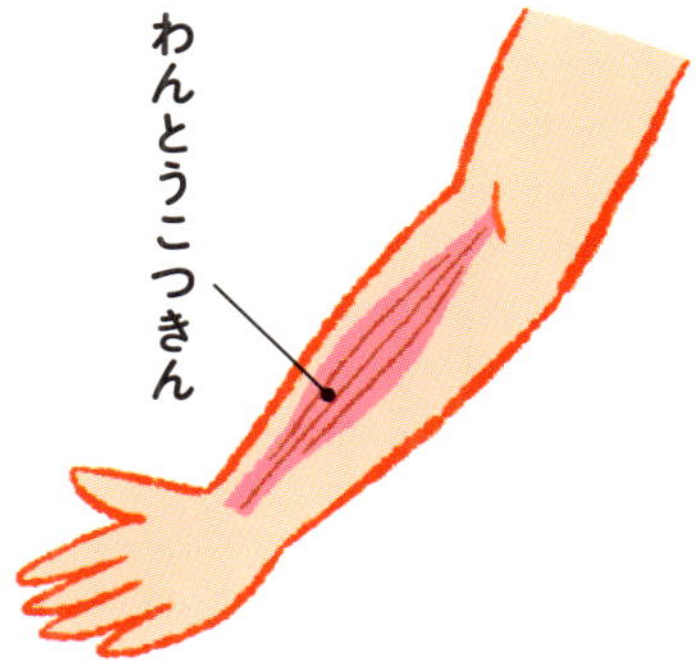

だいでんきん・だいたいにとうきん
大殿筋・大腿二頭筋

「だいでんきん」は おしりの きんにく。

「だいたいにとうきん」は 太《ふと》ももの うしろがわに 広《ひろ》がる きんにく。

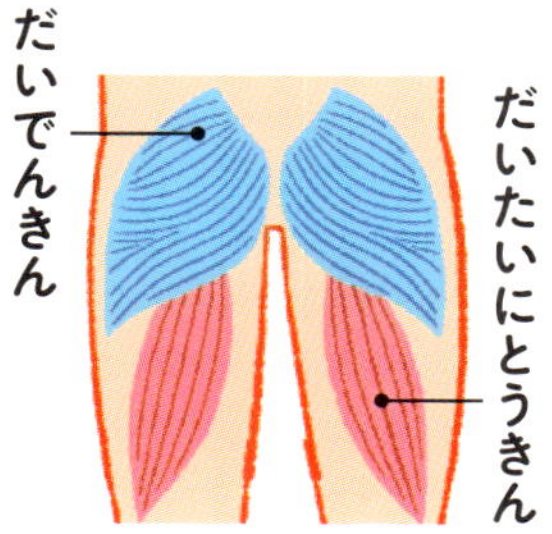

だいたいしとうきん
大腿四頭筋

太《ふと》ももの 前《まえ》と りょうがわに ある 4つの きんにく。歩《ある》く ときや かいだんを のぼる ときに、ひざを のばす。

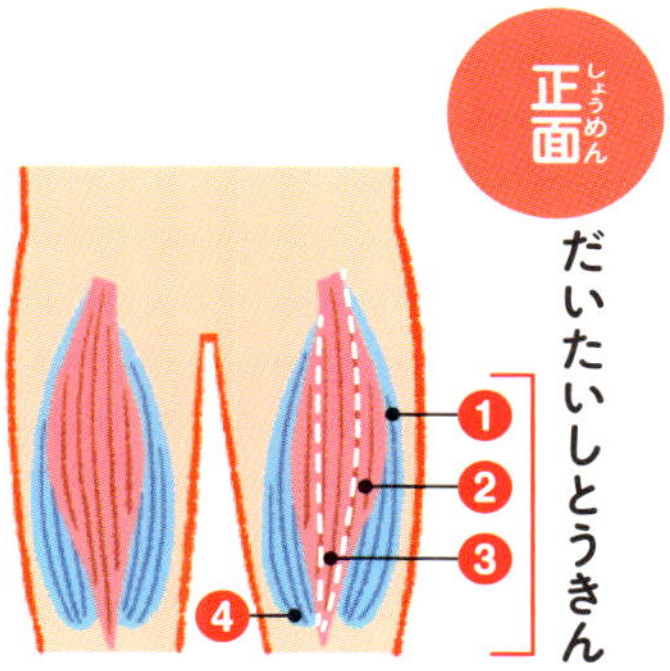

ひふくきん・ヒラメきん
腓腹筋・ヒラメ筋

ふくらはぎの きんにく。上《うえ》の ほうが ふたつに わかれているのが「ひふくきん」、ひふくきんに おおわれているのが「ヒラメきん」。

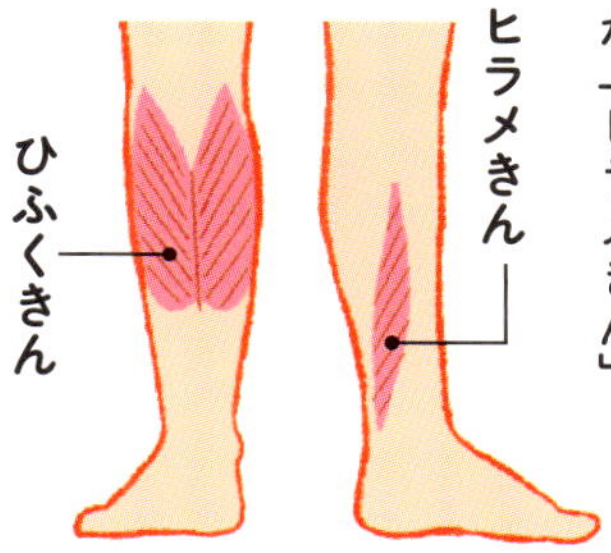

ぜんけいこつきん
前脛骨筋

すねの ぶぶんに ある きんにく。せのびを すると「ひふくきん」と「ヒラメきん」が ちぢんで ぜんけいこつきんが ゆるむ。

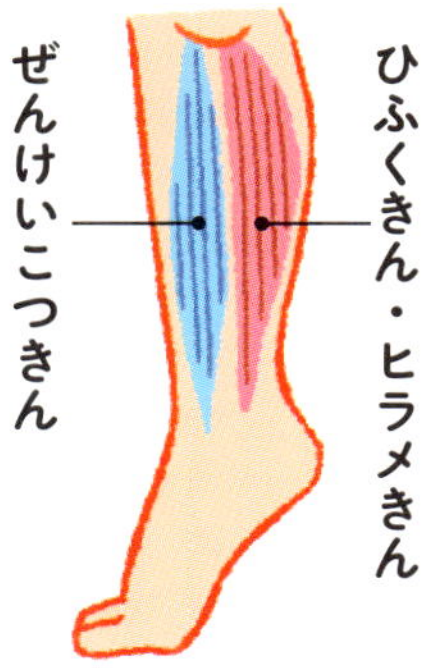

もっと しりたい!

ほねと きんにくの ふしぎ

からだを ささえたり うごかしたりするのに やくだっている、ほねと きんにく。ほかには どんな はたらきが あるのかな。

せは どうやって のびるの?

ほねが のびる ことで せが のびていきます。こどもの ほねには 「なんこつ」 と いう やわらかい ぶぶんが 多《おお》く あります。なんこつが ふえていき、 じゅんばんに かたくなり、 少《すこ》しずつ ほねが のびます。

ほねの せいちょう

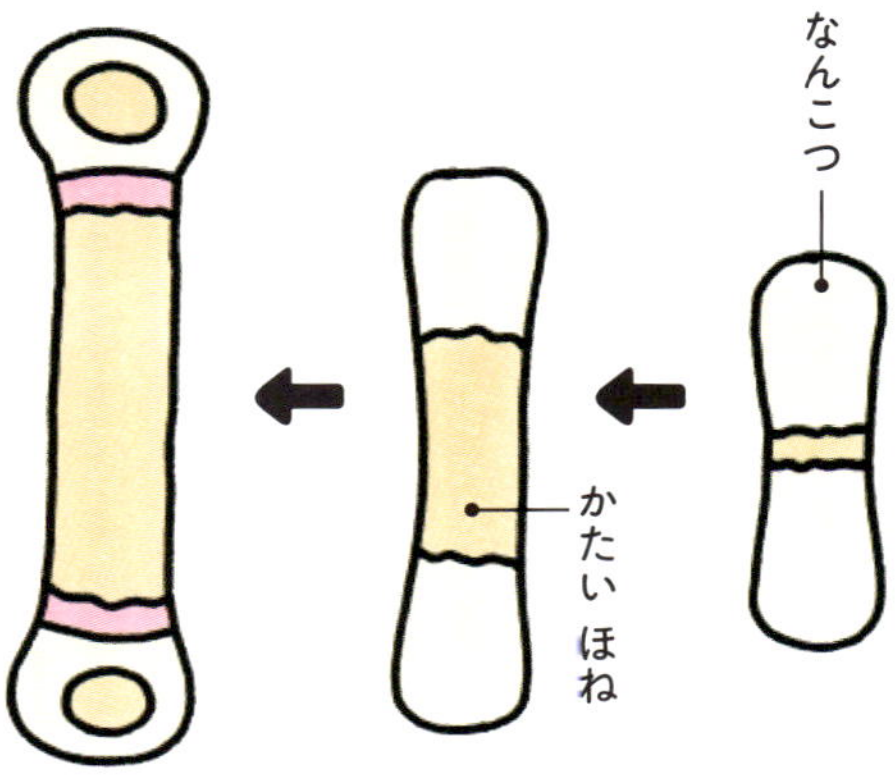

❶ こどもの ほねは なんこつが 多《おお》い。

❷ なんこつが ふえていき、ふえたぶんが 少《すこ》しずつ かたい ほねに かわる。

❸ だんだん なんこつが できなくなって せいちょうが とまる。

おれた ほねは どのようにして なおるの?

ほねが おれると けっかんも 切《き》れます。けっかんから 出《で》た 血《ち》が ほねと ほねの あいだに 入《はい》って すきまを うめるように かたまります。そのあと 血《ち》の かたまりと 入《い》れかわるように 少《すこ》しずつ 新《あたら》しい ほねが できていき、 やがて もとどおりに なります。

たくさん うんどうを すると きんにくつうに なるのは どうして?

きんにくを つかいすぎると、 きんにくの なかや まわりが きずつきます。 それを なおそうとする ときに あつまってくる ものが いたみを かんじさせると 考《かんが》えられています。

おもい にもつを もって きんにくつうに なる ことも ある。

2　おなかの なか

ピクニックで 食《た》べる おべんとうは とても おいしいね。
ごはんは おなかの なかで えいように かわるから
すききらいを いわないで いろいろな ものを 食《た》べるよ。

ずかい おなかの なか

いきものの からだは
「きかん」が あつまって
できています。
おなかの なかには、
食《た》べものを とかしたり
えいようを
とりいれたりする
「しょうかき」などが
あります。

それぞれの きかんは、
ふくろや くだのように
いろいろな かたちを
しています。

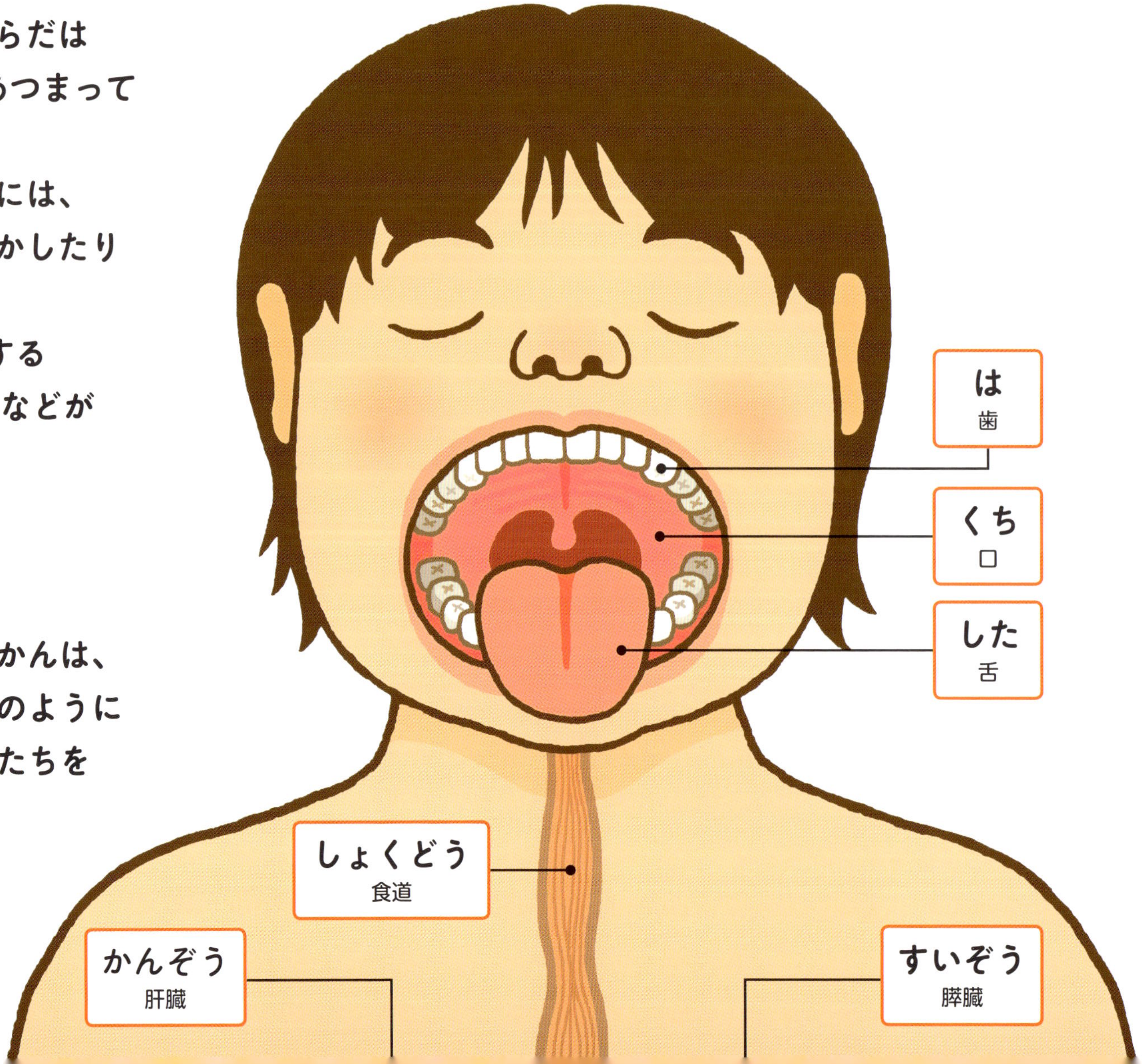

は
歯
くち
口
した
舌
しょくどう
食道
かんぞう
肝臓
すいぞう
膵臓

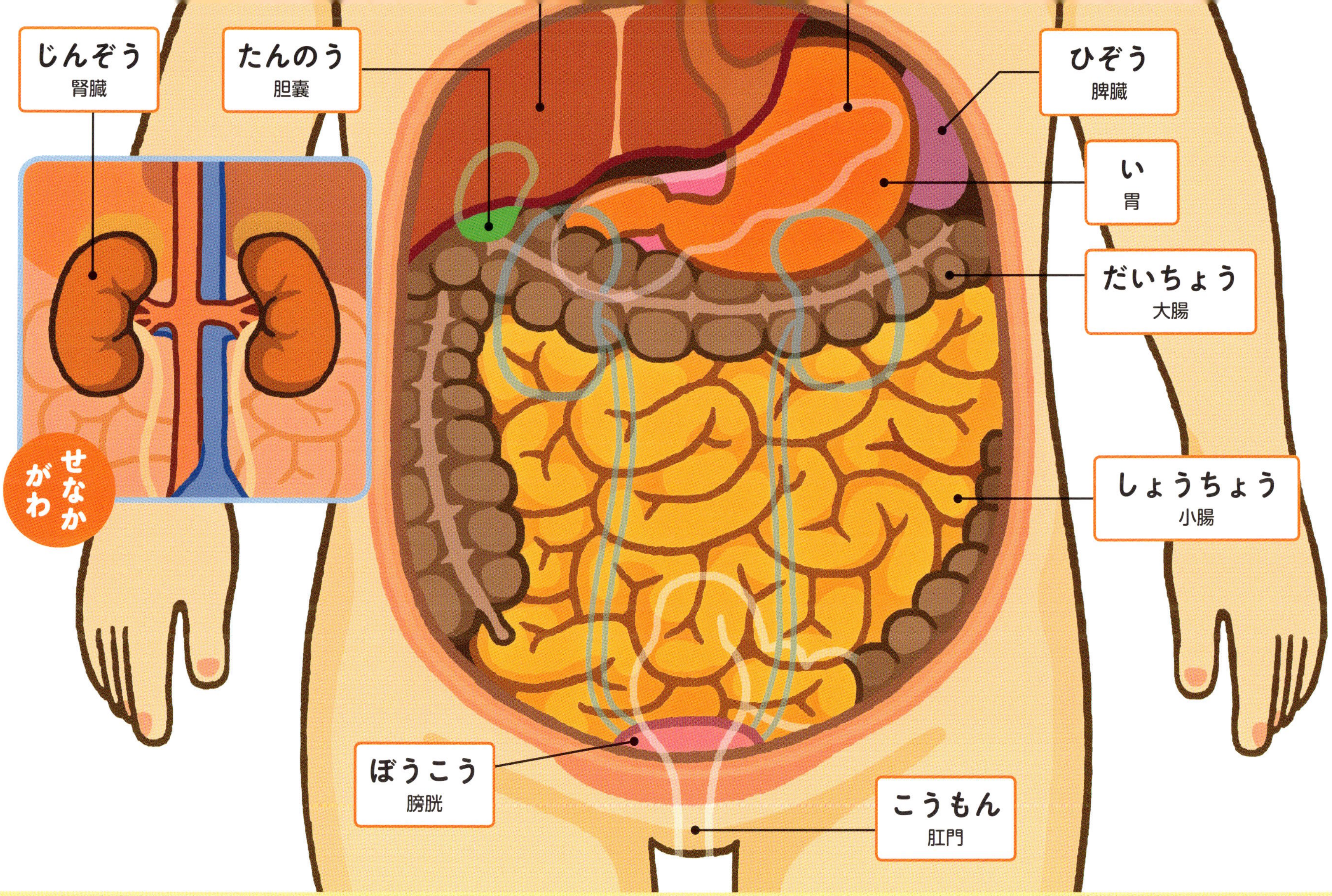
じんぞう
腎臓
たんのう
胆嚢
ひぞう
脾臓
い
胃
だいちょう
大腸
しょうちょう
小腸
せなかがわ
ぼうこう
膀胱
こうもん
肛門

おうちのかたへ

口から取り入れた食べ物は、食道、胃、小腸、大腸、肛門と、身長の約5倍の長さの管をだいたい一日かけて通ります。食べ物の消化には、歯でかみ砕いたり、胃でもんだりして細かくする機械的消化と、唾液や胃液、膵液《すいえき》などの消化液に含まれる消化酵素によって分解する化学的消化があります。

消化によって得られた栄養は、おもに小腸で吸収され、残ったかすは大腸で余分な水分を吸収して便となり排出されます。また、腎臓では余分な水分と不要なものから尿がつくられて排出されます。
＊本書では、食べ物の消化と吸収、排出に焦点を当てたため、「肝臓」「膵臓《すいぞう》」「胆嚢《たんのう》」「脾臓《ひぞう》」など、詳しく触れていない消化器もあります。

からだに えいようを とりいれる

元気《げんき》に せいかつしたり 大《おお》きく せいちょうしたり するために、からだは 食《た》べものから えいようを とりこんでいるよ。

いきものが 生《い》きていくために からだの なかに とりいれなければ ならない ものを えいようと いいます。口《くち》から 食《た》べたものは おなかの なかで えいように かえられます。

6つの えいよう

食《た》べものに ふくまれる えいようは おもに 6つ あります。

たんすいかぶつ
タンパクしつ
ししつ
ビタミン
むきしつ
しょくもつせんい

ごはん → たんすいかぶつ 炭水化物
マヨネーズ → ししつ 脂質
サラダ → ビタミン
くだもの → ビタミン
ヨーグルト → むきしつ 無機質
わかめの みそしる → しょくもつせんい 食物繊維
めだまやき → タンパクしつ タンパク質

けんこうな からだを つくる えいよう

えいようは、頭《あたま》や からだを うごかすために からだの なかで つかわれます。
また、からだを 大《おお》きくするためにも ひつようです。

朝《あさ》ごはんを 食《た》べると

朝《あさ》から 元気《げんき》に しゅうちゅうできる。

すききらいが あると

ひつような えいようが たりなくなって つかれやすくなったり、びょうきに かかりやすくなったりする ことが ある。

? ごはんを 一日《いちにち》3回《かい》 食《た》べるのは どうして?

一日《いちにち》に ひつような えいようを 1回《かい》の ごはんで 食《た》べようと すると りょうが 多《おお》すぎて 食《た》べきれません。
だから、3回《かい》くらいに わけて 食《た》べます。

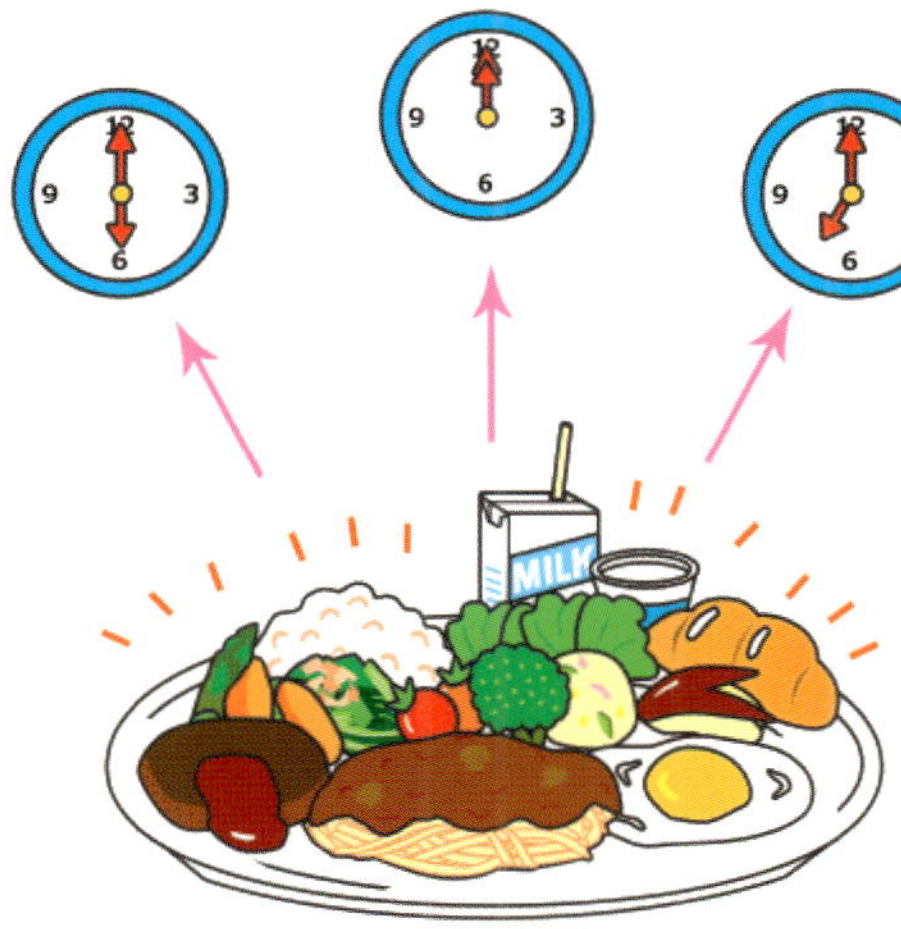

おうちの かたへ

生きていくうえで大切な6つの栄養のうち、炭水化物、タンパク質、脂質を三大栄養素といいます。炭水化物は、脳や体を動かすエネルギーとなります。タンパク質は、血液や筋肉、臓器など体をつくる材料となります。脂質は少量でも高いエネルギーとなり、余った分は体に蓄えられて体温を保つ働きをします。

ビタミンと無機質（ミネラル）は、三大栄養素の働きを助け、体の調子を整えます。無機質のカルシウムやリンは、骨や歯をつくるのに必要であり、鉄は血液中の赤血球をつくるのに必要です。三大栄養素とビタミン、無機質を合わせて五大栄養素といいます。

食物繊維は、腸内細菌を増やして腸内環境を整え、便通をよくする働きがあります。

食《た》べものを かんで のみこむ

ひとくち 食《た》べた おにぎりを もぐもぐ かむと、やわらかくなって のみこめるように なるね。食《た》べものは、のどを とおって おなかに はこばれるよ。

食《た》べものを かむ 口《くち》

口《くち》に 入《い》れた 食《た》べものは 歯《は》で かむ ことで こまかくなり、さらに だえき（つば）と まぜあわされる ことで やわらかくなり のみこみやすく なります。

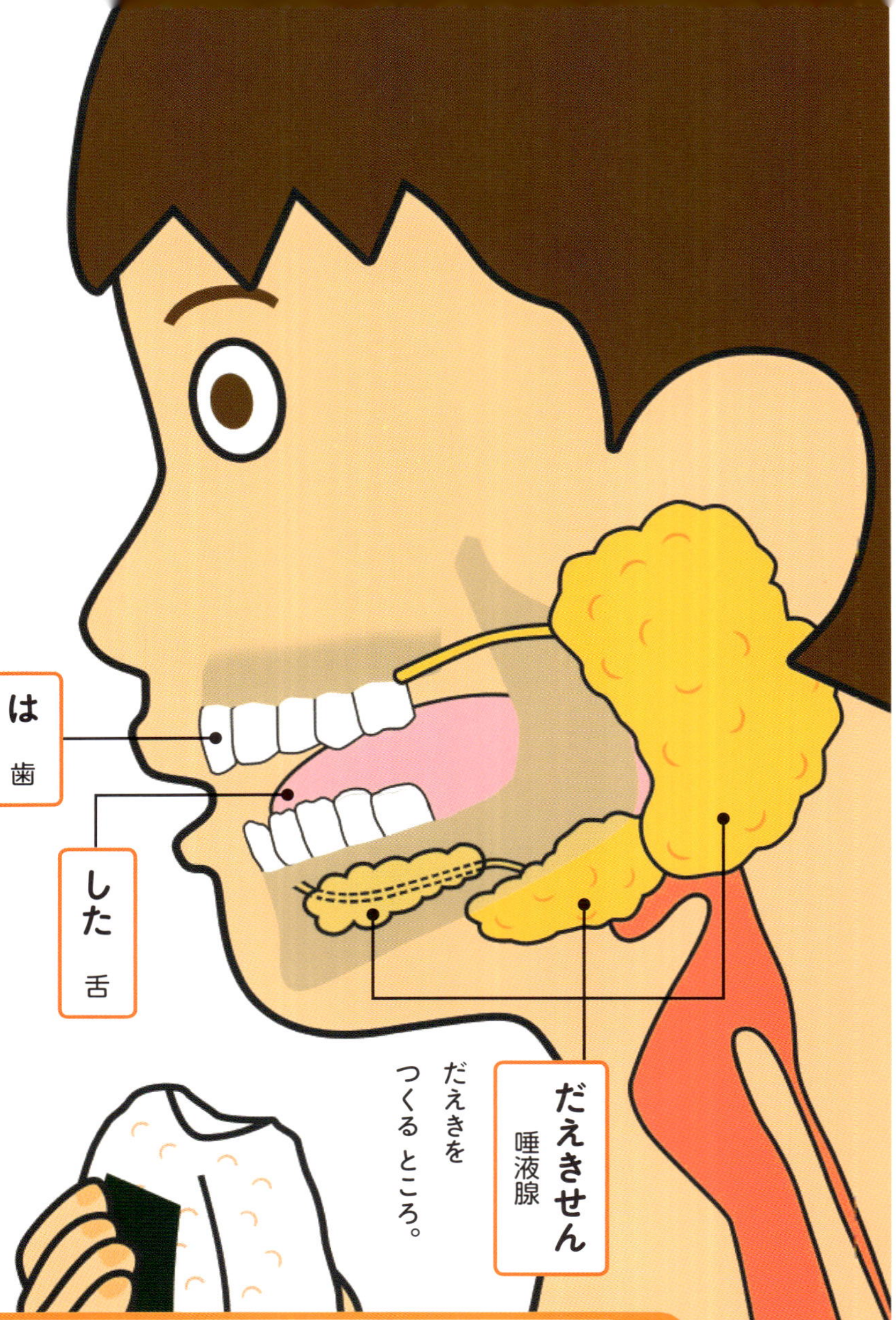

は
歯
した
舌
だえきせん
唾液腺
だえきを つくる ところ。

一日《いちにち》に 出《で》る だえきの りょう

一日《いちにち》に 出《で》る だえきの りょうは 1～1.5リットル くらいです。だえきは 食《た》べものを 食《た》べている ときに とくに たくさん 出《で》ます。だえきには、たんすいかぶつを こまかくする はたらきも あります。

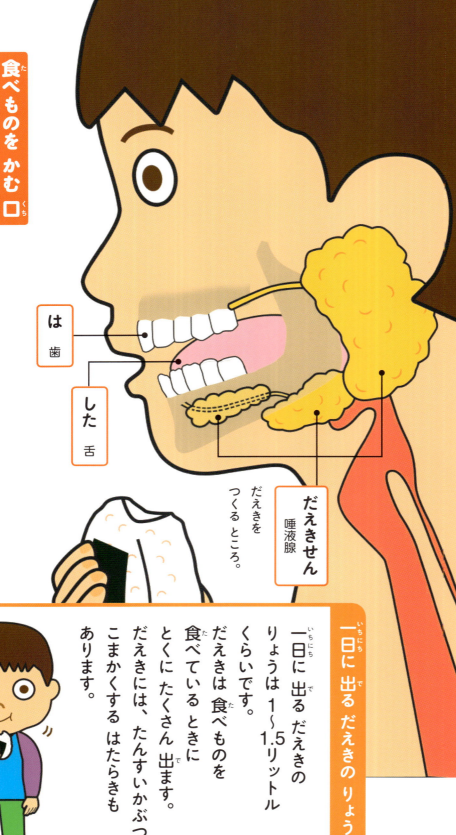

食《た》べものを いへ おくる のどと 食道《しょくどう》

だえきと まぜあわされた 食《た》べものは したを つかって のみこまれます。のみこんだ 食《た》べものは 食道《しょくどう》を とおって いに おくられます。

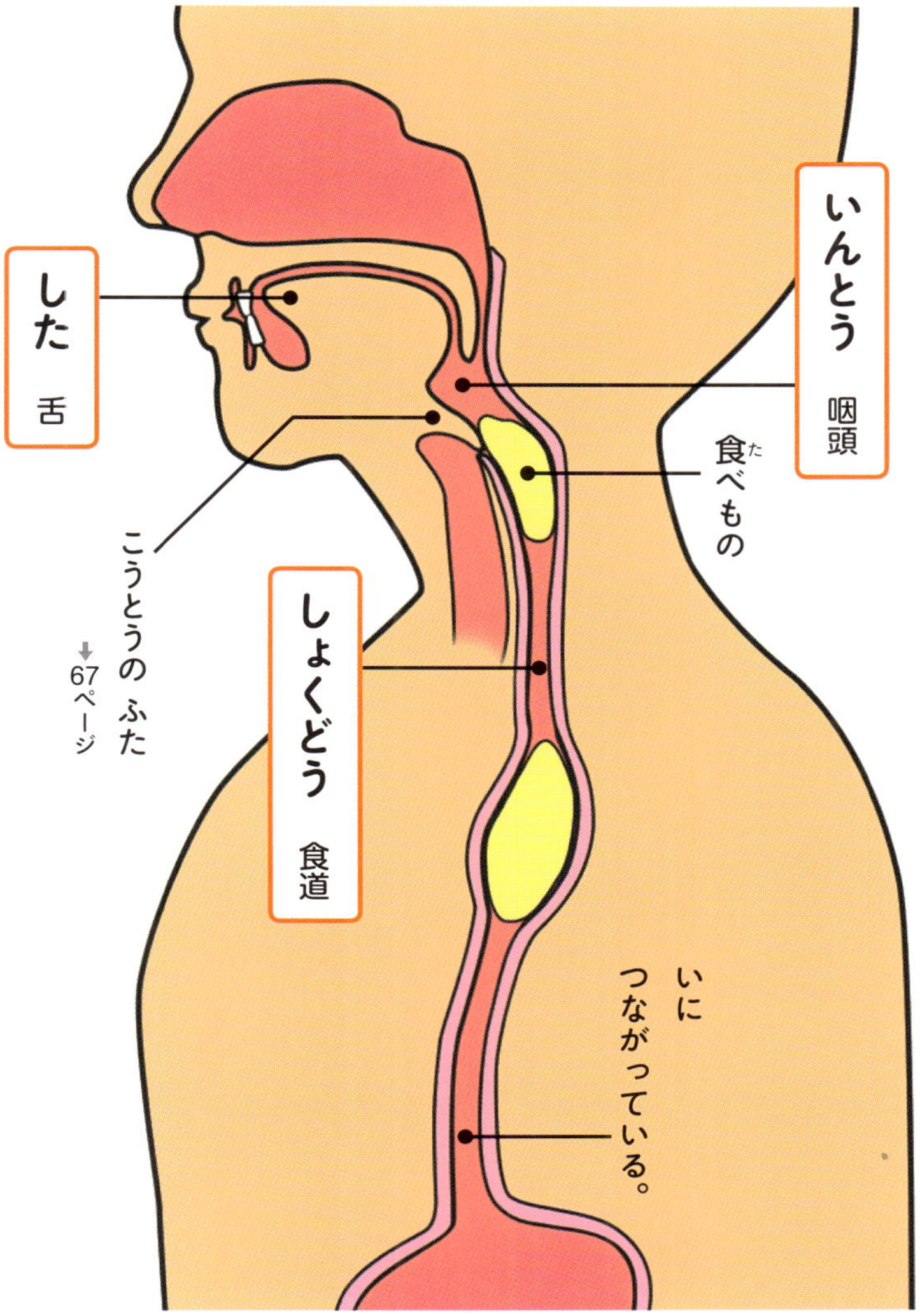

いんとう
咽頭
食《た》べもの
した
舌
こうとうの ふた
↓67ページ
しょくどう
食道
いに
つながっている。

食《た》べものを のみこむ しくみ

❶ したの さきが おしあがって 食《た》べものが のどに おくられる。

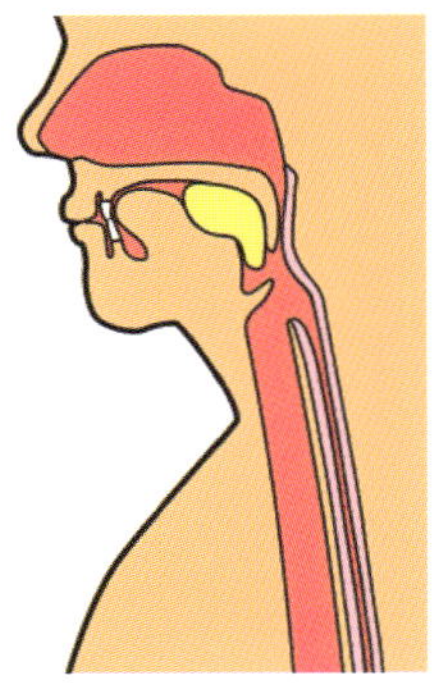

❷ 食《た》べものが いんとうに はこばれると こうとうの ふたが 下《さ》がって 食道《しょくどう》に おくられる。

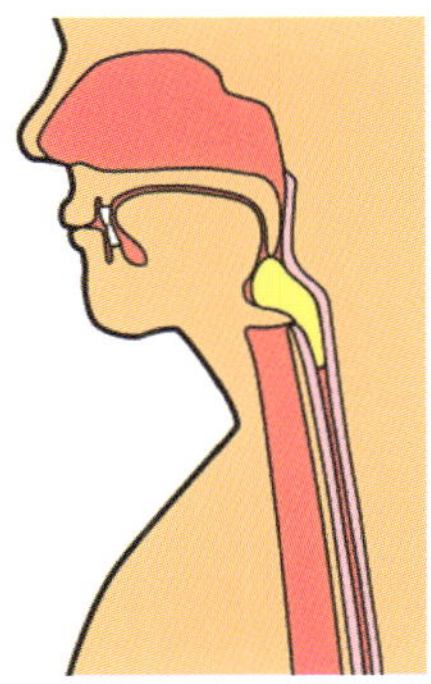

❸ 食道《しょくどう》の 入《い》り口《ぐち》が とじて 食《た》べものが いへ おくられる。

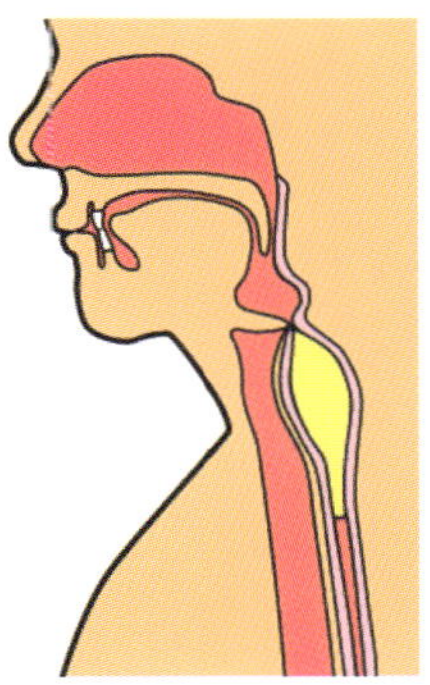

おうちの かたへ

消化器で分泌される消化液には、食べ物の栄養素を分解する消化酵素が含まれています。ある酵素が分解する栄養素は決まっていて、唾液の酵素は炭水化物を、胃液の酵素はタンパク質を分解します。また、小腸で分泌される膵液《すいえき》には、複数の酵素が含まれているため、小腸では炭水化物、タンパク質、脂質が分解されます。

口の中では、食べ物を細かくし唾液と混ぜ合わせて飲み込みやすくします。食べ物が咽頭（のど）に送られると、鼻や気管に通じる部分が自動的に閉じて、食道への入り口だけが開きます。入ってきた食べ物は、食道の筋肉が伸び縮みするぜん動運動によって、胃に送られます。食道の端は、食べ物が通るとき以外は閉じられ、胃からの逆流を防いでいます。

食《た》べものを とかして すいとる

おなかに はこばれた 食《た》べものは 長《なが》い しょうちょうを とおりながら からだに ひつような えいようを とりいれるよ。

いの うごき

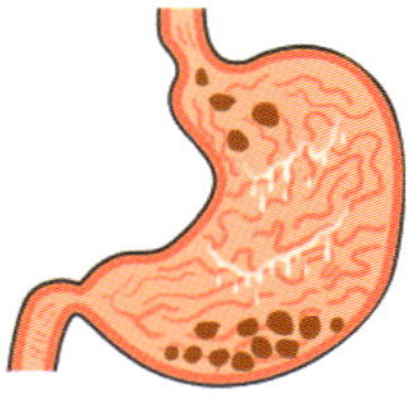

❶ 食道《しょくどう》から きた 食《た》べものが たまる。

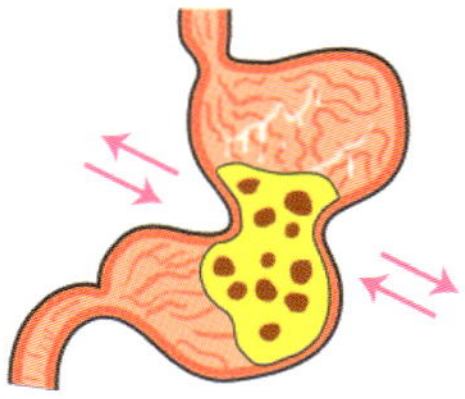

❷ いの まんなかが ちぢむ ことで 食《た》べものと いえきが かきまぜられる。

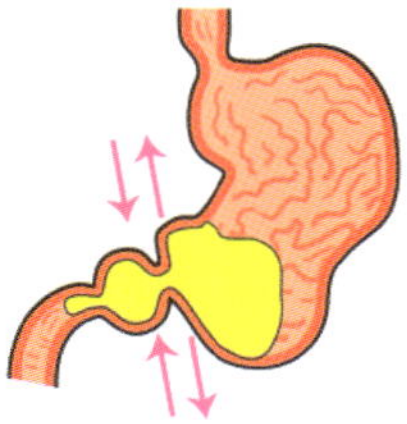

❸ いの 下《した》の ほうが ちぢみ、 食《た》べものが 少《すこ》しずつ おしだされる。

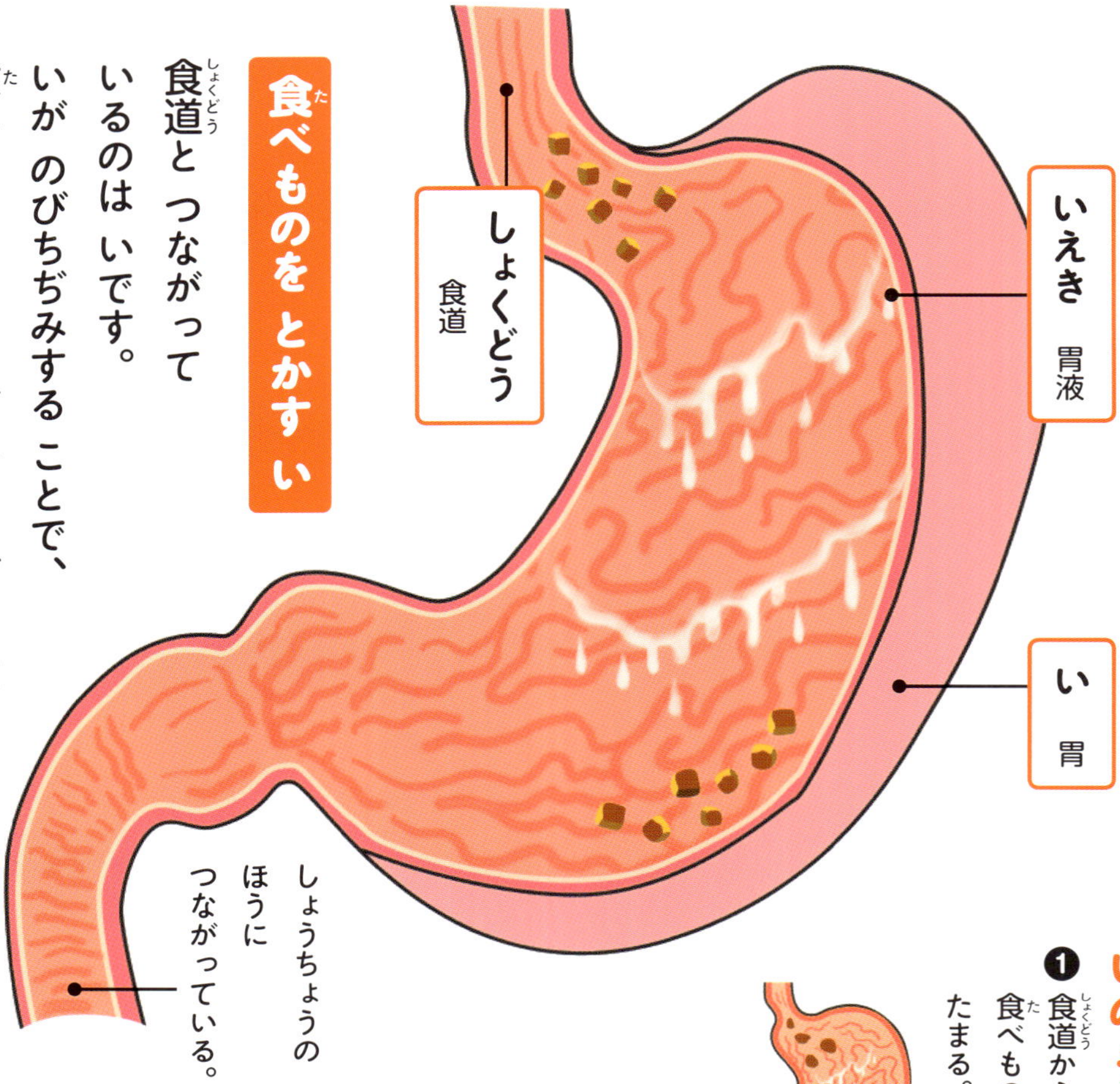

食《た》べものを とかす い

食道《しょくどう》と つながって いるのは いです。 いが のびちぢみする ことで、 食《た》べものと いえきが かきまぜられ、 どろどろに とけていきます。

？ おなかが すくと ぐーっと なるのは どうして？

食《た》べて しばらくすると、 いの なかの ものが ぜんぶ おしだされて 空気《くうき》だけに なります。 そのときに いが うごくと なかの 空気《くうき》が しょうちょうに おしだされて、 音《おと》が なります。

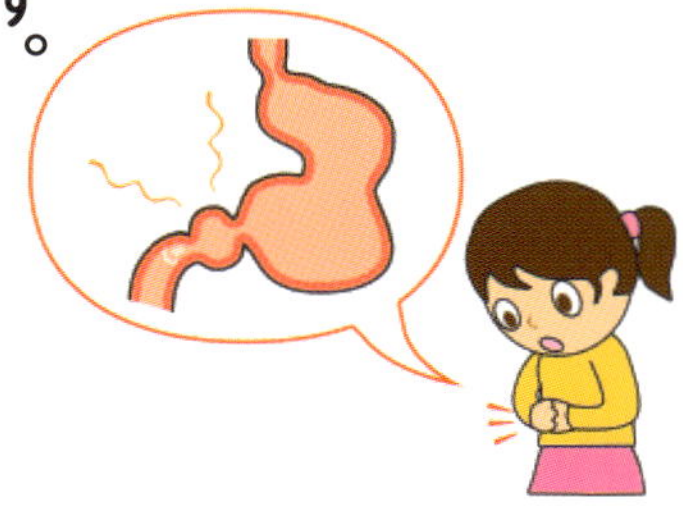

えいようを すいとる しょうちょう

しょうちょうでは、いで とけた 食《た》べものが さらに こまかくなって、からだの なかに えいようが 入《はい》っていきやすくなります。

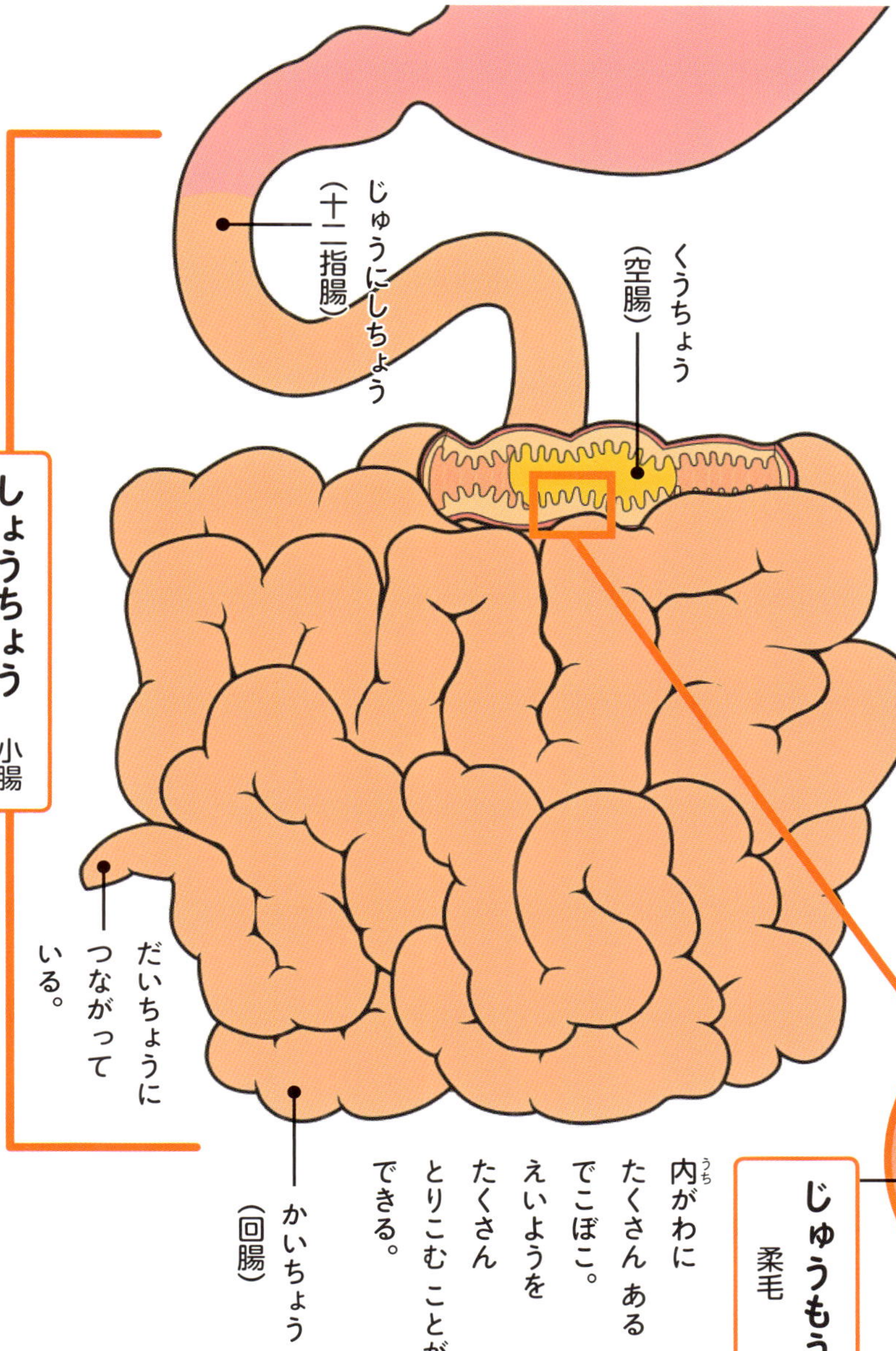

じゅうにしちょう（十二指腸）
くうちょう（空腸）
しょうちょう
小腸
だいちょうに つながって いる。
かいちょう（回腸）

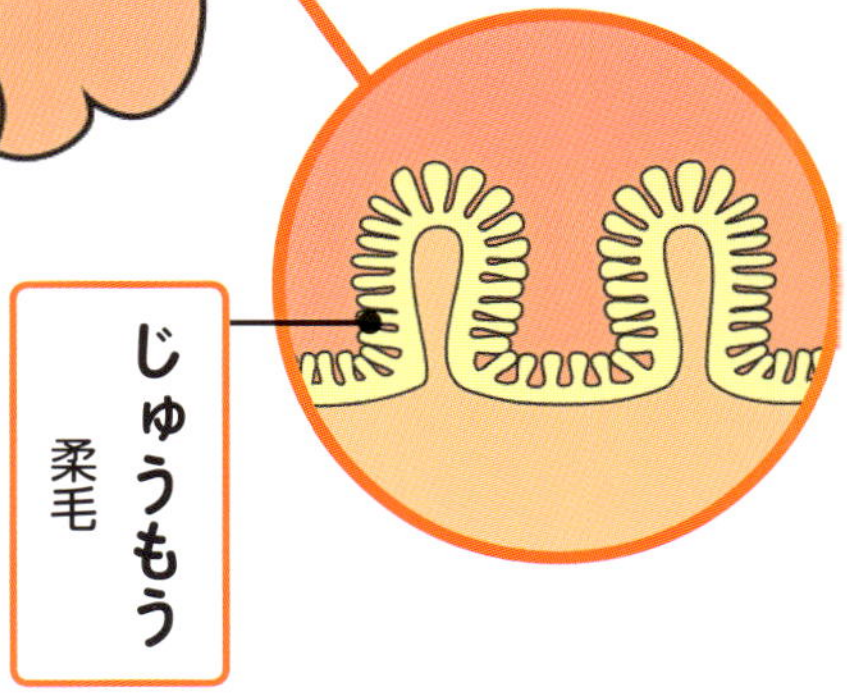

じゅうもう
柔毛
内《うち》がわに たくさん ある でこぼこ。えいようを たくさん とりこむ ことが できる。

しょうちょうの 広《ひろ》さ

しょうちょうの でこぼこを すべて 広《ひろ》げると、テニスの コート 1めんぶんと おなじくらいの 広《ひろ》さに なります。

おうちの かたへ

食道を通過した食べ物は、胃に入ります。3層の筋肉でできた胃は、力強く伸び縮みしながら食べ物と胃液を混ぜ合わせてどろどろにします。胃液は強い酸性で、消化液として食べ物のタンパク質を分解するほかに、食べ物を消毒殺菌する役割もあります。

胃で消化された食べ物は、小腸へと送られます。小腸は、十二指腸、空腸、回腸の3つの部分に分かれていて、まず、十二指腸で、膵《すい》液《えき》、胆汁《たんじゅう》と混ぜ合わされます。そのあと、胃で消化しきれていないものが分解されながら、まず空腸に入り、次に回腸をゆっくり通過していきます。このとき、栄養を吸収するのは、空腸と回腸の内側の波打つようなひだの表面を覆っている、「柔毛《じゅうもう》」という多数の細かいでこぼこです。このような構造のためとても表面積が広くなり、よりたくさんの栄養を吸収することができます。

うんちを つくって 出《だ》す

ごはんを食《た》べると うんちが 出《で》るのは どうしてかな。うんちは 食《た》べものから えいようを すいとった あとの かすだよ。

水分《すいぶん》を とりのぞく だいちょう

しょうちょうで えいようを とりこんだ あとの 食《た》べものは、だいちょうに おくられます。だいちょうでは 食《た》べものから 水分《すいぶん》が とりのぞかれ、うんちが できます。

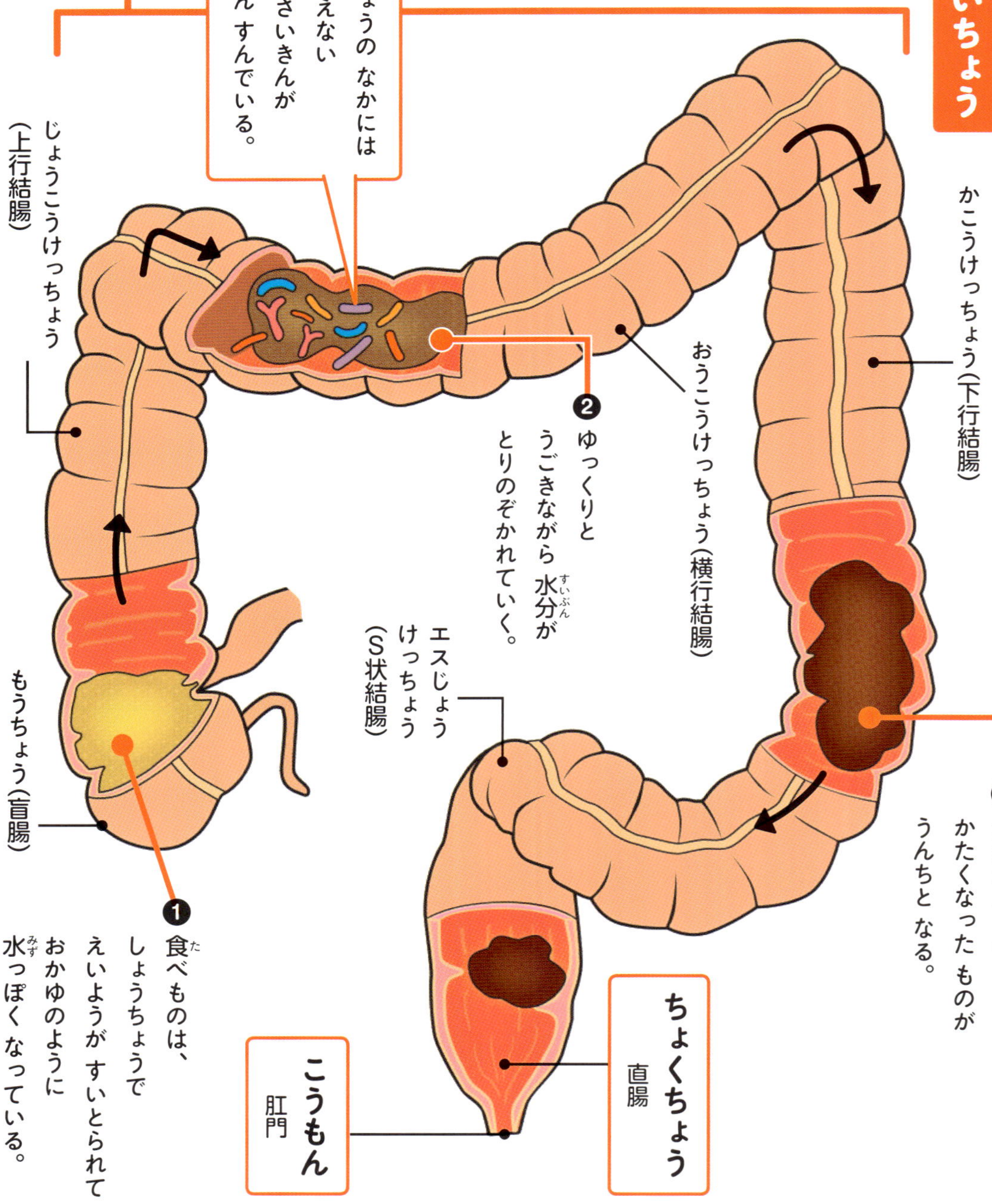

だいちょう 大腸
だいちょうの なかには 目《め》に 見《み》えない 小《ちい》さな さいきんが たくさん すんでいる。
じょうこうけっちょう（上行結腸）
おうこうけっちょう（横行結腸）
かこうけっちょう（下行結腸）
❷ ゆっくりと うごきながら 水分《すいぶん》が とりのぞかれていく。
エスじょうけっちょう（S状結腸）
もうちょう（盲腸）
❸ 水分《すいぶん》が へって かたくなった ものが うんちと なる。
❶ 食《た》べものは、しょうちょうで えいようが すいとられて おかゆのように 水《みず》っぽく なっている。
ちょくちょう 直腸
こうもん 肛門

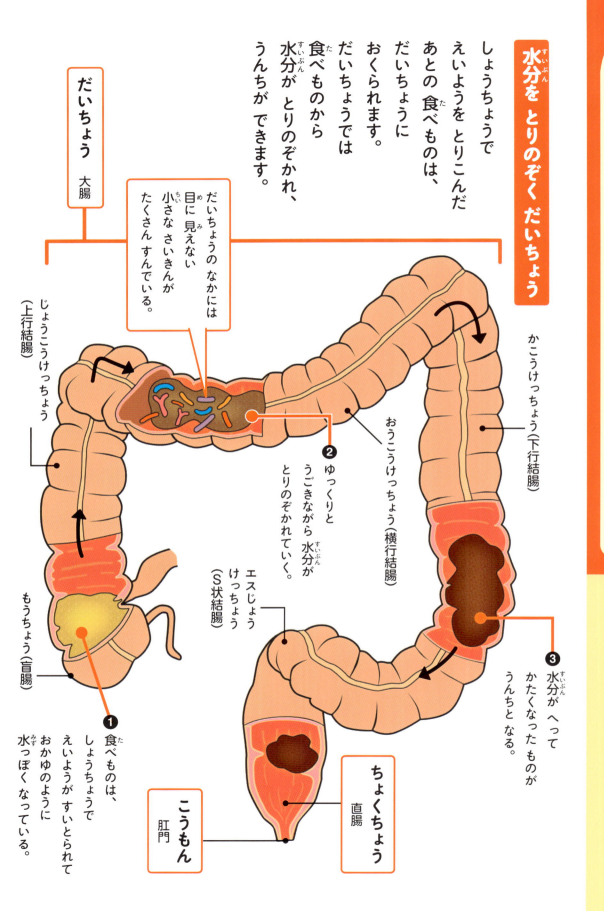

うんちを 出《だ》す こうもん

だいちょうで できた うんちは こうもんから 外《そと》に 出《で》ます。こうもんは、うんちが 出《で》る とき いがいは とじて います。

うんちの しゅるい

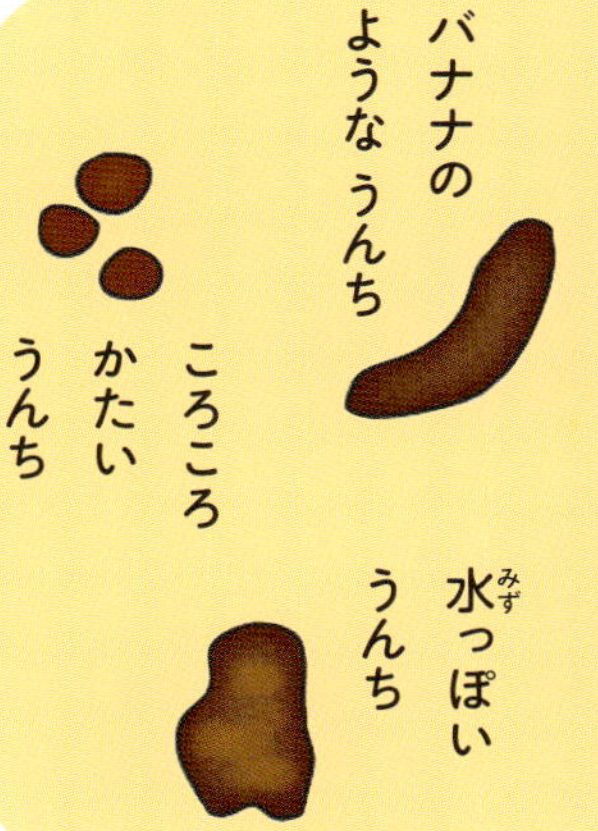

バナナの ような うんち
ころころ かたい うんち
水《みず》っぽい うんち

うんちが 出《で》るまで

❶ ちょくちょうに 少《すこ》しずつ うんちが 入《はい》る。

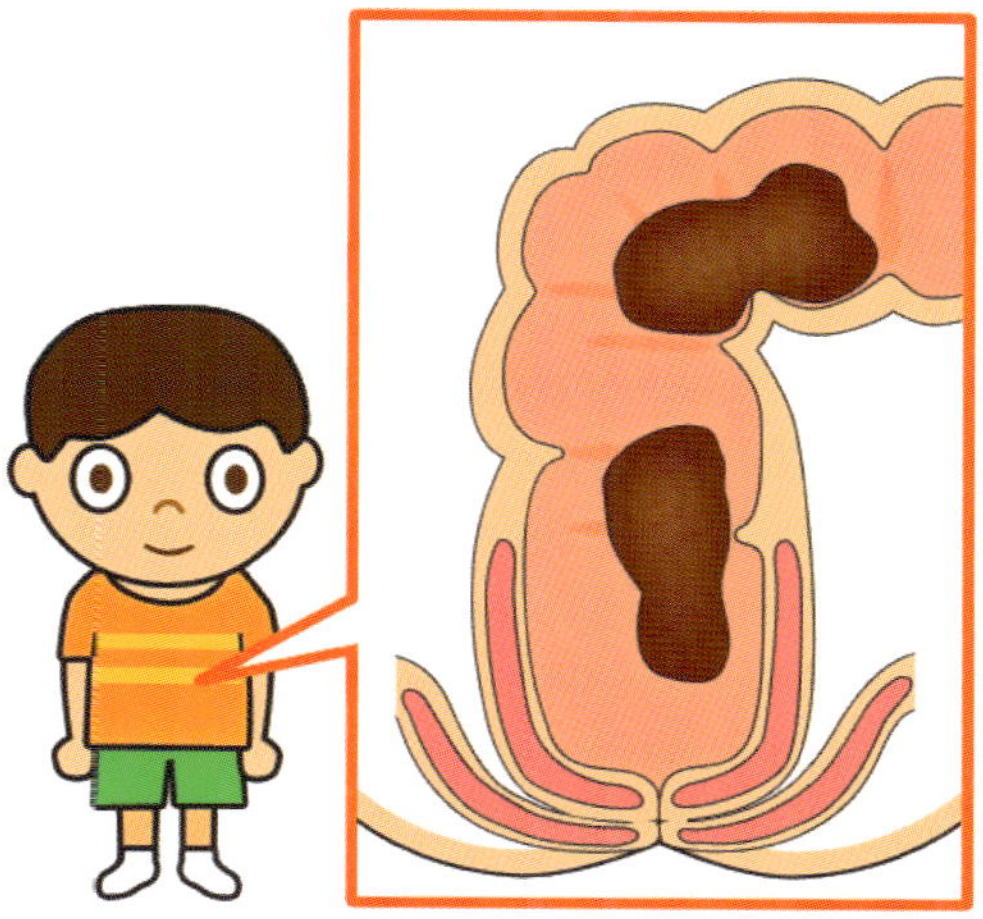

❷ うんちが たくさん たまると 出《だ》したくなり、こうもんの 内《うち》がわが ゆるむ。

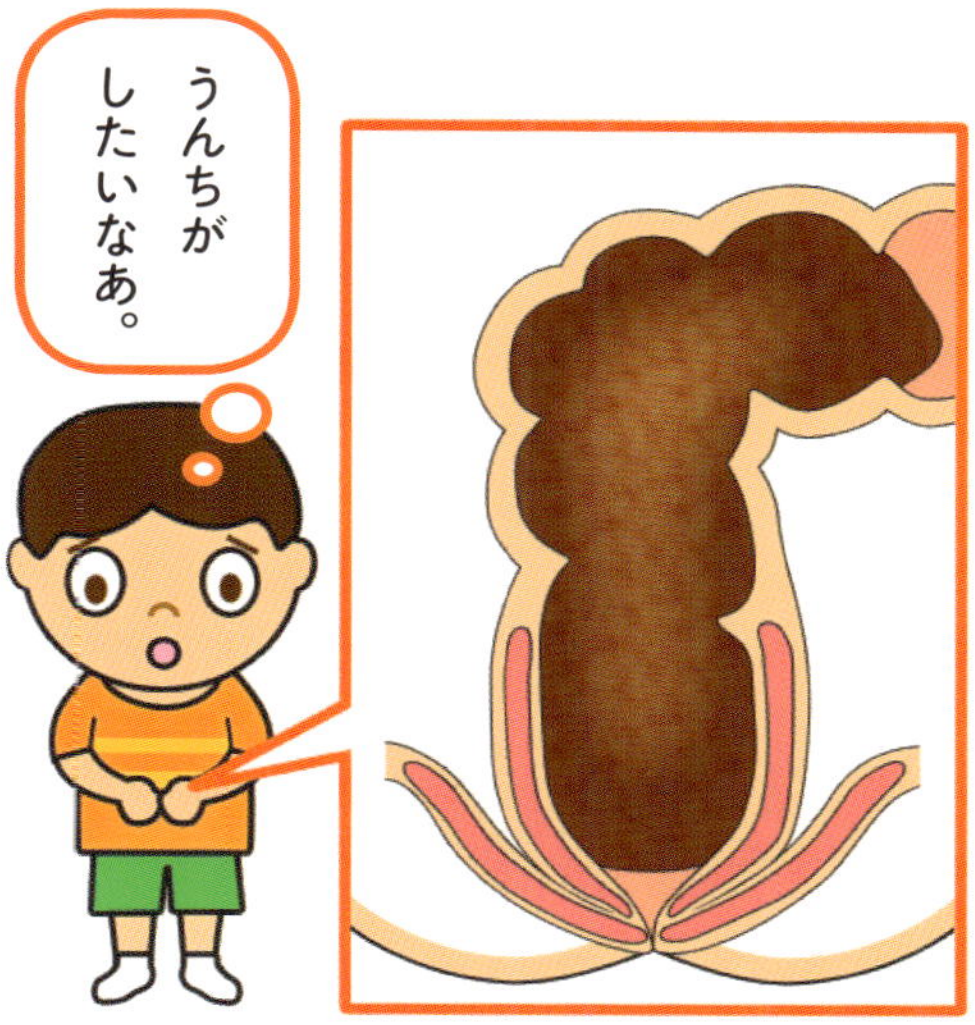

うんちが したいなあ。

❸ こうもんの まわりを ゆるめて うんちを 出《だ》す。

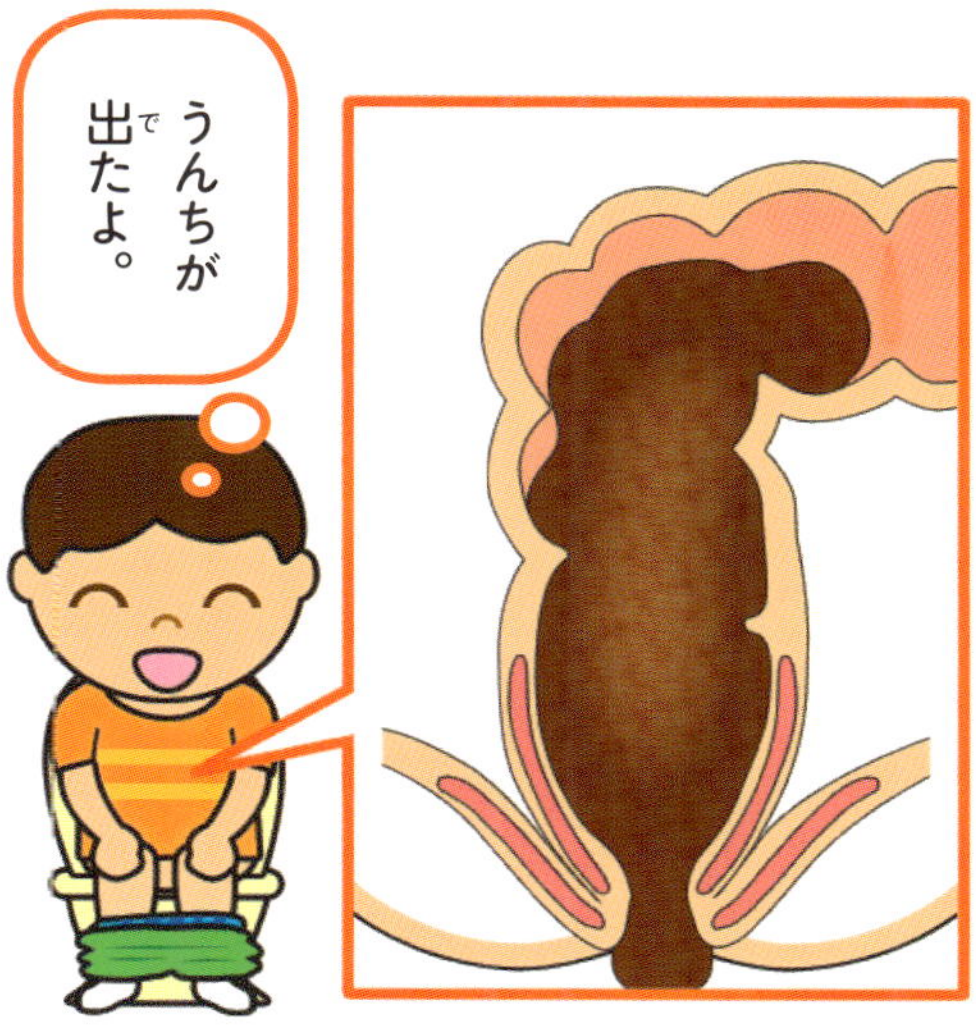

うんちが 出《で》たよ。

おうちの かたへ

大腸は、盲腸、結腸、直腸の3つに分けられます。入り口となる盲腸を通過した粥《かゆ》状の食べ物は、くびれを移動させるぜん動運動によって結腸の中を進んでいきます。上行結腸、横行結腸、下行結腸と進むあいだに徐々に水分が吸収されて便になり、S状結腸から直腸に送られます。直腸に便がたまると便意を感じ、内側の括約筋《かつやくきん》が緩んで便を出せる状態になりますが、最後は意識的に外側の括約筋を緩めて外に出します。

大腸では、便をつくる以外に、大腸内にすんでいる腸内細菌の働きによって、消化液では消化できない食物繊維が分解されてビタミン類などがつくられます。また、腸内細菌には、ほかの病原体の侵入を防いだり、免疫力を高めたりする働きもあります。

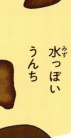

おしっこを つくって 出《だ》す

水《みず》を たくさん のむと おしっこを したくなるね。おしっこを したくなったら がまんせずに トイレに 行《い》こうね。

おしっこを つくる じんぞう

じんぞうでは からだを ながれてきた 血《ち》の なかから、よぶんな 水分《すいぶん》や いらない ものが わけられて、おしっこに なります。

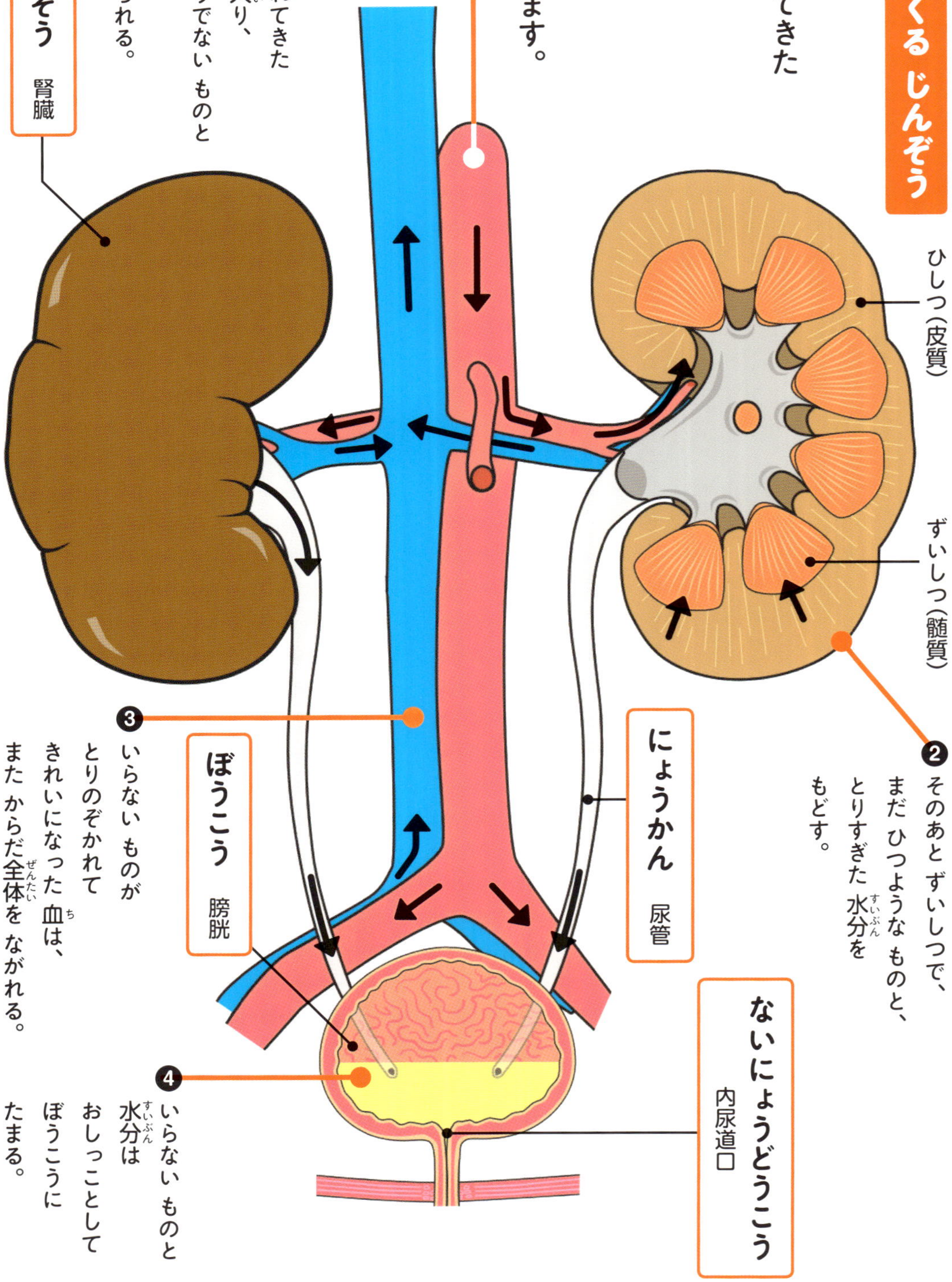
❶ じんぞうに ながれてきた 血《ち》は、ひしつに 入《はい》り、からだに ひつようでない ものと よぶんな 水分《すいぶん》が おおまかに わけられる。
じんぞう 腎臓
ひしつ（皮質）
ずいしつ（髄質）
❷ そのあと ずいしつで、まだ ひつような ものと、とりすぎた 水分《すいぶん》を もどす。
にょうかん 尿管
ぼうこう 膀胱
❸ いらない ものが とりのぞかれて きれいになった 血《ち》は、また からだ全体《ぜんたい》を ながれる。
ないにょうどうこう 内尿道口
❹ いらない ものと 水分《すいぶん》は おしっことして ぼうこうに たまる。

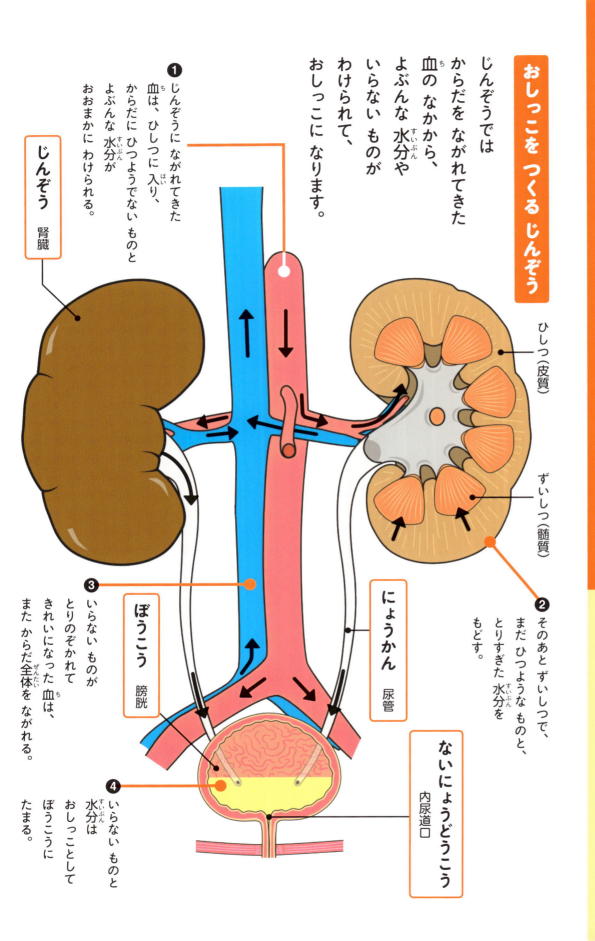

おしっこを ためておく ぼうこう

ぼうこうは、のびちぢみする
ふくろのように なっています。
おしっこは 少《すこ》しずつ じんぞうから
ながれてくるので、
しばらくの あいだ ためておきます。

一日《いちにち》に 出《で》る
おしっこの りょうは
おとなで
1～1.5リットル
くらい。

おしっこが 出《で》るまで

❶ ぼうこうに おしっこが ながれてくる。

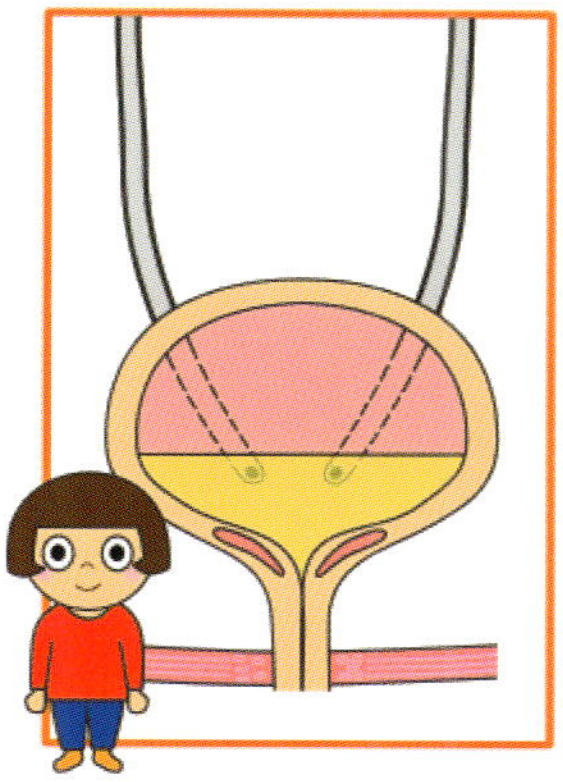

❷ ぼうこうに おしっこが たまって、かべが のびる。

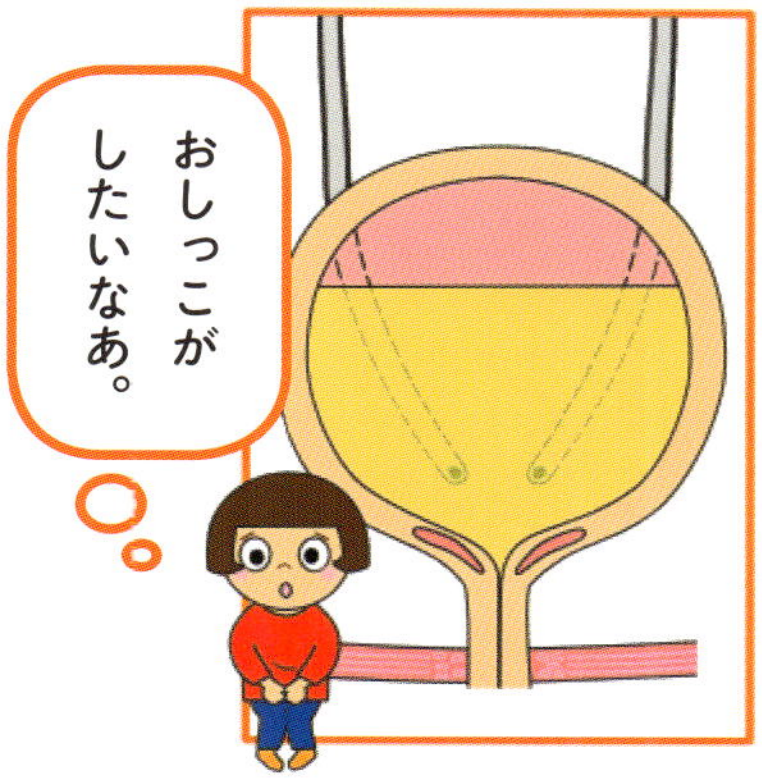
おしっこが したいなあ。

❸ ないにょうどうこうが ひらいて、おしっこを 出《だ》せるように なる。

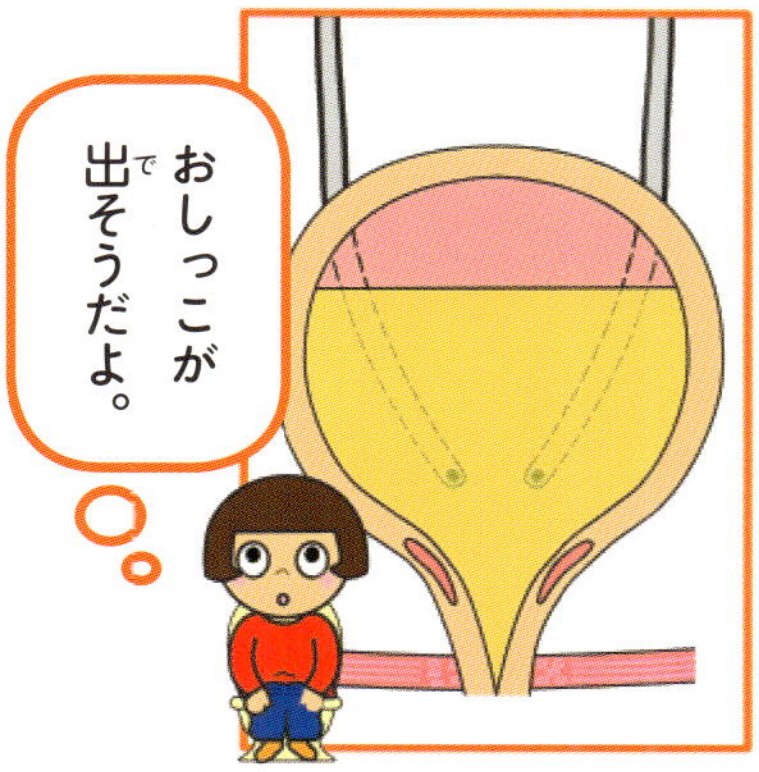
おしっこが 出《で》そうだよ。

❹ 出口《でぐち》の まわりを ゆるめて おしっこを 出《だ》す。

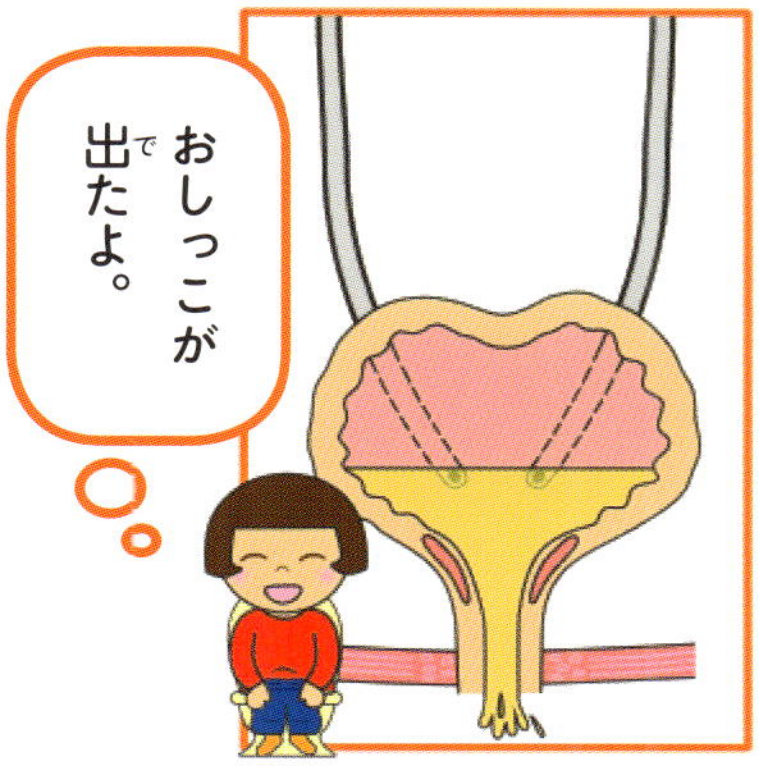
おしっこが 出《で》たよ。

おうちのかたへ

体内の水分量と体液の成分量を一定に保つため、また、血液中の不要物、有毒物をろ過して体外に排出するために尿をつくっているのが、腰の上あたりにふたつ並んでいる腎臓です。腎臓では、まず、皮質にある腎小体の中で、血液から不要物を大まかにこしとった原尿がつくられ、髄質の中の尿管につながる尿細管に入ります。尿細管の周りには毛細血管が張りめぐらされていて、原尿からまだ体に必要なものや水分を再び吸収し、血管に戻します。こうして、残った水分と老廃物が、尿として尿管から膀胱へと送られます。つくられた原尿のうち、尿として排出されるのは1％ほどです。

膀胱は一時的に尿をためておく、袋のような器官です。一定量の尿がたまると尿を出せる状態になります。

おなかの はたらきに かんけいする ことば ①

しょうかき
消化器

食《た》べものを こまかくして、からだに えいようを とりこむ はたらきを もつ きかん。

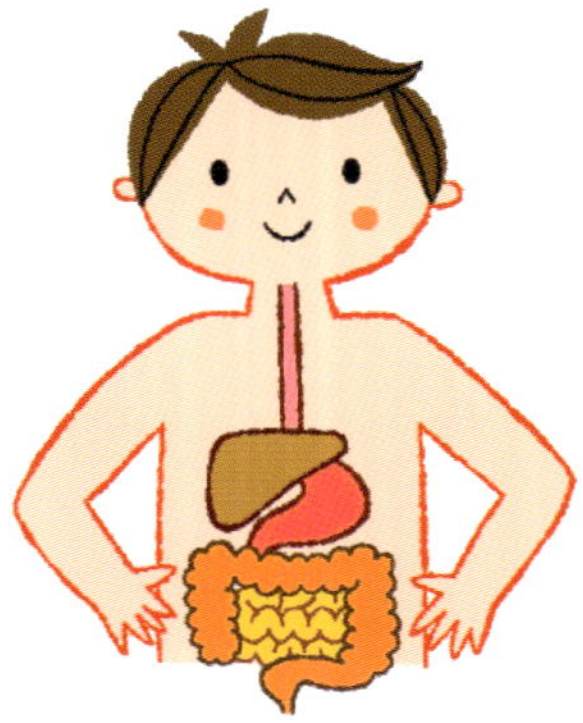

は
歯

口《くち》の なかに あって、食《た》べものを 切《き》ったり くだいたり すりつぶしたりする。

こどもの ときは ぜんぶで 20本《ぽん》で、おとなに なるまでに 生《は》えかわって 28～32本《ほん》に なる。

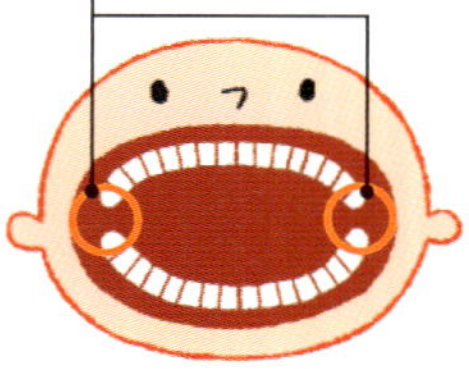
いちばん おくの 歯《は》は いっしょう 生《は》えない 人《ひと》も いる。

だえきせん
唾液腺

だえき（つば）を つくる ところ。食《た》べものと だえきが まざりあう ことで のみこみやすくなる。だえきには たんすいかぶつを こまかく する はたらきも ある。

した
舌

口《くち》の なかに ある きんにく。かんで こまかくした 食《た》べものを 食道《しょくどう》に おくる。また、声《こえ》を 出《だ》す ときにも つかう。

しょくどう
食道

口《くち》と いを つなぐ くだ。食《しょく》道《どう》の かべに ついている きんにくが のびちぢみする ことで、食《た》べものが いに おくられる。

食道《しょくどう》の うごき

❶ 食《た》べものが のどを とおりすぎて しょくどうの 入《い》り口《ぐち》に 入《はい》る。

❷ きんにくが 食《た》べものを 下《した》に おくる。

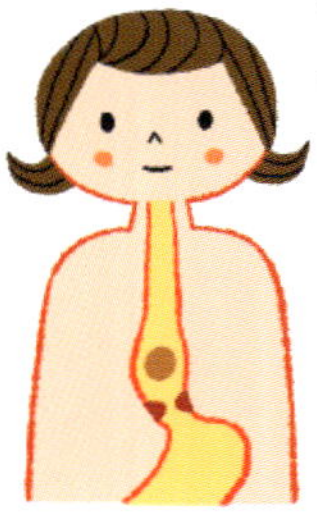

❸ 食《た》べものが いに おくられる。

い
胃

食道《しょくどう》から おくられてきた 食《た》べものを ためて、いえきと よく かきまぜて とかす ところ。

いで とかされた 食《た》べものは じゅうにしちょうを とおって しょうちょうへ おくられる。

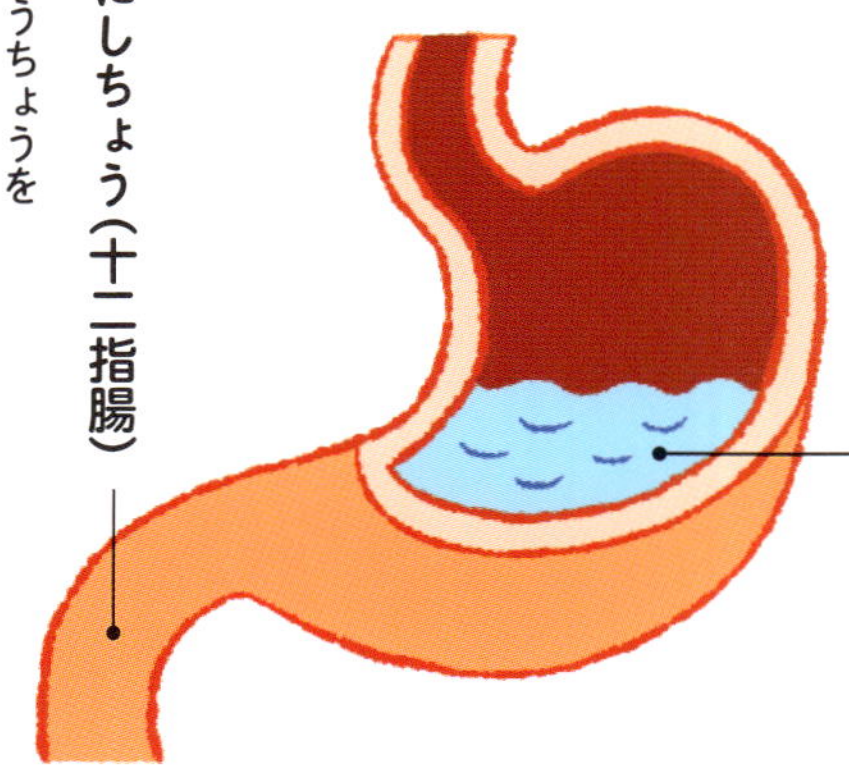
いえき(胃液)
いの なかの 食《た》べものを とかす えき。
じゅうにしちょう(十二指腸)
いと しょうちょうを つなぐ ところ。

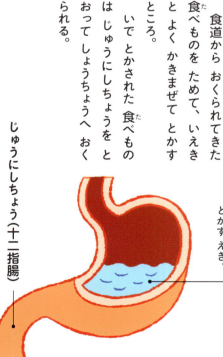

しょうちょう・じゅうもう

小腸・柔毛

いで とかされた 食《た》べものを さらに こまかくして、からだの なかに とり入《い》れる ところ。

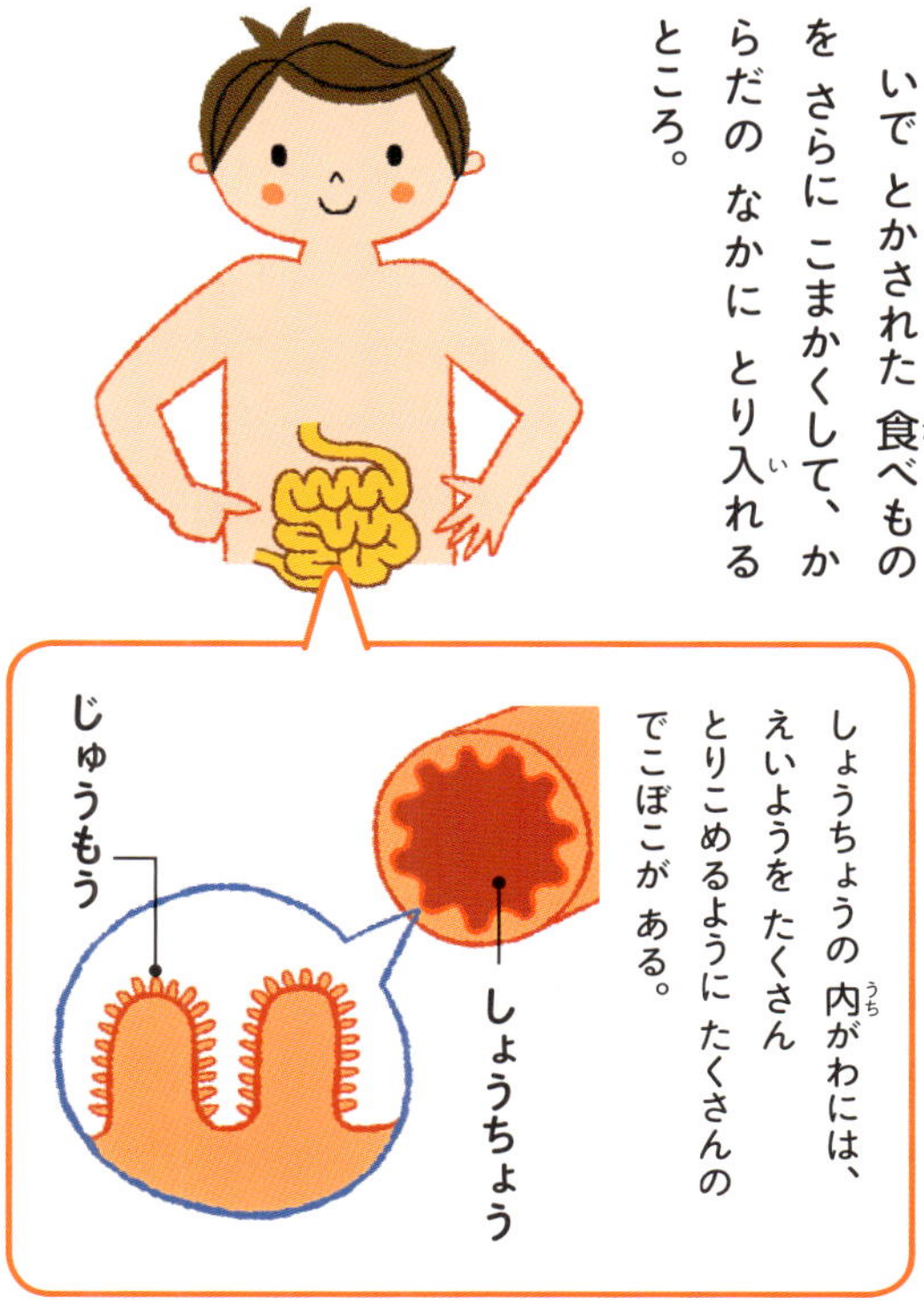
じゅうもう
しょうちょう

しょうちょうの 内《うち》がわには、えいようを たくさん とりこめるように たくさんの でこぼこが ある。

うんち

食《た》べものの かすを かためたもの。「だいべん」や「べん」と いう ことも ある。食《た》べものや からだの ぐあいによって うんちの かたさが かわる。

べんぴ

だいちょうの うごきが わるくて うんちが ゆっくり すすみすぎたため、水分《すいぶん》が どんどん とられてしまって かたい。

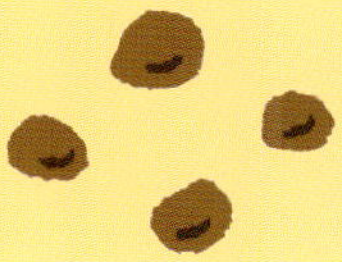

げり

水《みず》を のみすぎたり だいちょうが はやく うごきすぎたりしたため、水分《すいぶん》が 多《おお》く のこったままなので やわらかい。

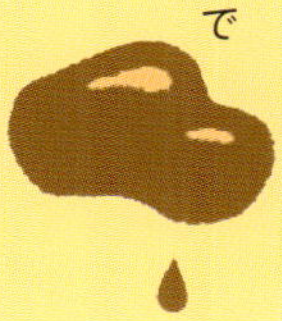

●うんちを つくって 出《だ》す ところ

だいちょう

大腸

食《た》べものの 水分《すいぶん》を とりのぞき、うんちを つくる ところ。「もうちょう」「けっちょう」「ちょくちょう」の 3つの ぶぶんが ある。

こうもん

肛門

うんちを 出《だ》す ぶぶん。ふだんは とじていて、うんちを 出《だ》す ときに ひらく。

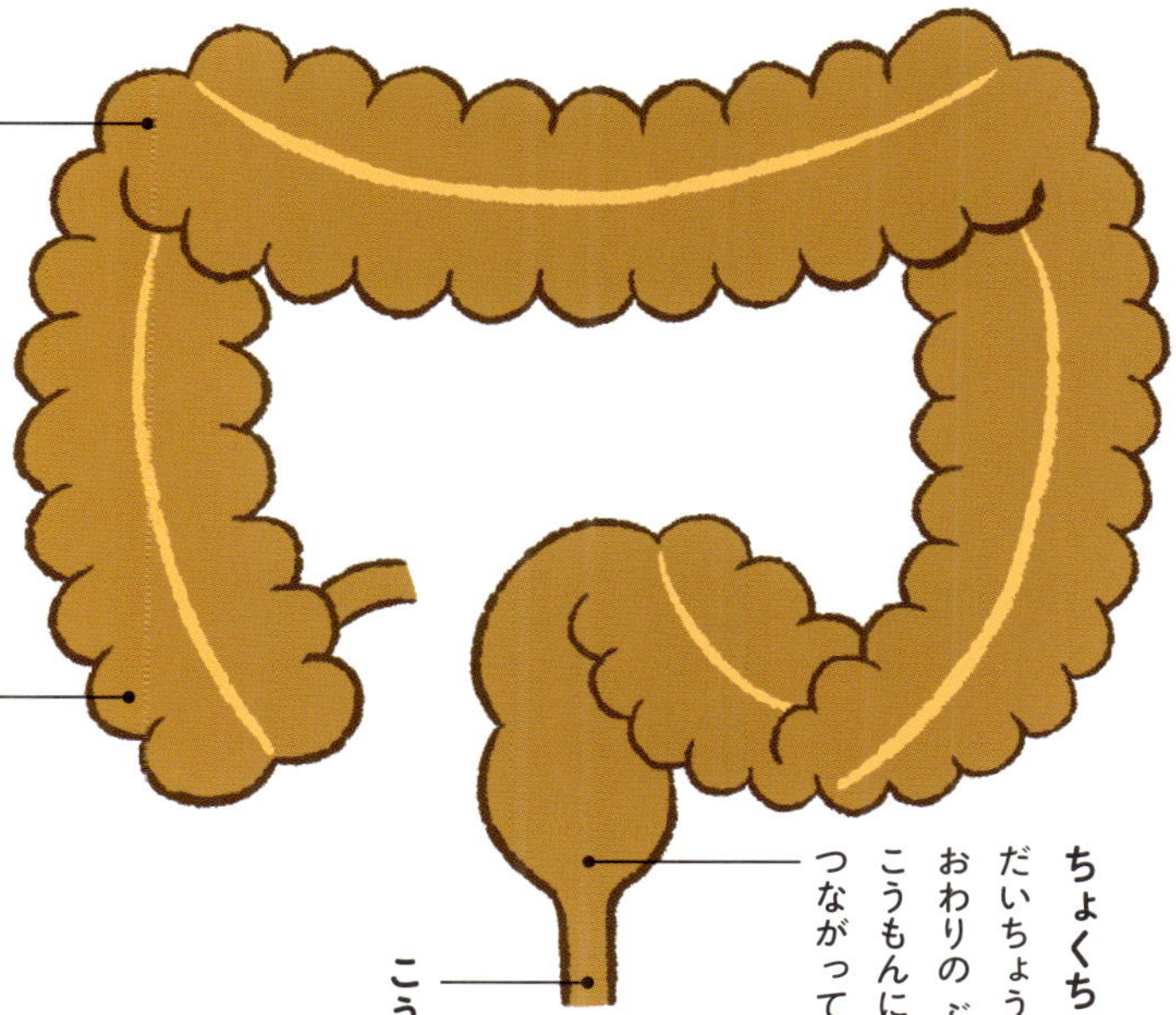
けっちょう(結腸)
もうちょうの 上《うえ》から、ちょくちょうの 手前《てまえ》までの ぶぶん。けっちょうが うごく ことで ゆっくりと うんちが ちょくちょうへと おくられていく。
もうちょう(盲腸)
だいちょうの はじまりの、ふくろのように なっている ところ。
ちょくちょう(直腸)
だいちょうの おわりの ぶぶんで、こうもんに つながっている。
こうもん

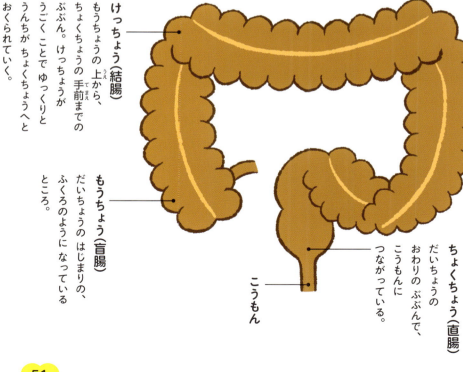

おなかの はたらきに かんけいする ことば ③

おしっこを つくって出《だ》す ところ

じんぞう
腎臓

血《ち》の なかの よぶんな 水《すい》分《ぶん》や いらない ものを わけて おしっこに する ところ。こしの 上《うえ》あたりに ふたつ ある。

にょうかん
尿管

じんぞうで できた おしっこを ぼうこうに ながす くだ。ふたつの じんぞうに 1本《ぽん》ずつ ついている。

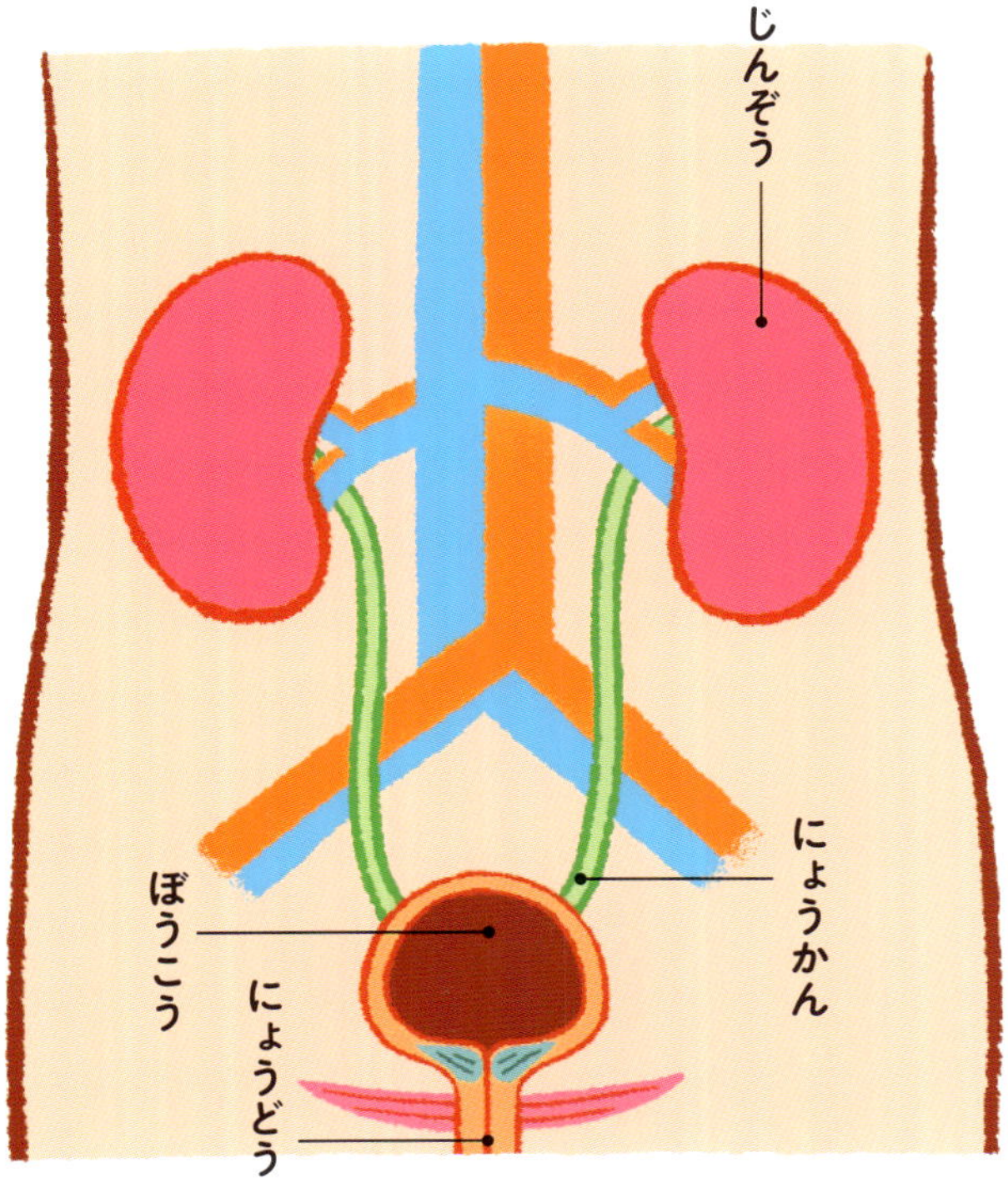

ぼうこう
膀胱

おしっこを ためておく ところ。のびちぢみする ふくろのように なっている。

にょうどう
尿道

おしっこが、ぼうこうから 外《そと》に 出《で》るまでの とおりみち。

おなかの なかに ある そのほかの きかん

かんぞう
肝臓

とりいれた えいようを ためておいて、ひつような ときに 出《だ》す。

からだに とって どくに なるものを こわす。

たんのう
胆嚢

かんぞうで つくられた、食《た》べものの なかの あぶらを 水《みず》に まざりやすくする えきを ためておく。

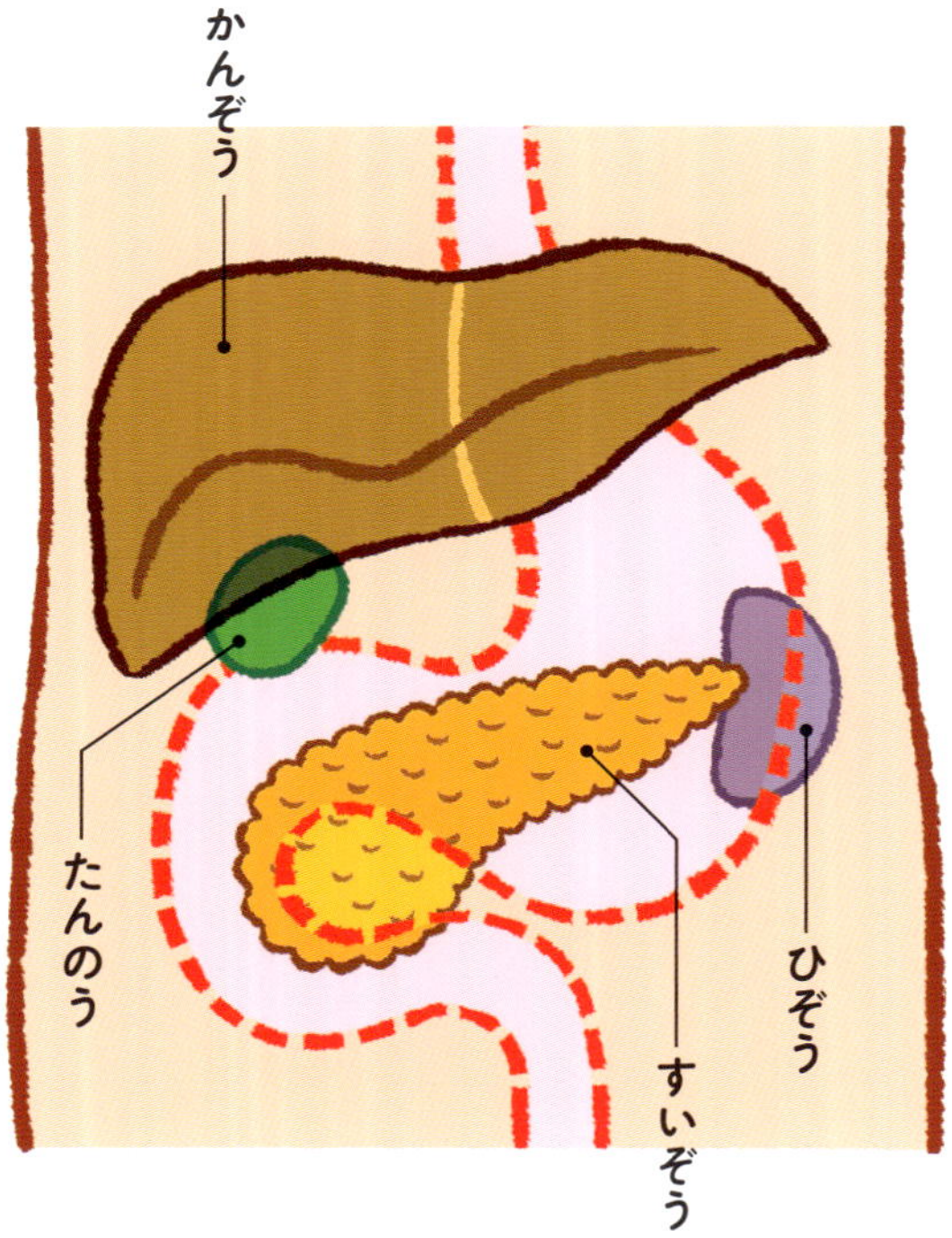

すいぞう
膵臓

食《た》べものを こまかくする はたらきの ある えきを つくる。

かんぞうで えいようを ためるのか、出《だ》すのかを きめて ちょうせいする。

ひぞう
脾臓

血《ち》を きれいに するために はたらく。古《ふる》くなった せっけっきゅう(↓70ページ)を とりだして こわし、びょうきの もとは たいじして、血《ち》から とりのぞく。

えいように かんけいする ことば

えいよう
栄養

いきものが 生《い》きていくために からだの なかに とりいれなければ ならないもの。食《た》べものから とる ことができる。

おもに「たんすいかぶつ」「タンパクしつ」「ししつ」「ビタミン」「むきしつ」「しょくもつせんい」の6しゅるいがある。

おもな6つの えいよう

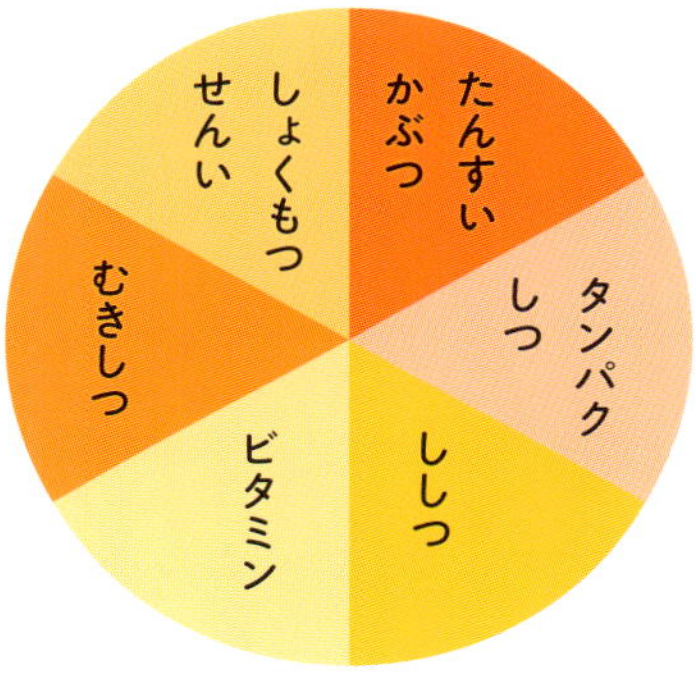

頭《あたま》や からだを うごかすために からだの なかで つかわれる。からだを 大《おお》きくする ためにも ひつような もの。

たんすいかぶつ
炭水化物

うんどうする ときや、考《かんが》える ときの 力《ちから》に なる。ごはんや パン、いもなどに 多《おお》く ふくまれる。

タンパクしつ
タンパク質

きんにくや きかん、血《ち》などを つくる。肉《にく》や 魚《さかな》、たまご、まめなどに 多《おお》く ふくまれる。

ししつ（しぼう）
脂質（脂肪）

うんどうする ときの 力《ちから》に なりやすく、たりなくなると つかれやすくなる。いろいろな あぶらに 多《おお》く ふくまれる。

ビタミン

からだの ちょうしを ととのえる。13しゅるい あり、くだものや やさいだけでなく、いろいろな 食《た》べものにも ふくまれる。

むきしつ
無機質

ほねや 歯《は》、血《ち》などを つくる。ぎゅうにゅうや レバー、小魚《こざかな》などに 多《おお》く ふくまれる。

しょくもつせんい
食物繊維

うんちを 出《で》やすくする。海《かい》そうや いも、きのこ、ごぼうなどに 多《おお》く ふくまれる。

もっと しりたい！

おなかの ふしぎ

毎日《まいにち》 おなかいっぱい ごはんを 食《た》べるのは えいようを とりいれるためだね。
おなかには ほかに どんな ひみつが あるかな。

へそは なんのために あるの？

へそは お母《かあ》さんから 生《う》まれてくる 前《まえ》に ついていた「へそのお」が とれた あとです。お母《かあ》さんの おなかの なかに いた とき、へそのおを とおして お母《かあ》さんの からだから えいようを もらっていたのです。

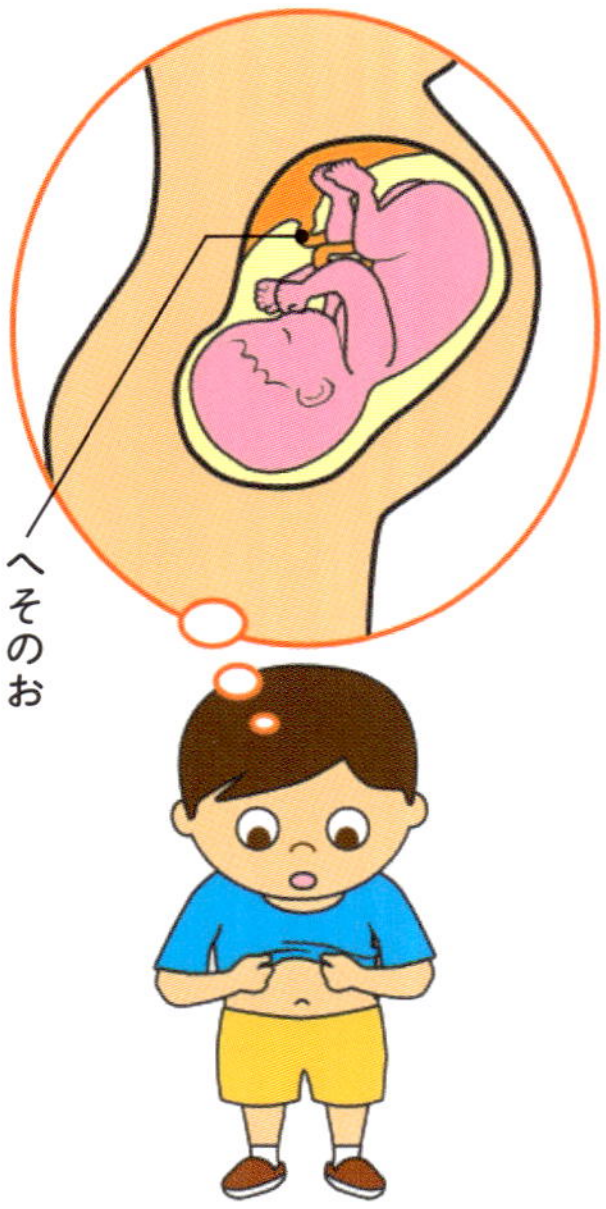
へそのお

どうして うんちは くさいの？

だいちょうに いる さいきんは、食《た》べかすを 食《た》べて、えいようと くさい ガスに かえます。これが うんちに まざるので、くさくなります。

きもちわるくなった ときに はく しくみは？

きもちが わるくなると いちど いの なかに 入《はい》った 食《た》べものが 口《くち》の ほうへ もどって、はいてしまう ことが あります。はく ときには のうが めいれいを 出《だ》して おなかの きんにくなどを うごかします。はく めいれいを 出《だ》すのは のうの のうかん（➡116ページ）です。

食《た》べものを はきだす しくみ

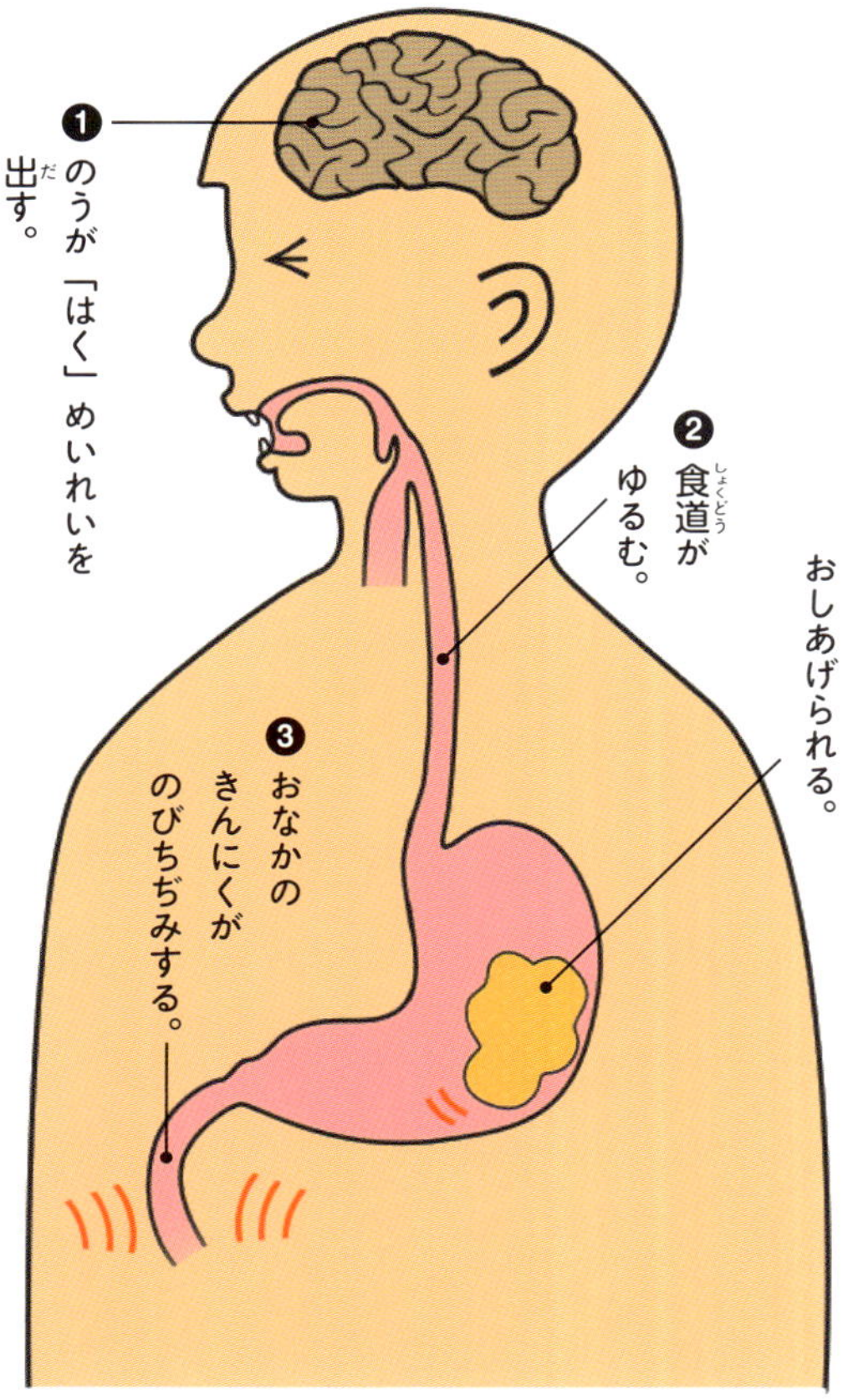
❶ のうが「はく」めいれいを 出《だ》す。
❷ 食道《しょくどう》が ゆるむ。
❸ おなかの きんにくが のびちぢみする。
❹ いの なかで 食《た》べものが おしあげられる。

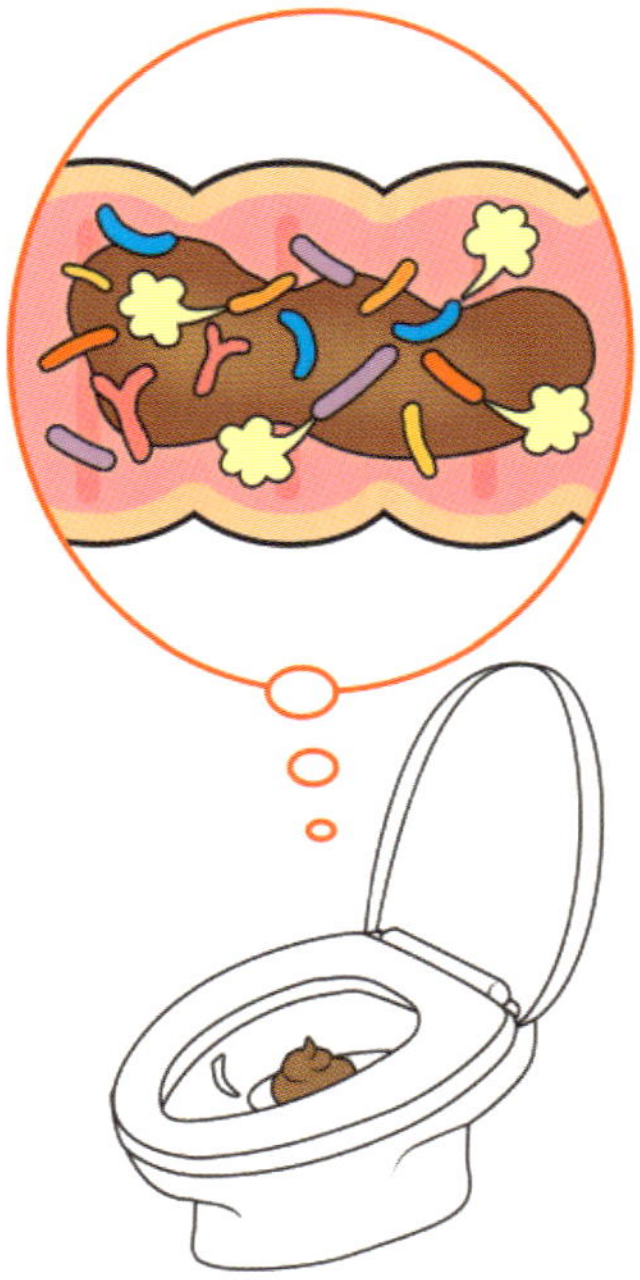

3 はい・しんぞうと けっかん

いきを たくさん すって しんこきゅうを してみよう。
とっても きもちが いいね。
むねに 手《て》を あててみると ドキドキしているのは なぜかな。

ずかい はい・しんぞう・けっかん

むねの 左右《さゆう》には
ひとつずつ はいが あり、
そのあいだには
しんぞうが あります。
しんぞうは
からだじゅうに
ある けっかんと
つながっています。

はいなどのように
いきを する
ための きかんを
「こきゅうき」と いいます。

しんぞうや けっかんのように
からだじゅうに 血《ち》を
はこぶ きかんを
「じゅんかんき」と いいます。

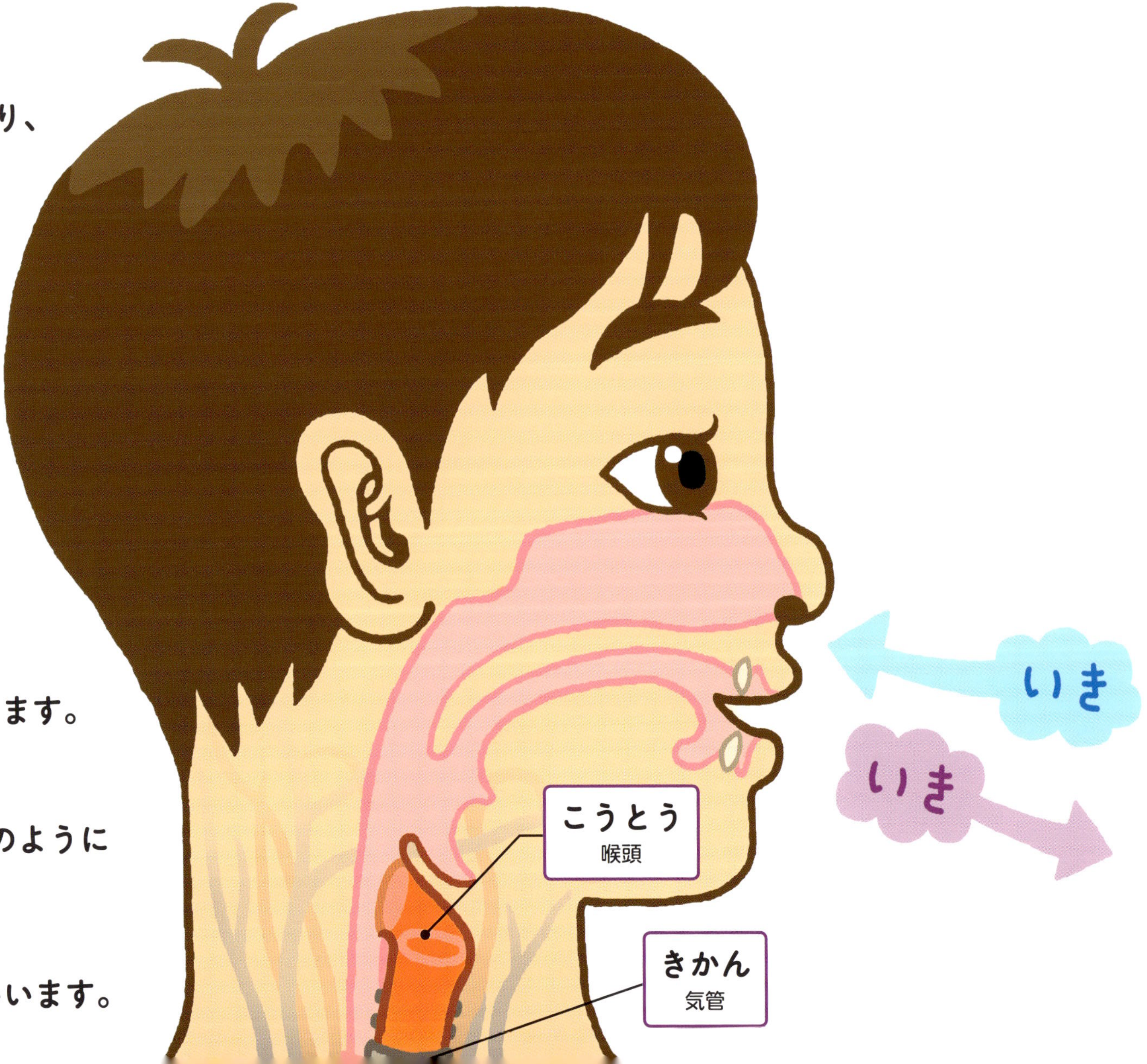

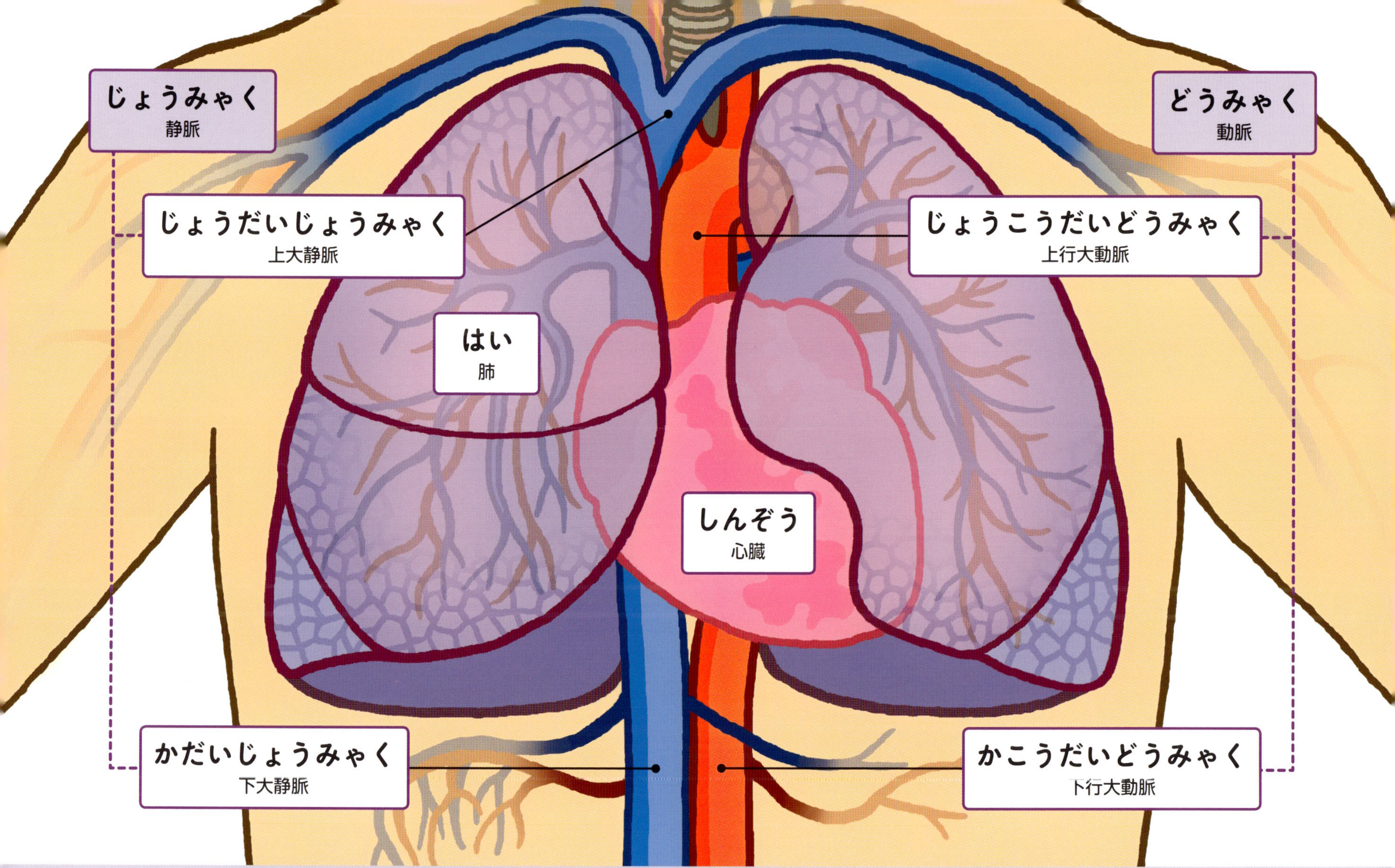

じょうみゃく
静脈
どうみゃく
動脈
じょうだいじょうみゃく
上大静脈
じょうこうだいどうみゃく
上行大動脈
はい
肺
しんぞう
心臓
かだいじょうみゃく
下大静脈
かこうだいどうみゃく
下行大動脈

おうちのかたへ

肺や心臓が収まっている空間を「胸腔《きょうくう》」といいます。胸腔の底にあたる部分には横隔膜《おうかくまく》（➡ 59 ページ）があり、周囲を肋骨《ろっこつ》や胸椎《きょうつい》、胸骨《きょうこつ》などの骨がつくるかごのような骨格「胸郭《きょうかく》」（➡ 26 ページ）が囲んでいます。胸腔内の大部分を占めるのは左右１対の肺です。心臓は肺にはさまれるようにあり、左右の肺と血管でつながっています。

胸部にはまた、心臓につながる太い動脈と静脈があり、いちばん太い上行大動脈は 500 円玉より一回り大きいくらいの太さがあります。

呼吸し、体内に酸素を取り入れて二酸化炭素を排出する肺と、血液を循環させて、全身に酸素を送り二酸化炭素を回収する心臓の働きは、どちらも生命を維持するために欠かせないもので、ふたつの働きは深く関わり合っています。

ふくらむ はいと ちぢむ はい

生《い》きて いくためには 空気《くうき》の なかに ある さんそが ひつようです。はいが うごく ことで 空気《くうき》が からだの なかに 入《はい》ります。

人《ひと》は はいを つかって いきを しています。大《おお》きく いきを すうと むねが ふくらむのは、むねに ある はいが ふくらむからです。

いきを すう とき

おうかくまくが 下《さ》がると はいが ふくらむ。

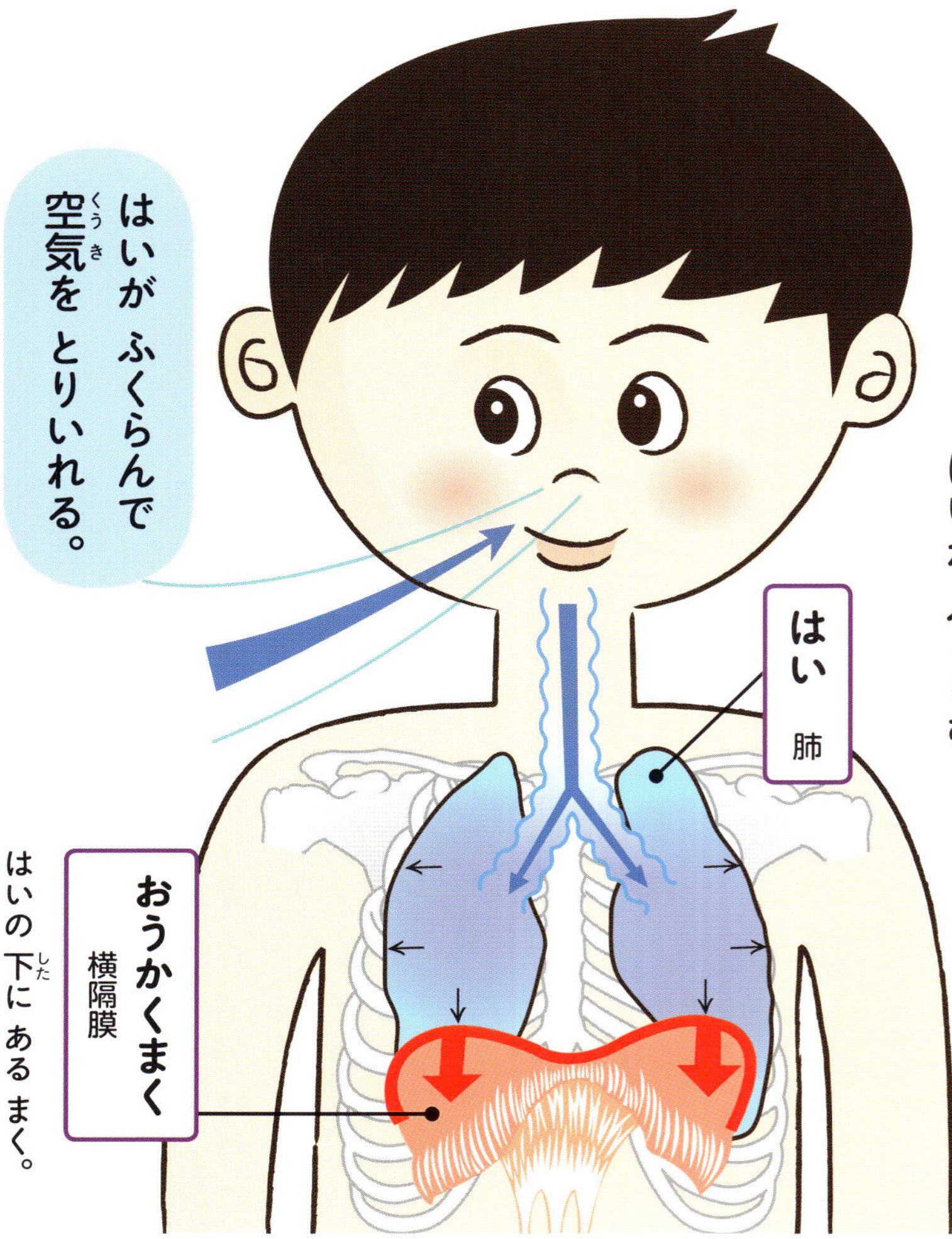
はい
肺
おうかくまく
横隔膜
はいの 下《した》に ある まく。
はいが ふくらんで 空気《くうき》を とりいれる。

毎日《まいにち》 出《だ》し入《い》れする いきの りょう

おとなが 一日《いちにち》に 出《だ》し入《い》れする いきの りょうは、1万《まん》リットルぐらいです。

ぎゅうにゅうパック 1万本《まんぼん》くらいにも なる。

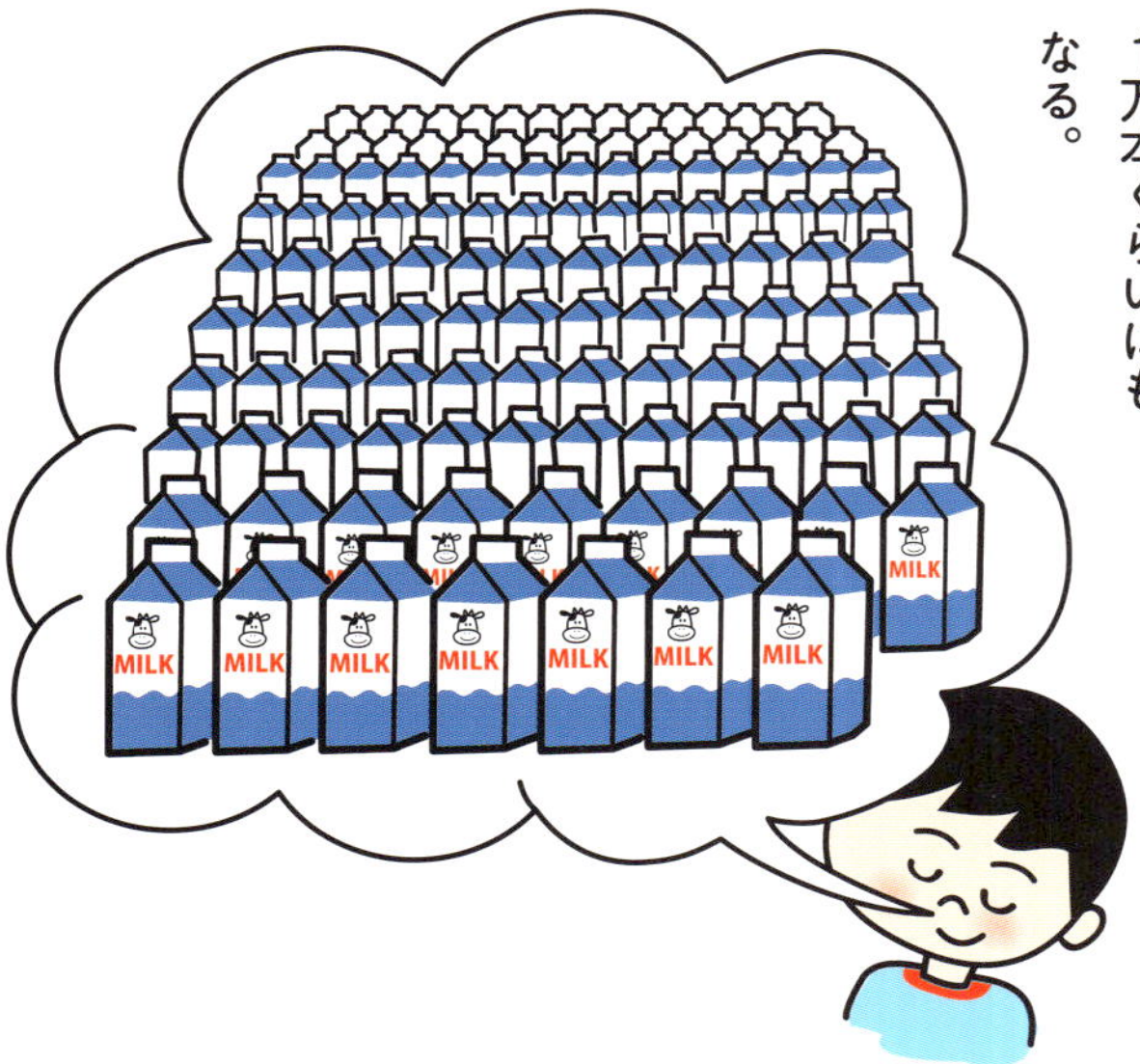
MILK

いきを はく とき

おうかくまくが 上《あ》がると はいが ちぢむ。

はいが ちぢんで 空気《くうき》を おしだす。

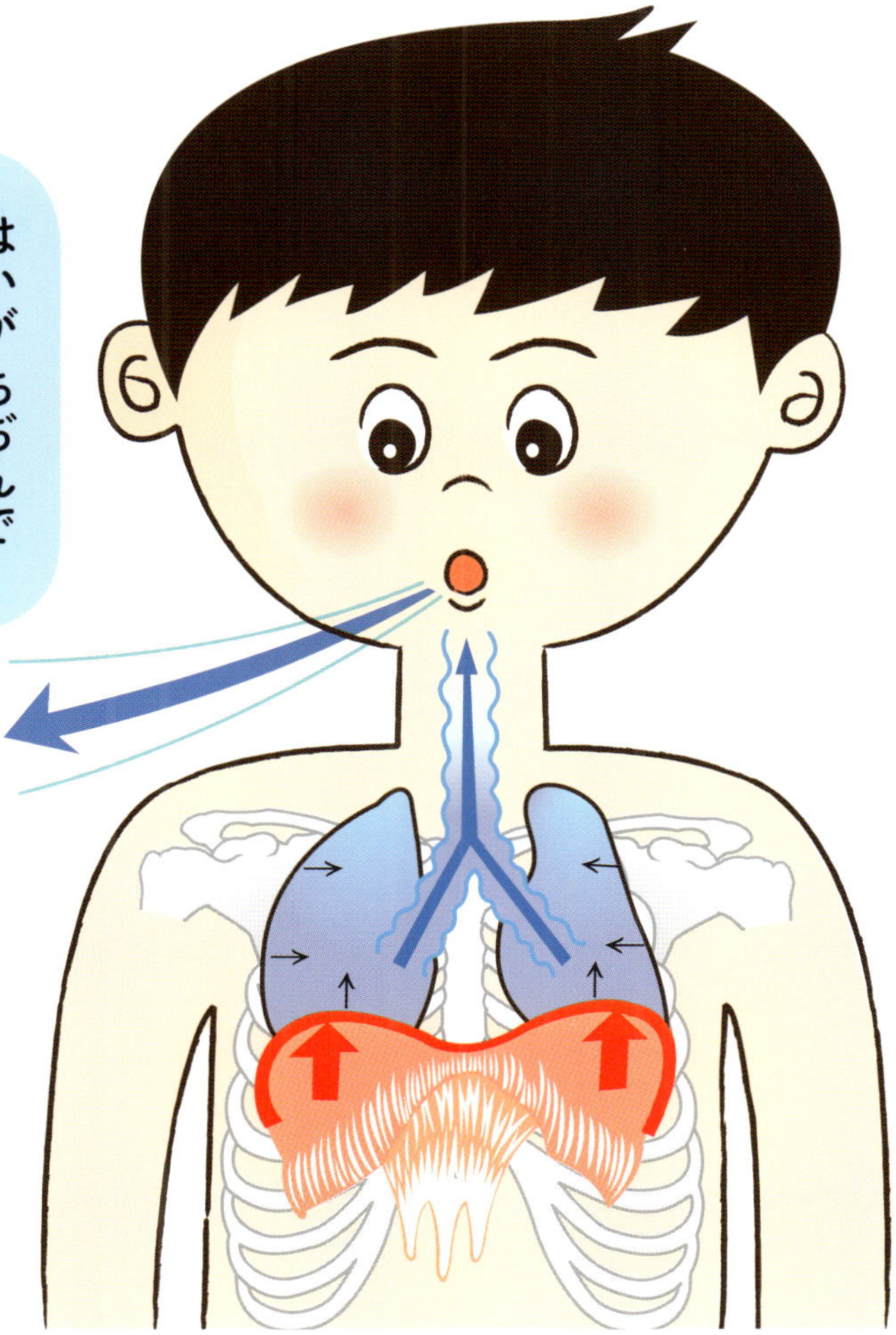

1分間《ぷんかん》に する いきの 回数《かいすう》

おとなが しずかに している とき、1分間《ぷんかん》で 12～15回《かい》 いきを しています。こどもは、1回《かい》に すえる いきの りょうが 少《すく》ないので、おとなより いきを する 回数《かいすう》が 多《おお》く なります。

こどもは おとなより 多《おお》い。

うんどうすると いきの 回数《かいすう》は 多《おお》く なる。

おうちの かたへ

息をして空気を出し入れするとき、肺が膨らんだり、縮んだりします。肺は風船のように弾力性のある袋ですが、自分を動かすための筋肉がありません。肺の動きは、肋骨《ろっこつ》とそのあいだにある肋間筋《ろっかんきん》、そして、肺の下にある横隔膜《おうかくまく》によって生み出されています。

息を吸うときには、胸腔《きょうくう》の下の横隔膜が縮んで下がります。また、肋間筋が縮み肋骨が引き上げられるため、胸腔が広がります。すると胸腔内の圧力が下がるため、空気が肺に流れ込みます。息をはくときには逆に、横隔膜や外肋間筋《がいろっかんきん》が緩んで胸腔内がせまくなるため、空気が押し出されます。このように、胸腔内の圧力を変化させることで、肺を膨らませたり、縮ませたりして呼吸をしています。

すった いきと はく いき

いきを すって とりこんだ 空気《くうき》は からだの どこに はこばれるのかな。すった 空気《くうき》を どうして はくのかな。

わたしたちは いきを すって からだに ひつような「さんそ」を とりこみ、いきを はいて いらない「にさんかたんそ」を 外《そと》に 出《だ》して います。はく いきは、すった いきより さんそが へり、にさんかたんそが ふえて います。

さんそと にさんかたんそ

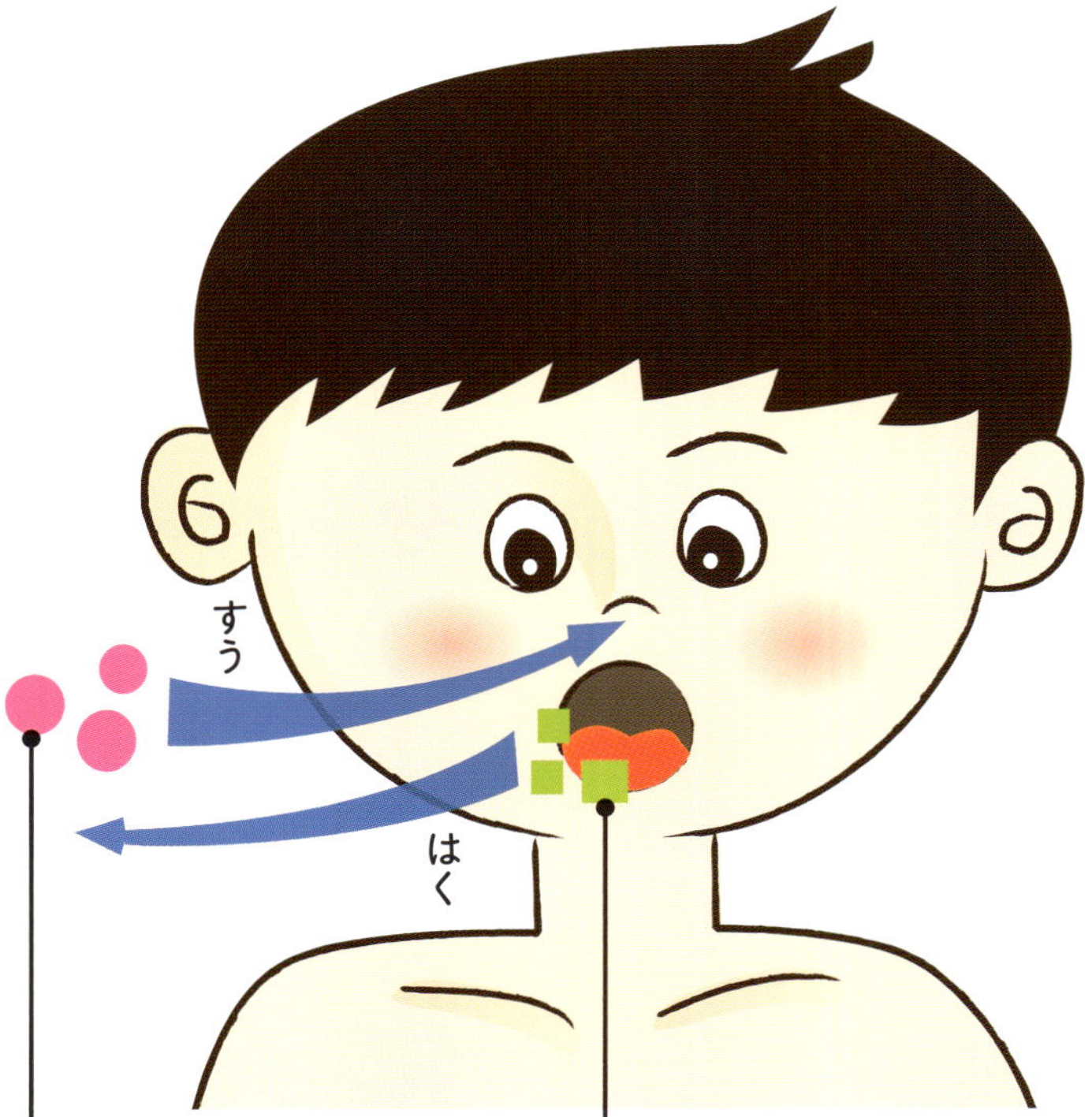

にさんかたんそ 二酸化炭素
えいようと さんそが エネルギーに かわる ときに できる。からだの なかでは ひつようの ない もの。

さんそ 酸素
からだに とりいれた えいようを エネルギーに かえるために つかわれる。

ねている ときも いきは とまらない

人《ひと》の からだは ねている あいだも 休《やす》みなく かつどうして いるので、さんそが ひつようです。ねている あいだも「えんずい（→129ページ）」と いう のうの いちぶが めいれいを 出《だ》して、はいや おうかくまくを うごかして います。

いきの とおりみち

はなや口《くち》で すった いきは「こうとう」と「きかん」を とおって はいへ はこばれます。

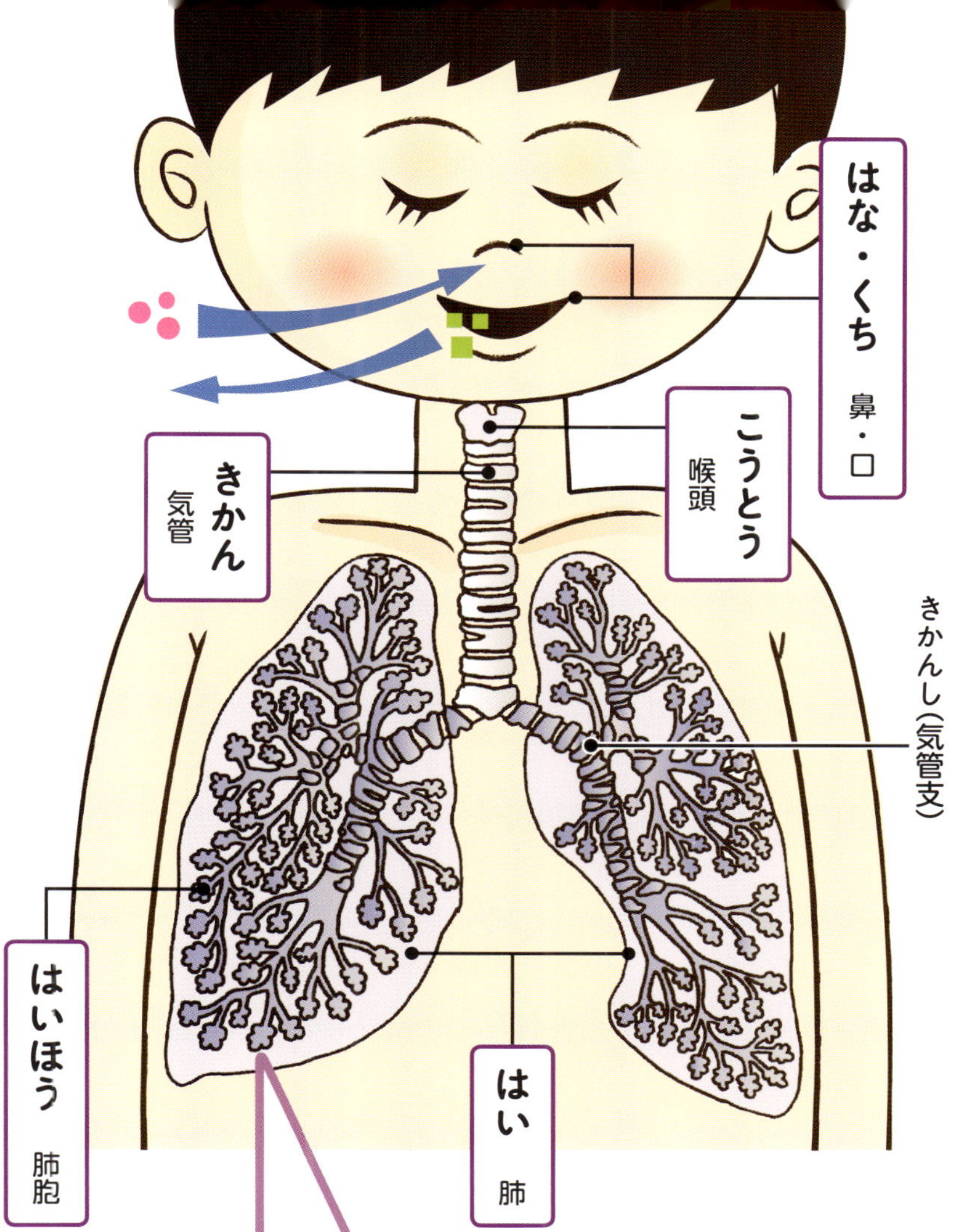
はな・くち
鼻・口
こうとう
喉頭
きかん
気管
きかんし(気管支)
はいほう
肺胞
はい
肺

はいほうの なか

はいほうの なかでは いきに ふくまれる さんそと にさんかたんその こうかんが おこなわれています。

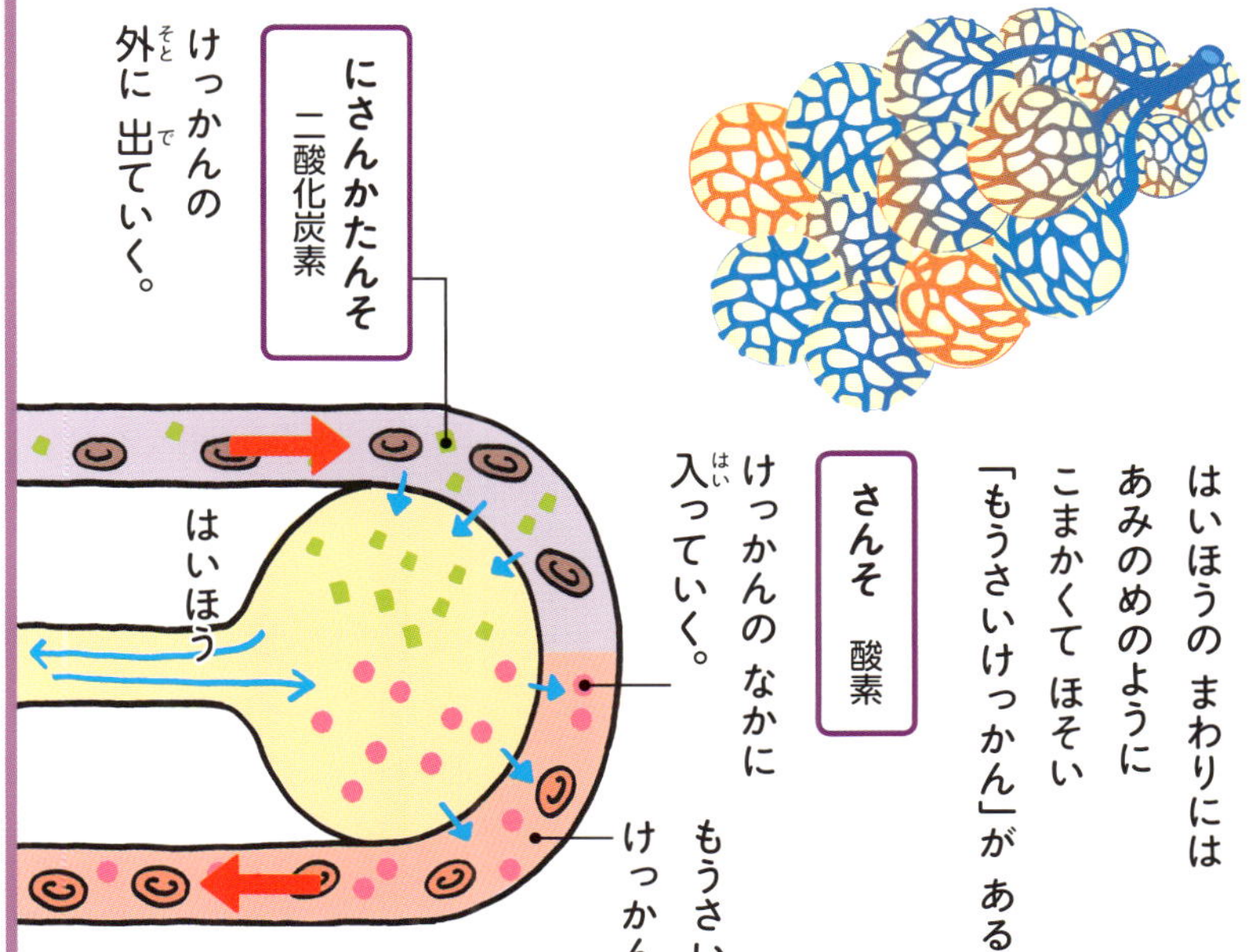
はいほうの まわりには
あみの めのように
こまかくて ほそい
「もうさいけっかん」が ある。
さんそ
酸素
けっかんの なかに
入《はい》っていく。
もうさい
けっかん
はいほう
にさんかたんそ
二酸化炭素
けっかんの
外《そと》に 出《で》ていく。

おうちの かたへ

人間は、肺で体内に酸素を取り入れ、二酸化炭素を排出しています。体内で酸素と二酸化炭素が交換されることを「ガス交換」といい、肺胞《はいほう》という大きさが0.2㎜ほどの小さな袋の部分で行っています。肺胞があるのは、細かく枝分かれし、肺のすみずみまで広がった気管支のいちばん先です。肺胞の数は肺全体で数億個もあり、たくさ

ん集まってぶどうの房のような形になっています。二酸化炭素を多く含む血液は肺に運ばれ、肺胞を取りまく毛細血管を通るときに二酸化炭素を外に出し、酸素を受け取って、心臓に戻って全身に送られます。吸う空気には約０・０４％の二酸化炭素が含まれていますが、はき出す空気の中には約４％あります。

全身《ぜんしん》に 血《ち》を おくりだす しんぞう

ドクンドクンと いつも うごいている しんぞう。休《やす》まず うごいて からだじゅうに 血《ち》を おくっているよ。

しんぞうが ぎゅっと ちぢむと、なかに 入《はい》っている 血《ち》が おしだされます。血《ち》は けっかんを ながれて からだじゅうに はこばれ、また しんぞうに かえってきます。

しんぞうの つくり

しんぞうには ４つの へやが あります。

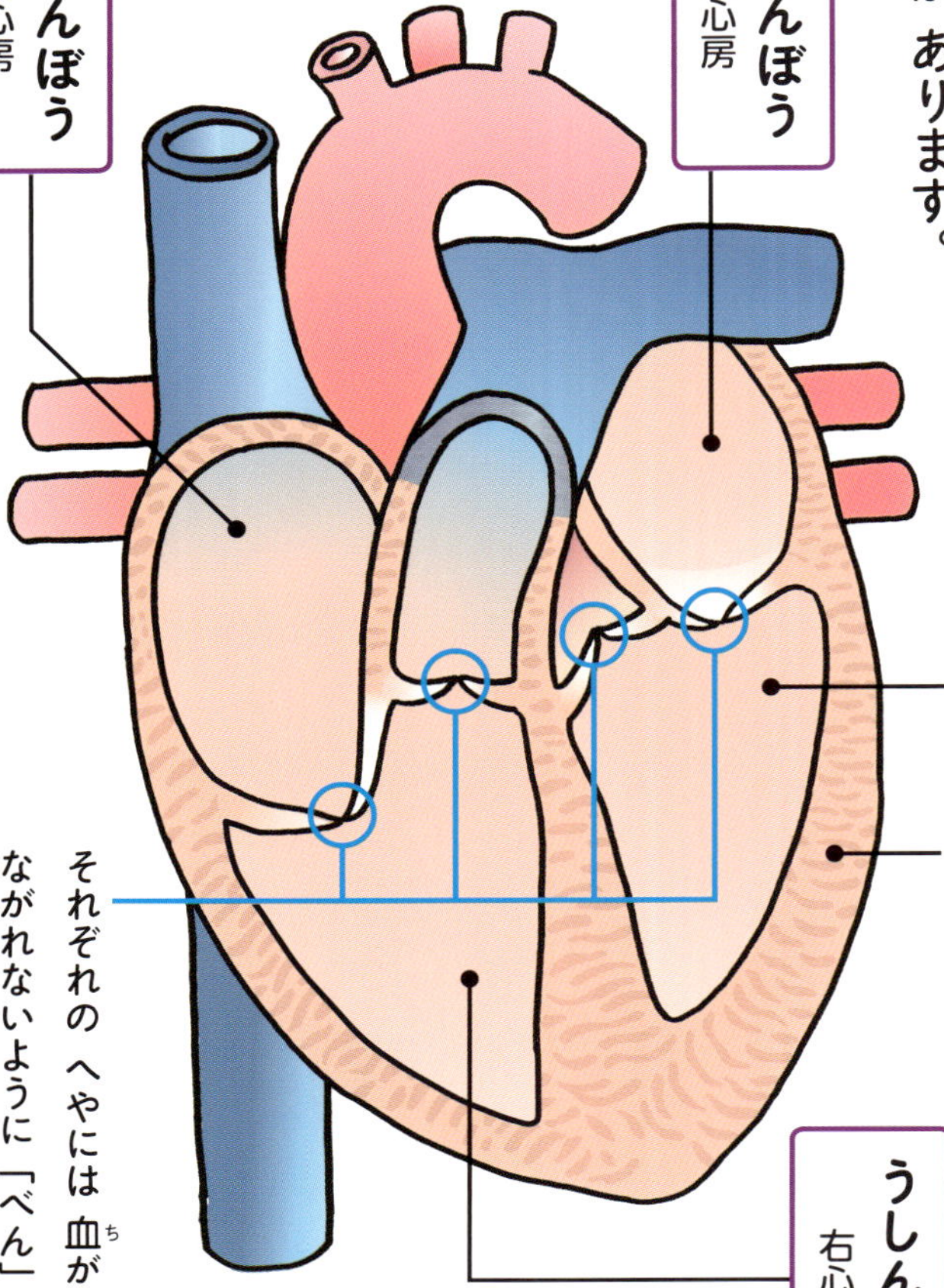
さしんぼう
左心房
うしんぼう
右心房
さしんしつ
左心室
うしんしつ
右心室
しんぞうの かべは 「しんきん」と いう きんにくで できている。
それぞれの へやには 血《ち》が ぎゃくに ながれないように 「べん」と いう ものが ついている。

一日《いちにち》に おくられる 血《ち》の りょう

おとなが しずかに すごしている とき、しんぞうは １分間《ぶんかん》で ５リットルくらいの 血《ち》を おくりだしています。一日《いちにち》に すると およそ ７０００リットルくらいです。

35

家《いえ》の おふろ 35はい分《ぶん》くらいの りょう。

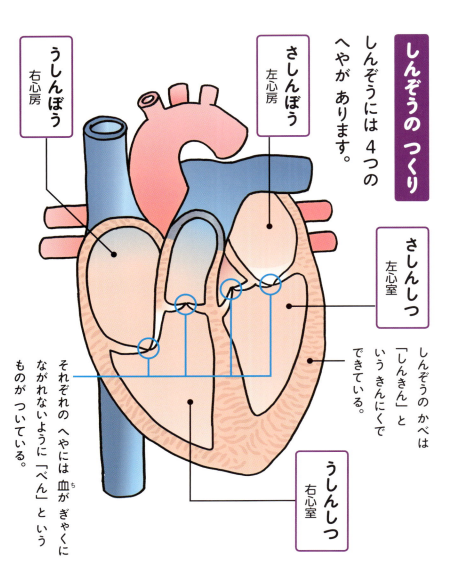

血《ち》が おくりだされる しくみ

血《ち》は しんぞうの 4つの へやと はいを とおって 全身《ぜんしん》に おくりだされます。

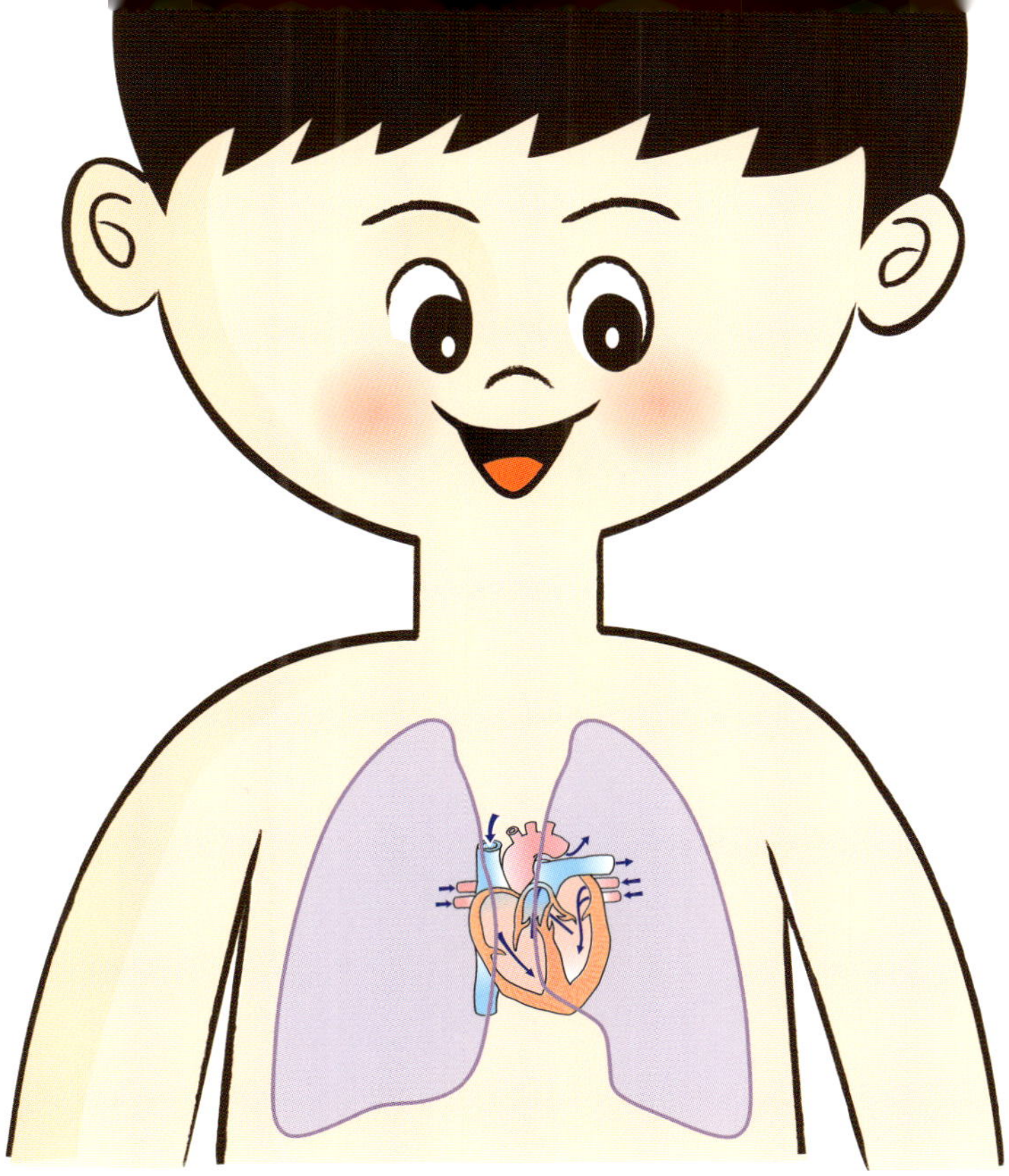

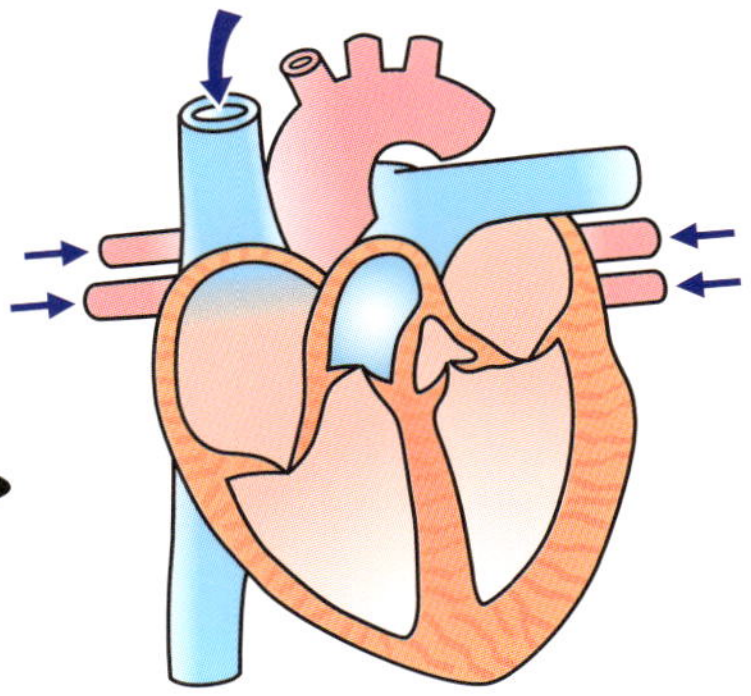

❶ 全身《ぜんしん》と はいから もどってきた 血《ち》が しんぼうに ながれこむ。

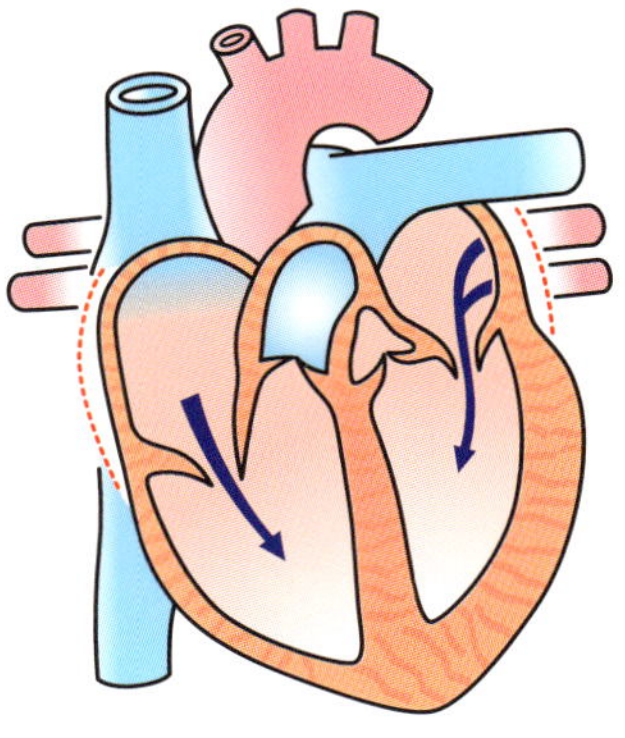

❷ しんぼうが ちぢんで 血《ち》が しんしつに ながれこむ。

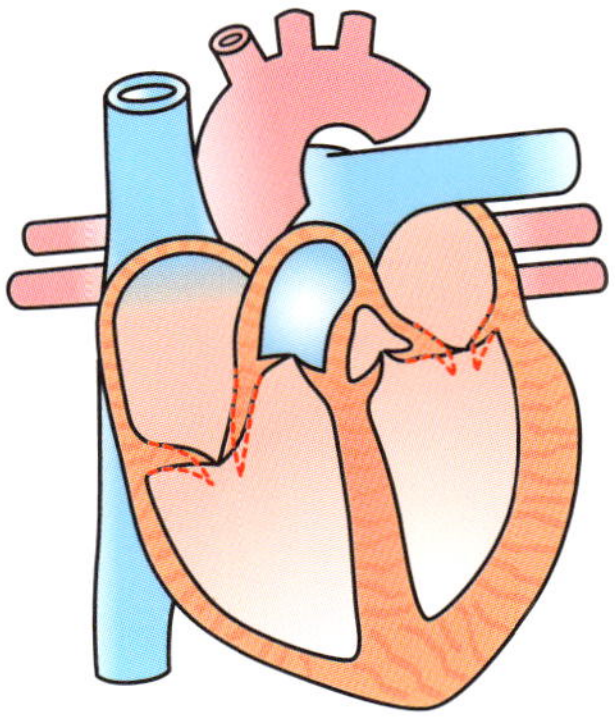

❸ しんぼうの べんが とじる。

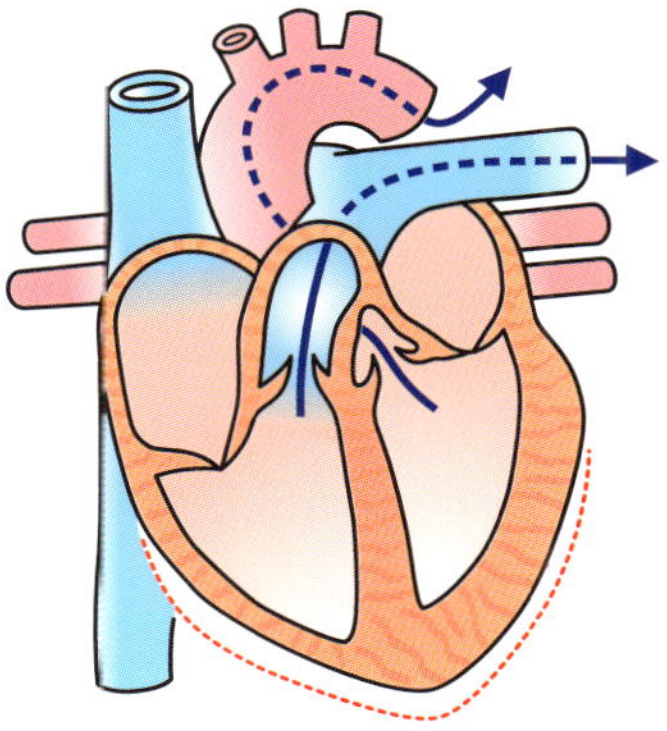

❹ しんしつが ちぢんで 全身《ぜんしん》と はいに 血《ち》が おくりだされる。

おうちのかたへ

心臓は一定のリズムで収縮を繰り返し、血液を循環させるポンプの役割をしています。血液の流れには、右心室から肺に送られ左心房に戻る「肺循環」と、左心室から体中に送られ右心房に戻る「体循環」があります。もっとも酸素が多く含まれるのは、肺から左心房に送られてくる血液で、二酸化炭素が多く含まれるのは、全身から戻ってきて右心房に入ってくる血液です。

心臓の動きを生み出しているのは「洞房結節《どうぼうけっせつ》」という部位で、ここが規則正しく興奮し、その興奮の電気的な刺激が心房と心室の心筋に順に伝わることで、心房が縮み、少し遅れて心室が縮んで、血液を送り出しています。

※「一日に おくられる 血の りょう」では、おふろ1回の湯の量を一般的な２００Lとして換算しました。

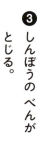

えいようを はこぶ 血《ち》

しんぞうから おくりだされた 血《ち》は、けっかんを とおって、からだの すみずみまで ながれていくよ。

けっかんの しゅるい

血《ち》の とおりみちである けっかんには 3つの しゅるいが あります。

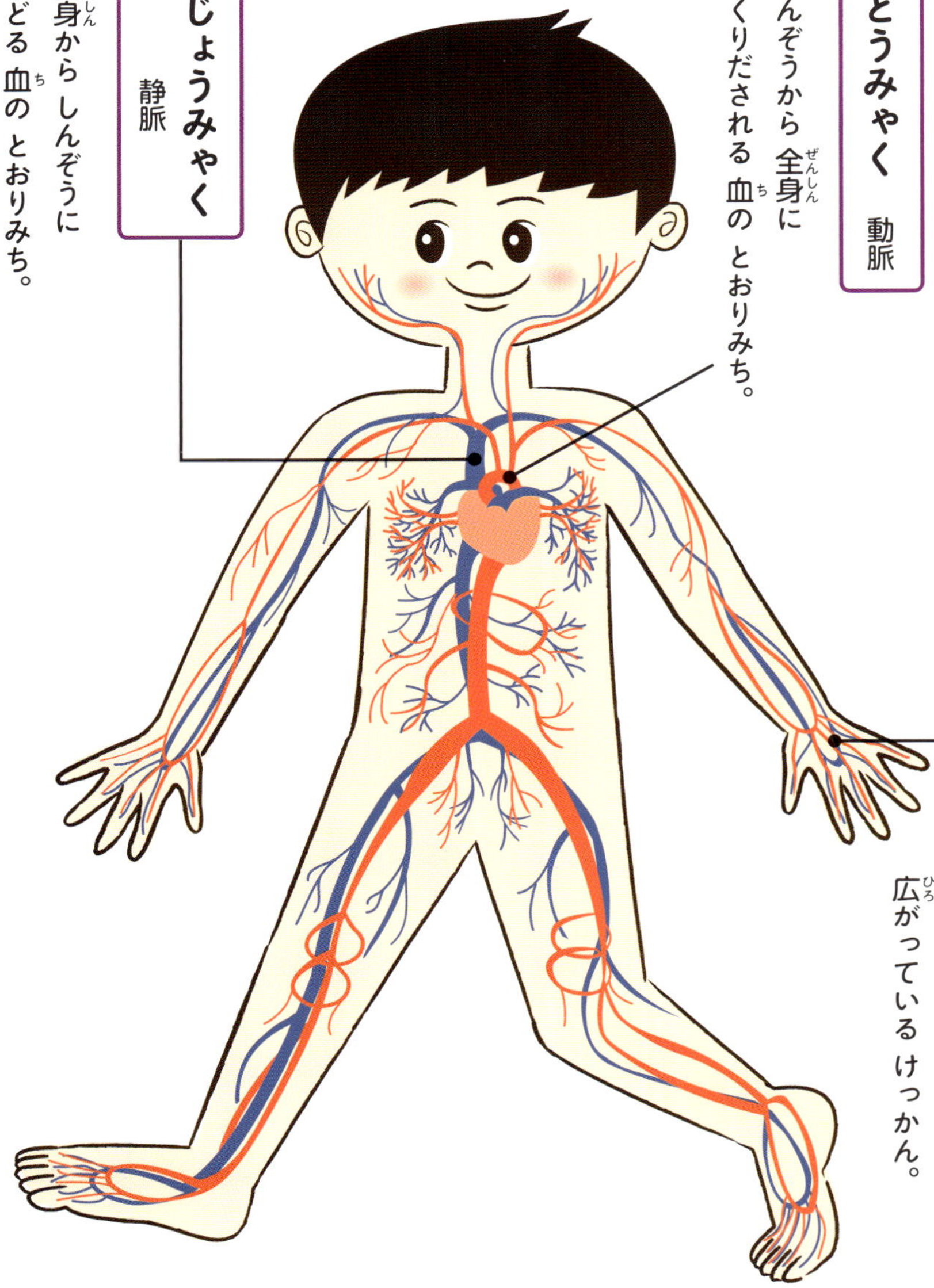

どうみゃく 動脈

しんぞうから 全身《ぜんしん》に おくりだされる 血《ち》の とおりみち。

じょうみゃく 静脈

全身《ぜんしん》から しんぞうに もどる 血《ち》の とおりみち。

もうさいけっかん 毛細血管

全身《ぜんしん》に あみのめのように 広《ひろ》がっている けっかん。

全身《ぜんしん》を ながれる 血《ち》

血《ち》は しんぞうから 出《で》ると どうみゃくを とおって もうさいけっかんに ながれ、じょうみゃくを とおって しんぞうに もどります。

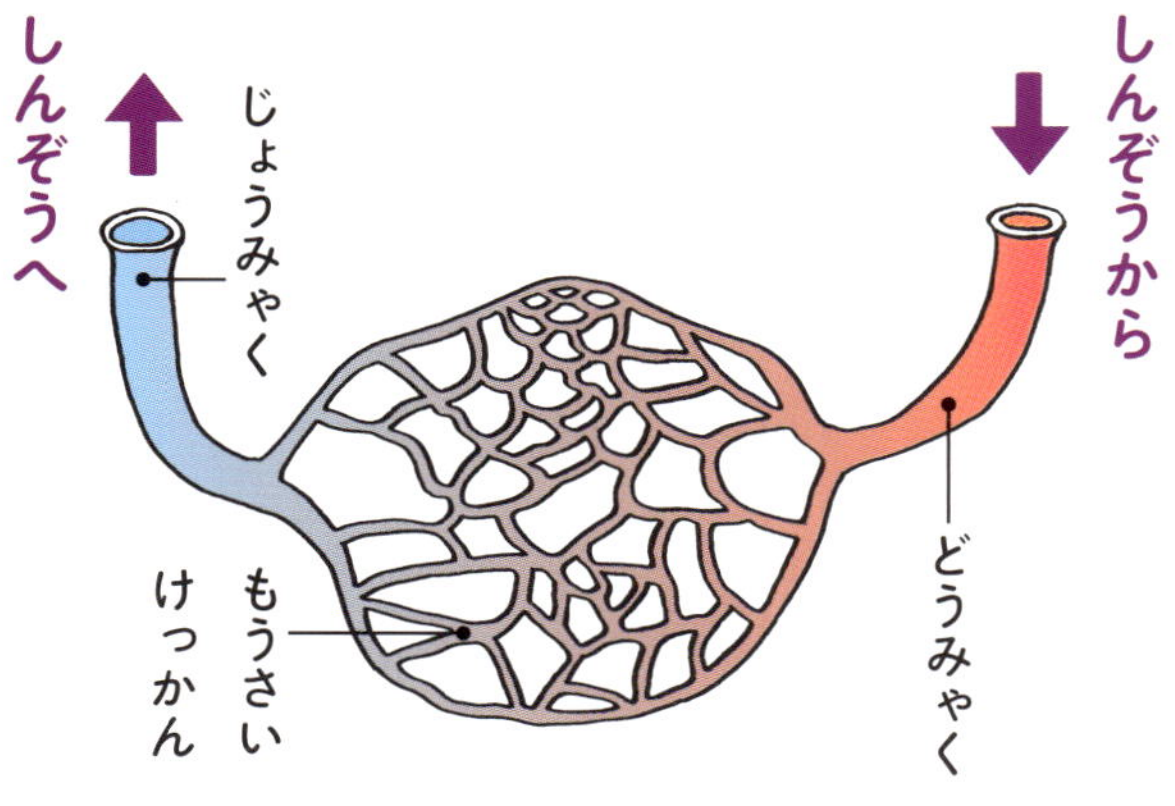

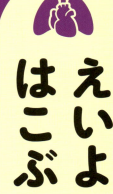

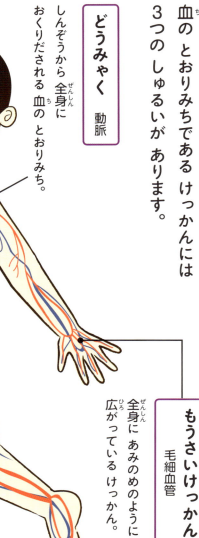

血《ち》は けっかんを とおって からだじゅうを まわっています。

血《ち》の なかに ふくまれる もの

けっかんの はたらき

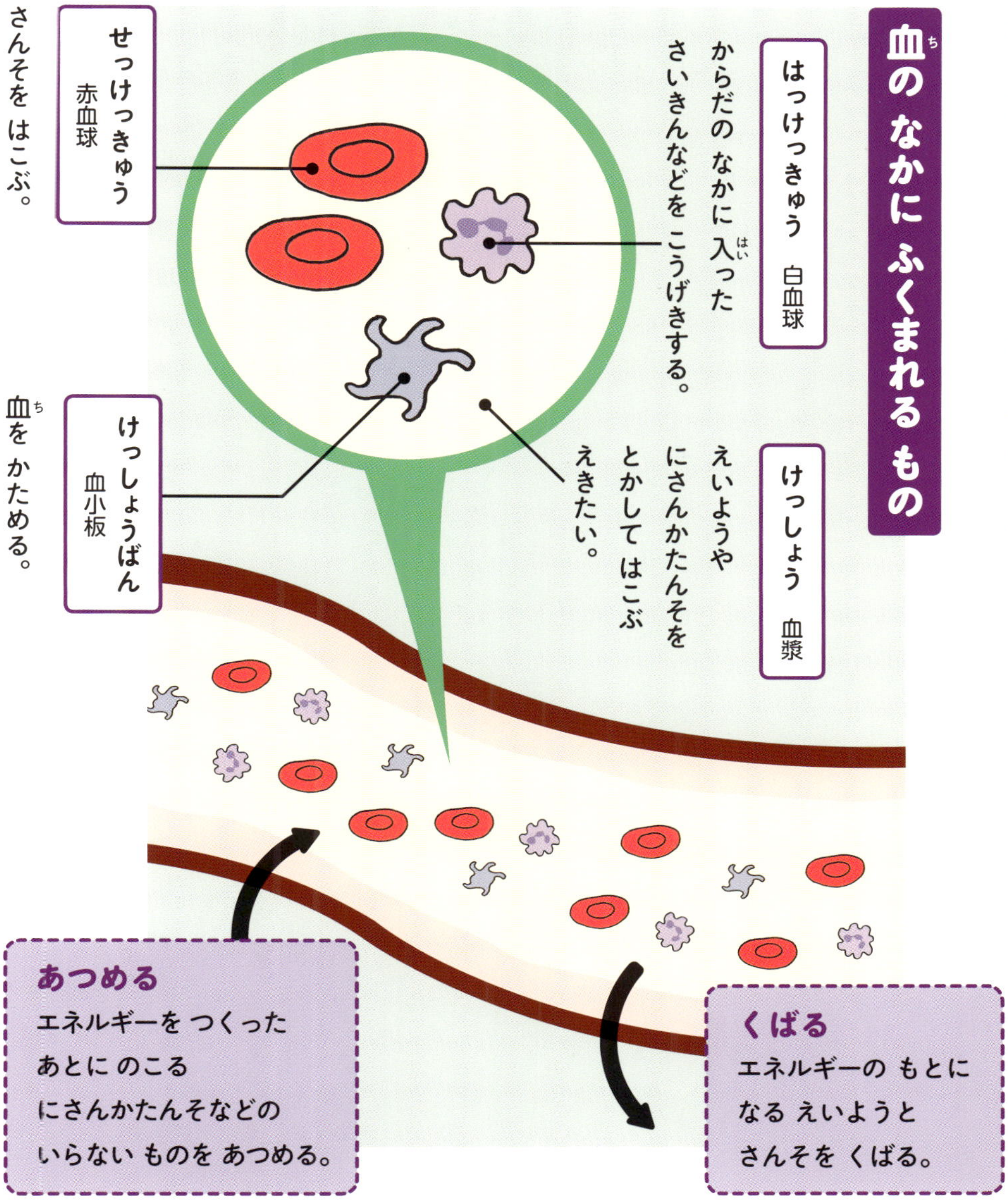
はっけっきゅう 白血球
からだの なかに 入《はい》った さいきんなどを こうげきする。
けっしょう 血漿
えいようや にさんかたんそを とかして はこぶ えきたい。
せっけっきゅう 赤血球
さんそを はこぶ。
けっしょうばん 血小板
血《ち》を かためる。
くばる
エネルギーの もとに なる えいようと さんそを くばる。
あつめる
エネルギーを つくった あとに のこる にさんかたんそなどの いらない ものを あつめる。

血《ち》は どうして 赤《あか》いの？

人間《にんげん》の 血《ち》が 赤《あか》いのは せっけっきゅうの なかに ある「ヘモグロビン」が 赤《あか》いからです。

さんそが たくさん 入《はい》っていると きれいな 赤《あか》。

さんそを くばった あとは、黒《くろ》っぽくなる。

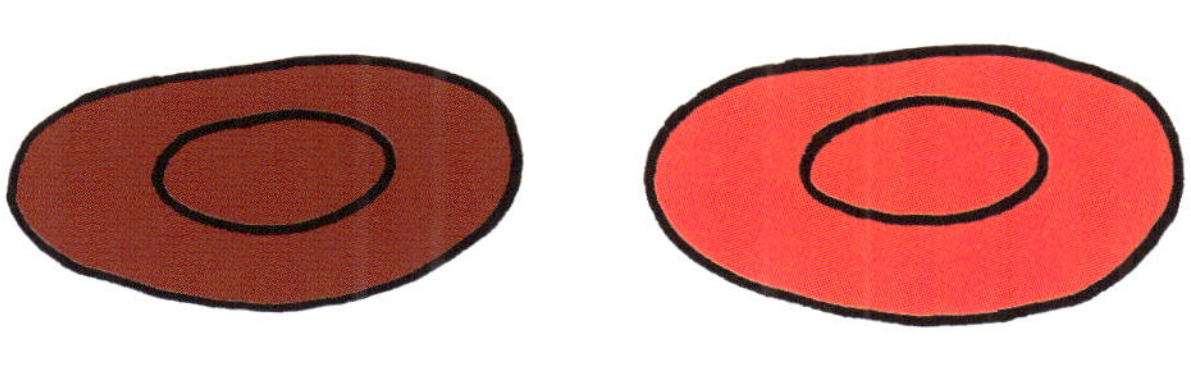

おうちの かたへ

心臓から出た動脈は次第に細く枝分かれして毛細血管となり全身をめぐり、また少しずつ集まって静脈となります。動脈や静脈の壁は3層でできていますが、毛細血管の壁はうすい1枚の膜なので、周囲の細胞と、酸素と二酸化炭素、栄養と不要物のやりとりができます。

血液は絶え間なく全身をめぐり、細胞に必要な酸素や栄養を運び、不要な老廃物や二酸化炭素を回収するほか、外部から侵入した病原体から体を守るなどの働きをしています。赤血球、白血球、血小板は、骨の中心部にある骨髄《こつずい》でつくられていて、造血幹細胞《ぞうけつかんさいぼう》という同じ細胞が、分裂していくうちにそれぞれに変化します。血漿《けっしょう》の成分の約90％は水で、栄養、二酸化炭素、老廃物などを溶かして運んでいます。

はいと いきに かんけいする ことば ①

こきゅうき
呼吸器

いきを すったり はいたり する はたらきを もつ きかん。すった いきは 「こうとう」「きかん」を とおり、「はい」へ たどりつく。

いきを すって 空気《くうき》を とりいれる。

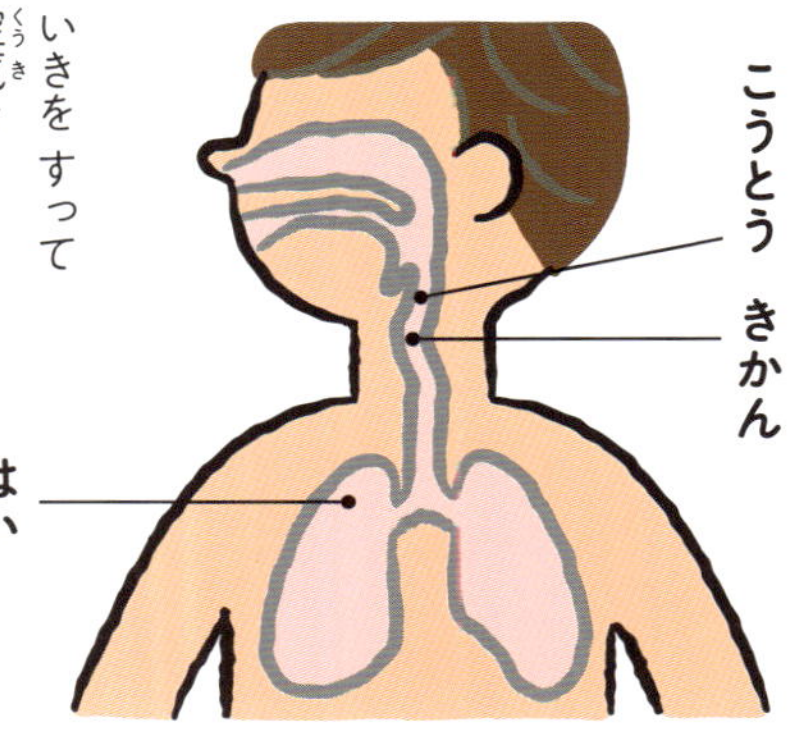

こうとう
きかん
はい

きかん
気管

いきの とおりみちとなる ほそ長《なが》い くだ。長《なが》さは おとなで 10センチメートルくらい。くだが つぶれないように U《ユー》の 字《じ》のような かたちの ほねが ついている。

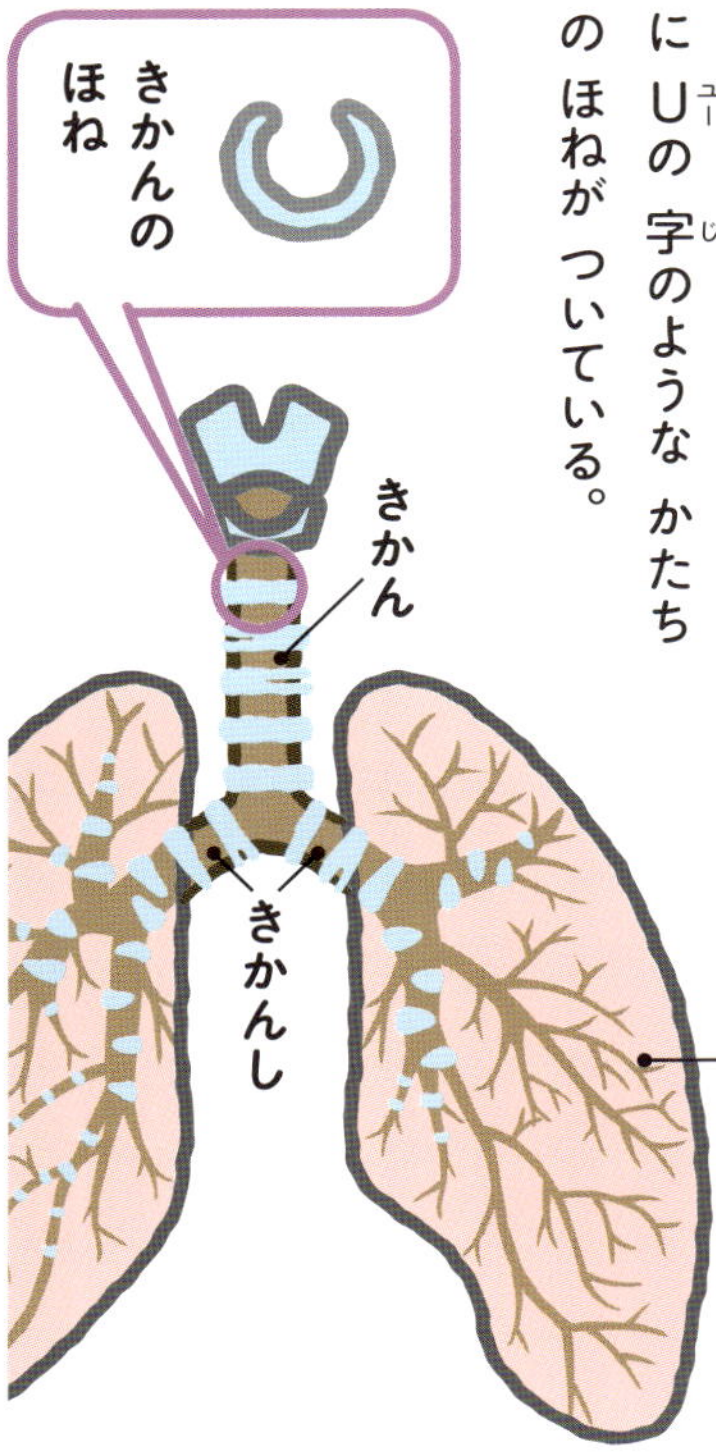

きかんの ほね
きかん
きかんし

左右《さゆう》の はいに むかって わかれている きかんの さきの ぶぶんを 「きかんし」と いう。つぎつぎと わかれていくに つれて どんどん ほそくなり はい 全体《ぜんたい》に 広《ひろ》がる。

●はいの つくり

はい
肺

いきを すったり はいたり する きかん。からだに ひつような さんそを 血《ち》の なかに とりいれ、かわりに にさんかたんそを 外《そと》に 出《だ》す。

はいほう
肺胞

きかんしの さきに ついて いる ふくろ。

とても ほそい もうさいけっかんに かこまれていて、すった いきに ふくまれる さんそが ここで 血《ち》の なかに 入《はい》り、血《ち》の なかの にさんかたんそが 血《ち》から 出《で》ていく。

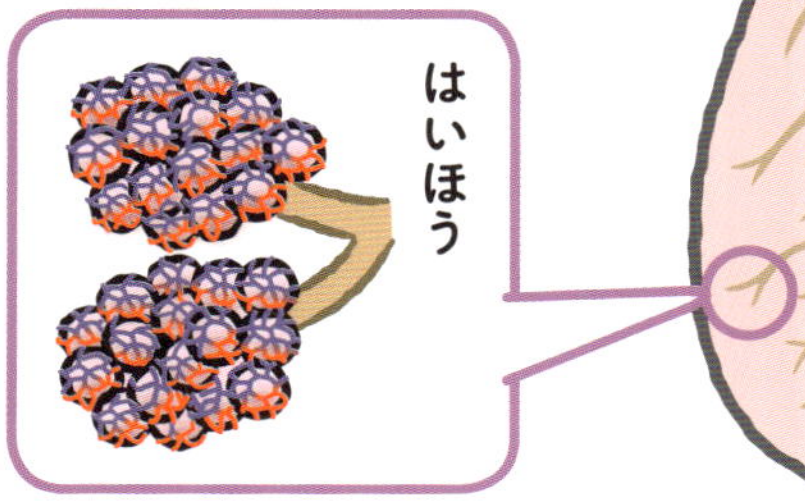

はいほう

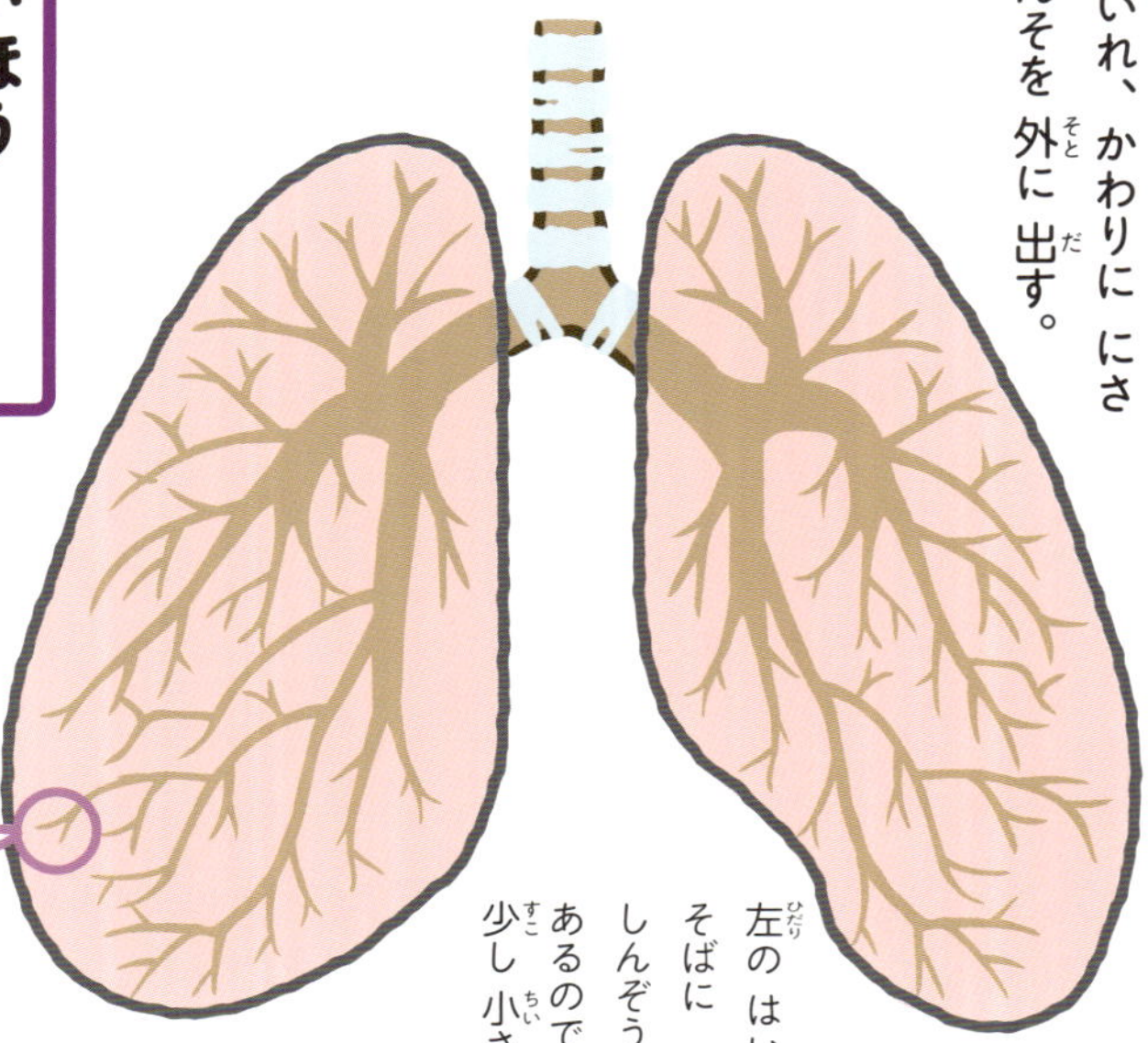

左《ひだり》の はいは そばに しんぞうが あるので、少《すこ》し 小《ちい》さい。

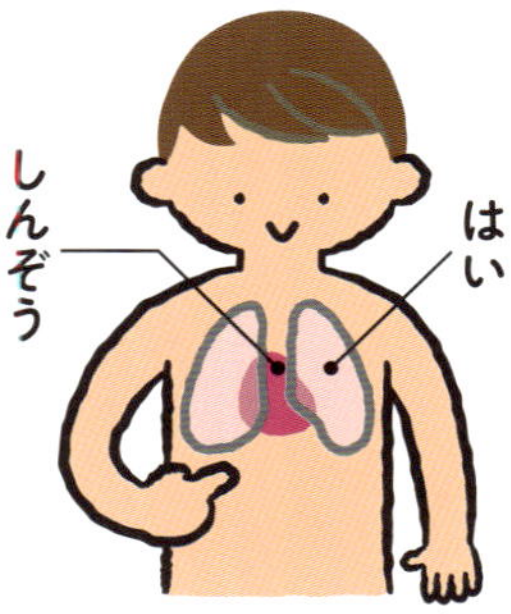

しんぞう
はい

はいと いきに かんけいする ことば ②

こうとう
喉頭

きかんに つながる いきの とおりみち。

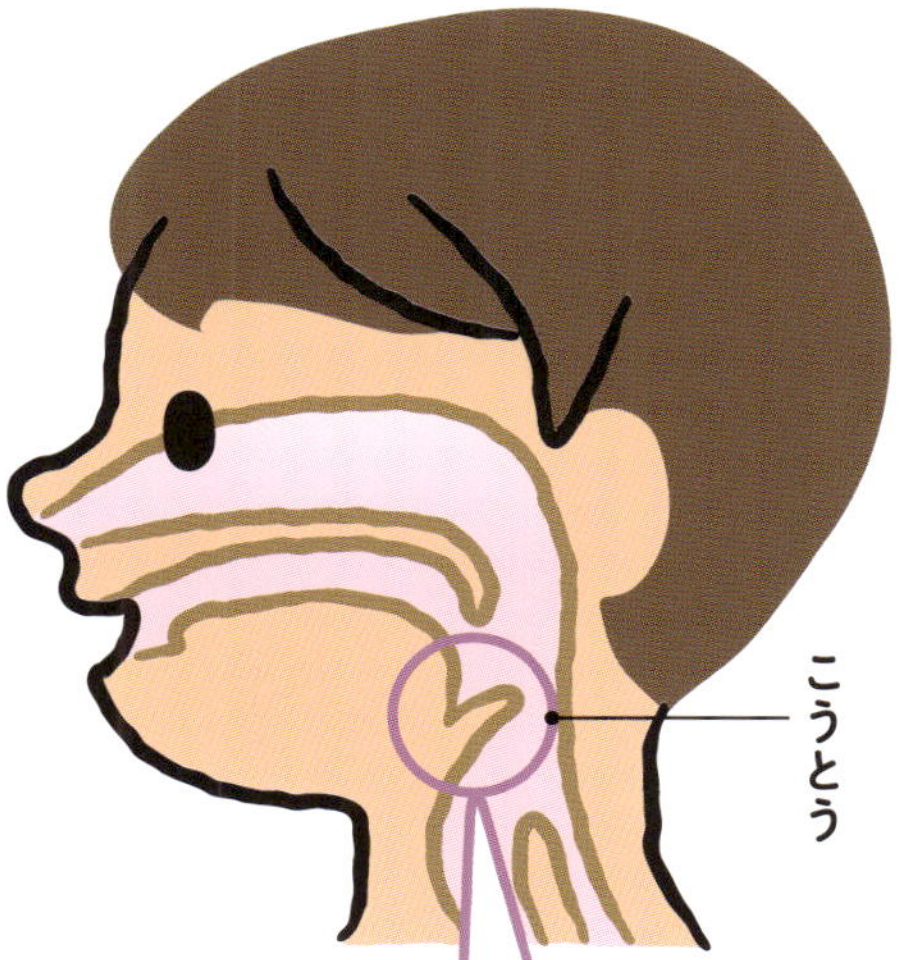

こうとう

いきを している とき

入《い》り口《ぐち》に ふたが ついていて、いきを している ときは ひらき、食《た》べものを のみこむ ときは とじる。

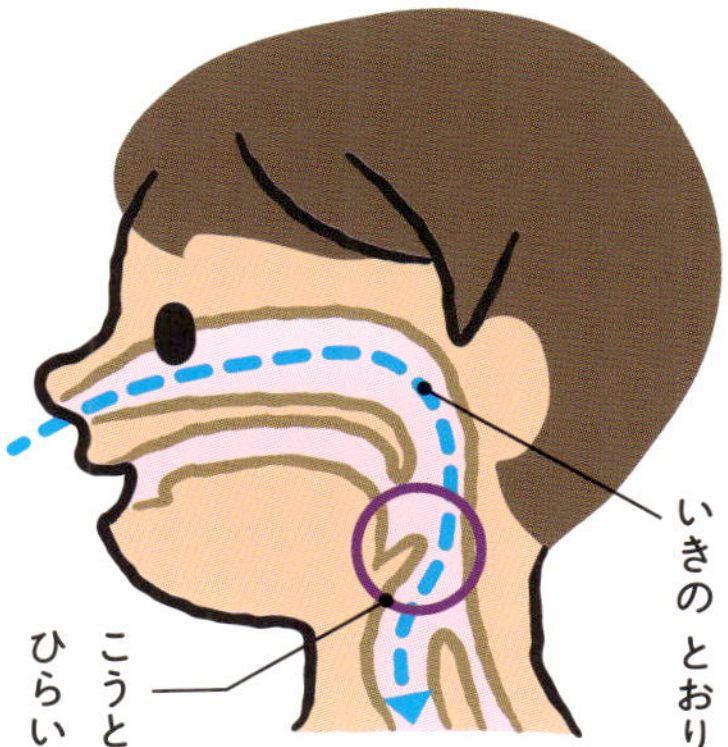

いきの とおりみち
こうとうの ふたは ひらいたまま。

食《た》べものを のみこむ とき

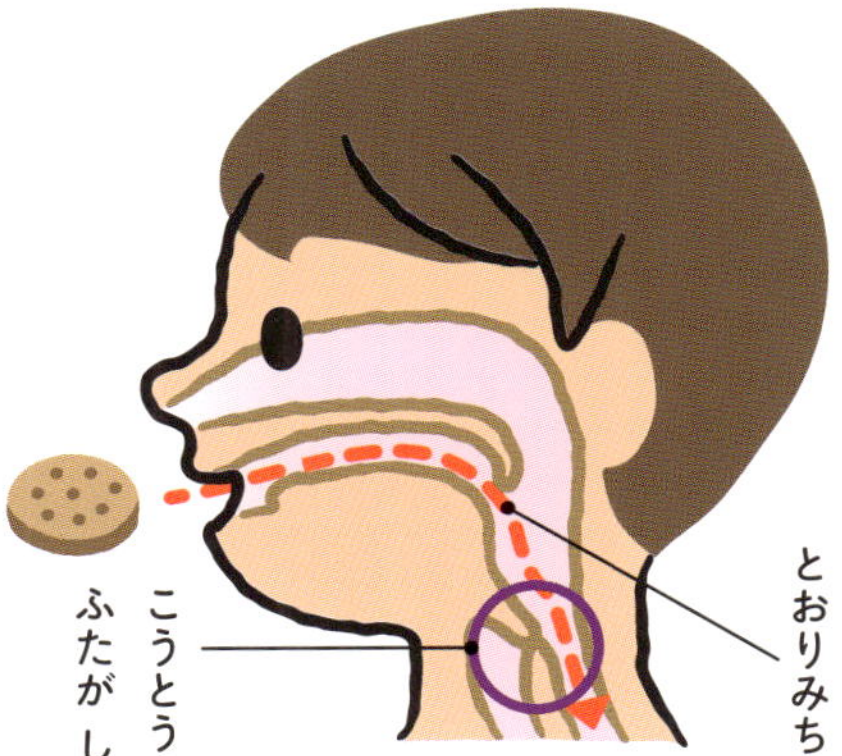

食《た》べものの とおりみち
こうとうの ふたが しまる。

おうかくまく
横隔膜

むねと おなかの あいだに ある きんにくで できた まく。ゆるんだ じょうたいの ときは もちあがる。

いきを すう ときは、おうかくまくが 下《さ》がって、はいが ふくらむ。
いきを はく ときは、おうかくまくが 上《あ》がって、はいが ちぢむ。

いきを すう とき

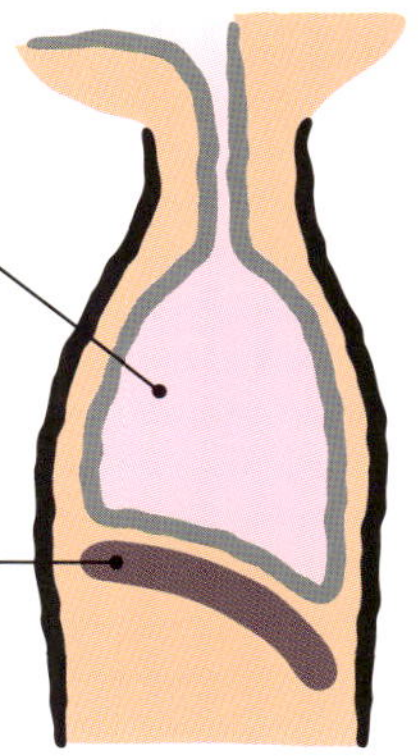

はい
おうかくまく

いきを はく とき

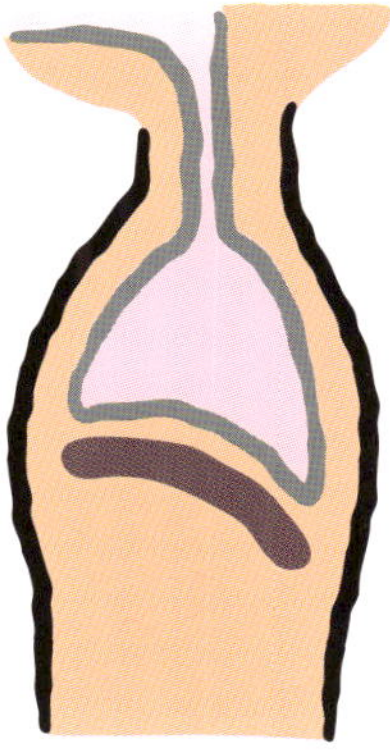

さんそ・にさんかたんそ
酸素・二酸化炭素

「さんそ」は、空気《くうき》の なかに ふくまれる、いきものが 生《い》きていくのに なくては ならない もの。えいようを もやして エネルギーに かえる。

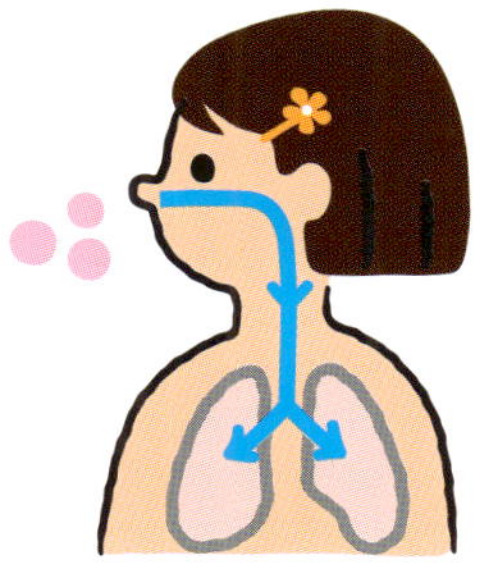

「にさんかたんそ」は、さんそが ものを もやし、エネルギーを 生《う》み出《だ》す ときに できる もの。はく いきとして からだの 外《そと》に 出《だ》される。

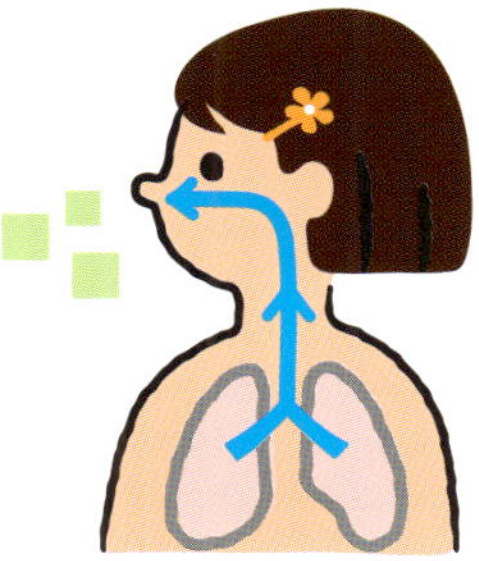

しんぞうに かんけいする ことば

じゅんかんき
循環器

血《ち》などを 全身《ぜんしん》に めぐらせる はたらきを する きかん。血《ち》を めぐらせる「しんぞう」と「けっかん」と、リンパえきを めぐらせる「リンパかん」（➡163ページ）が ある。

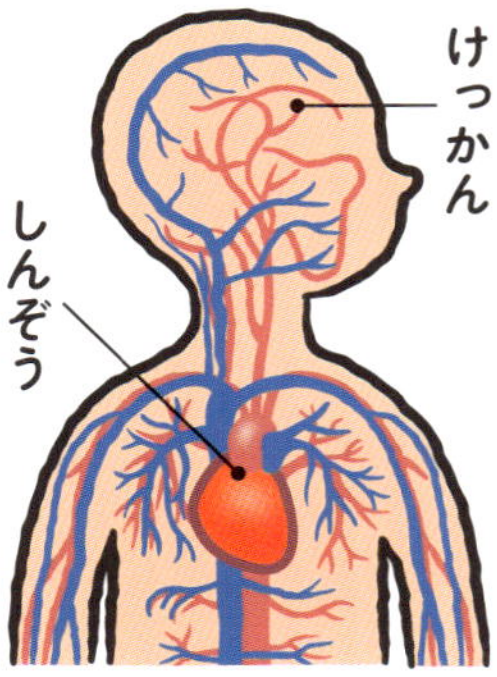
けっかん
しんぞう

しんぞう
心臓

休《やす》まずに きまった リズムで ちぢんだり ふくらんだりを くりかえして、からだじゅうに 血《ち》を おくりだしている きかん。

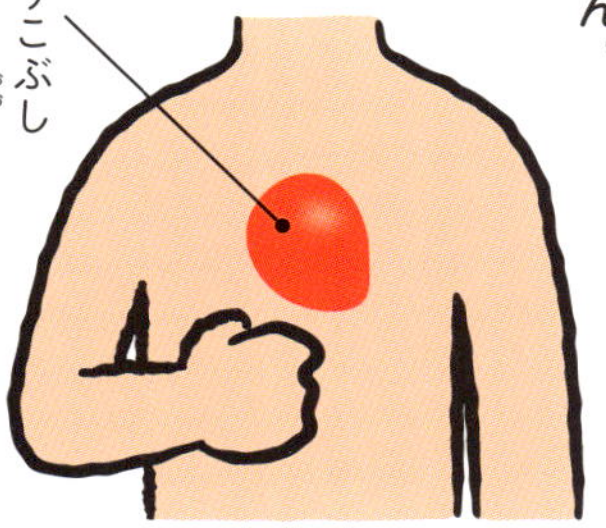
にぎりこぶし くらいの 大《おお》きさ。

●しんぞうの つくり

さしんぼう
左心房

はいから もどってきた 血《ち》を あつめ、少《すこ》しの あいだ ためておく ところ。

さしんしつ
左心室

さしんぼうから ながれて くる 血《ち》を からだじゅうに おくりだす。まわりの かべは とても あつく、強《つよ》くなっている。

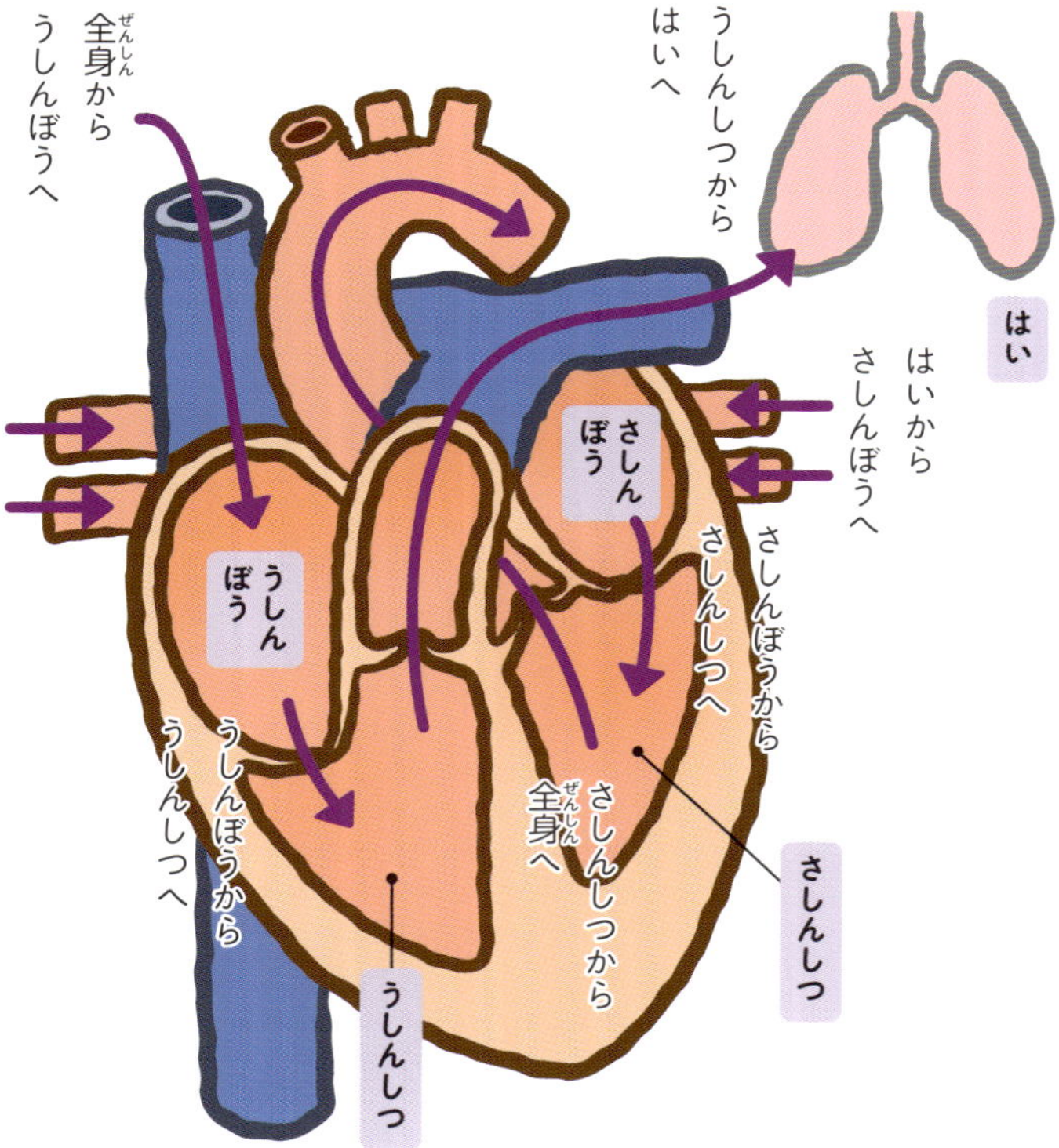
血《ち》を はこぶ しんぞう
はい
うしんしつから はいへ
はいから さしんぼうへ
全身《ぜんしん》から うしんぼうへ
さしんぼう
うしんぼう
さしんぼうから さしんしつへ
うしんぼうから うしんしつへ
さしんしつから 全身《ぜんしん》へ
さしんしつ
うしんしつ

うしんぼう
右心房

からだじゅうから もどってきた 血《ち》を あつめて ためて から うしんしつに おくる。

うしんしつ
右心室

うしんぼうから おくられてきた 血《ち》を 左右《さゆう》の はいに おくりだす。

べん
弁

ひらいたり とじたりして、血《ち》が ぎゃくの ほうこうに ながれないように している ところ。

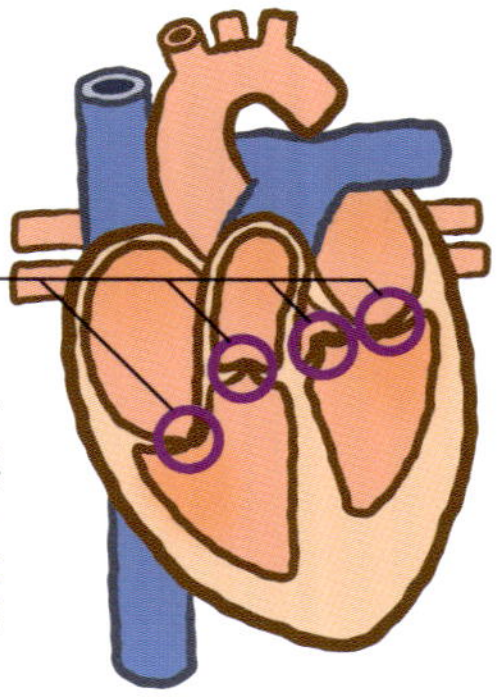
しんぞうには 4つの べんが ある。

しんきん
心筋

しんぞうの かべを つくっている きんにく。しんぼうより、血《ち》を おしだす しんしつの しんきんの ほうが あつい。

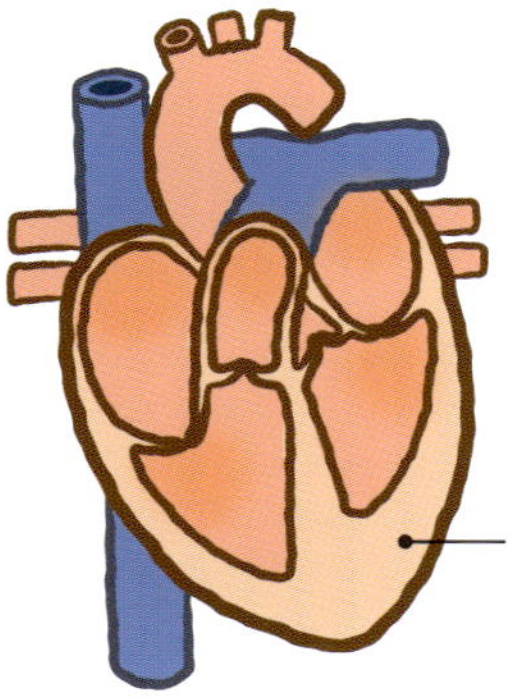
しんきん

けっかんに かんけいする ことば

●3つの けっかん

どうみゃく
動脈

しんぞうが おくりだした 血《ち》を からだじゅうに はこぶ けっかん。さんそが たくさん 入《はい》った 血《ち》が ながれている。

じょうみゃく
静脈

もうさいけっかんから しんぞうに もどる 血《ち》を はこぶ けっかん。にさんかたんそが たくさん 入《はい》った 血《ち》が ながれている。

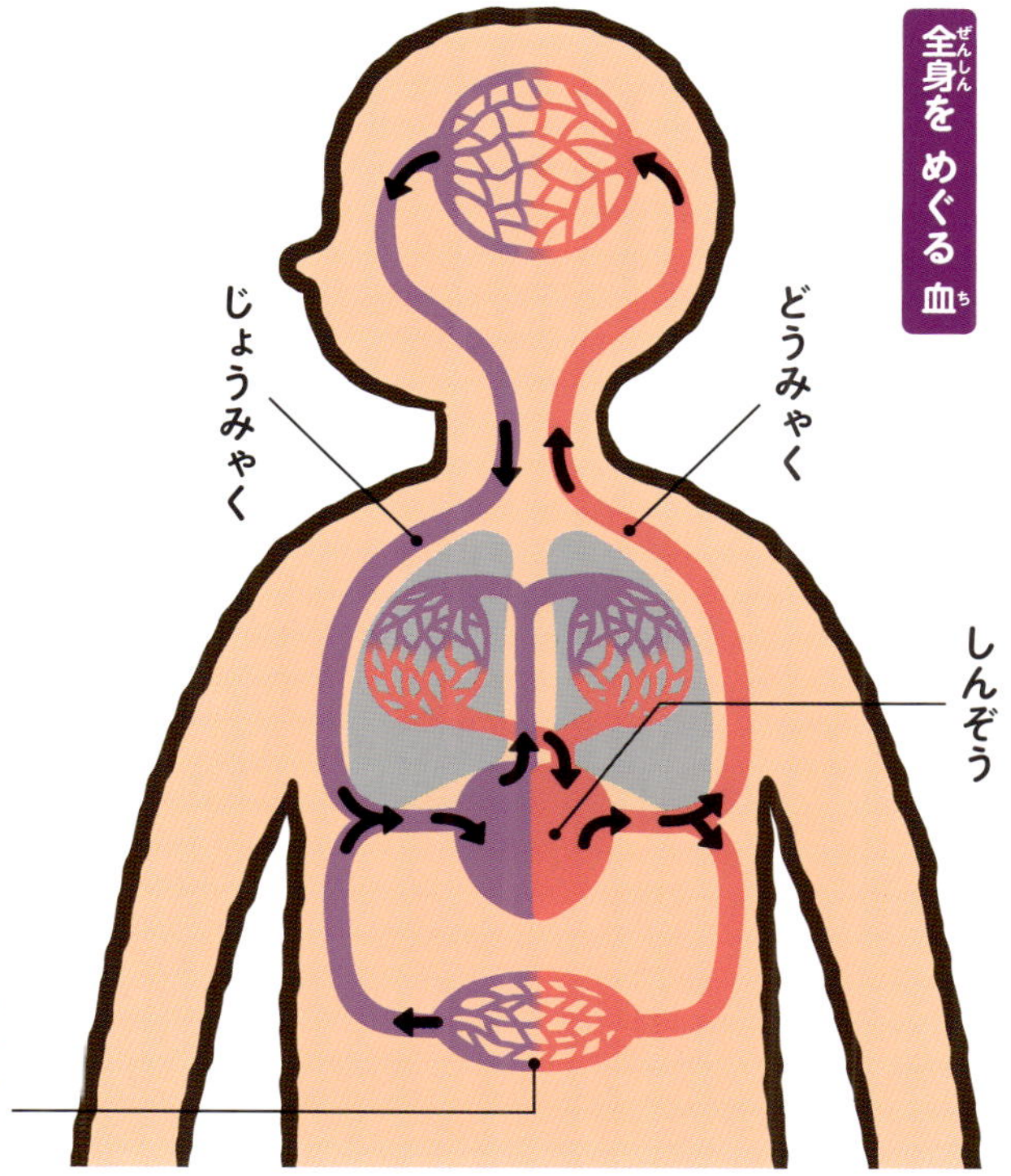

もうさいけっかん
毛細血管

どうみゃくと じょうみゃくを つなぐ ほそい けっかん。からだじゅうに あり、なかの 血《ち》と まわりの さいぼうとの あいだで、さんそや えいようと、にさんかたんそや いらない ものが こうかんされる。

●しんぞうの けっかん

じょうこう だいどうみゃく
上行大動脈

しんぞうの さしんしつから 出《で》る どうみゃく。たくさんの 血《ち》を おくりだすために 太《ふと》さが およそ3センチメートルも ある。

かこう だいどうみゃく
下行大動脈

じょうこうだいどうみゃくから つながる どうみゃく。下半身《かはんしん》に 血《ち》を おくる。

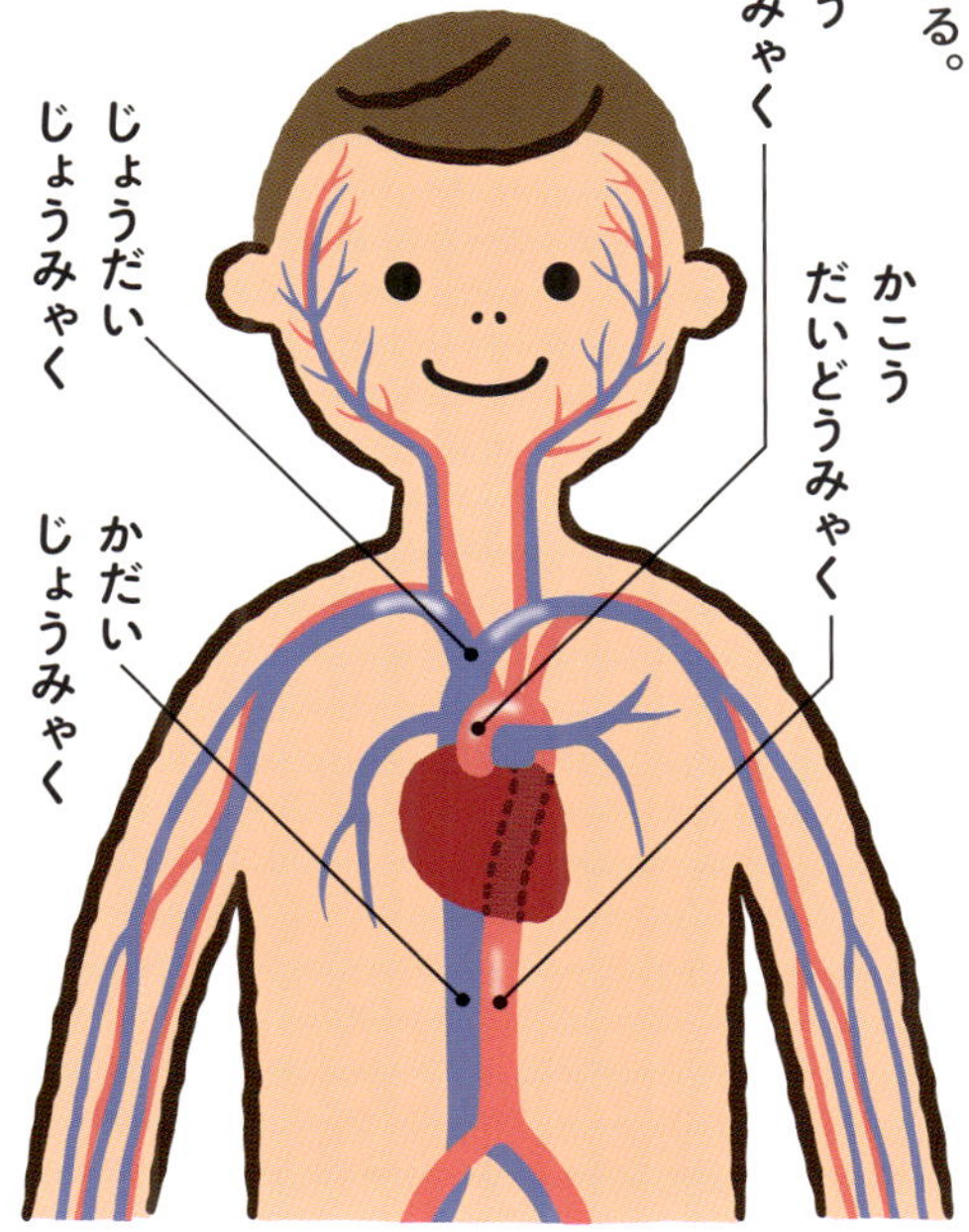

じょうだい じょうみゃく
上大静脈

頭《あたま》や 首《くび》、うでに ある じょうみゃくから あつまってきた 血《ち》を しんぞうの うしんぼうまで はこぶ じょうみゃく。

かだい じょうみゃく
下大静脈

じょうみゃくの なかで いちばん 太《ふと》く、足《あし》や こし、おなかの ぶぶんの 血《ち》を あつめて しんぞうの うしんぼうまで はこぶ。かこうだいどうみゃくと ならんで とおっている。

血《ち》に かんけいする ことば

ち
血

けっかんの なかを ながれて からだじゅうを めぐる 赤《あか》い えきたい。「けつえき」とも いう。

「けっしょう」の なかに「けっしょうばん」「せっけっきゅう」「はっけっきゅう」が ある。

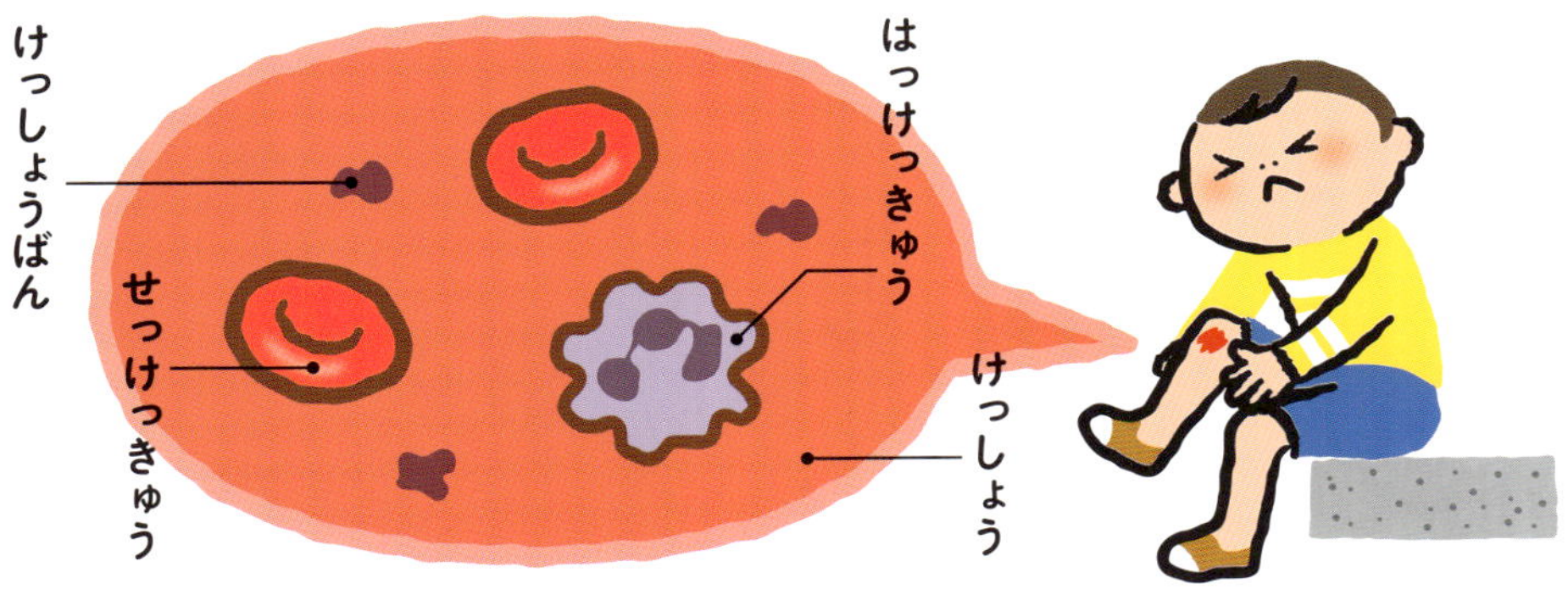

血《ち》に ふくまれる もの

けっしょう
血漿

血《ち》の 半分《はんぶん》くらいを しめる えきたい。えいようの ほか、からだの なかで いらなく なった ものや にさんかたんそを とかして はこぶ。

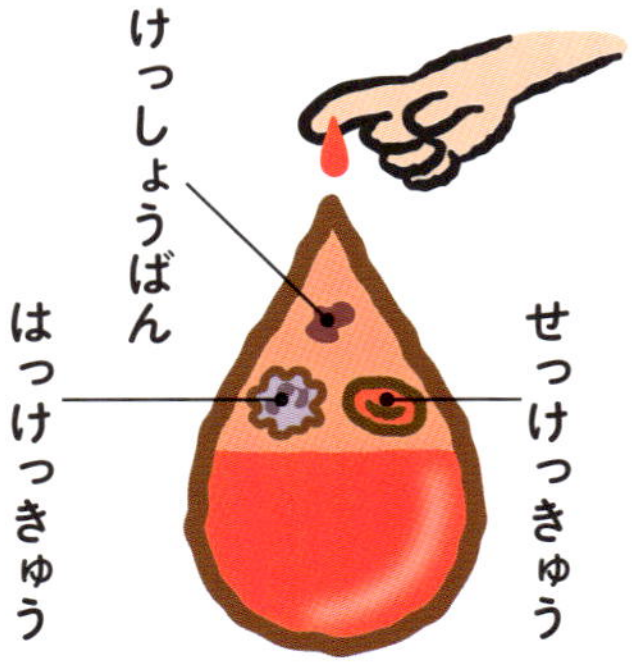

けっしょうばん
血小板

血《ち》を かためる はたらきを する。けがを して けっかんが やぶれると そこに あつまり きずぐちを ふさぐ。

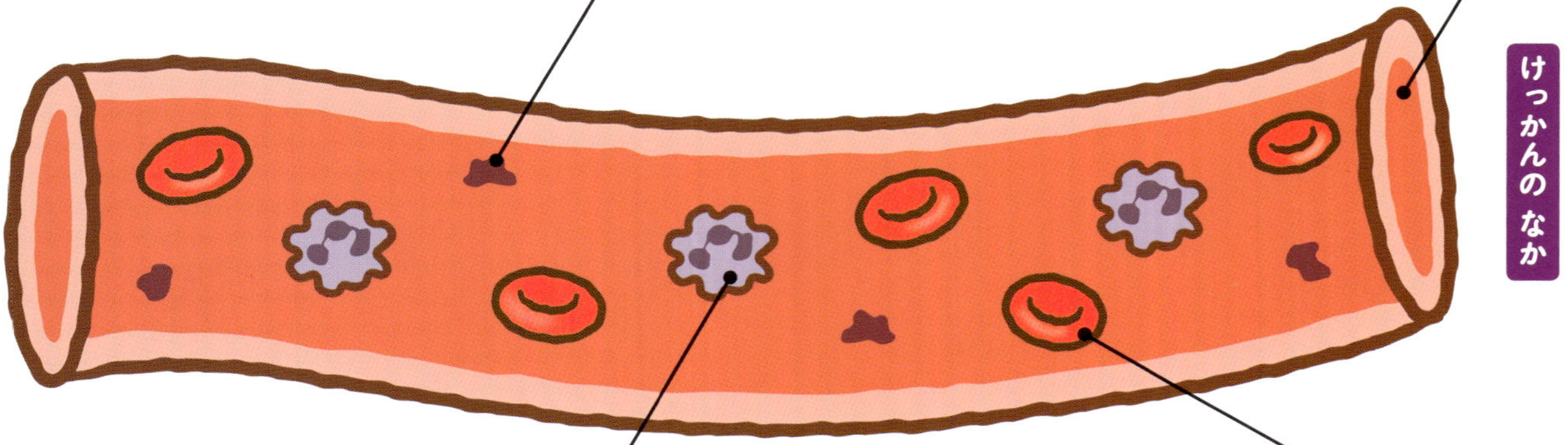

せっけっきゅう
赤血球

さんそと くっついて、はいで とりこんだ さんそを からだじゅうに はこぶ。ひらべったく まんなかが へこんだ 円《えん》ばんのような かたちを している。

はっけっきゅう
白血球

からだに 入《はい》って きた びょうげんたいを こうげきして、からだを まもる（➡138ページ）。

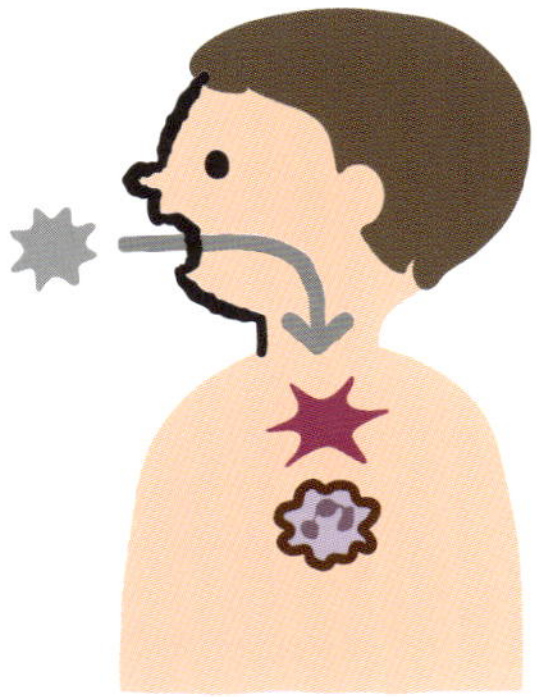

人《ひと》の こきゅうと 魚《さかな》の こきゅう

人《ひと》は 水《みず》の なかでは いきが できないね。魚《さかな》は どうして 水《みず》の なかで いきが できるのかな。

人《ひと》は はいを つかって こきゅうを します。空気《くうき》ちゅうの さんそを とりいれます。

魚《さかな》は えらを つかって こきゅうを します。水《みず》の なかに とけた さんそを とりいれます。

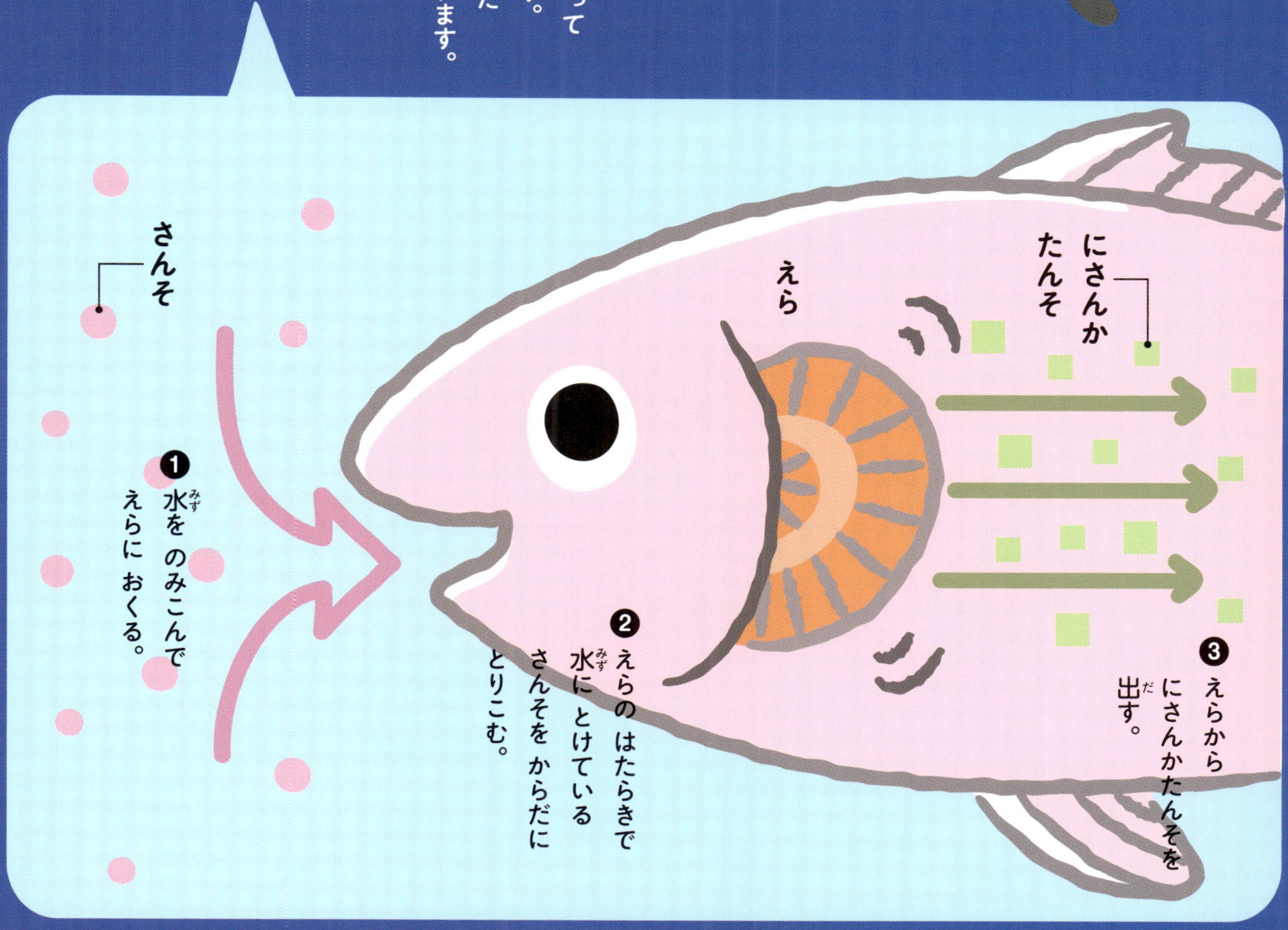
さんそ
❶ 水《みず》を のみこんで えらに おくる。
えら
にさんか たんそ
❷ えらの はたらきで 水《みず》に とけている さんそを からだに とりこむ。
❸ えらから にさんかたんそを 出《だ》す。

もっと しりたい!

はいと しんぞうの ふしぎ

ねている あいだも 休《やす》まず はたらきつづける はいと しんぞう。
むねの はたらきには いろいろな ひみつが あるよ。

いきを とめると くるしいのは どうして?

わたしたちは いきを して からだの なかに とりいれた さんそを つねに つかいつづけています。人《ひと》の からだには さんそを ためておく ところが ないので、いきを とめると さんそが たりなくなって くるしくなって しまうのです。

どうして しんぞうは ドキドキしているの?

しんぞうの ドキドキと いう 音《おと》は、しんぞうが うごく ときに しんぞうの なかの べんが とじる 音《おと》です。べんは、血《ち》が ぎゃくの むきに おくられないように はたらいています。

しゃっくりは どうして 出《で》るの?

はいの 下《した》に ある おうかくまくが ピクピクと うごいて きゅうに いきを すいこむように なる ことを 「しゃっくり」と いいます。しゃっくりは きんちょうしている ときや あつい ものや つめたい ものを あわてて のみこんだ ときなどに おきやすいと いわれています。

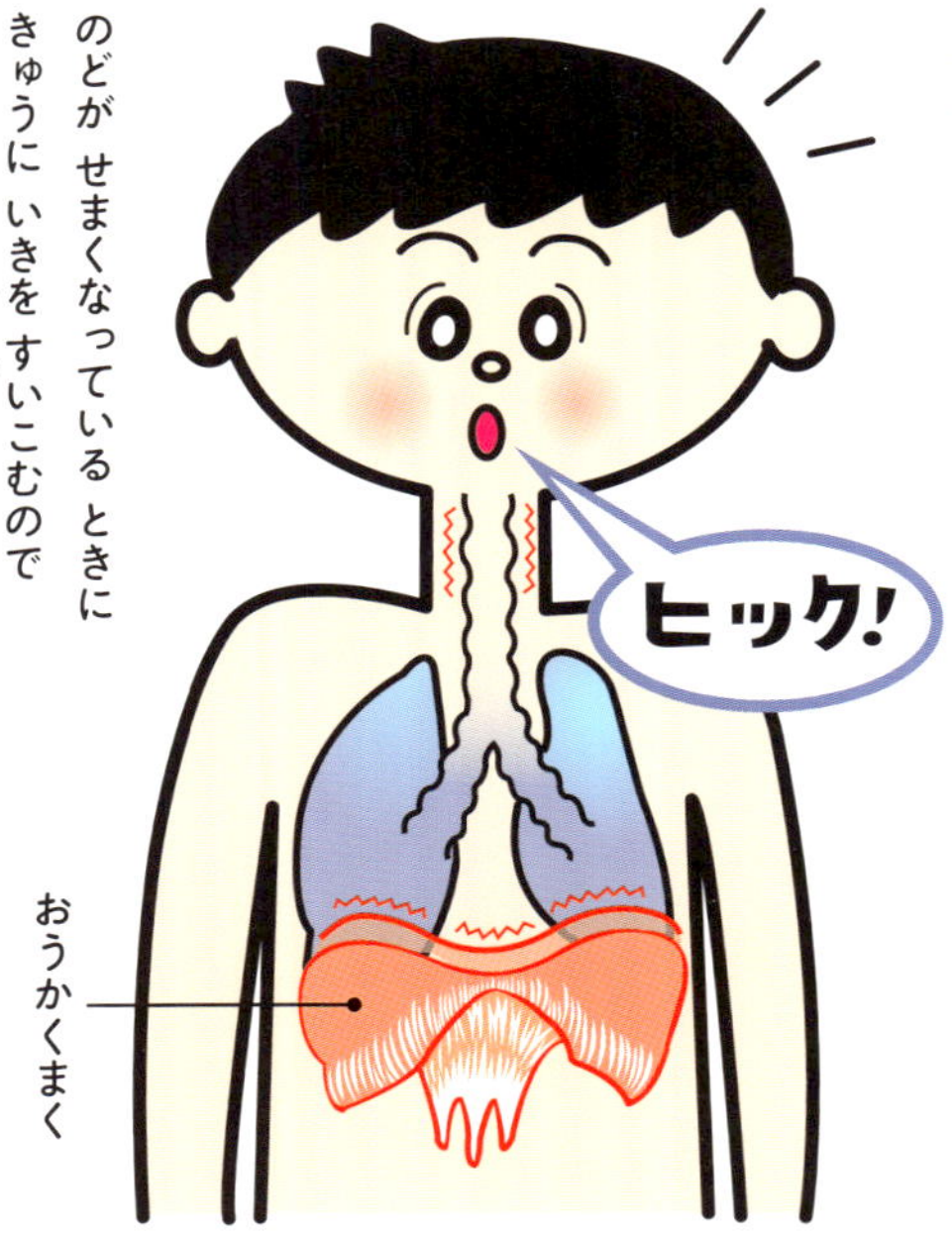

のどが せまくなっている ときに きゅうに いきを すいこむので 「ヒック」と 声《こえ》が 出《で》る。

しゃっくりを とめるには つめたい 水《みず》を のむなどの ほうほうが ある。

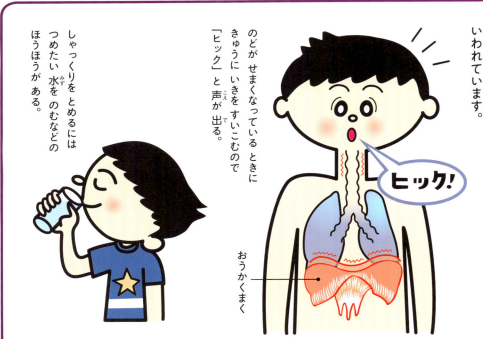

4 ものの ようすを うけとる 5つの きかん

きょうは いい 天気《てんき》で あたたかい日《ひ》。友《とも》だちの 声《こえ》が
きこえたと 思《おも》って まどの ほうを 見《み》たら 手《て》を ふっているよ。
へやの なかは ドーナツの あまい かおりで いっぱい。

ずかい

もののようすを　うけとる　5つの　きかん

じぶんの まわりが どうなっているかを 知《し》るために、
ものの ようすを うけとっている きかんを「かんかくき」と いいます。
わたしたちは そこから ものの ようすを うけとり、
のうで かんじとっています。

め　目　➡　しかく　視覚

目《め》は 光《ひかり》や 色《いろ》の ようすを
うけとります。それが のうに
つたえられて ものが
見《み》えたと かんじます。

みみ　耳　➡　ちょうかく　聴覚

耳《みみ》は 音《おと》の もとに
なっている 空気《くうき》の ふるえを
うけとります。それが のうに
つたえられて 音《おと》が
きこえたと かんじます。

はな 鼻 ➡ きゅうかく 嗅覚

はなは 空気《くうき》に ふくまれる
においの もとを うけとります。
それが のうに つたえられて
においを かんじます。

した 舌 ➡ みかく 味覚

したは 食《た》べものに
ふくまれる いろいろな
あじの もとを うけとります。
それが のうに つたえられて
あじを かんじます。

ひふ 皮膚 ➡ しょっかく 触覚

ひふは、さわった ものの でこぼこ ぐあいや
おんど、いたみなどを かんじます。
それぞれの ようすが のうに つたえられて、
ものを さわった ことが わかります。

「しかく」「ちょうかく」「きゅうかく」「みかく」「しょっかく」の ５つの かんかくを 「ごかん」と いいます。

おうちのかたへ

生物が外の世界を知るために、周囲のいろいろな刺激を受け取って、電気信号に変換し、脳に送る働きをしている器官を「感覚器」といいます。目、耳、鼻、舌、皮膚は代表的な感覚器で、それぞれが受け取った情報からは、それぞれ視覚、聴覚、嗅覚、味覚、触覚の５つの感覚「五感」が生じます。五感は、人間の感覚を総称する言葉としても使われますが、実際に人間が感じ取っている感覚はこの５つだけにとどまりません。平衡《へいこう》感覚や、温覚、冷覚、痛覚、圧覚なども外からの刺激によって生じます。

また、体の内部にある、筋肉や腱《けん》、関節などが受け取る深部感覚といわれる感覚もあります。これらは体の部位の位置や、動き、抵抗、ものの重さなどを感じ取っています。

光《ひかり》を うけとる 目《め》

目《め》が 光《ひかり》を うけとると
ものが 見《み》えるよ。
目《め》の なかは
どうなっているんだろう。
しくみを みてみよう。

目《め》は 10円玉《えんだま》よりも
少《すこ》し 大《おお》きいくらいの
まるい たまです。
光《ひかり》が「かくまく」から
入《はい》って、なかを すすみます。

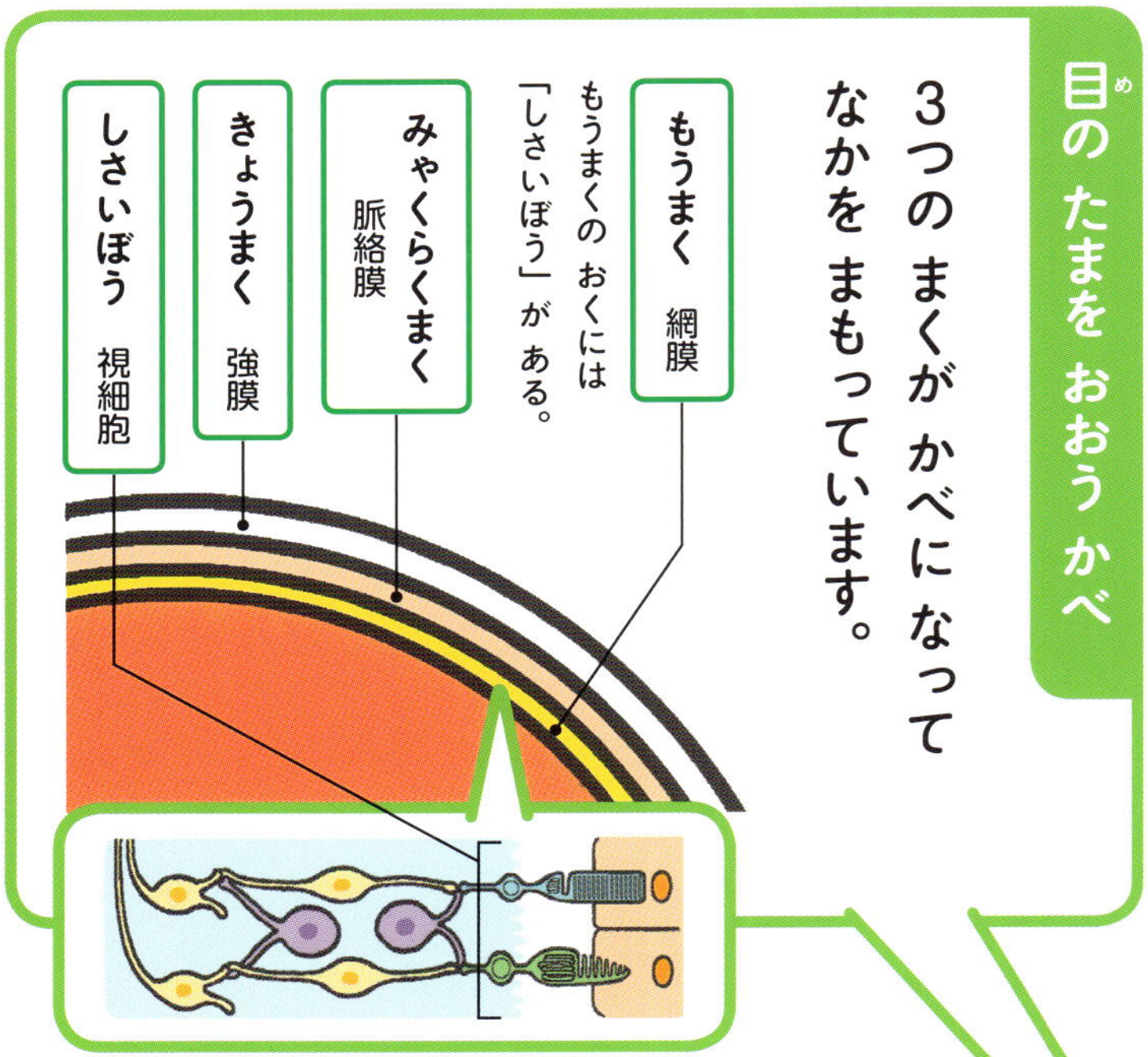

目《め》の たまを おおう かべ
3つの まくが かべに なって
なかを まもっています。
もうまく 網膜
もうまくの おくには
「しさいぼう」が ある。
みゃくらくまく 脈絡膜
きょうまく 強膜
しさいぼう 視細胞

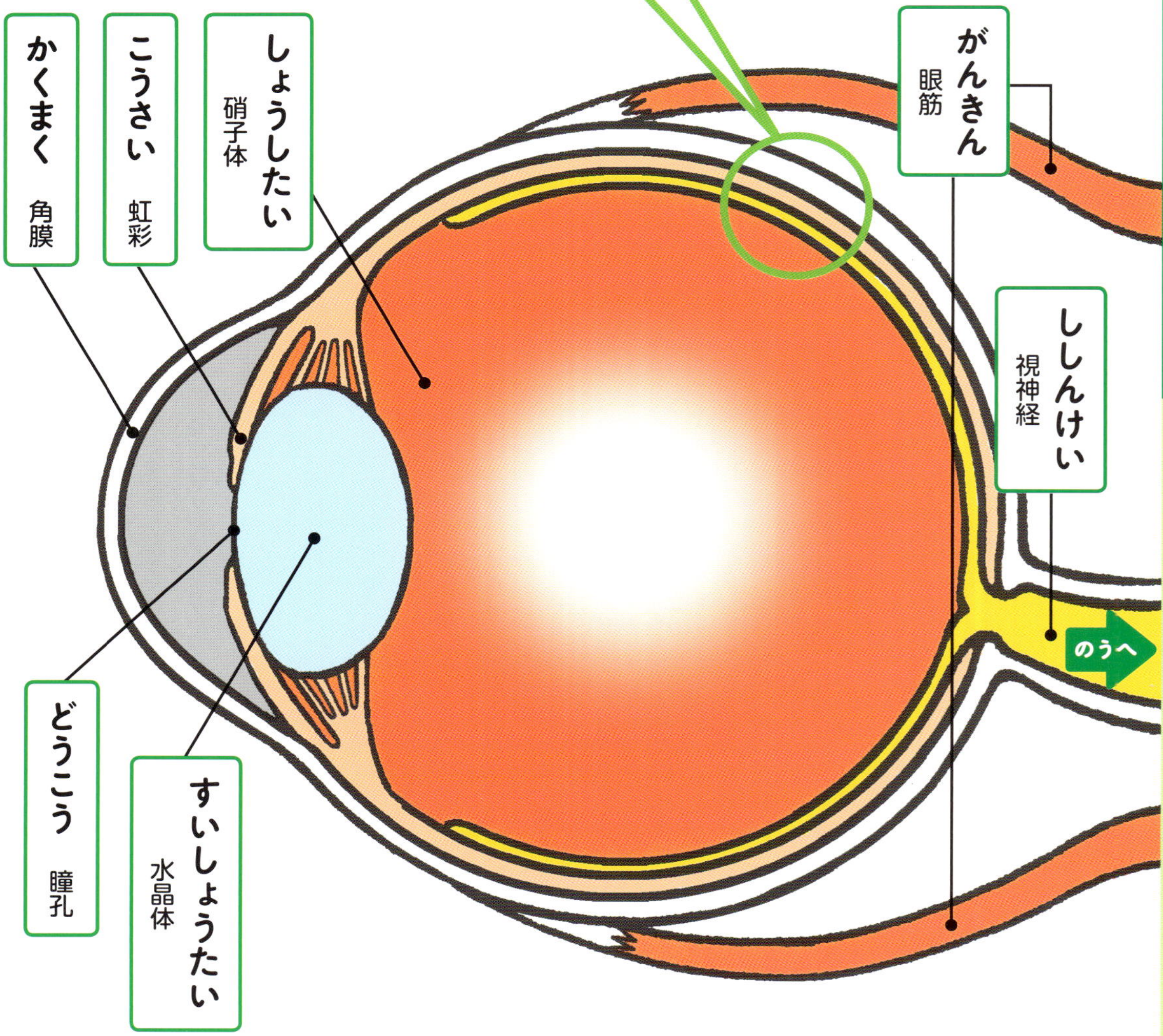

がんきん 眼筋
ししんけい 視神経
のうへ
しょうしたい 硝子体
こうさい 虹彩
かくまく 角膜
どうこう 瞳孔
すいしょうたい 水晶体

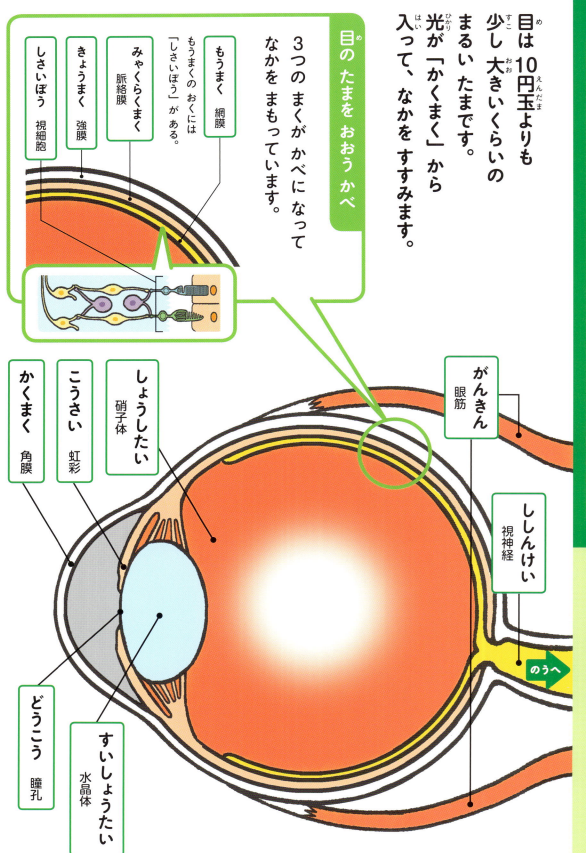

ものを 見《み》る しくみ

目《め》は カメラのように なっています。「かくまく」と「すいしょうたい」と いう 2まいの レンズを つかって 光《ひかり》を あつめて 「もうまく」に 当《あ》て、ぞうとして うつしだします。その えいぞうが 「しさいぼう」で 電気《でんき》しんごうに かえられて 「ししんけい」を とおって のうに つたえられます。

❶ 光《ひかり》が かくまくと すいしょうたいで まげられる。

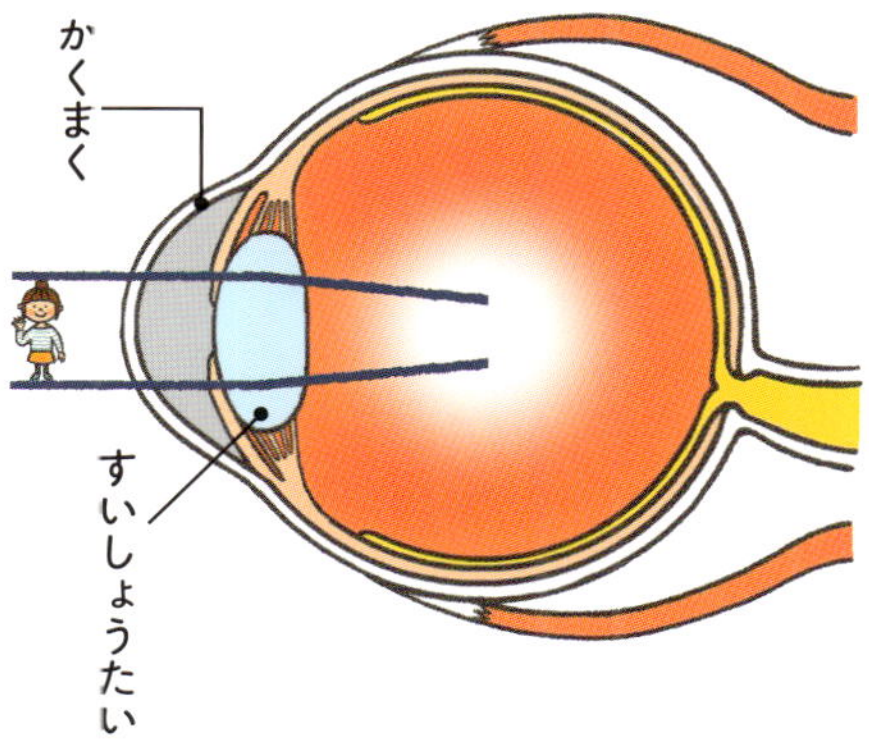

❷ あつめられた 光《ひかり》は さかさまの ぞうに なって もうまくに うつる。

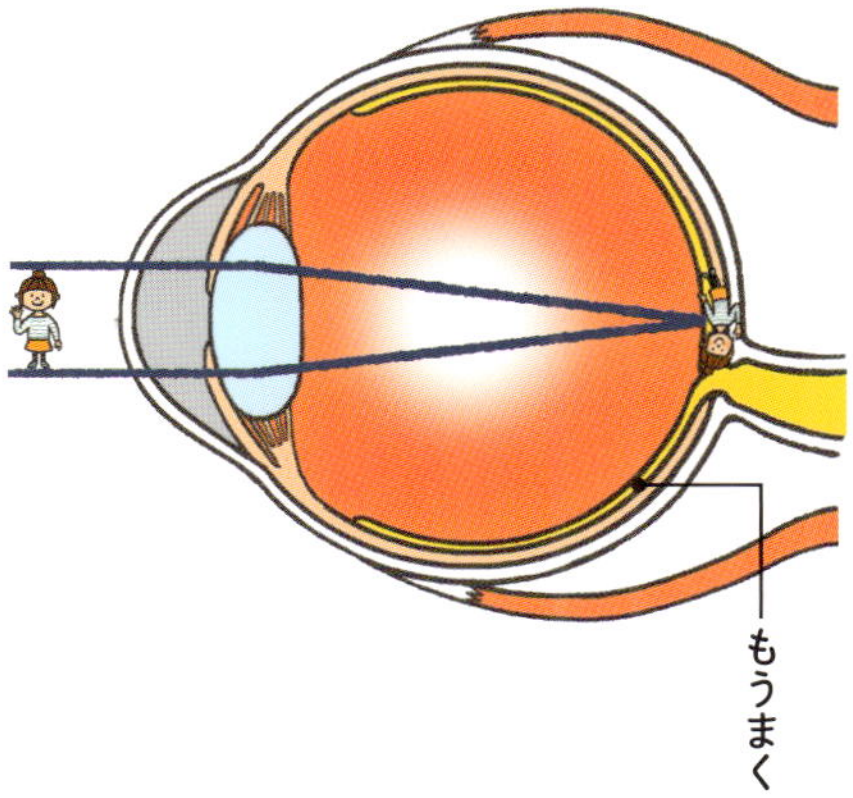

❸ もうまくに うつった ぞうの、明《あか》るさや 色《いろ》の ようすは、電気《でんき》しんごうに かえられて ししんけいを とおる。

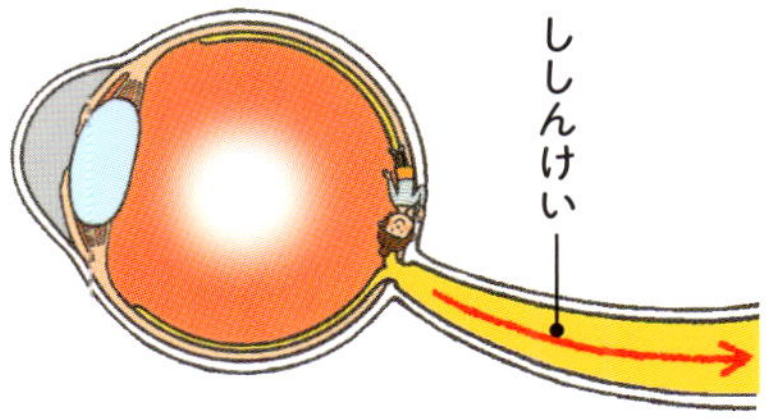

❹ ししんけいの しんごうが のうに おくられると、正《ただ》しい むきに 見《み》える。

おうちの かたへ

網膜に写った像を電気信号に変える働きをしているのは網膜《もうまく》の視細胞です。視細胞には杆体《かんたい》細胞と錐体《すいたい》細胞があります。杆体細胞は光を検知し、色を検知することはできません。錐体細胞には、それぞれ赤、青、緑の色を検知する3種類の細胞があります。明るいところで働いて色の区別を行います。

視神経は左右の目から出て途中で半分交差し、それぞれの網膜の右半分に写った像を右脳に、左半分に写った像を左脳に送ります。網膜の像は逆像なので、実際には左側の像が右脳に、右側の像が左脳に伝わります。左右の目がとらえた像は少しずれていますが、それを重ね合わせたときに重なる部分とずれている部分を脳が感じることで、ものを立体的にとらえ、遠近感を得ることができます。

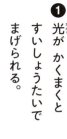

目《め》を まもる もの・ものの 見《み》えかた

目《め》は ものを 見《み》るために とても たいせつな ばしょ。その 目《め》が きずつかないよう、目《め》を まもっている ものが あるよ。

ほこりや さいきんなどが 目《め》に 入《はい》ると、きずが ついたり、目《め》の びょうきに なったりする ことが あります。

目《め》を まもっている もの

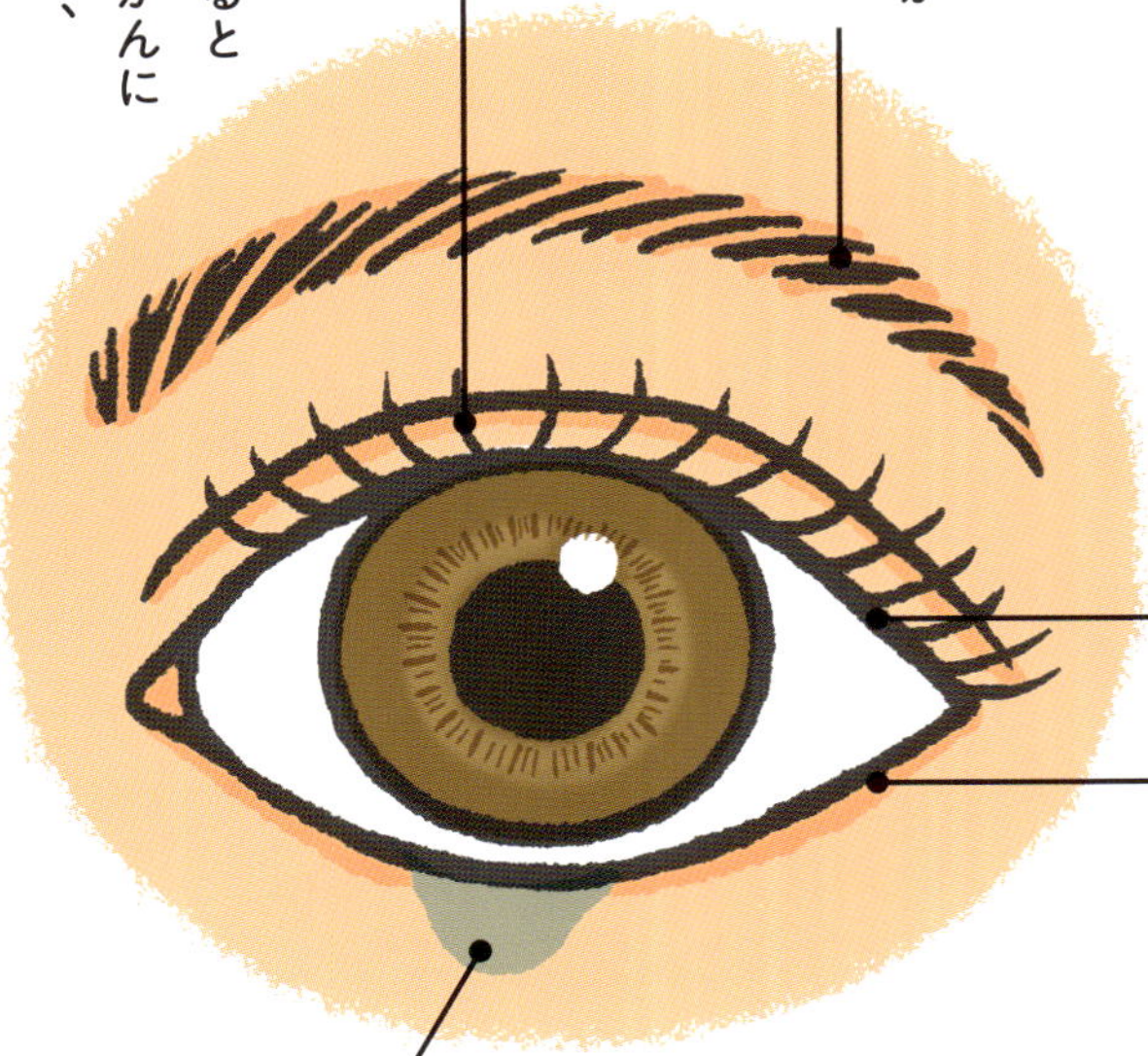

まゆ毛《げ》

おでこの あせが 目《め》に 入《はい》るのを ふせいでいる。

まつ毛《げ》

ごみが 目《め》に 入《はい》りそうに なると まつ毛《げ》が びんかんに かんじとるので、すばやく 目《め》を とじる ことが できる。

まぶた

上《うわ》まぶたと 下《した》まぶたが あり、ごみや 強《つよ》い 光《ひかり》が 目《め》に 入《はい》るのを ふせいだり、まばたきを して 目《め》が かわかないように したりする。

なみだ

目《め》の ひょうめんが かわくのを ふせぎ、目《め》に 入《はい》った ごみを あらいながす はたらきを する。

? なみだは どこで つくられるの?

なみだは 上《うわ》まぶたの うらに ある「るいせん」で つくられます。るいせんは、いつも なみだを つくりつづけていて、なみだは くだを とおって、目《め》の たまの ひょうめんに ながれていきます。

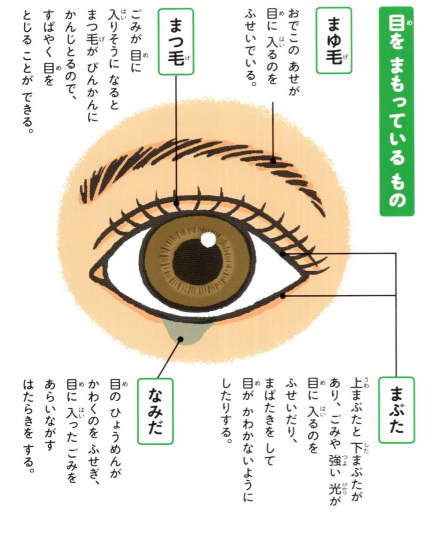

目《め》が いい、目《め》が わるい

目《め》に 入《はい》って きた 光《ひかり》が ぞうとして きちんと もうまくに うつると、ものは よく 見《み》えます。 きちんと もうまくに うつらないと、ものが 見《み》づらく なります。

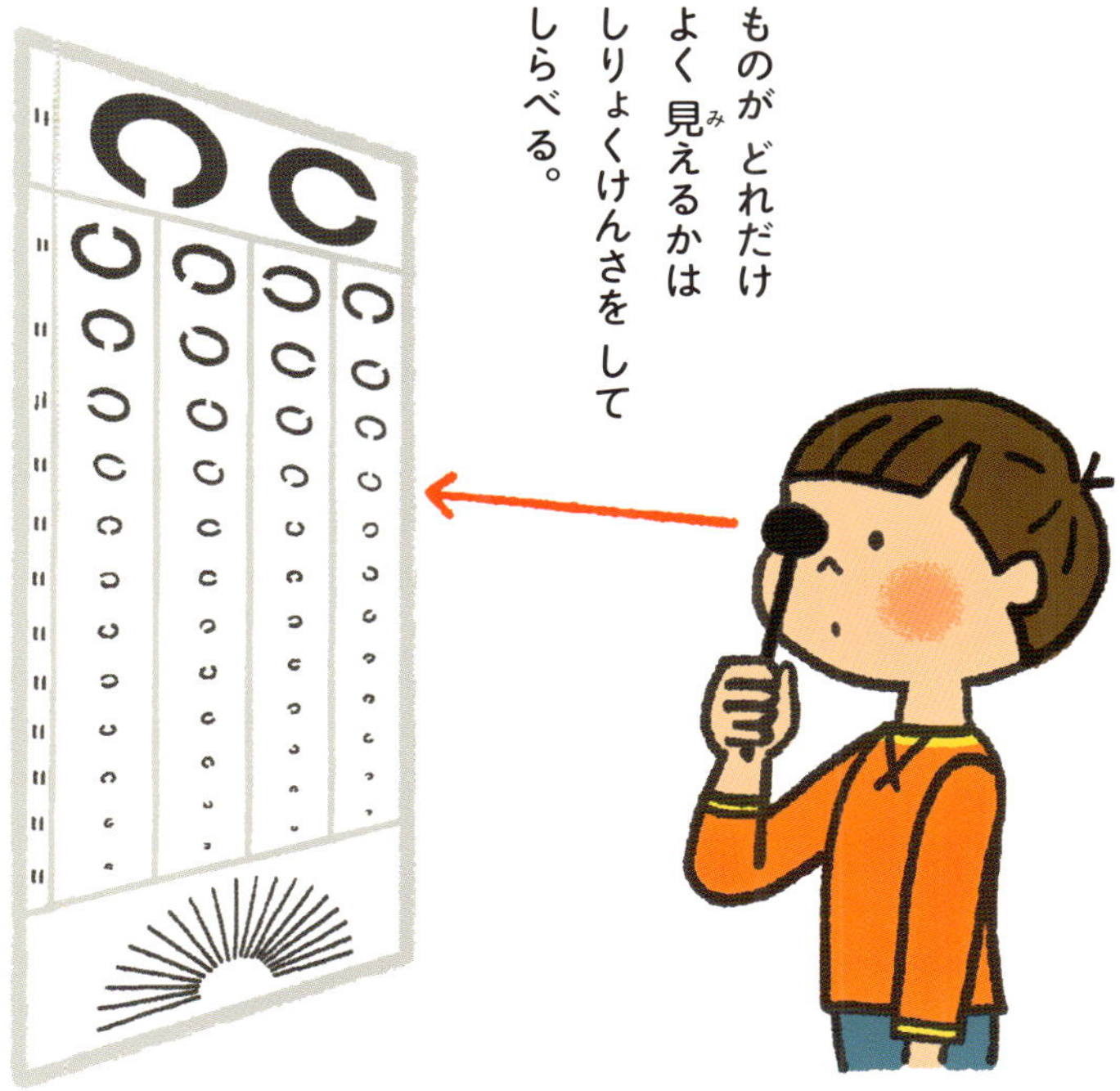

ものが どれだけ よく 見《み》えるかは しりょくけんさを して しらべる。

とおくが 見《み》えにくい

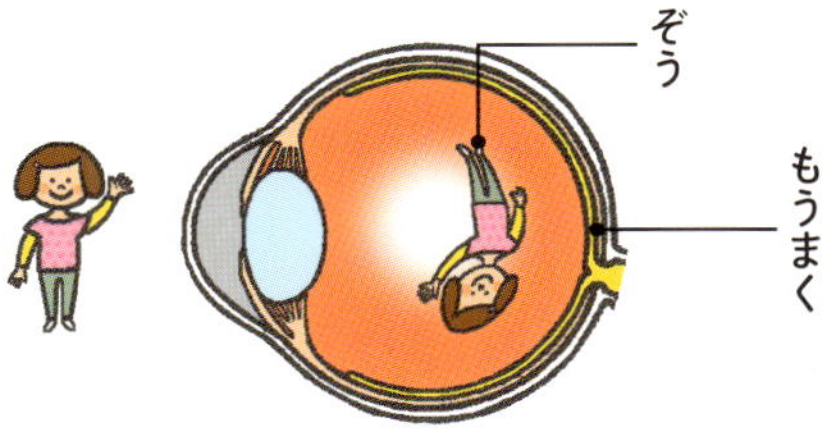

ぞうが もうまくより てまえ ← **きんし** 近視

ちかくが 見《み》えにくい

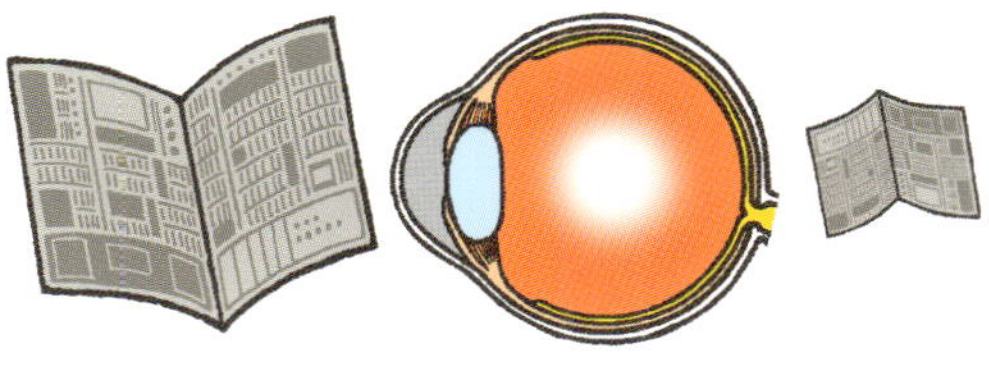

ぞうが もうまくより うしろ ← **えんし** 遠視

おうちのかたへ

まぶたやまつ毛はごみなどから目を守っています。白目の部分の表面とまぶたの裏側を覆っている結膜《けつまく》もまた、目を守っています。結膜は抗菌作用のある粘液と涙で覆われて、目を潤しています。この部分に細菌やウイルスが感染して炎症を起こすと結膜炎になります。

角膜と水晶体によって光が曲げられて目の中で像が結ばれるときに、網膜のところできれいに像を結ばない状態を屈折異常といいます。

近視、遠視のほか、ものがだぶったり、ぼやけたりして見える乱視もあります。近視は、眼球の前後の長さが長すぎる、あるいは角膜や水晶体が光を曲げる力が強すぎるために、網膜の前に像が結ばれる状態です。遠視はこの逆の理由で網膜の後ろに像が結ばれます。乱視は、角膜や水晶体の表面がゆがんでいるため、網膜に結ばれる像自体がぶれている状態です。

目《め》に かんけいする ことば ①

しかく
視覚

目《め》に 入《はい》った 光《ひかり》から、明《あか》るさや 色《いろ》などの ようすを もうまくで うけとり、それが のうに つたわる ことで かんじる かんかく。

目《め》が しげきを うけとる。

● 目《め》の たまの なか

かくまく
角膜

黒目《くろめ》を おおっている、かたく すきとおった まく。光《ひかり》を すいしょうたいに あつめている。

すいしょうたい
水晶体

かくまくが あつめた 光《ひかり》を もうまくに ぞうが できるように うまく まげる。

しょうしたい
硝子体

すいしょうたいから もうまくまで 光《ひかり》を とおす。とうめいな ゼリーのような もので、ほとんどが 水《みず》で できている。

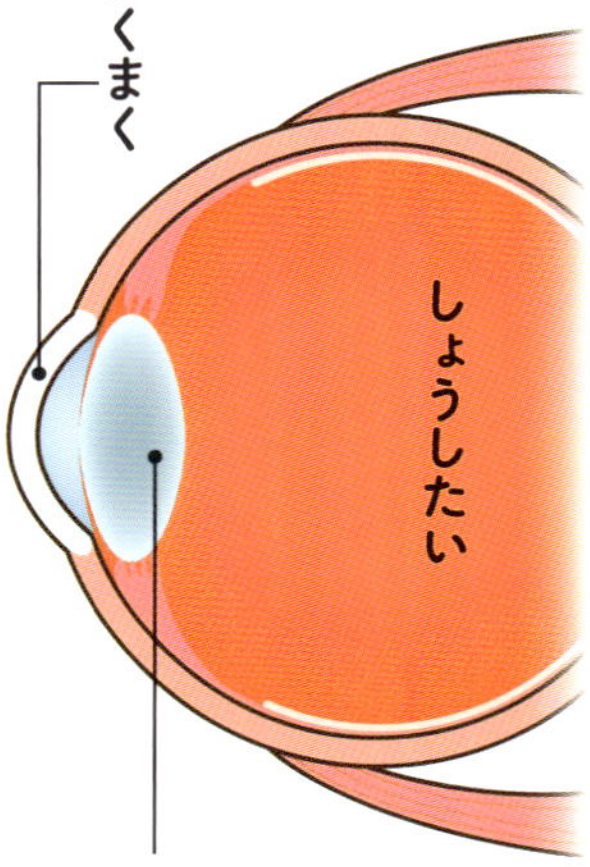
かくまく
しょうしたい
すいしょうたい
ちかくの ものを 見《み》る ときは あつく、とおくの ものを 見《み》る ときは うすくなる。

こうさい・どうこう
虹彩・瞳孔

「こうさい」は かくまくと すいしょうたいの あいだに ある まく。

「どうこう」は、こうさいの まんなかに あいている あな。この あなの 大《おお》きさで 目《め》の なかに 入《はい》る 光《ひかり》の りょうを ちょうせつしている。

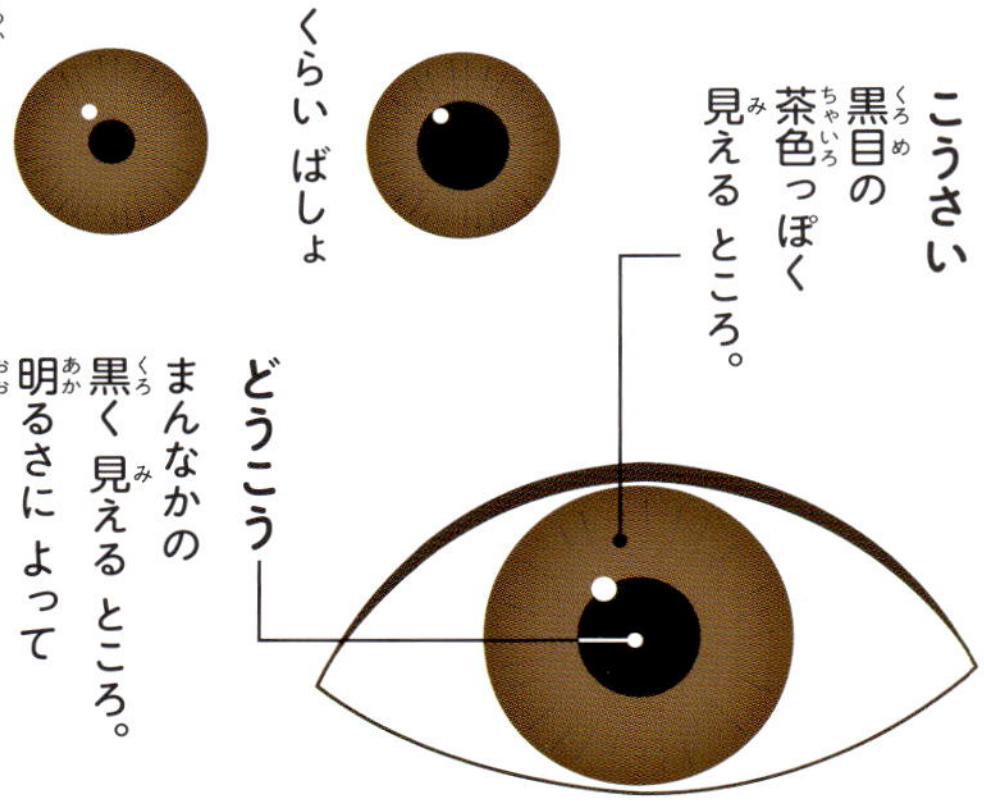
こうさい
黒目《くろめ》の 茶色《ちゃいろ》っぽく 見《み》える ところ。
どうこう
まんなかの 黒《くろ》く 見《み》える ところ。明《あか》るさに よって 大《おお》きさが かわる。
くらい ばしょ
明《あか》るい ばしょ

がんきん
眼筋

目《め》の たまを うごかすための きんにく。目《め》の まわりには ぜんぶで 6本《ぽん》の きんにくが あり、目《め》を うごかしている。

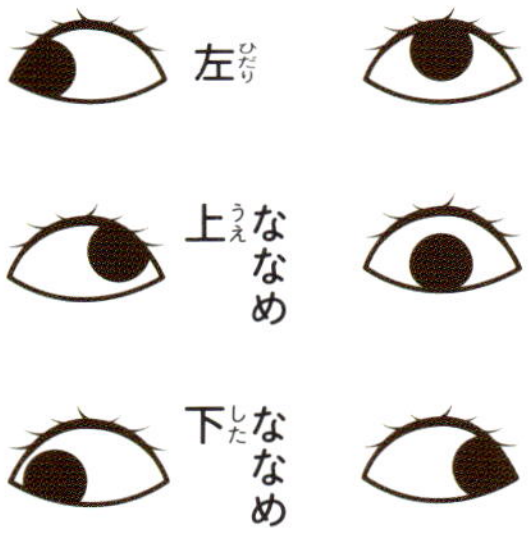
上《うえ》
下《した》
右《みぎ》
左《ひだり》
上《うえ》ななめ
下《した》ななめ

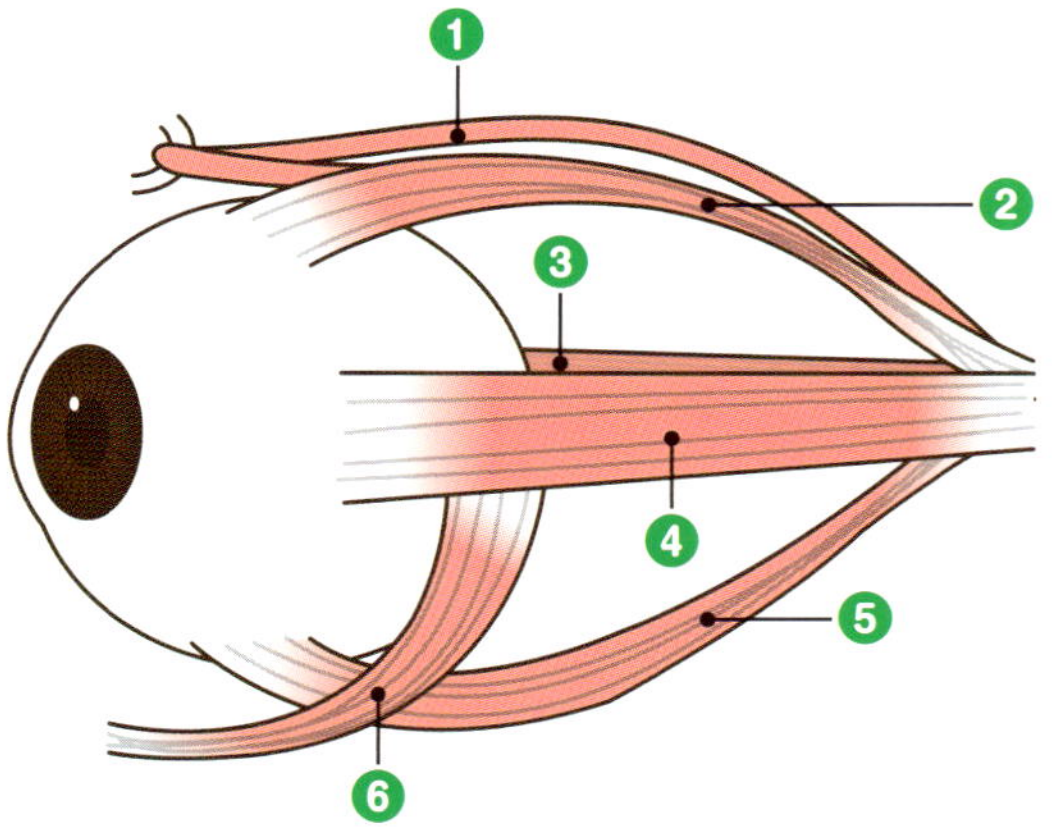
1
2
3
4
5
6

目《め》に かんけいする ことば ②

●目《め》の たまを おおう かべ

もうまく
網膜

いちばん 内《うち》がわの まく。光《ひかり》の ぞうが できる ところ。光《ひかり》を うけとる しさいぼうが たくさん ちらばっていて、その 明《あか》るさや 色《いろ》の ようすを 電気《でんき》しんごうに かえて しんけいに つたえる。

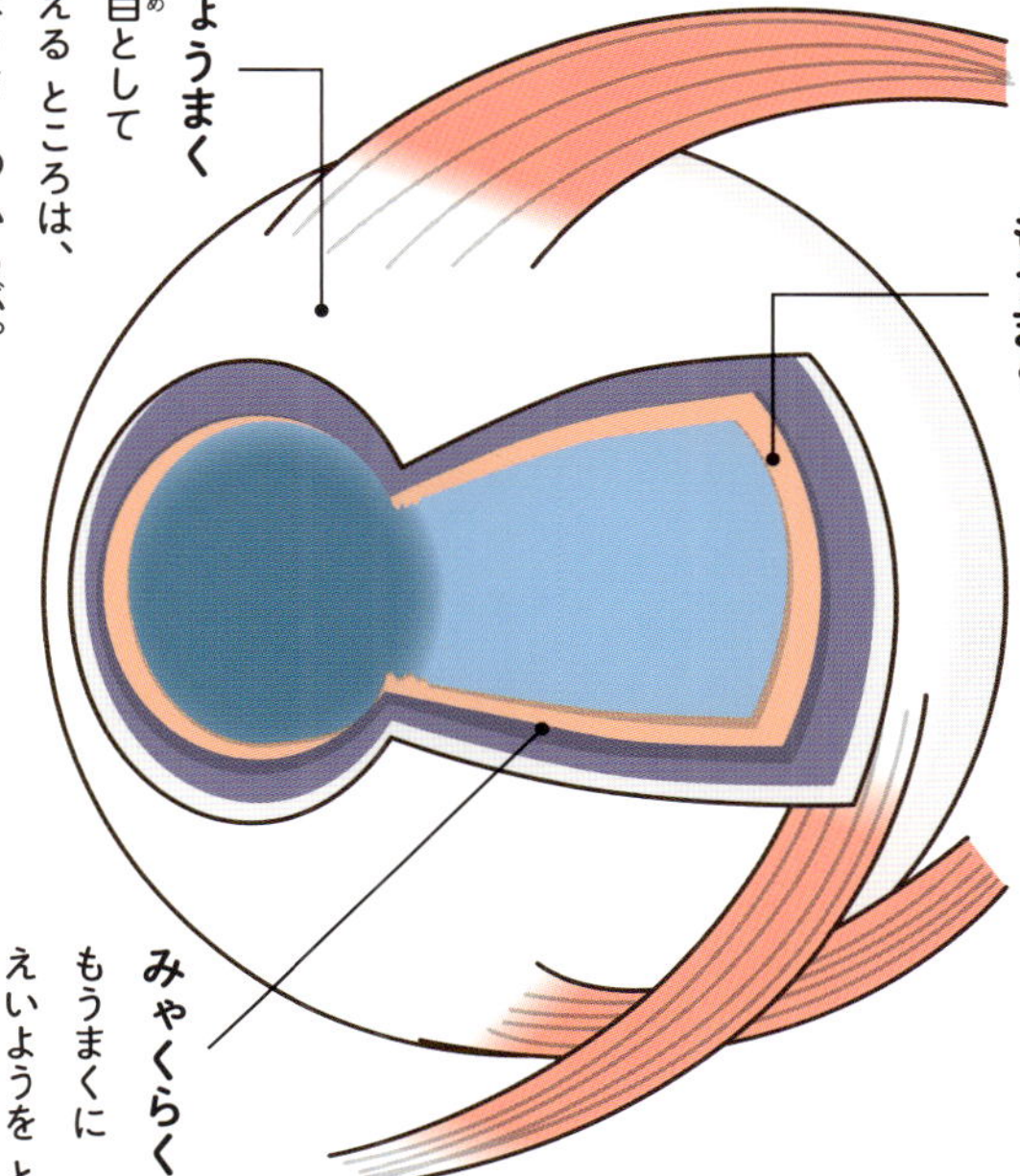

きょうまく
白目《しろめ》として
見《み》える ところは、
きょうまくの いちぶ。
もうまく
みゃくらくまく
もうまくに
えいようを とどける
はたらきも ある。

きょうまく
強膜

いちばん 外《そと》がわの かたく 強《つよ》い まく。目《め》の たまの かたちを まもる はたらきを している。

みゃくらくまく
脈絡膜

きょうまくと もうまくに はさまれた 黒《くろ》っぽい 色《いろ》の まくで、目《め》の たまの なかを くらくしておく はたらきが ある。

●電気《でんき》しんごうを つたえる

しさいぼう
視細胞

明《あか》るさや 色《いろ》の ようすを 電気《でんき》しんごうに かえる。光《ひかり》の 強《つよ》さを かんじる「かんたいさいぼう」と、色《いろ》を かんじる「すいたいさいぼう」が ある。

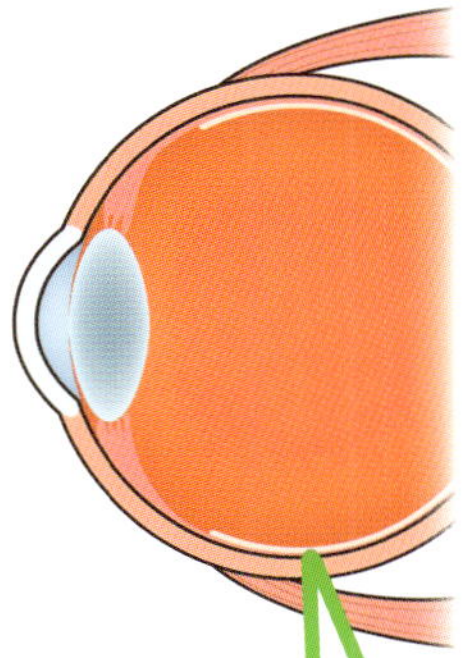

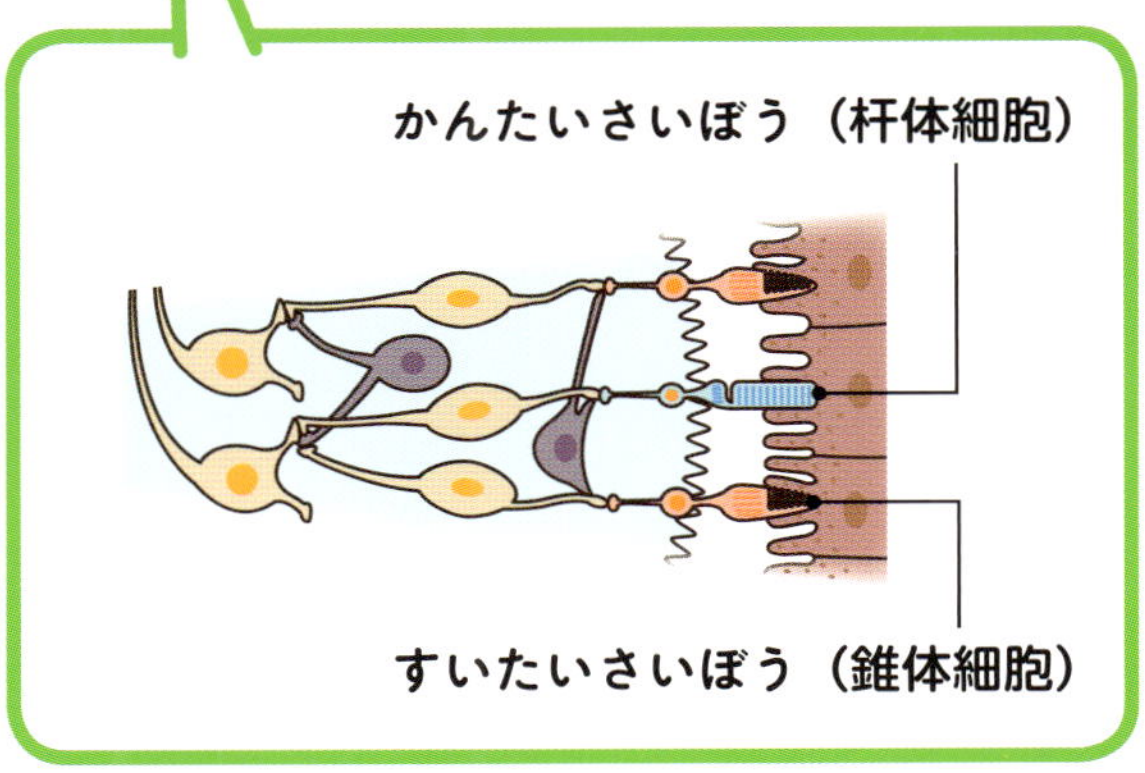

かんたいさいぼう（杆体細胞）
すいたいさいぼう（錐体細胞）

ししんけい
視神経

電気《でんき》しんごうに かえられた、もうまくの ぞうの ようすを のうに つたえる。

それぞれの 目《め》の 左半分《ひだりはんぶん》で 見《み》た 右《みぎ》がわの ものは 左《ひだり》の のうへ おくられる。右半分《みぎはんぶん》で 見《み》た 左《ひだり》がわの ものは 右《みぎ》の のうへ おくられる。

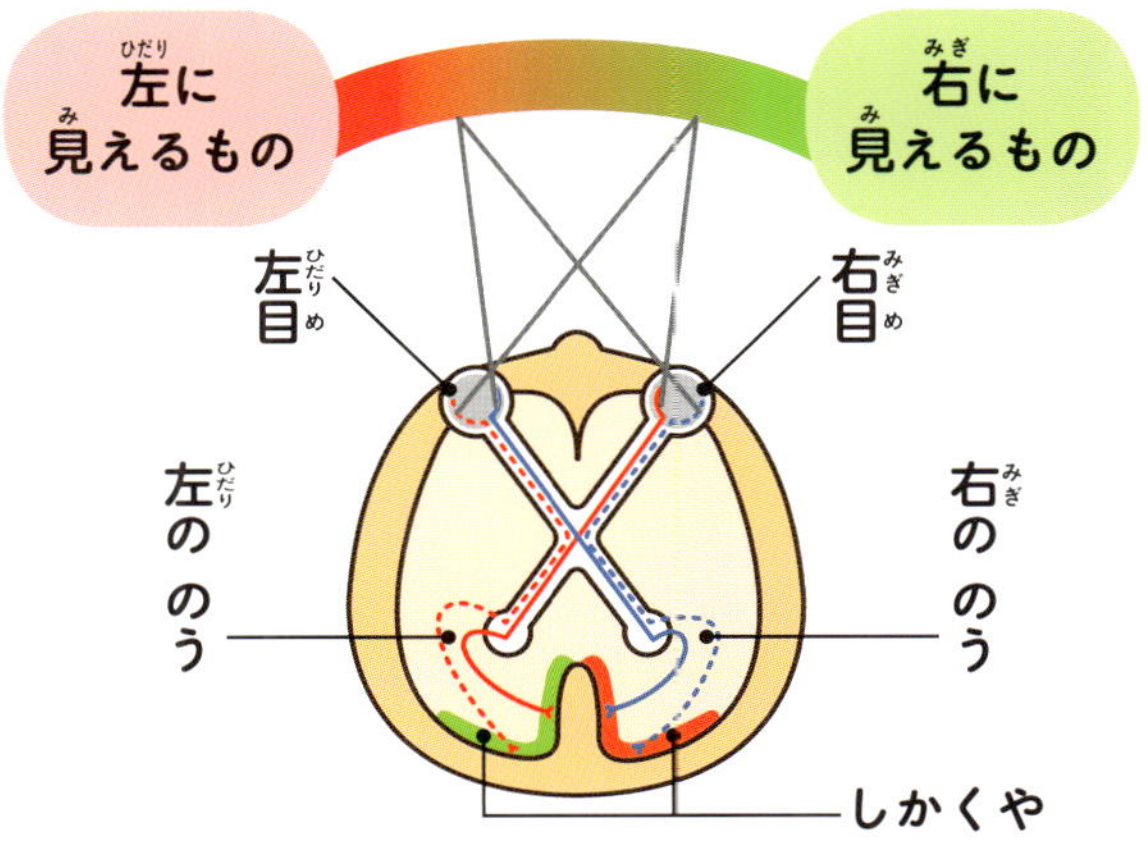

左《ひだり》に
見《み》えるもの
右《みぎ》に
見《み》えるもの
左目《ひだりめ》
右目《みぎめ》
左《ひだり》の のう
右《みぎ》の のう
しかくや

音《おと》を うけとる 耳《みみ》

耳《みみ》は からだの 外《そと》に
出《で》ている ところだけじゃないんだ。
あなの なかは めいろのように
なっているよ。

音《おと》が 耳《みみ》に とどくと
「こまく」が ふるえ、だんだんと
耳《みみ》の おくに つたわっていきます。
そして「かぎゅう」という ところで
電気《でんき》しんごうに かえられて、
のうに つたえられます。

さんはんきかん
三半規管
じしょうこつ
耳小骨
ぜんてい
前庭
のうへ
ないじしんけい
内耳神経
かぎゅう
蝸牛
こまく
鼓膜
じかん
耳管

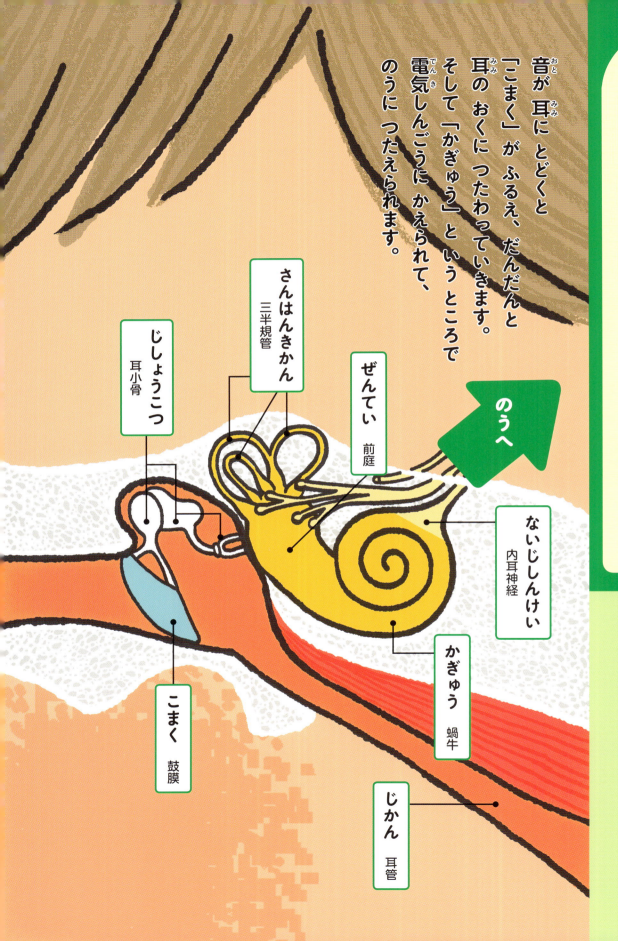

音《おと》の 正体《しょうたい》は 空気《くうき》の ふるえ

目《め》には 見《み》えませんが
音《おと》は 空気《くうき》を
ふるわせながら
なみのように なって
つたわっていきます。
その ふるえが こまくを
ふるわせます。

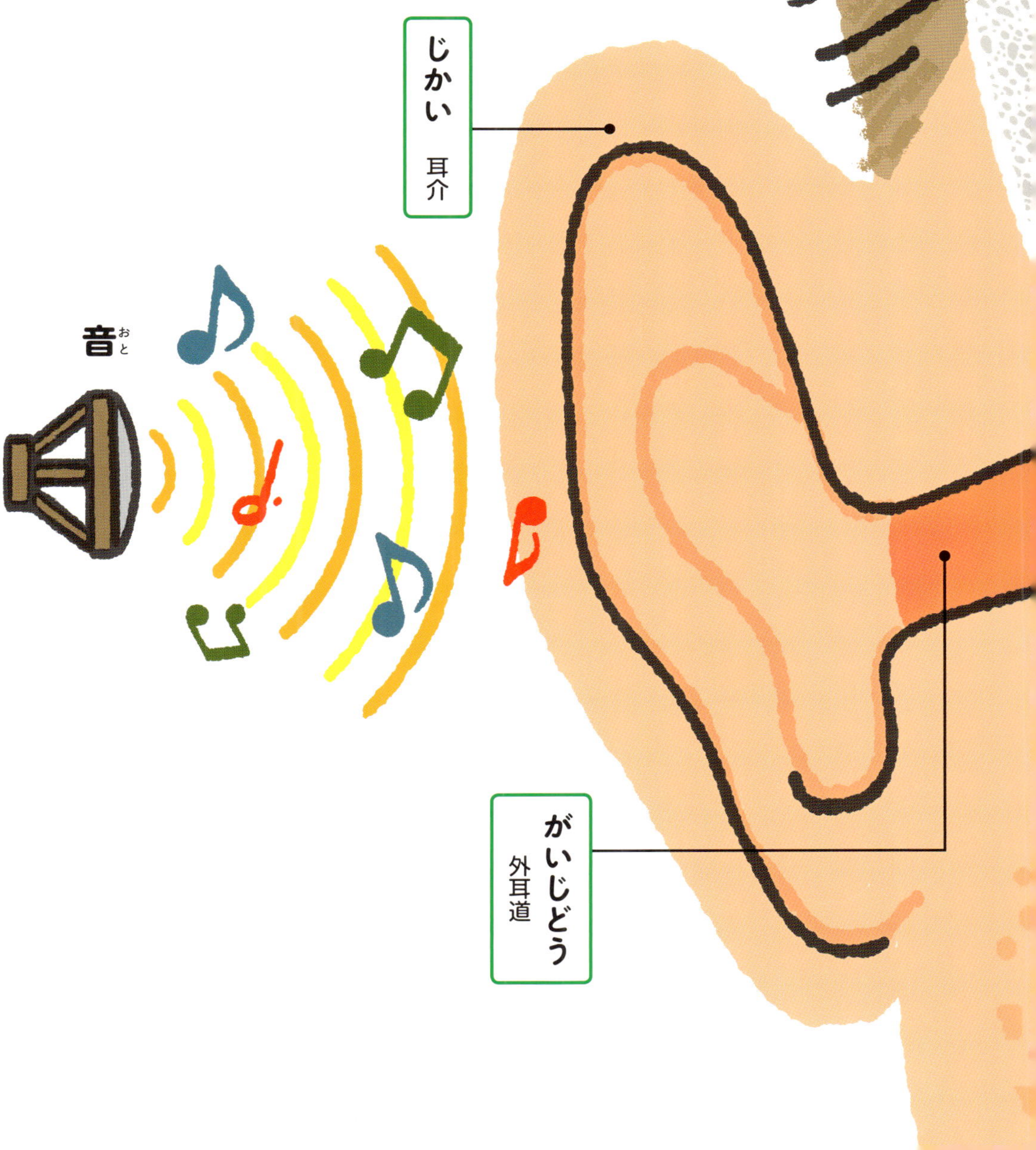

おうちのかたへ

音は空気の振動として鼓膜をふるわせます。鼓膜の振動はそのまま耳小骨に伝えられます。耳小骨は3つの小さな骨がくっついたもので、つち骨→きぬた骨→あぶみ骨の順に伝わるあいだに、小さな振動は増幅され、大きすぎる振動は抑制されて蝸牛《かぎゅう》へ伝えられます。蝸牛はカタツムリの殻のような形で、中は螺旋状の管になっています。管の中はリンパ液が満ちていて、耳小骨から伝わってきた振動はリンパ液の振動として管の中をめぐっていきます。その振動を感じ取るのは、蝸牛の中にある「コルチ器」という器官です。コルチ器には毛のついた細胞が並んでいて、その毛が動くことで振動が電気信号に変わり、内耳神経である蝸牛神経を通じて、音の情報として脳に伝えられます。

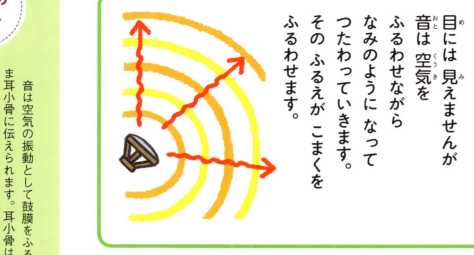

からだの うごきを かんじる 耳《みみ》

からだが まっすぐに なるように じょうずに バランスが とれるのは、耳《みみ》の はたらきの おかげだよ。

耳《みみ》には からだの かいてんや かたむきを かんじとる はたらきも あります。この はたらきの おかげで バランスを とって 立《た》つ ことが できるのです。

かいてんを かんじる ばしょ

かいてんを かんじとるのは 「さんはんきかん」と いう 3つの わが くっついたような ところです。

さんはんきかん
三半規管

それぞれの はんきかんの つけねに ある ふくらんだ ぶぶんで かいてんしている ことを かんじて のうに つたえる。

ぜんはんきかん
前半規管

よこの ほうこうに かいてんするのを かんじとる。

こうはんきかん
後半規管

前《まえ》や うしろの ほうこうに かいてんするのを かんじとる。

がいそくはんきかん
外側半規管

こまのように かいてんするのを かんじとる。

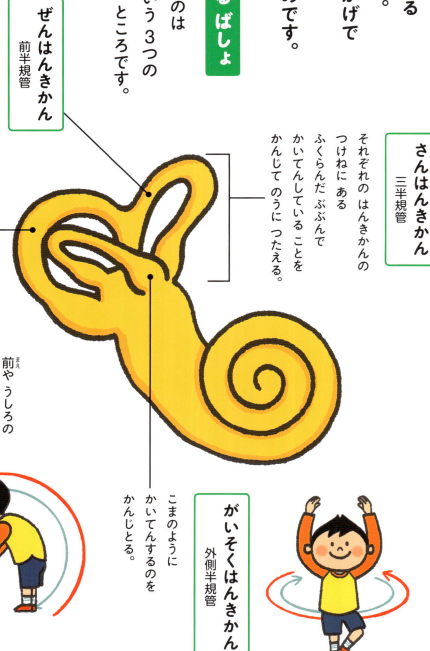

かたむきを かんじる ばしょ

かたむきを かんじとるのは、ぜんていに ある「きゅうけいのう」と「らんけいのう」と いう ふたつの ふくろです。

ぜんてい
前庭
きゅうけいのう
球形嚢
らんけいのう
卵形嚢

へいこうはん　平衡斑

ふくろの なかには、かたむくような うごきを かんじる しくみが あります。

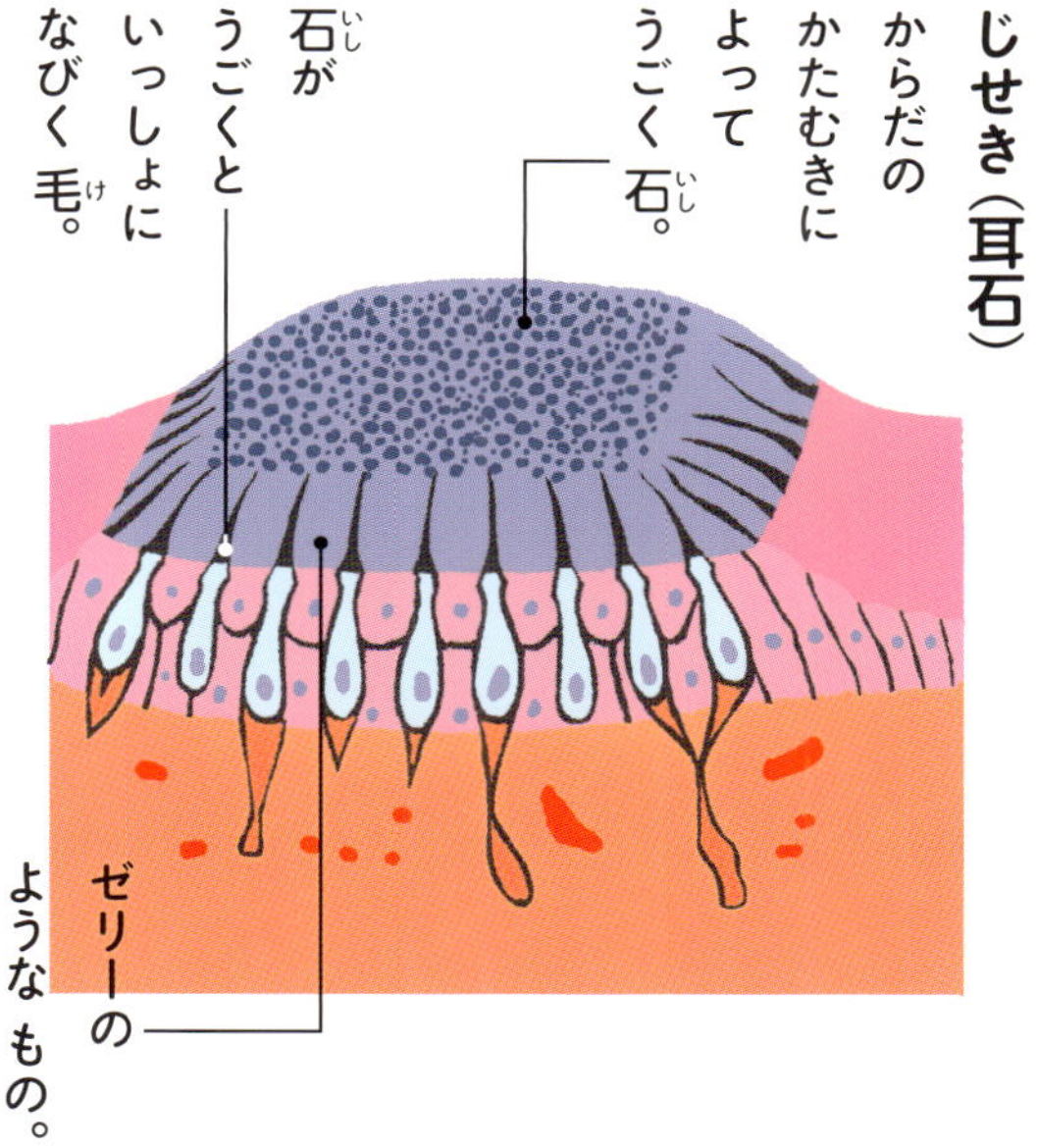

じせき（耳石）
からだの かたむきに よって うごく 石《いし》。
石《いし》が うごくと いっしょに なびく 毛《け》。
ゼリーの ような もの。

まっすぐに して いる とき

石《いし》が うごかないので 毛《け》は まっすぐ。

頭《あたま》を かたむけた とき

石《いし》が うごいて 毛《け》が なびく。
毛《け》の うごきが のうに つたわって かたむいて いる ことを かんじる。

おうちの かたへ

回転運動を感じ取る3つの半規管は、お互いが90度の角度になるように配置されています。それぞれの輪の中はリンパ液で満たされていて、そのつけ根の膨らんだ部分には「クプラ」という、ゼリー状の物質によって先端をまとめて束ねられている有毛細胞があります。体が回転すると半規管の中のリンパ液が流れて、クプラが動き、一緒に有毛細胞の毛も動きます。その刺激が電気信号に変わり内耳神経である前庭神経を通じて脳に伝えられます。

平衡を感じ取る器官のトラブルが、めまいやふらつきを起こすことがあります。突然の強いめまいの原因のひとつとして、前庭にある平衡斑からはがれた耳石が、半規管に流れ込んでリンパ液の流れを乱してクプラを動かし、脳に誤った信号が伝わるということもあります。

耳《みみ》に かんけいする ことば ①

ちょうかく
聴覚

耳《みみ》に 入《はい》った 空気《くうき》の ふるえ（音《おと》）を こまくで うけとり、その ようすが のうに つたわる ことで かんじる かんかく。

耳《みみ》への しげきを うけとる。

じかい
耳介

耳《みみ》の あなを かこんでいる、頭《あたま》から でっぱった ぶぶん。音《おと》を あつめる はたらきを している。

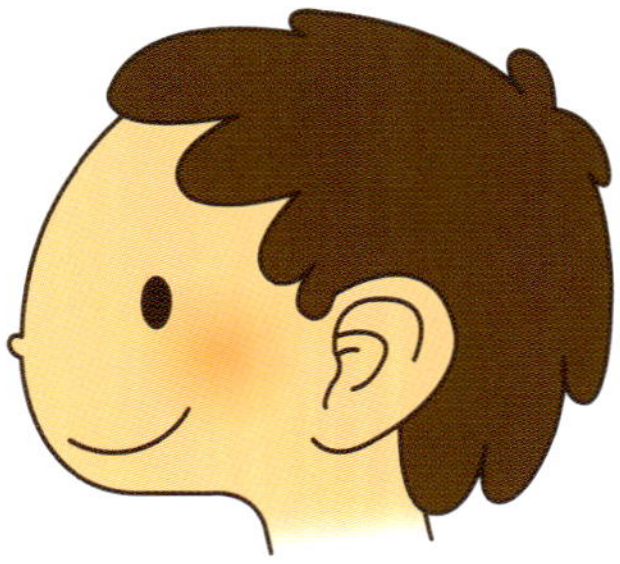

がいじ・ちゅうじ・ないじ
外耳・中耳・内耳

じかいから がいじどうまでを「がいじ」、こまくと じしょうこつが ある へやを「ちゅうじ」、さらに その おくを「ないじ」と いう。

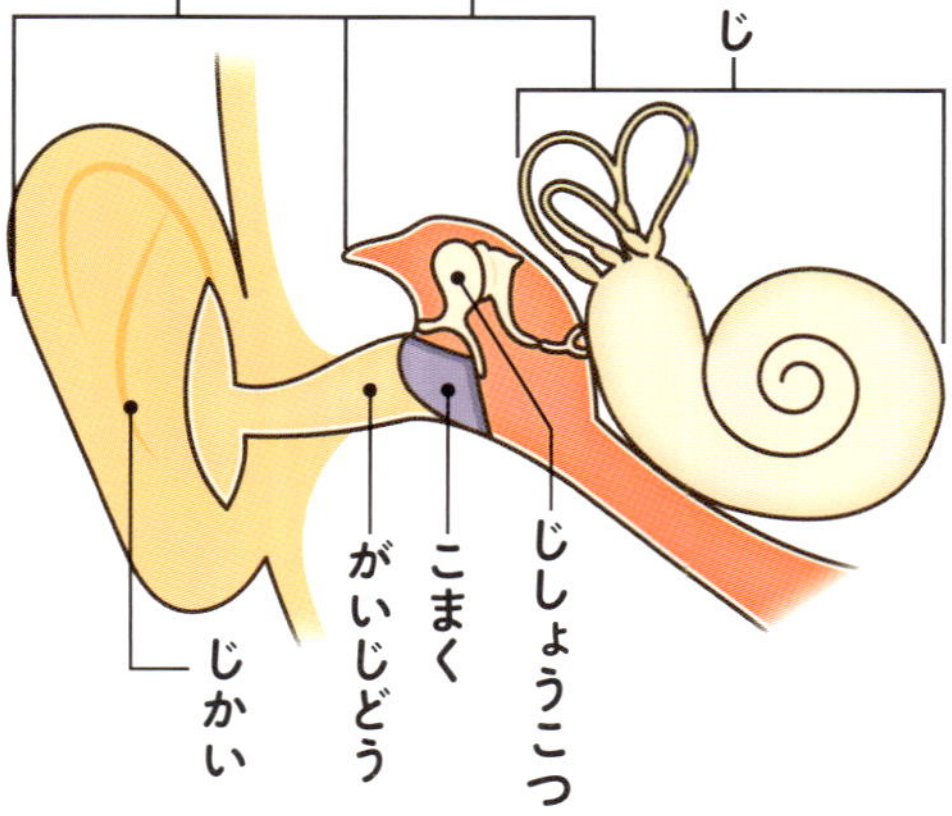

がいじ
ちゅうじ
ないじ
じかい
がいじどう
こまく
じしょうこつ

●耳《みみ》の なか

がいじどう
外耳道

耳《みみ》の 入《い》り口《ぐち》から こまくまでを つないでいる つつのような ところ。

耳《みみ》の あなは がいじどうの 入《い》り口《ぐち》。

こまく
鼓膜

がいじどうの つきあたりに ある うすい まく。空気《くうき》の ふるえを うけとると ふるえる。

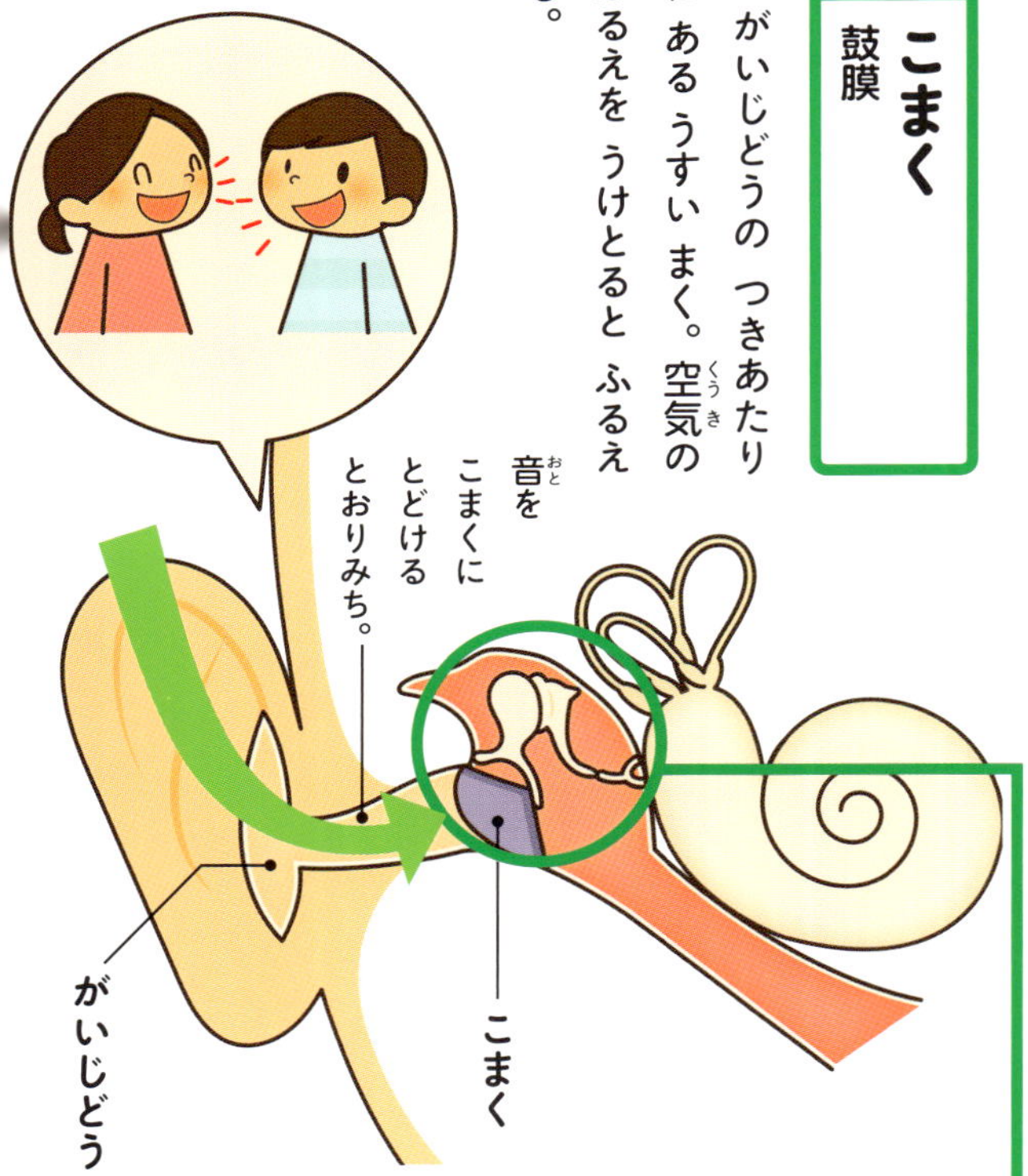

音《おと》を こまくに とどける とおりみち。
がいじどう
こまく

じしょうこつ
耳小骨

3つの 小《ちい》さな ほねが くっついている。こまくの ふるえを かぎゅうに つたえる。

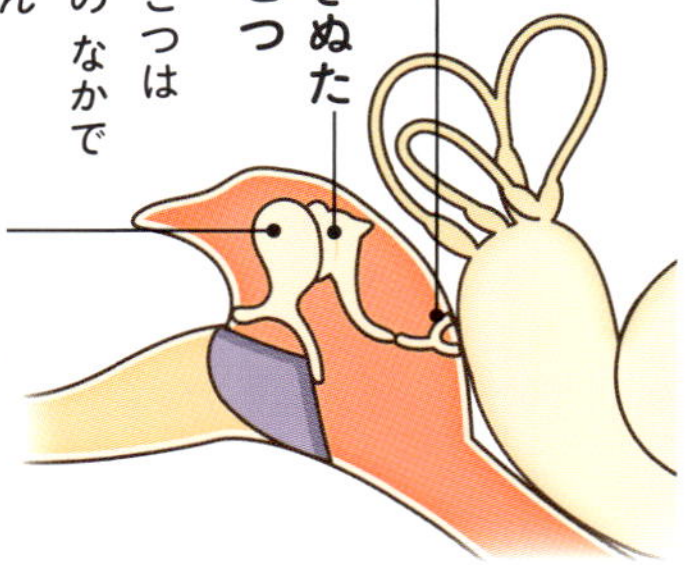

あぶみこつ
きぬたこつ
つちこつ

あぶみこつは からだの なかで いちばん 小《ちい》さい ほね。

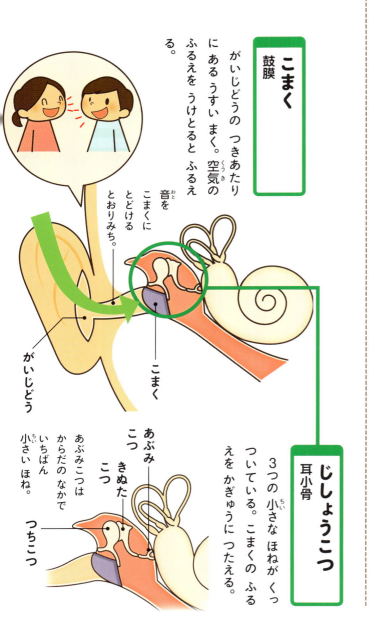

耳《みみ》に かんけいする ことば ②

● 音《おと》や かいてん・かたむきを かんじる ばしょ

かぎゅう
蝸牛

じしょうこつから つたわった 空気《くうき》の ふるえを 電《でん》気《き》しんごうに かえて かぎゅうしんけいに つたえる ところ。

さんはんきかん
三半規管

からだが かいてんするのを かんじとって、ぜんていしんけいに つたえる。

へいこうはん
平衡斑

「じせき」と いう 石《いし》のような ものの うごきで からだの かたむきを かんじとる ところ。

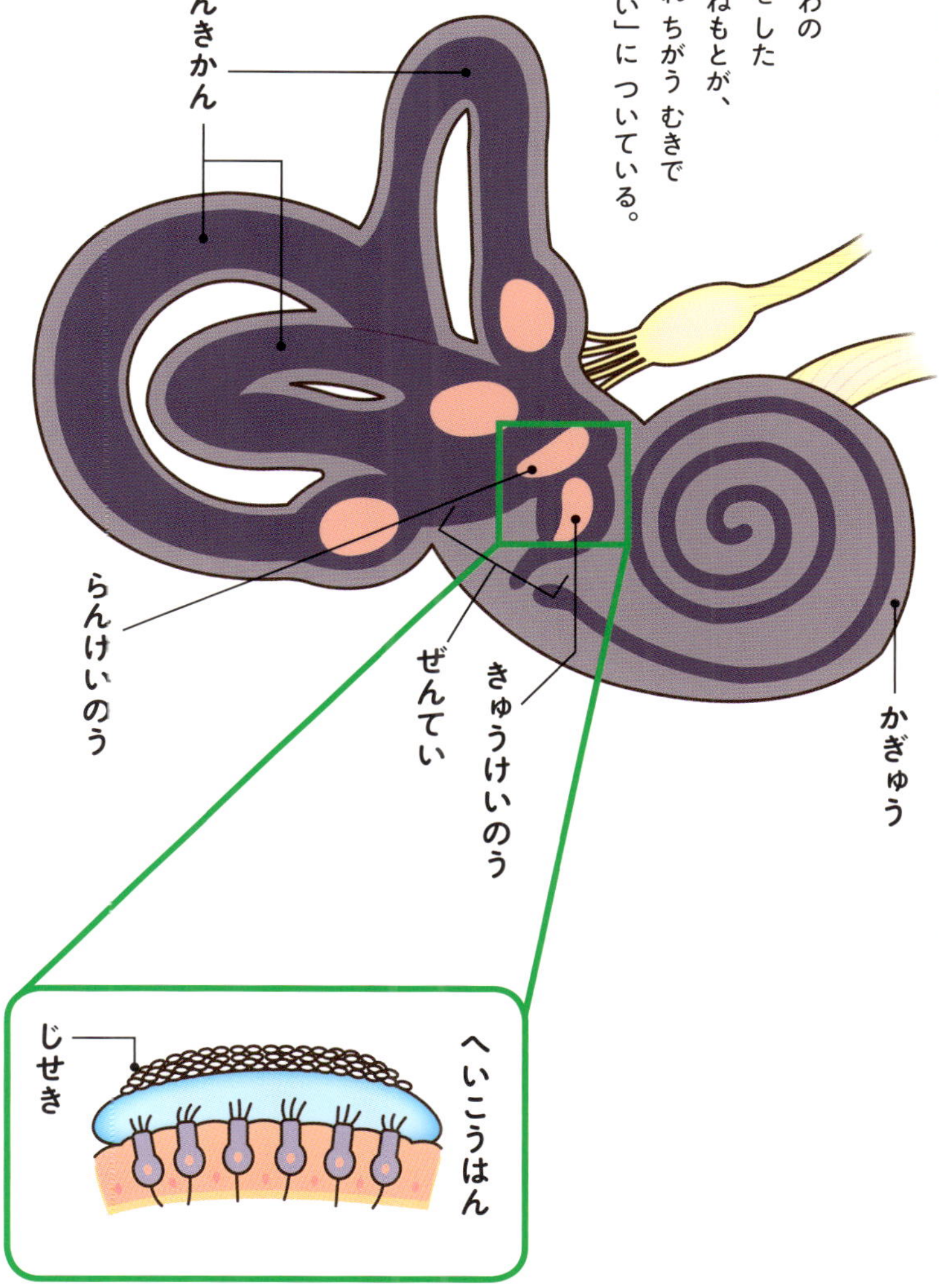

3つの わの かたちを した くだの ねもとが、それぞれ ちがう むきで 「ぜんてい」に ついている。
さんはんきかん
らんけいのう
ぜんてい
きゅうけいのう
かぎゅう
じせき
へいこうはん

ぜんてい
前庭

かぎゅうと さんはんきかんの あいだの ぶぶん。

きゅうけいのう・らんけいのう
球形嚢・卵形嚢

ぜんていに ある、からだの かたむきを かんじとる ふたつの ふくろ。

なかに かたむきを かんじる へいこうはんが ある。

ないじしんけい
内耳神経

「かぎゅうしんけい」「ぜんていしんけい」の ふたつからなる しんけい。

かぎゅうしんけいは、音《おと》の 電《でん》気《き》しんごうを のうに つたえ、ぜんていしんけいは かたむきを かんじた ときの 電《でん》気《き》しんごうを のうに つたえる。

音《おと》を つたえるのは かぎゅうしんけいの はたらき。

かいてんや かたむきを かんじとるのは ぜんていしんけいの はたらき。

においを うけとる はな

はなで いきを すいこむと においを かんじるね。空気《くうき》と いっしょに においの もとが 入《はい》ってくるからなんだ。

においの もとを うけとるのは はなの あなの 上《うえ》の 「きゅうじょうひ」と いう ところに ある 「きゅうせんもう」です。きゅうせんもうが においの ようすを 電気《でんき》しんごうに かえて 「きゅうさいぼう」に つたえます。きゅうさいぼうから あつめられた しんごうは 「きゅうしんけい」から 「きゅうきゅう」を とおって のうに つたえられます。

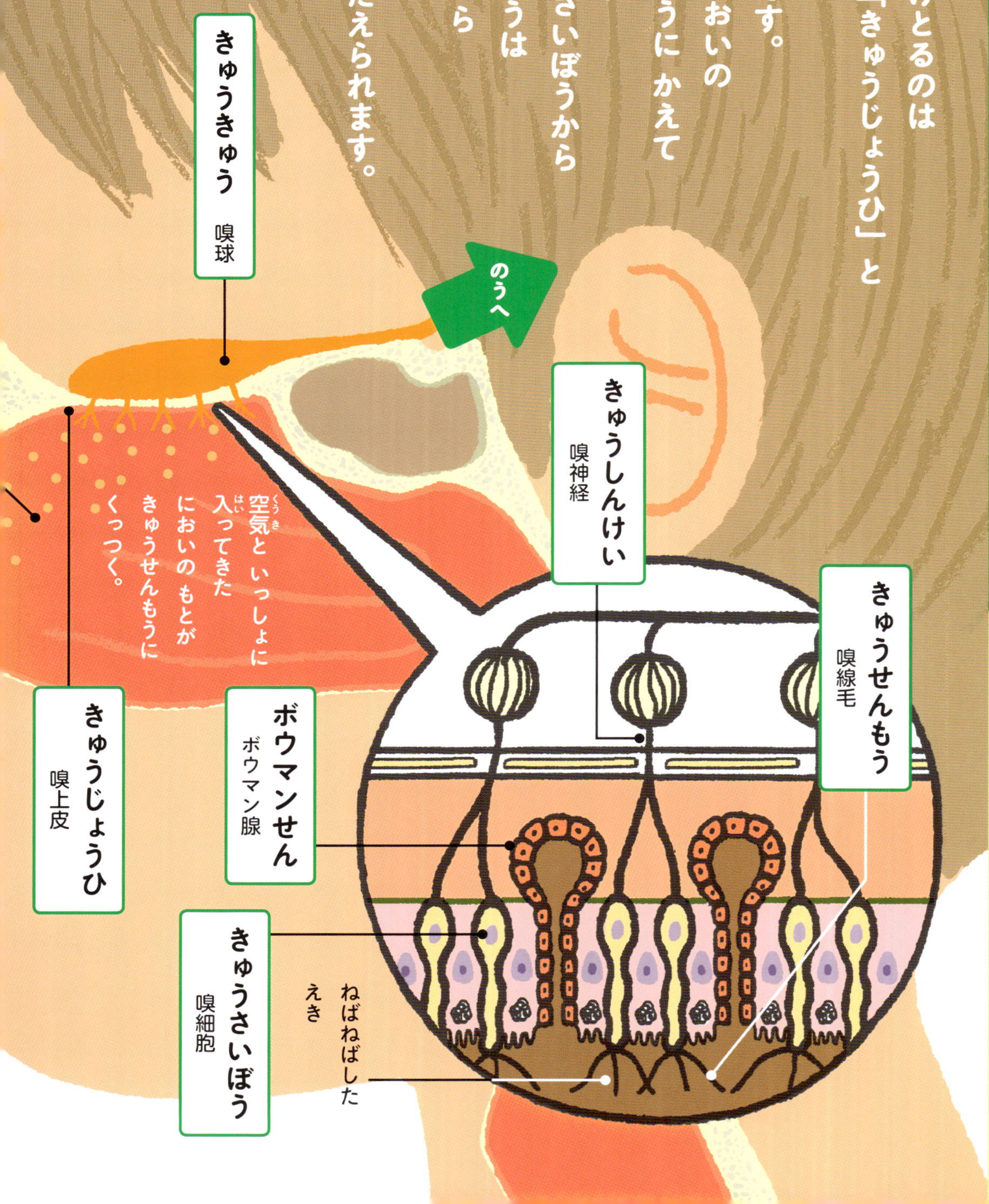

きゅうきゅう 嗅球
のうへ
きゅうしんけい 嗅神経
空気《くうき》と いっしょに 入《はい》ってきた においの もとが きゅうせんもうに くっつく。
きゅうせんもう 嗅線毛
ボウマンせん ボウマン腺
きゅうじょうひ 嗅上皮
きゅうさいぼう 嗅細胞
ねばねばした えき

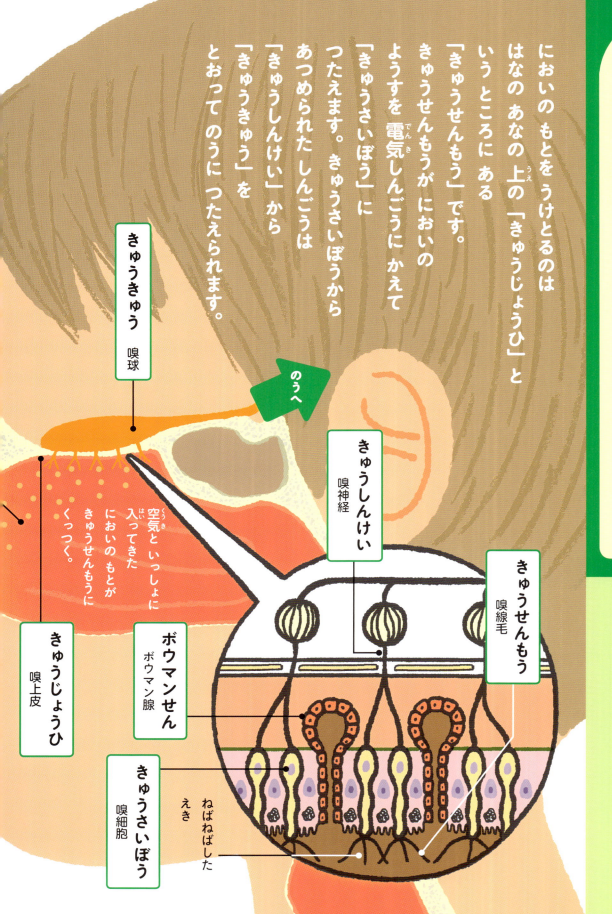

いいにおいは人《ひと》によってちがう

「あまい」「こうばしい」「さわやかな」などにおいにはたくさんのしゅるいがあります。それをいいにおいとおもうか、いやなにおいとおもうかは、人《ひと》によってちがいます。

おいしい、たのしいとおもったときにかいだにおい

←

いいにおい

まずい、こわいとおもったときにかいだにおい

←

いやなにおい

びくう
鼻腔

におい
空気《くうき》にまざって、においのもとがはなに入《はい》る。

おうちのかたへ

鼻の穴の奥の嗅上皮《きゅうじょうひ》には、数百万個の嗅細胞がぎっしりと並んでいます。これらは、1か月ほどで次々に新しい細胞と入れ替わっていきます。嗅細胞の先端にある嗅線毛には、特定のにおいのもとと結びついて刺激を受け取る受容体があります。その種類は約400あるとされ、どの受容体が刺激を受けたかの組み合わせによって、さらにたくさんの種類のにおいをかぎわけることができます。ただ、同じにおいに対する感度は、かぎ始めてしばらくすると低下します。

アロマテラピーが、気持ちをリラックスさせストレスを軽減するのは、においの刺激を伝える電気信号が脳の中で感情や記憶をコントロールする部分に伝わっていくためだと考えられています。

はなに かんけいする ことば

きゅうかく
嗅覚

はなに 入《はい》った 空気《くうき》の なかに ある においの もとを「きゅうじょうひ」で うけとり、その じょうほうが のうに つたわる ことで かんじる かんかく。

びくう
鼻腔

はなの あなから のどまで つづく くうかん。

においを かぐと においの もとが びくうに 入《はい》る。

はなの おく

きゅうじょうひ
嗅上皮

「きゅうさいぼう」が たくさん ならんでいる、しめりけの ある ひふ。びくうの いちばん 上《うえ》の かべに ある。

きゅうさいぼう
嗅細胞

きゅうじょうひに たくさん ならんでいる においの もとを うけとる さいぼう。「きゅうせんもう」が つかまえた においの もとの じょうほうを 電気《でんき》しんごうに かえる。

ボウマンせん
ボウマン腺

きゅうじょうひに ある、ぬるぬるした えきを 出《だ》す ところ。

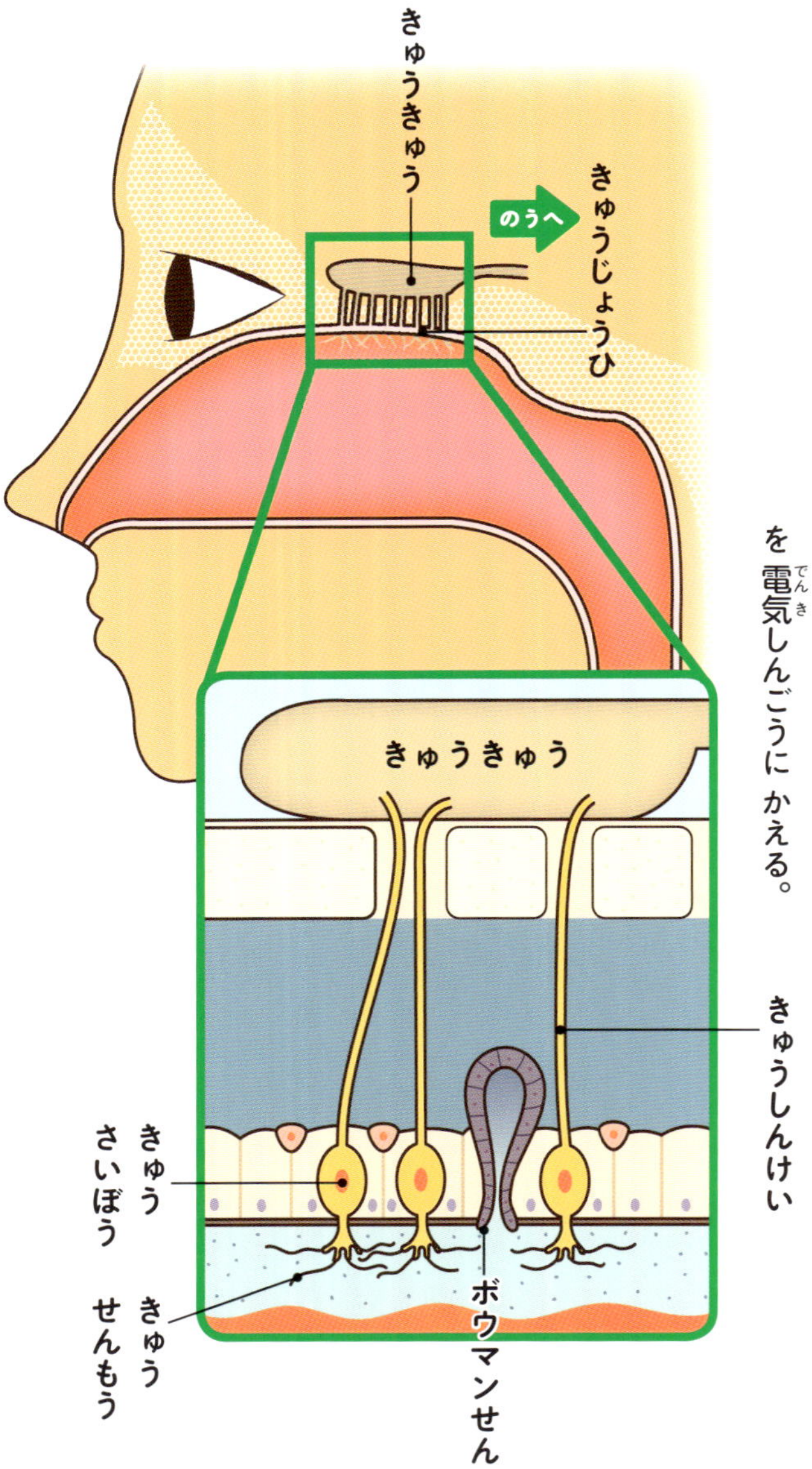

きゅうきゅう
嗅球

きゅうさいぼうから おくられてきた 電気《でんき》しんごうを せいりして のうへ おくりだす。

きゅうしんけい
嗅神経

きゅうさいぼうからの 電《でん》気《き》しんごうを きゅうきゅうに つたえる。

きゅうせんもう
嗅線毛

きゅうさいぼうの さきから 出《で》ている 毛《け》のような もの。においの もとで ある、目《め》に 見えないほどの 小《ちい》さい つぶを つかまえる。

人《ひと》の はなと 犬《いぬ》の はな

犬《いぬ》の はなは
人《ひと》よりも はったつしていて、
人《ひと》が きづかない においを
かんじる ことが できるよ。
どうしてかな。

あじを うけとる した

食《た》べものを 食《た》べると いろいろな あじを かんじるね。口《くち》の なかで あじを うけとるのは したなんだ。

したの ひょうめんには 小《ちい》さい でっぱりが いくつも あって、ざらざらして 見《み》えます。その でっぱりの まわりに あじの もとと なる ものを うけとる ばしょが あります。

4しゅるいの にゅうとう

したに ある 小《ちい》さな でっぱりを 「にゅうとう」と いいます。にゅうとうは 4しゅるい あって それぞれ かたちが ちがいます。

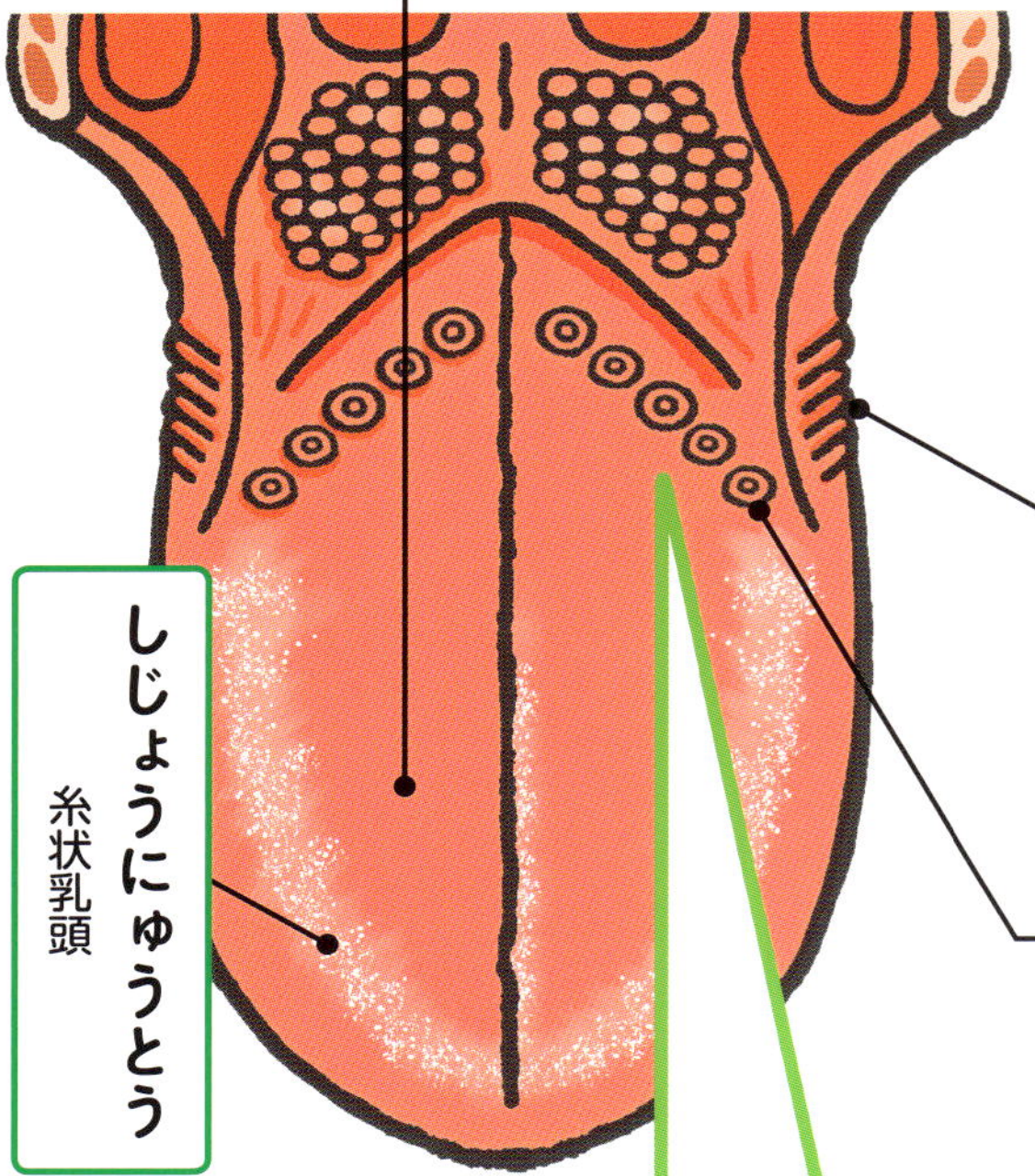

じじょうにゅうとう 茸状乳頭
ようじょう にゅうとう 葉状乳頭
ゆうかく にゅうとう 有郭乳頭
しじょうにゅうとう 糸状乳頭

みらい 味蕾

にゅうとうの ひょうめんなどに ある、あじの もとに なる ものを うけとる ばしょ。

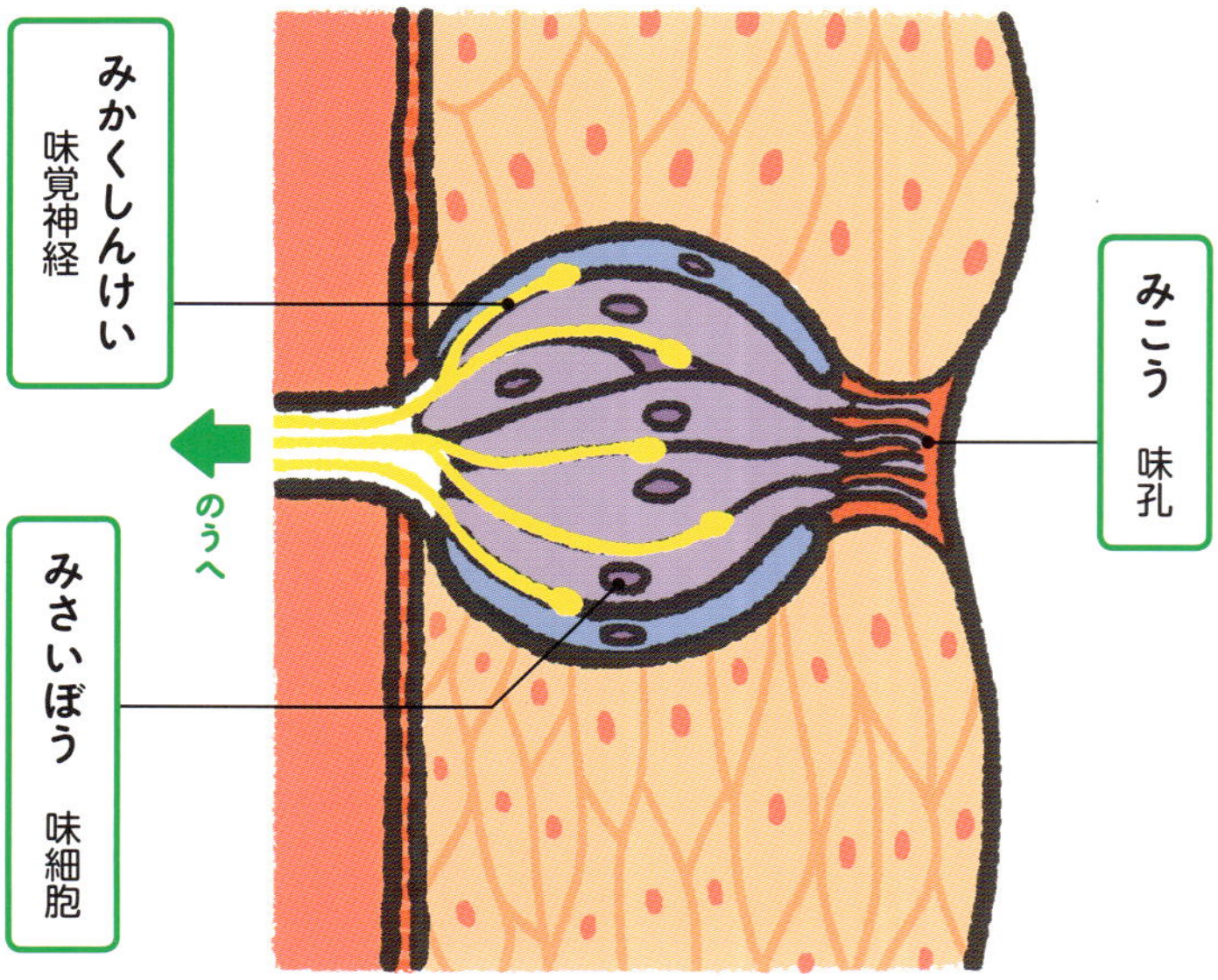

みこう 味孔
みかくしんけい 味覚神経
のうへ
みさいぼう 味細胞

あじを かんじる しくみ

「しじょうにゅうとう」いがいの にゅうとうの ひょうめんには、「みらい」と いう あじの もとを うけとる ばしょが あります。

❶ あじの もとが つばと まざって みこうに 入《はい》る。

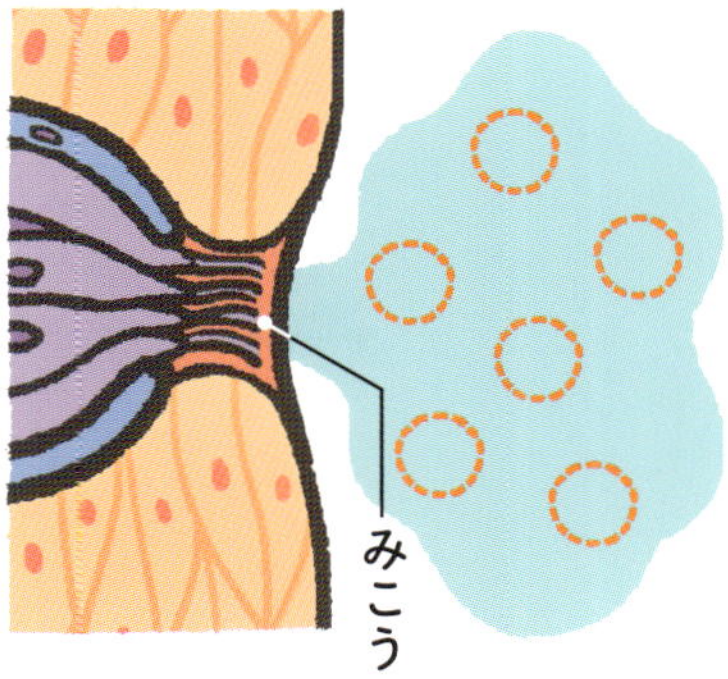

❷ みさいぼうが あじの もとを うけとり、その じょうほうを 電気《でんき》しんごうに かえる。

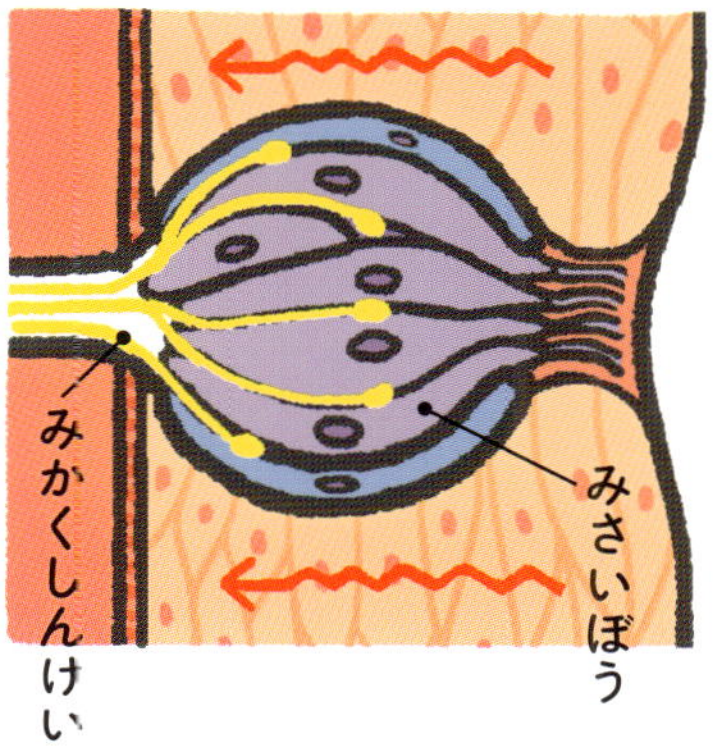

❸ みかくしんけいを とおって のうに つたわり、あじを かんじる。

あじには においも かんけいする

はなが つまっていると 食《た》べたものの あじが よく わからなくなります。したから つたわる あじだけでなく、はなから においも かんじる ことで、いろいろな あじを くべつ しているからです。

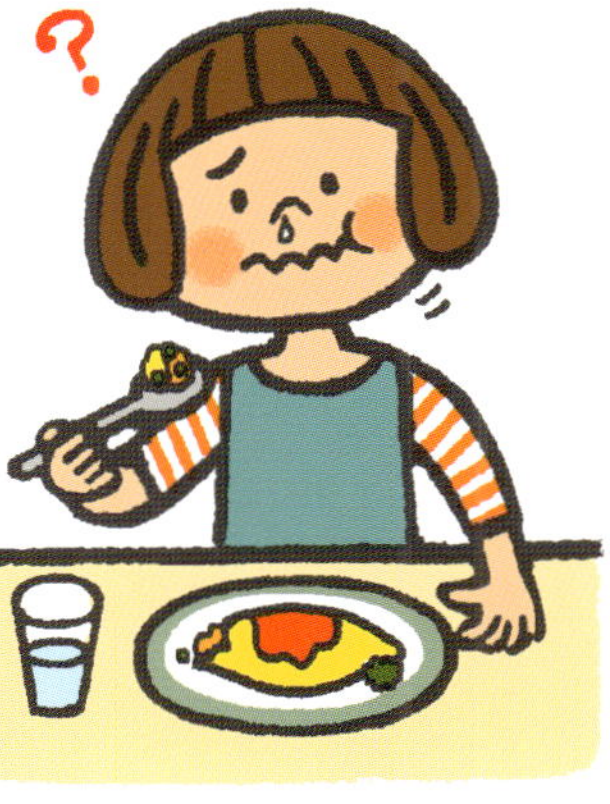

おうちの かたへ

味の刺激を受け取る味蕾《みらい》は、花の蕾《つぼみ》に似た形をしています。ひとつの味蕾の中には30~80個の味細胞が集まっていて、味細胞は10日ほどでどんどん新しく生まれ変わります。味蕾は乳児期はおよそ1万個もありますが、大人になるにつれて7000個ほどまで減ります。

4種類の舌乳頭《ぜつにゅうとう》のうち、味蕾がいちばん多くあるのは、有郭乳頭です。糸状乳頭には味蕾はなく、味覚には関係していません。味蕾は舌の表面だけでなく、口の奥の天井《てんじょう》部分や、のどにもあります。

味蕾にある味細胞ひとつひとつはそれぞれ刺激を受け取ることのできる基本味（➡94ページ）が決まっています。しかし、ひとつの味蕾の中に5つの基本味を受け取ることのできる味細胞がすべて存在するので、舌のどの部分の味蕾でも5つの味を受け取ることができます。

5つの あじ

人《ひと》が かんじる あじには
5つの しゅるいが あるよ。
どんな あじが あるのか
見《み》てみよう。

したの「みらい」で うけとる ことの できる あじは 5しゅるいだけです。のうでは、この 5しゅるいの 組《く》み合《あ》わせに よって 食《た》べものの あじを かんじています。

あまみ 甘味

さとうなどの あまい あじ。

ケーキ
あめ
チョコレート
CHOCO
ようかん

えんみ 塩味

しおなどの しおからい あじ。

しお
しおざけ
たらこ
フライドポテト

さんみ 酸味

レモンなどの すっぱい あじ。

うめぼし
レモン
ヨーグルト
グレープフルーツ

にがみ 苦味

コーヒーなどの にがい あじ。

コーヒー
ゴーヤ
パセリ
ピーマン

うまみ うま味

こんぶなどの だしの あじ。

ほししいたけ
こんぶ
かつおぶし
にぼし

からみは あじでは なく いたみ

とうがらしや こしょうが 入《はい》った りょうりを 食《た》べると からいと かんじます。でも、したで うけとる 5つの あじの なかには 「からみ」 は ありません。「からみ」 は ほかの あじとは ちがって 「みさいぼう」 で うけとる ものでは なく、その 正体《しょうたい》は したや 口《くち》の なかで うけとった いたみや あつさ、しびれなどが 合《あ》わさった かんじです。

おうちの かたへ

甘味、塩味、酸味、苦味、うま味の5つの味を基本味といいます。以前はうま味を除く4種類と考えられていましたが、日本で発見されたうま味は4つの味で説明できず、また、うま味を受け取る受容体も確認されたため、現在では5種類とされています。

味の刺激にはすぐ慣れてしまうので、ひとつの味を同じ場所で長く感じていられません。十分に味わうためには、食べ物をよくかんだり、舌で動かしたりすることが必要です。なお、舌の先では甘味を、奥の方で苦味を感じるなど、味によって感じやすい部分が分かれるといわれていましたが、現在では誤りとされています。

私たちが食べ物を味わっているときには、辛味や渋味などの基本味以外の感覚や、におい、食感、温度、色などからも大きな影響を受けています。

したに かんけいする ことば

みかく
味覚

だえきに とけた 食《た》べものの なかに ある 5しゅるいの あじの もとを みらいで うけとり、その じょうほうが のうに つたわる ことで かんじる かんかく。

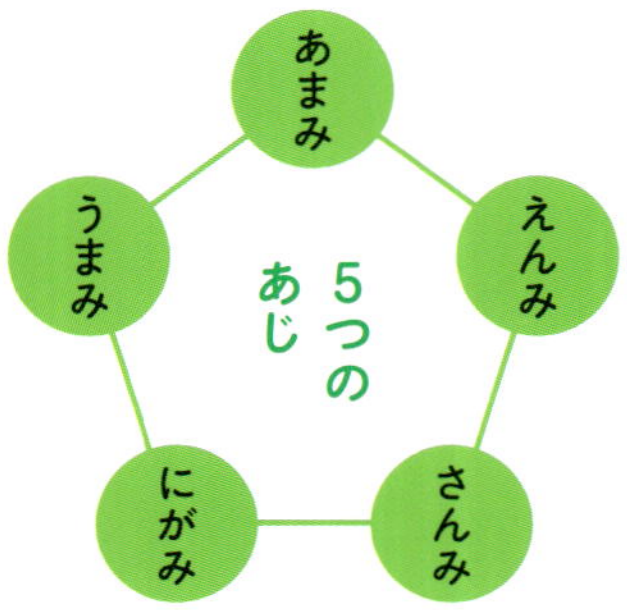

5つの あじ
あまみ
えんみ
さんみ
にがみ
うまみ

みらい・みさいぼう・みこう・みかくしんけい
味蕾・味細胞・味孔・味覚神経

「みらい」では あじの もとを うけとって、のうに つたえている。

「みさいぼう」は、「みこう」に 入《はい》った あじの もとを うけとって 電気《でんき》しんごうに かえる。

「みかくしんけい」は みさいぼうから うけとった しんごうを のうに おくる。

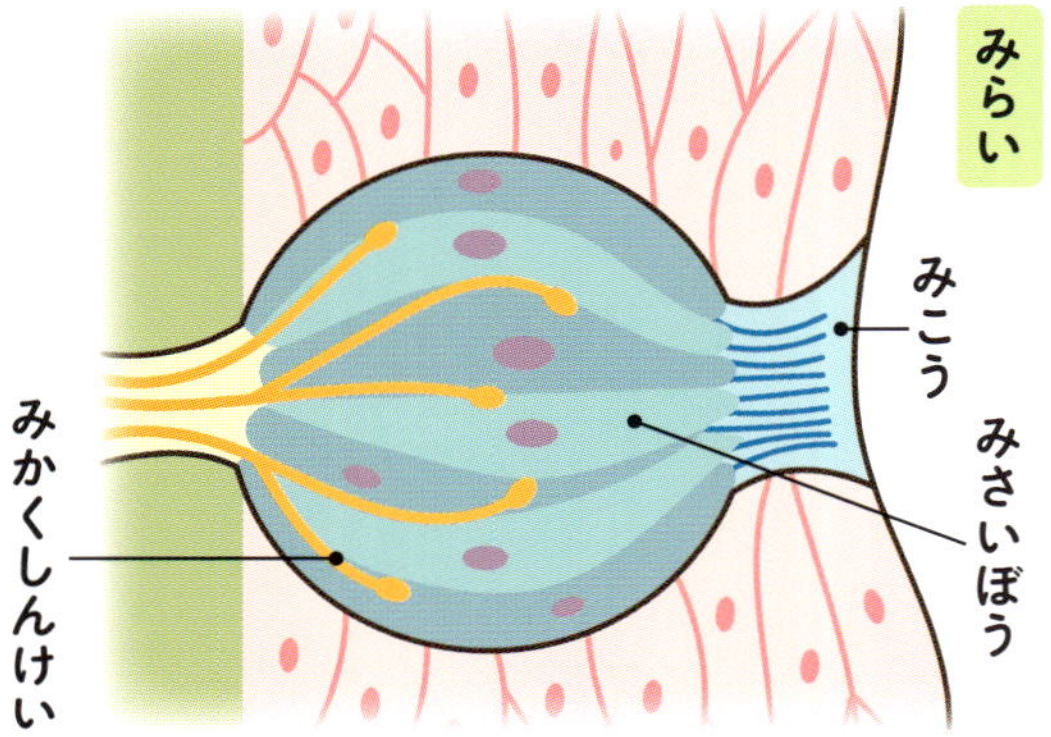

みらい
みこう
みさいぼう
みかくしんけい

4つの にゅうとう

ゆうかくにゅうとう
有郭乳頭

まるく みぞの ある いちばん 大《おお》きい にゅうとう。したの ねもとの ほうに、10こくらい ならんでいる。みぞの かべには みらいが たくさん あつまっている。

ようじょうにゅうとう
葉状乳頭

したの おくの ほうの よこの ぶぶんに ある にゅうとう。みぞに みらいが ある。

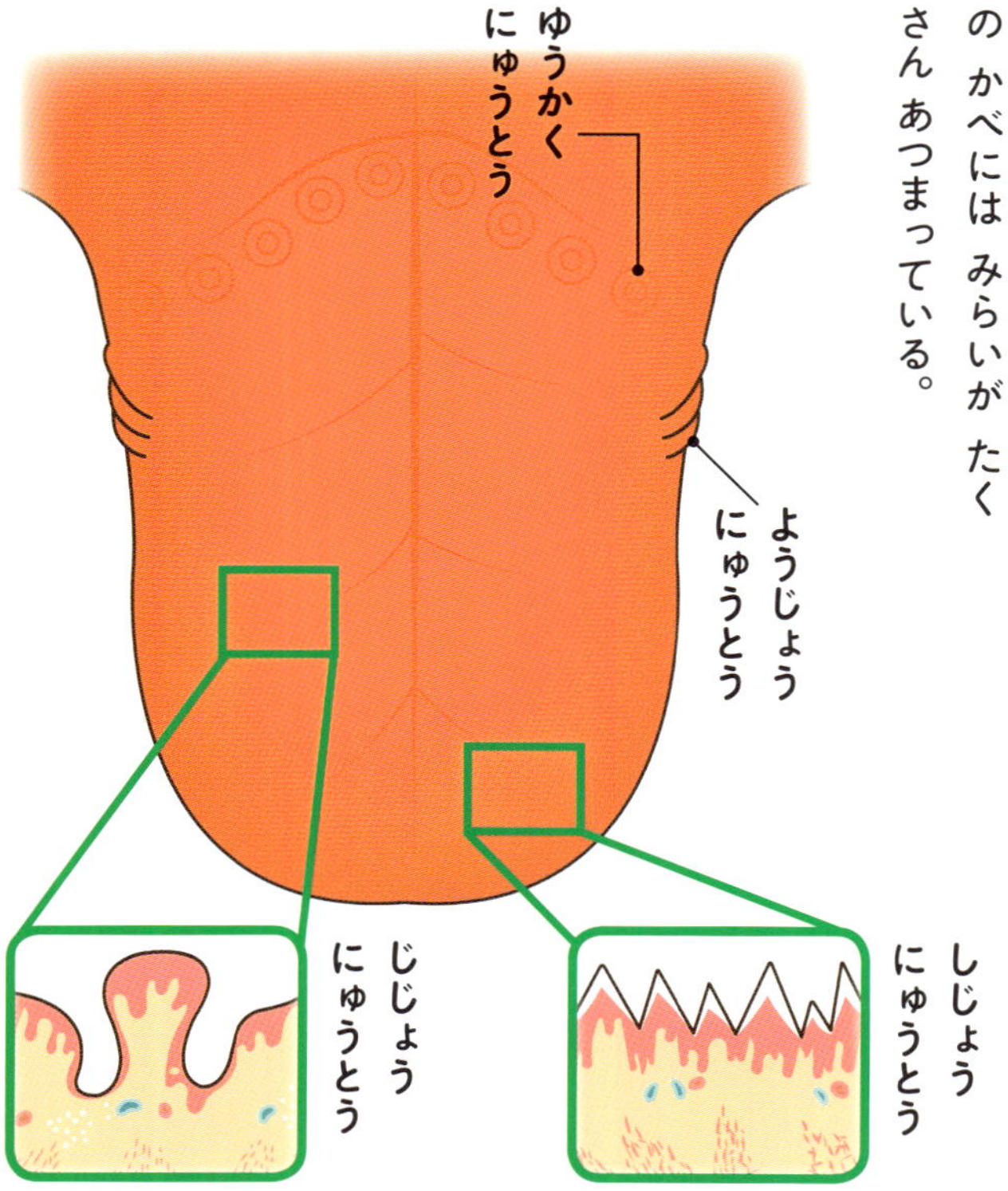

ゆうかくにゅうとう
ようじょうにゅうとう
しじょうにゅうとう
じじょうにゅうとう

しじょうにゅうとう
糸状乳頭

さきが ほそくなっている にゅうとう。したを ざらざらさせ、食《た》べものを うまく なめとる はたらきが ある。みらいが ない。

じじょうにゅうとう
茸状乳頭

さきが ふくらんだ きのこのような かたちを している にゅうとう。上《うえ》の ぶぶんに みらいが ある。

人《ひと》の したと どうぶつの した

人《ひと》の したは あじを かんじる はたらきが あるけれど、ほかの どうぶつの したは どうかな。

犬《いぬ》の した

なめたり すくいとったりして ものを 食《た》べるいがいに、あつい ときは したを 出《だ》して こきゅうを して たいおんを ちょうせつします。

へびの した

したの さきが ふたつに わかれています。へびの したには においを かんじる はたらきも あり、したを 出《だ》し入《い》れしながら においを かんじています。

きりんの した

45センチメートルいじょう ものびます。長《なが》い したを つかって、木《き》の 高《たか》い ところに ある 葉《は》を とって 食《た》べます。

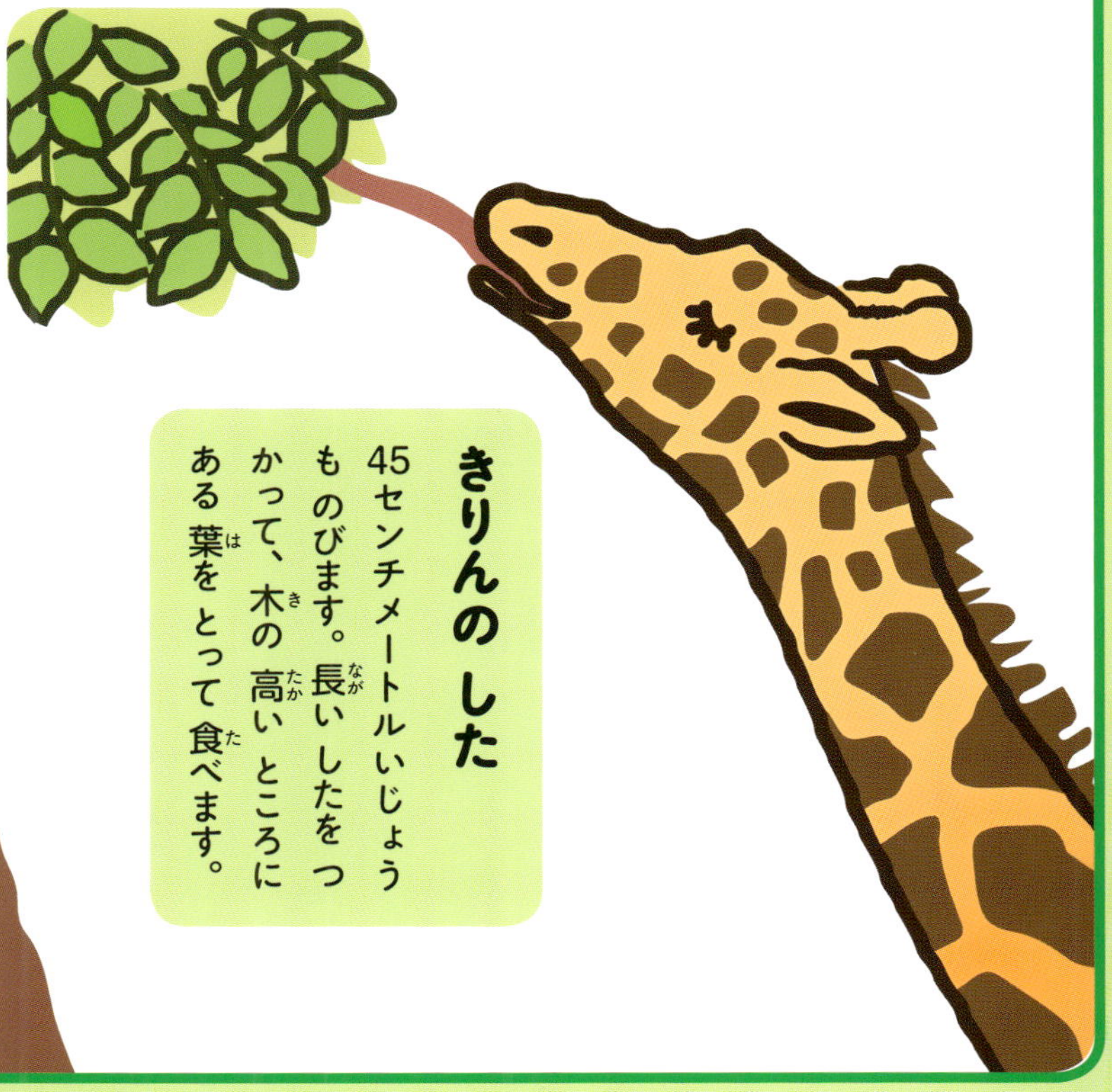

アリクイの した

60センチメートル いじょう のびます。アリクイの したの ひょうめんは ねばねばしていて シロアリを なめとって 食《た》べます。

ひふが うけとる まわりの しげき

ひふは からだを
つつんでいる かわだね。
外《そと》の せかいから からだの なかを
まもってくれているよ。

ひふは 3つの ぶぶんが かさなって できています。なかには しげきを うけとる ところが ちらばっていて、それぞれが うけとった ようすを のうに つたえます。

ひょうひ 表皮
しんぴ 真皮
ひかそしき 皮下組織

ひふは 5つの しげきを うけとる

いたさ

ものに おされた かんじ

おうちのかたへ

皮膚は、3層の構造で全身を包み込み、外部からの力に抵抗したり、内部の乾燥や、異物の侵入を防いだりして体を守っています。いちばん外側の表皮は、病原体などが侵入するのを防いでいます。真ん中の真皮は硬い網目状になっていて、外部の刺激を受け取る各種の受容器や受容神経が散在していて、それぞれが違う刺激を脳に伝える働きをしています。皮膚で感じる感覚には、触覚をはじめ、痛覚、温覚、冷覚、圧覚などがあり、刺激を感じ取る部分を感覚点といいます。内側の皮下組織は、真皮を筋肉や骨につなぐ役割をしており、血管や神経が広がっています。また、脂肪が蓄えられていて弾力があり、外からの衝撃に対してクッションのように働きます。

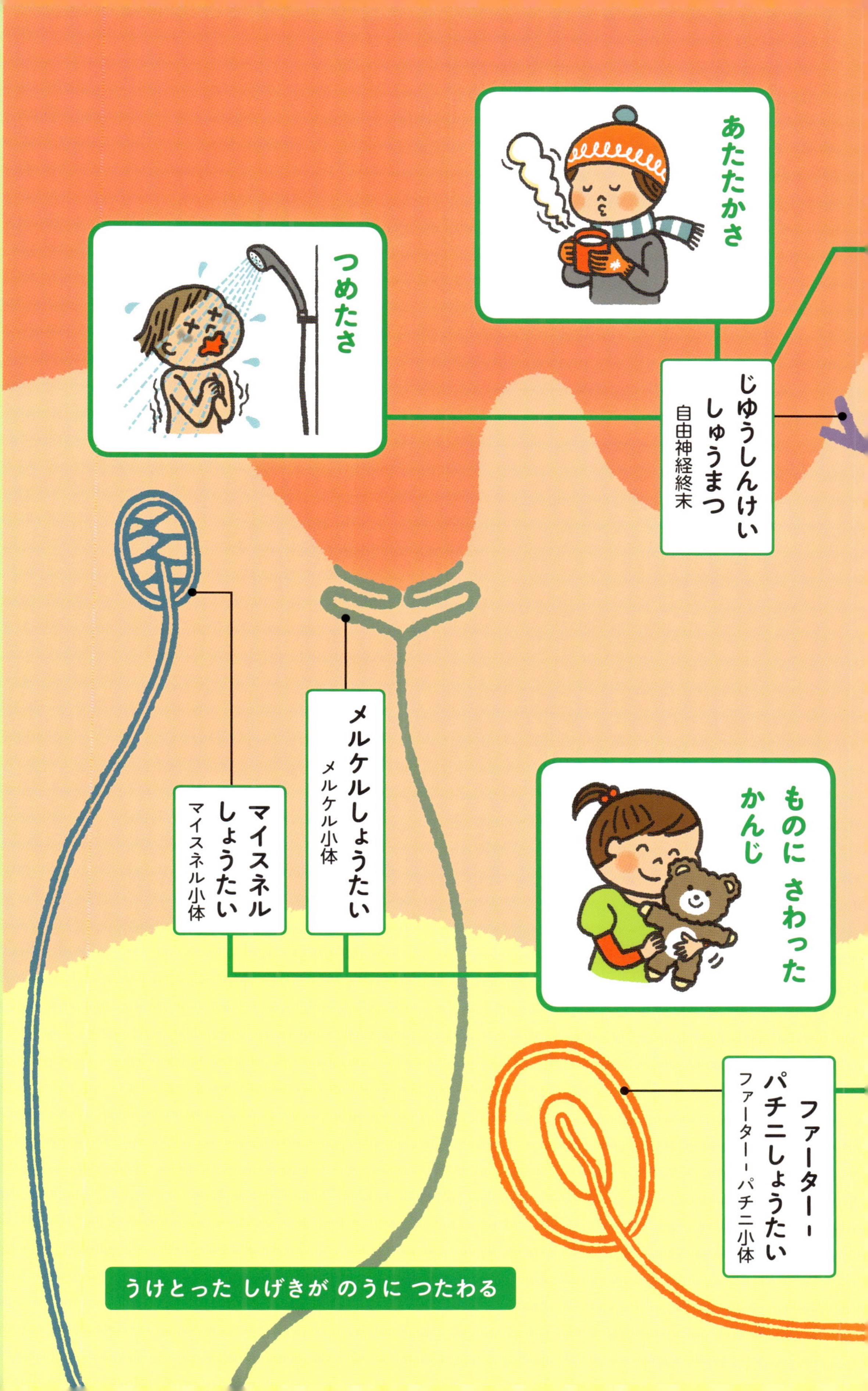
あたたかさ
つめたさ
じゆうしんけいしゅうまつ
自由神経終末
メルケルしょうたい
メルケル小体
マイスネルしょうたい
マイスネル小体
ものに さわった かんじ
ファーター－パチニしょうたい
ファーター－パチニ小体
うけとった しげきが のうに つたわる

たいおんを ちょうせつする ひふ

あつさや さむさは、ようふくを きがえたり、エアコンを つけたりして、ちょうせつするけれど、ひふも はたらいているんだ。

たいおんが 高《たか》くなりすぎても ひくくなりすぎても からだに よく ありません。ひふは、のうからの めいれいによって たいおんを ちょうどよく ちょうせつする はたらきも しています。

あつい とき

からだから ねつを にがす はたらきを します。

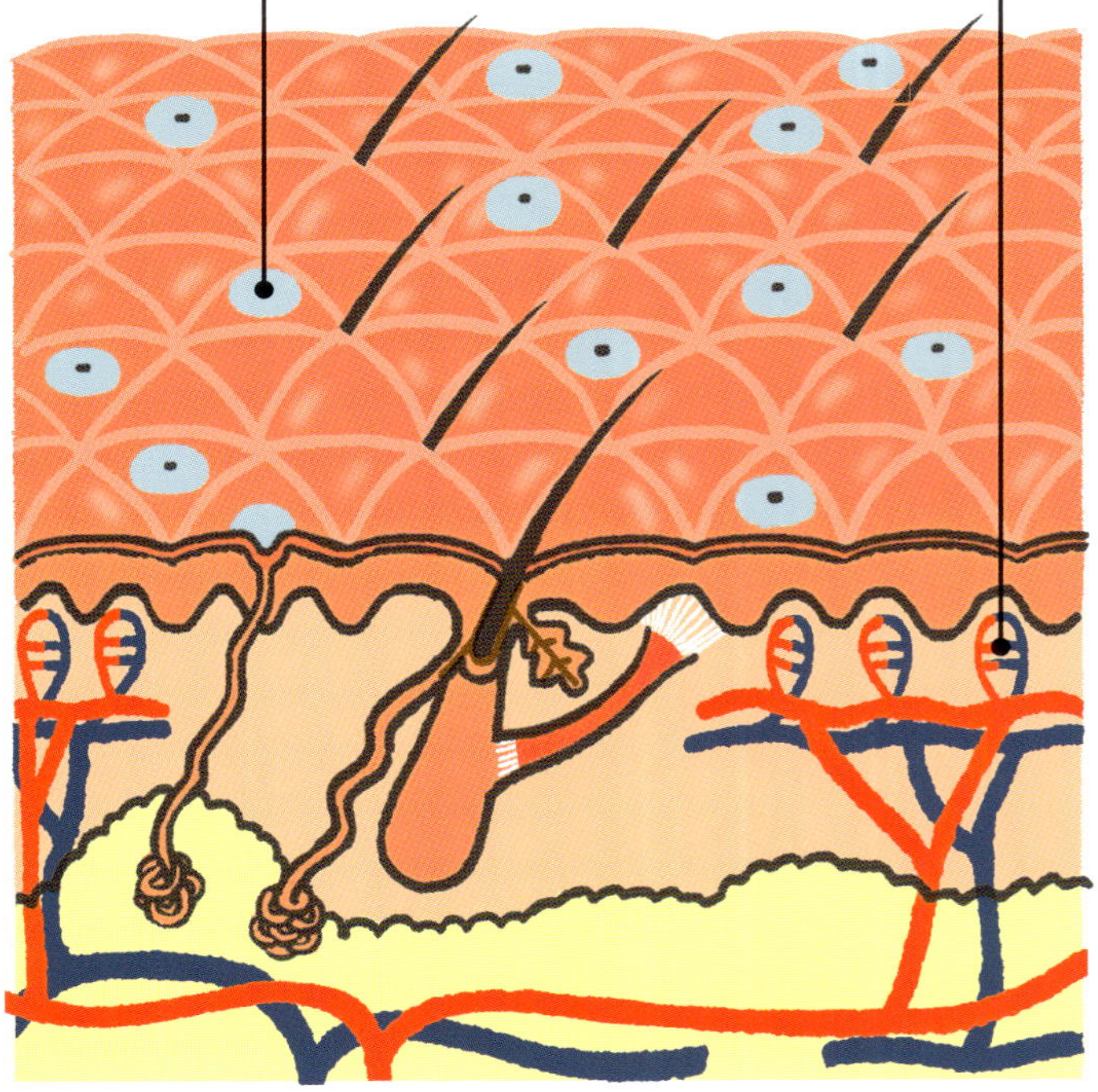

けっかんに ながれる 血《ち》の りょうが ふえる
外《そと》に 血《ち》の ねつを にがします。
あせが たくさん 出《で》る
あせが かわくときに からだの ねつを うばいます。

あつくなくても あせを かく

あせを かくのは、あつい ときだけでは ありません。きんちょうして ドキドキした とき、また、からい ものを 食《た》べた ときにも あせが 出《で》ます。

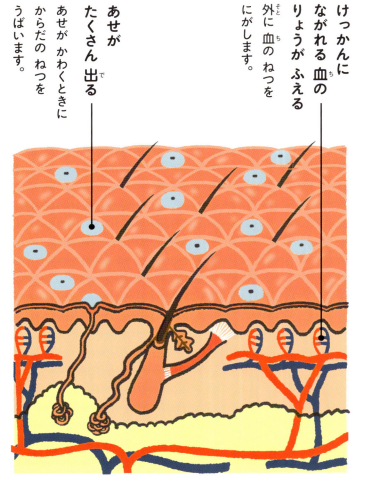

さむい とき

からだから ねつを にがさない ような はたらきを します。

けっかんに ながれる 血《ち》の りょうが 少《すく》なくなる

血《ち》から 外《そと》に 出《で》ていく ねつが へります。

毛《け》の あなや あせの あなが ふさがる

ねつが 外《そと》に 出《で》ていくのを ふせぎます。

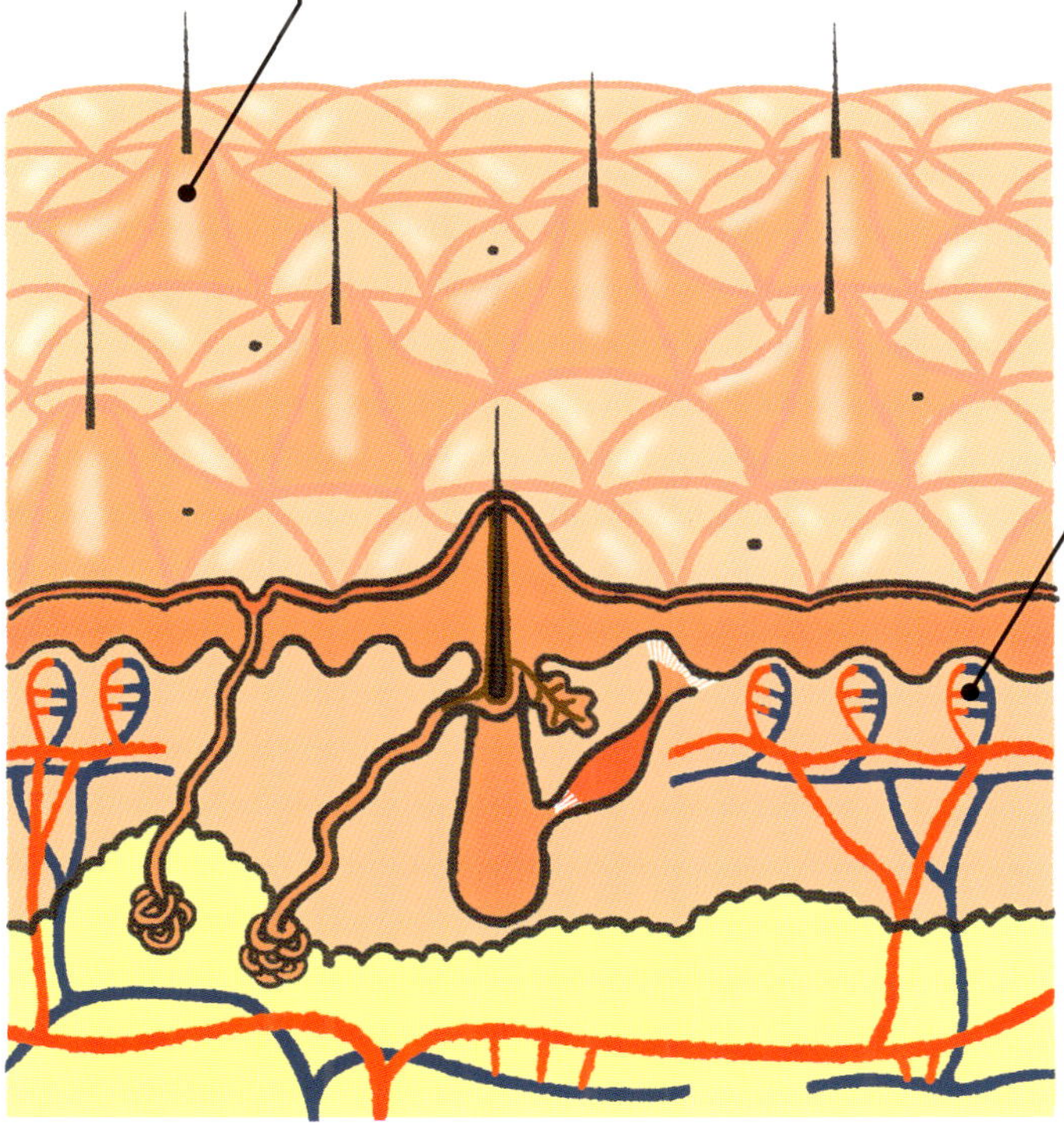

さむいと とりはだが 立《た》つ

さむいと 毛《け》の あなが ふさがりますが、この とき ひふが もりあがって ぶつぶつが たくさん できます。これが とりはだです。こわいと かんじた ときにも できます。

おうちのかたへ

人間の体には、熱を発生させるための特定の器官はなく、筋肉、内臓などあらゆる場所で代謝が行われることにより熱が発生しており、体温はいつも37度前後に保たれるように調節されています。

体温を調節するための指令を出すのは、脳の視床下部です。暑いときには、毛細血管を拡張させて血流を増やして皮膚から熱を逃がします。また、汗腺からの発汗をうながして、汗が蒸発するときに気化熱が奪われることで温度を下げます。寒いときには、毛細血管を収縮させて熱が逃げることを防ぎ、立毛筋という筋肉を収縮させて毛穴を閉じて放熱を防ぎます。また、筋肉のふるえを起こして熱を発生させようとすることもあります。

ゆびの さきを まもる つめ

手《て》や 足《あし》の ゆびさきには
つめが ついているね。
つめは かたいけれど、 ほねでは なく
ひふの なかまなんだ。

つめには ゆびの
さきを まもったり、
ゆびの うごきを たすけたりする
はたらきが あります。

つめが ないと、
ゆびさきに 力《ちから》が 入《はい》らず
ものを うまく つまんだり、
歩《ある》いたりする ことが
できなく
なってしまいます。

まいにち のびる つめ

つめは つめの
ねもとの ところで
つくられて、
まいにち
少《すこ》しずつ
のびています。

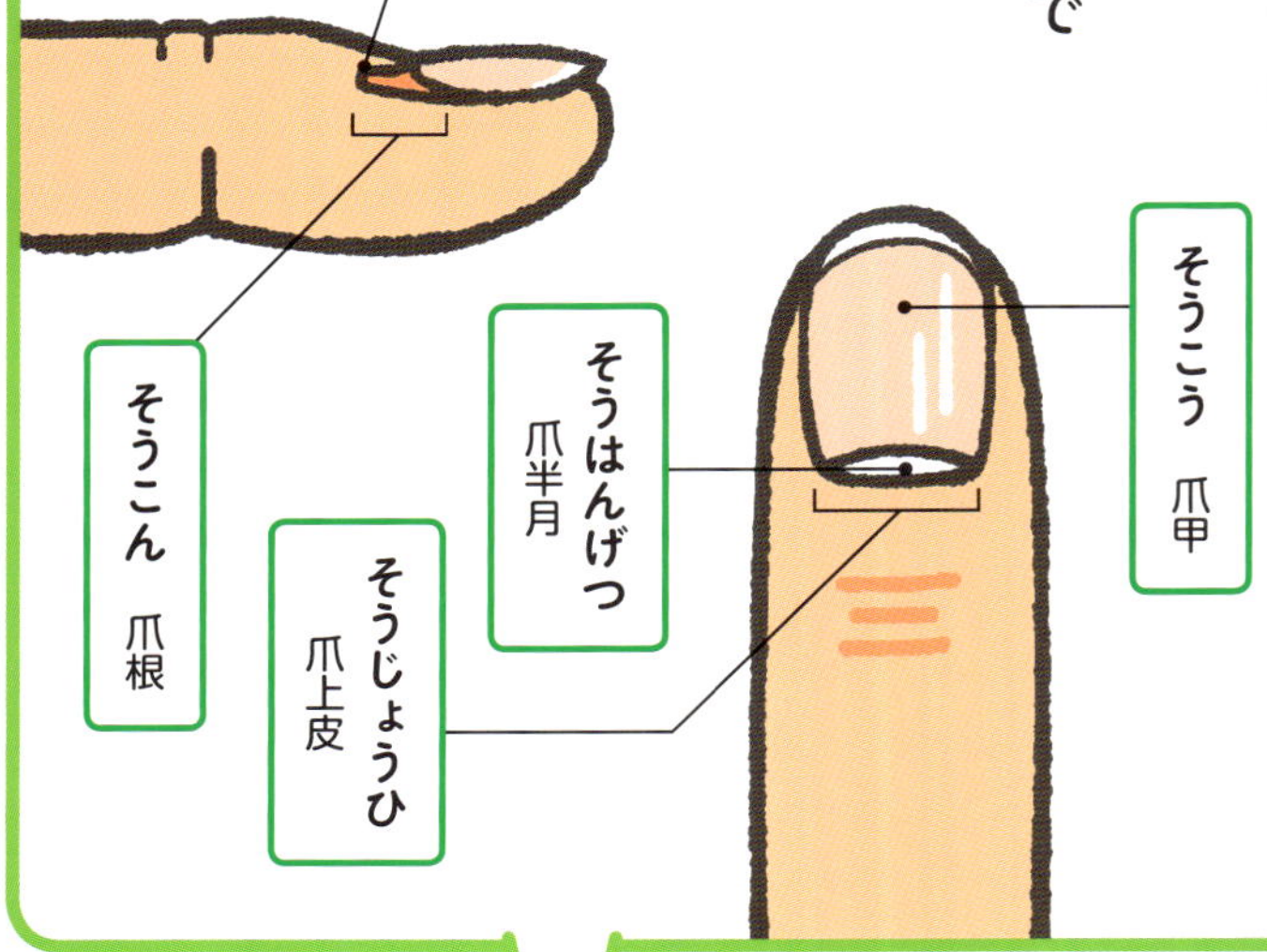

そうぼき 爪母基
ここで つめが
つくられる。
そうこう 爪甲
そうはんげつ 爪半月
そうこん 爪根
そうじょうひ 爪上皮

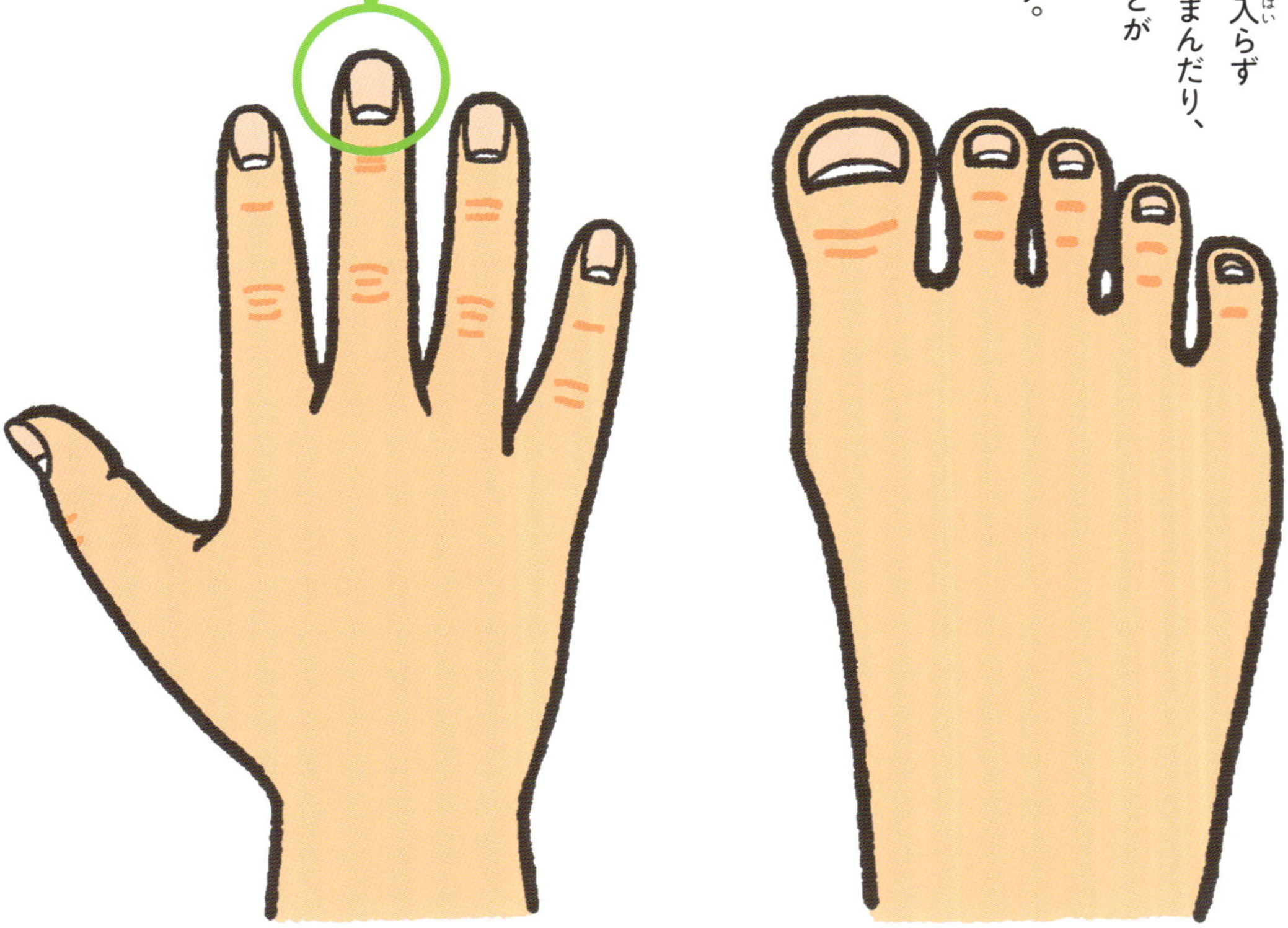

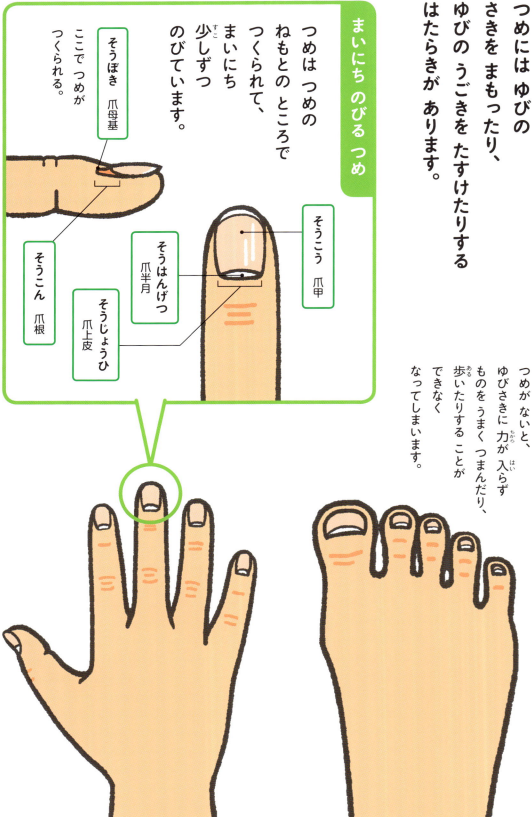

けんこうな つめ ふけんこうな つめ

えいようが たりなかったり、からだの ちょうしが わるいと、つめに あらわれる ことが あります。

けんこう

うすい ピンク色《いろ》で つやつやしている。

つめの 色《いろ》

つめは とうめいです。つめの 下《した》の ひふに ある けっかんの 血《ち》の 色《いろ》が すけて、うすい ピンク色《いろ》に 見《み》えます。

えいようぶそく

よこの みぞが できて ガタガタ している。

われやすい。

白《しろ》い 点《てん》が いくつも できる。

ひんけつ

白《しろ》っぽく なる。

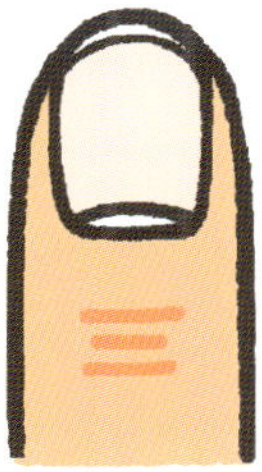

そりかえる。

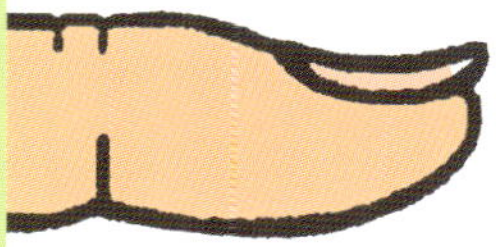

つめを 切《き》っても いたくないのは なぜ?

つめは ひふが へんかした ものですが、外《そと》に 出《で》ている かたい ぶぶんには、いたみを かんじる しんけいが とおっていません。また けっかんも とおっていません。そのため、切《き》っても 血《ち》も 出《で》ないし、いたくも ないのです。

おうちの かたへ

爪は皮膚が変化したもので、ケラチンというタンパク質でできています。手足の指の先端までは骨がないため、力をしっかり入れられるよう指先を保護しています。手の爪は、細かい作業を行う微妙な感覚を得るためにも重要な役割を果たしています。足の爪は、体重を支え、立ったり歩いたりする動きを安定させています。

爪は爪根《そうこん》にある爪母基《そうぼき》という部分の細胞分裂によってつくられ、順に押し出されて伸びます。その速さはだいたい10日で1㎜くらいです。体調が悪く、正常な爪がつくられないと横方向の溝ができ、その溝がだんだん先端に移動します。縦の筋は加齢によるものです。爪半月《そうはんげつ》が大きいと健康などといいますが、実際は関係ありません。

ひふから 生《は》える 毛《け》

頭《あたま》には かみの毛《け》が 生《は》えているね。それだけじゃない。よく見《み》てみると からだじゅうに ほそく みじかい 毛《け》が 生《は》えているよ。

毛《け》は、つめと おなじように ひふが かたくなって できた、ひふの なかまです。てのひらや 足《あし》の うらの ほかは ほぼ からだじゅうに 毛《け》が 生《は》えています。

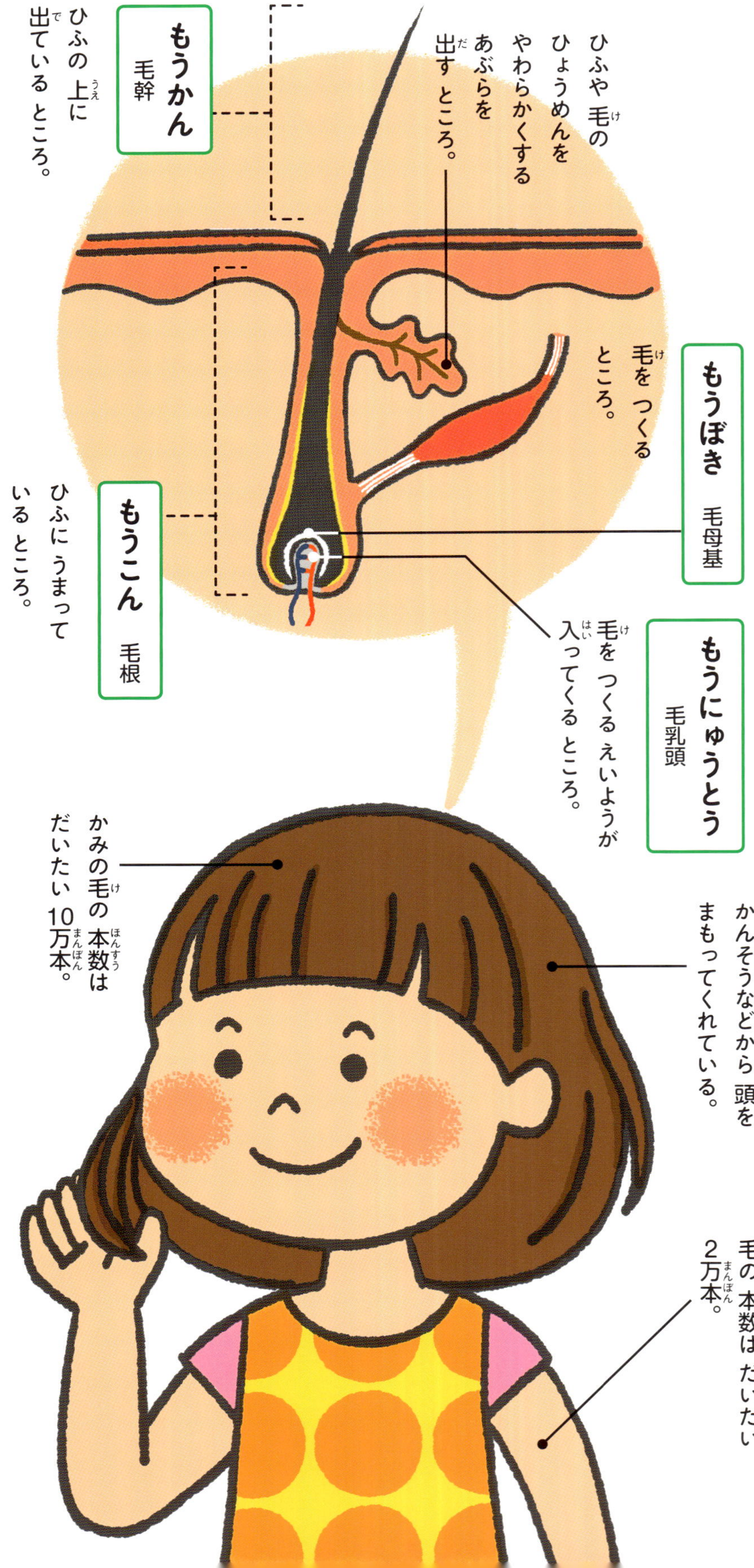

ひふや 毛《け》の ひょうめんを やわらかくする あぶらを 出《だ》す ところ。
もうかん
毛幹
ひふの 上《うえ》に 出《で》ている ところ。
もうぼき
毛母基
毛《け》を つくる ところ。
もうこん
毛根
ひふに うまって いる ところ。
もうにゅうとう
毛乳頭
毛《け》を つくる えいようが 入《はい》ってくる ところ。
かみの毛《け》は なにかが ぶつかった ときの ショックや、たいようの 光《ひかり》、かんそうなどから 頭《あたま》を まもってくれている。
かみの毛《け》の 本数《ほんすう》は だいたい 10万本《まんぼん》。
かみの毛《け》いがいの 毛《け》の 本数《ほんすう》は だいたい 2万本《まんぼん》。

毛《け》の いっしょう

毛《け》は 毎日《まいにち》 少《すこ》しずつ のびますが、何年《なんねん》かすると のびなくなり、新《あたら》しい 毛《け》と 生《は》えかわります。

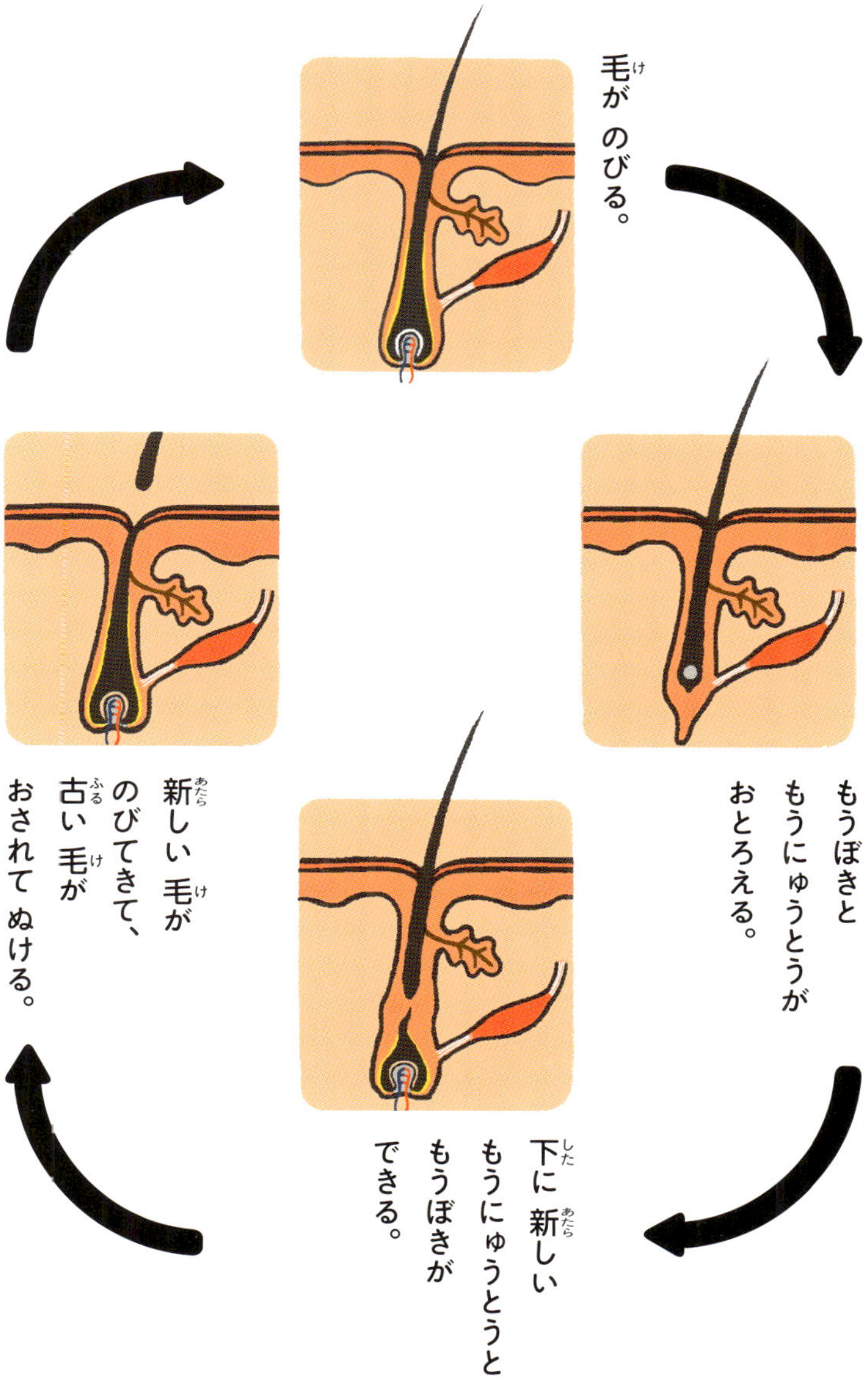
毛《け》が のびる。
もうぼきと もうにゅうとうが おとろえる。
下《した》に 新《あたら》しい もうにゅうとうと もうぼきが できる。
新《あたら》しい 毛《け》が のびてきて、古《ふる》い 毛《け》が おされて ぬける。

かみの毛《け》の ばあいは 2～5年《ねん》で 生《は》えかわる。

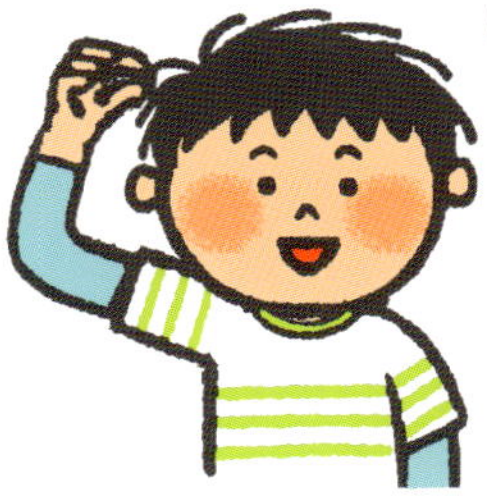

なぜ 白《しろ》い かみの毛《け》が 生《は》えるの？

かみの毛《け》が 黒《くろ》いのは、「メラニンしきそ」と いう、黒《くろ》い 色《いろ》の もとが 入《はい》っているからです。としを とる、えいようが たりない、ねぶそくなど いろいろな ことが げんいんで メラニンしきその りょうが へると、黒《くろ》く 見《み》えない 毛《け》が 生《は》えてきます。

おうちの かたへ

毛も爪と同じように皮膚が変化したもので、毛根の深い部分にある毛母基の細胞分裂によってつくられ、押し出されます。髪の毛の場合、1か月に1㎝くらい伸びます。毛のいちばん外側には、平たい細胞がうろこ状に重なりあった毛小皮（キューティクル）があり、中の組織を覆って守る働きをしています。毛の生え変わりの周期を毛周期といい、毛の種類によってその期間は異なります。頭髪の場合は、数年間成長を続けたあと、毛母基が退化して成長が止まり抜けていきます。抜けていくときには、その下に新しい毛が形成され始めています。毛は1日に何本も抜けますが、それぞれの毛の毛周期が違うため、全体の数が大きく変わることはありません。

ひふと つめに かんけいする ことば ①

●ひふの つくり

ひょうひ 表皮

ひふの いちばん 外《そと》がわの ぶぶん。下《した》の ほうでは 新《あたら》しい ひふが つぎつぎに つくられ、じゅんばんに 上《うえ》に 出《で》てくる。

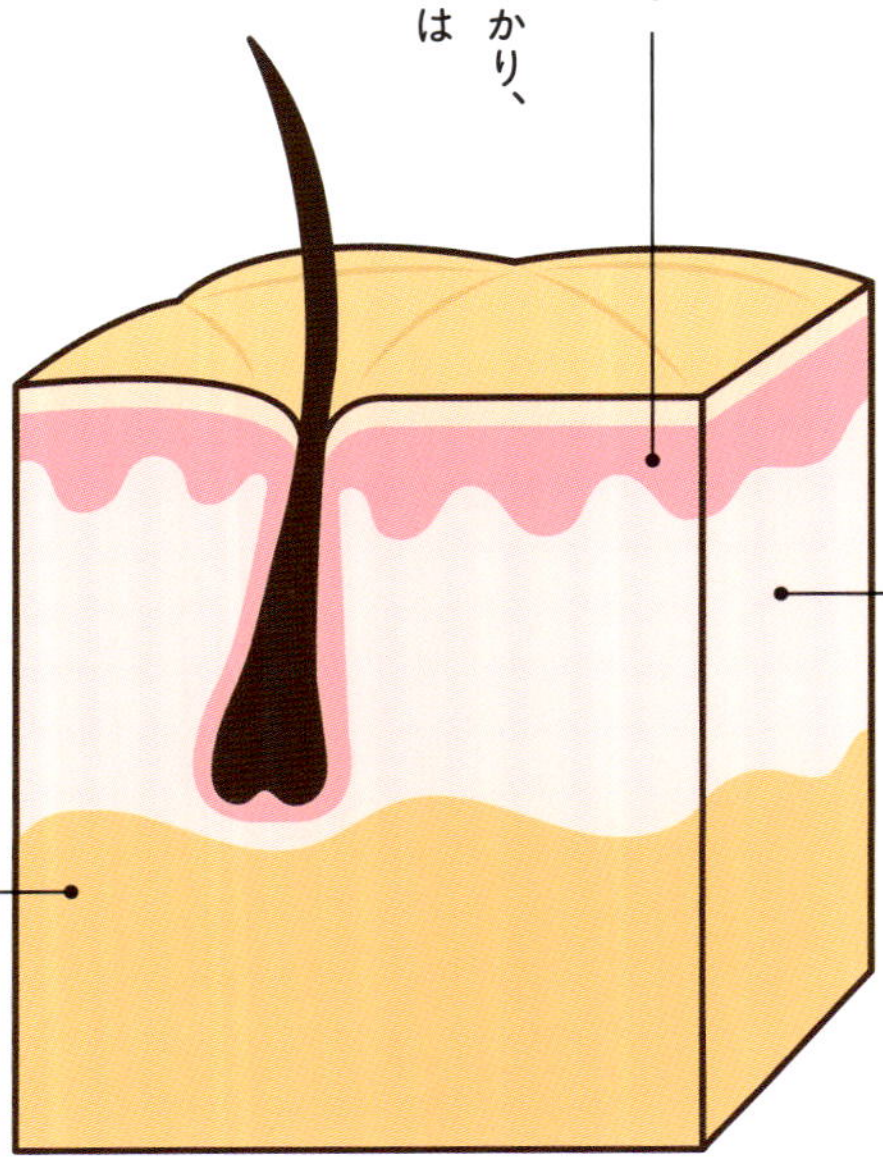

ひょうひ
いちばん 上《うえ》まで 出《で》てくるのに、1か月《げつ》くらい かかり、古《ふる》くなった ものは おしだされて はがれおちる。
しんぴ
ひかそしき

しんぴ 真皮

ひふの まんなかの じょうぶな ぶぶん。ひょうひと しっかり つながっていて、ひょうひとの さかいめは でこぼこしている。

ひかそしき 皮下組織

ひふの いちばん 下《した》の やわらかい ぶぶん。けっかんや しんけいが 広《ひろ》がっている。

また、やわらかい しぼうが ためられているため、外《そと》からの 強《つよ》い 力《ちから》を やわらげる はたらきが ある。しぼうは、からだを うごかすための エネルギーとしても つかわれる。

しょっかく 触覚

ひふに なにかが さわった ときの ようすが のうに つたわって かんじる かんかく。手《て》や 足《あし》の さき、くちびるなどの ひふが、しげきを かんじやすい。

ひふが しげきを うけとる。

ファーター - パチニ しょうたい ファーター - パチニ小体

なにかに おされた かんじを うけとる ところ。ひかそしきに あって、てのひらや、足《あし》の うらに 多《おお》く ある。ふるえを かんじる はたらきも ある。

なにかに おされた かんじを 「あっかく(圧覚)」と いう。

じゆうしんけいしゅうまつ 自由神経終末

いたさや あたたかさ、つめたさなど、いろいろな ようすを うけとる ところ。しんけいの おわりの ぶぶんで、からだじゅうに ある。

いたさを かんじる かんかくを 「つうかく(痛覚)」、つめたさを かんじる かんかくを 「れいかく(冷覚)」、あたたかさを かんじる かんかくを 「おんかく(温覚)」と いう。

ひふと つめに かんけいする ことば ②

マイスネルしょうたい・メルケルしょうたい

マイスネル小体・メルケル小体

どちらも ものに さわった かんじを うけとって、しょっかくを 生《う》む ところ。ゆびさきや てのひら、足《あし》の うらなどに 多《おお》く ある。

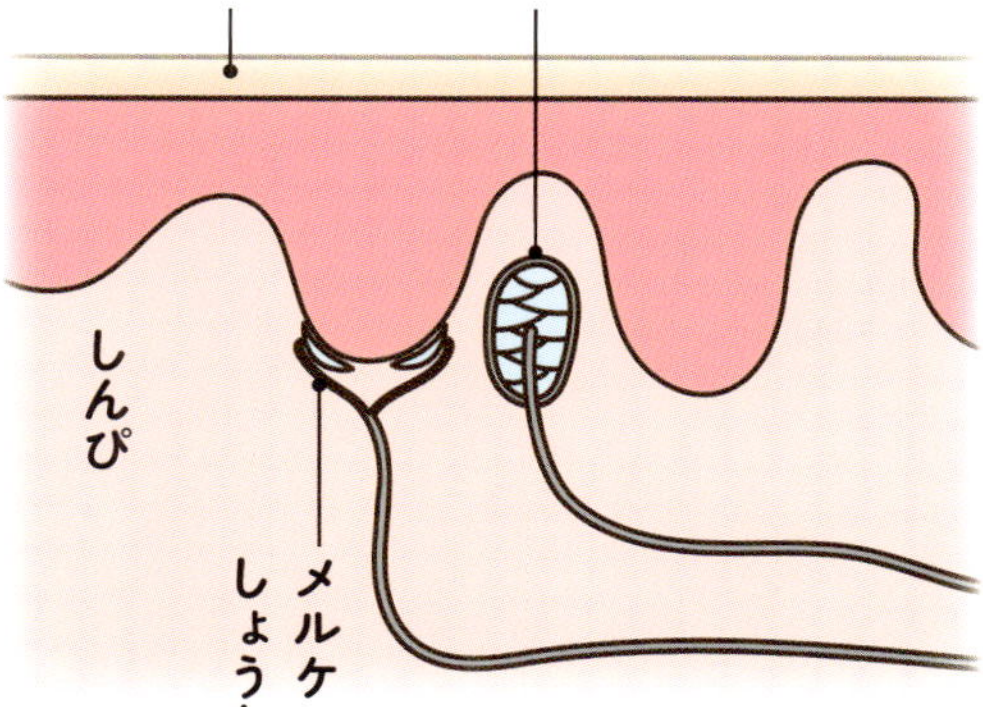
マイスネル
しょうたい
ひょうひ
しんぴ
メルケル
しょうたい

そうこう・そうこん・そうぼき

爪甲・爪根・爪母基

「そうこう」は、ふつうつめと いっている ところ。かたくなって いたのように なった ひふ。下《した》の ひふの 色《いろ》が すけて ピンク色《いろ》に 見《み》える。

ねもとの かわに うまって いる ぶぶんは「そうこん」といい、その おくの「そうぼき」では 新《あたら》しい つめが つくられている。

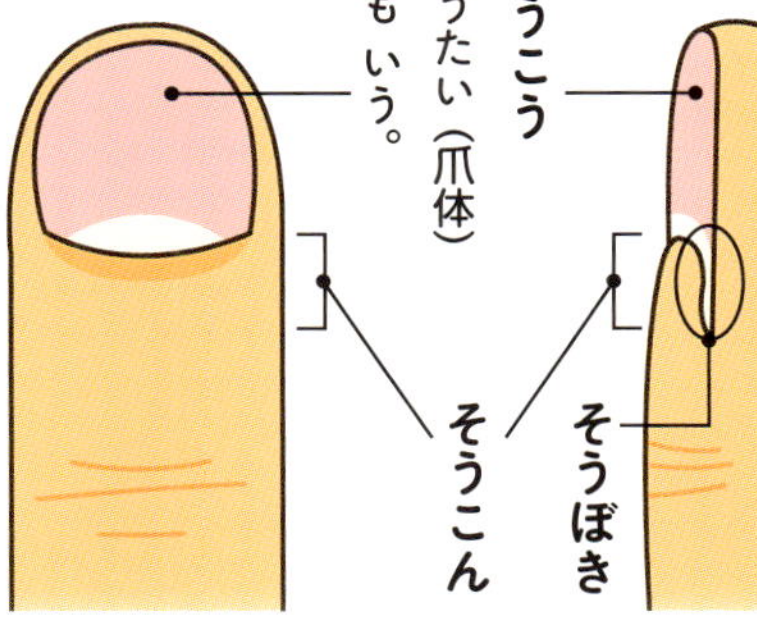
一日《いちにち》で
0.1ミリメートルくらい のびる。
そうこう
そうたい（爪体）
とも いう。
そうぼき
そうこん

そうはんげつ

爪半月

つめの ねもとに 見《み》える、白《しろ》っぽい、半月《はんげつ》のような かたちを した ところ。できた ばかりの つめで、まだ かたくなりきっていない。

そうじょうひ

爪上皮

つめの ねもとに かぶさっている うすい ひふ。できた ばかりの つめに さいきんなどが 入《はい》るのを ふせぐ はたらきを している。

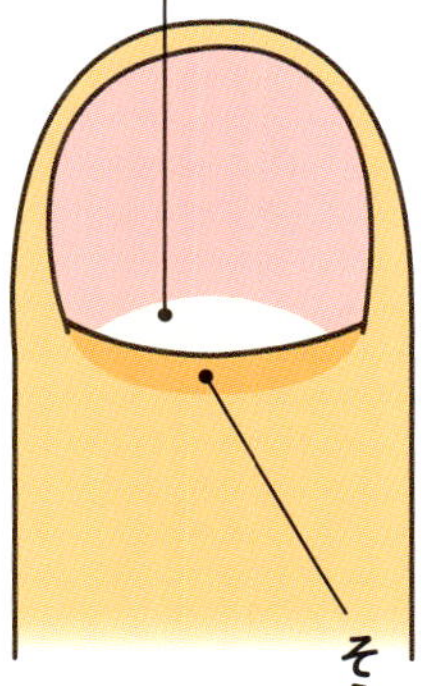
そうはんげつ
さきの ほうの つめより
少《すこ》し やわらかい。
そうじょうひ

もうにゅうとう

毛乳頭

毛《け》の ねもとに ある ふくらみ。新《あたら》しい 毛《け》を つくりだすために ひつような えいようや さんそを もうさいけっかんから うけとって、「もうぼき」に おくる。

もうぼき

毛母基

毛《け》の いちばん ねもとの ふくらんだ ぶぶんに ある へこみ。ここで、新《あたら》しい 毛《け》が つくりだされて、上《うえ》に のびていく。

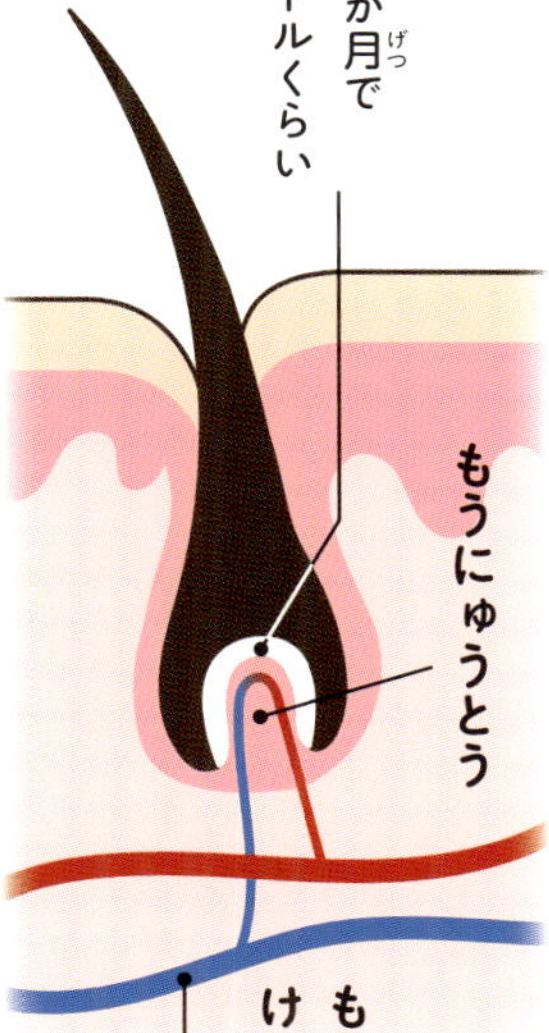
もうぼき
かみの毛《け》は 1か月《げつ》で
1センチメートルくらい
のびる。
もうにゅうとう
もうさい
けっかん

もっと しりたい!

ごかんの ふしぎ

ものの ようすを かんじる ばしょは 全身《ぜんしん》の さまざまな ばしょに あるね。
生活《せいかつ》の なかで かんじる からだの ふしぎの ひみつを 知《し》ろう。

目《め》の わるい 人《ひと》が めがねを かけると よく 見《み》えるのは どうして?

めがねの レンズには かくまくと すいしょうたいと おなじように、光《ひかり》を まげる はたらきが あります。もうまくに ぞうが ちょうどよく うつらない ときに、レンズの はたらきで ぞうが うつる ばしょを ずらす ことで よく 見《み》えるように なるのです。

ものの 見《み》えかた

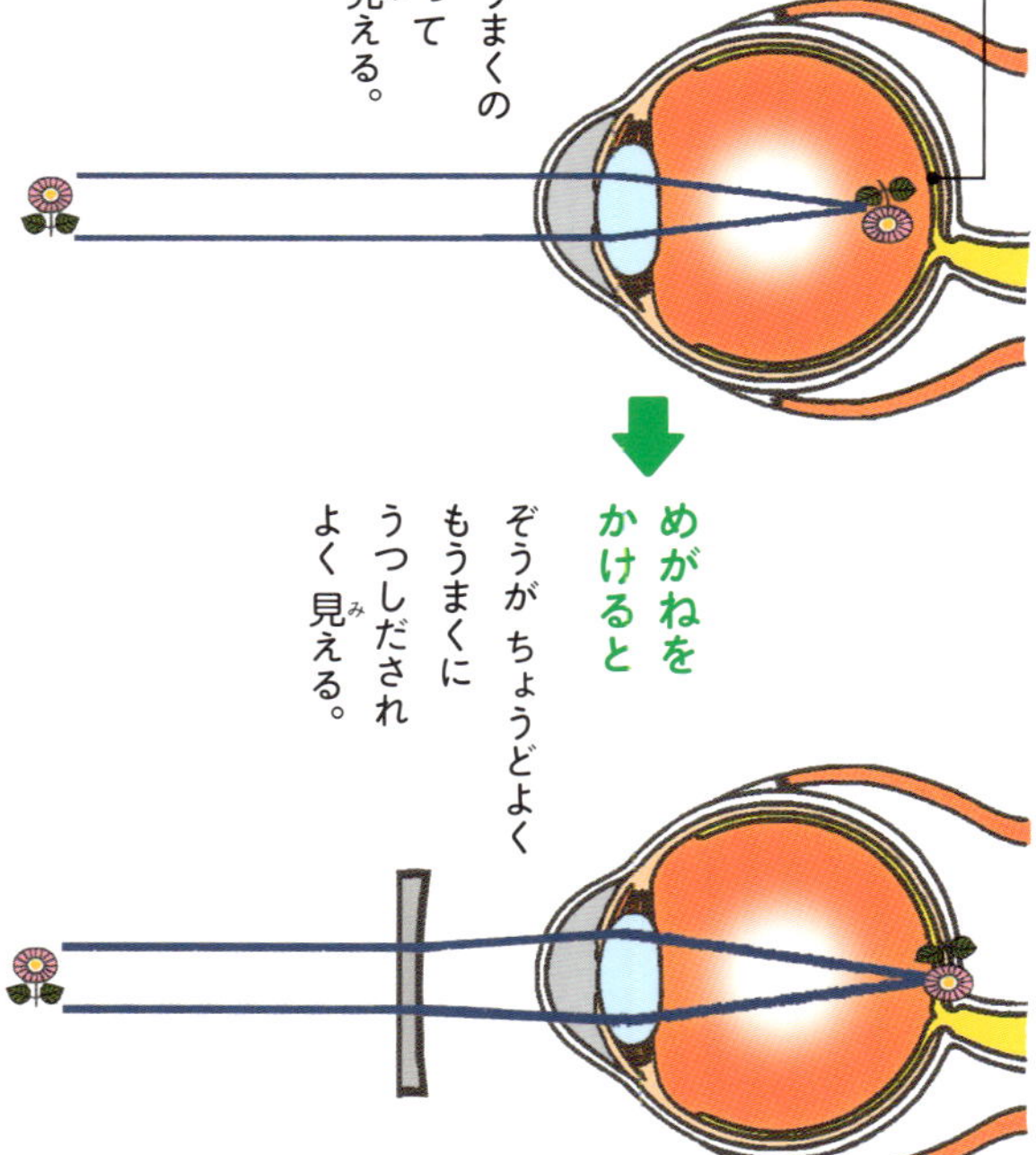

もうまく
ぞうが もうまくの 手前《てまえ》に あって ぼやけて 見《み》える。
めがねを かけると
ぞうが ちょうどよく もうまくに うつしだされ よく 見《み》える。

いびきが 出《で》るのは どうして?

ねている ときは のどの まわりの きんにくや したが ゆるんで いきの とおりみちが せまくなります。いびきは いきを した ときに のどや はなの ねんまくが ふるえて 出《で》る 音《おと》です。

エレベーターに のると 耳《みみ》が ツーンと するのは どうして?

ふだんは こまくの 内《うち》がわと 外《そと》がわで 空気《くうき》を おす 力《ちから》が つりあっています。エレベーターなどで 高《たか》い ところへ 行《い》くと、まわりの 空気《くうき》が うすくなるため、外《そと》がわから おす 力《ちから》が 弱《よわ》くなります。そのため、こまくが 内《うち》がわから おされるように なって、耳《みみ》の なかが ツーンとして いたくなるのです。

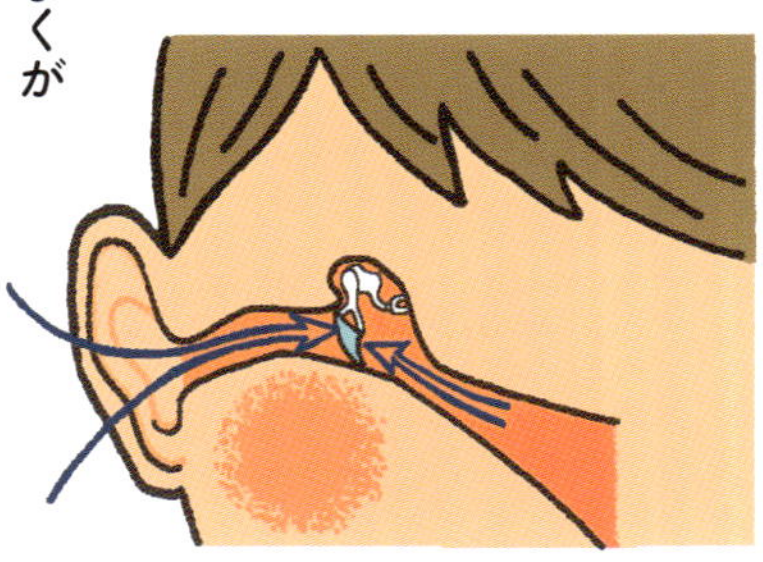

5 のうと しんけい

おねえちゃんは あした 学校《がっこう》で テストが あるんだって。
100点《てん》 めざして いっしょうけんめい
べんきょうしているよ。

ずかい のう・しんけい

のうは からだの いろいろな ばしょから
うけとった じょうほうを せいりして、
かんじ、考《かんが》え、はんだんします。
そして それを きおくします。
また、からだを うごかす めいれいを
出《だ》したり、いきを する、血《ち》を おくる、
えいようを とりいれるなど、
人《ひと》が 生《い》きていくために
ひつような ことが ちょうどよく
おこなわれるための めいれいも
出《だ》したりしています。

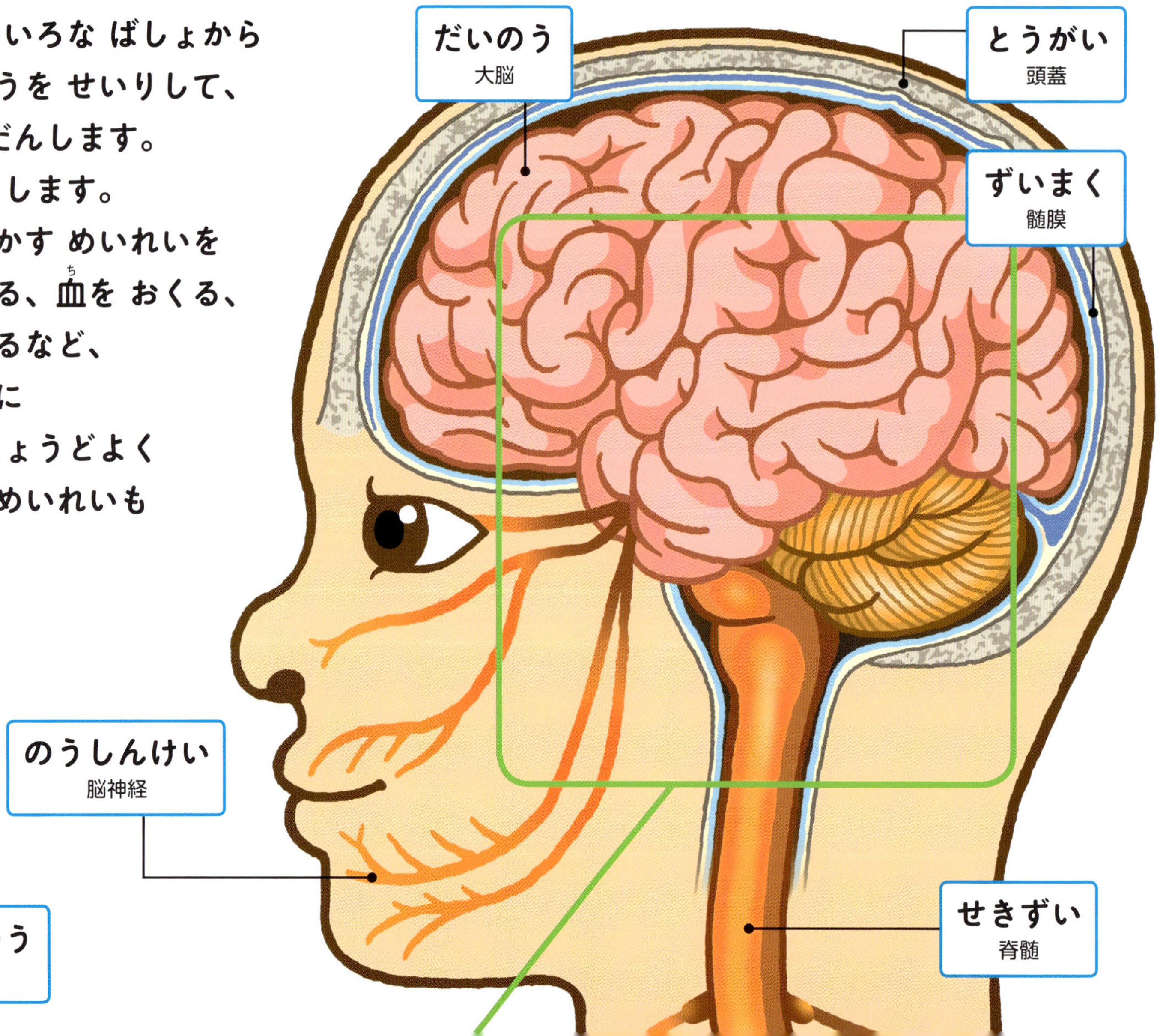
だいのう
大脳
とうがい
頭蓋
ずいまく
髄膜
のうしんけい
脳神経
せきずい
脊髄

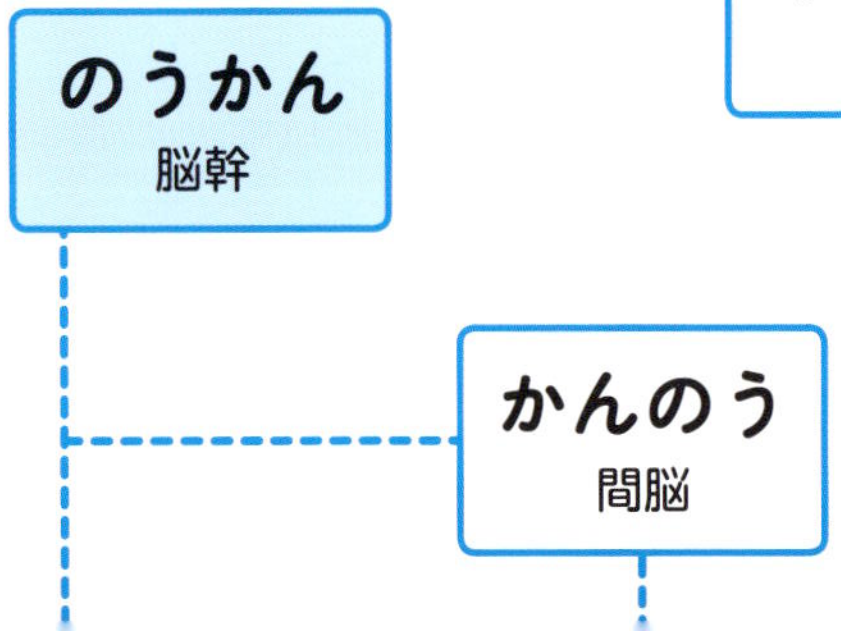
のうかん
脳幹
かんのう
間脳

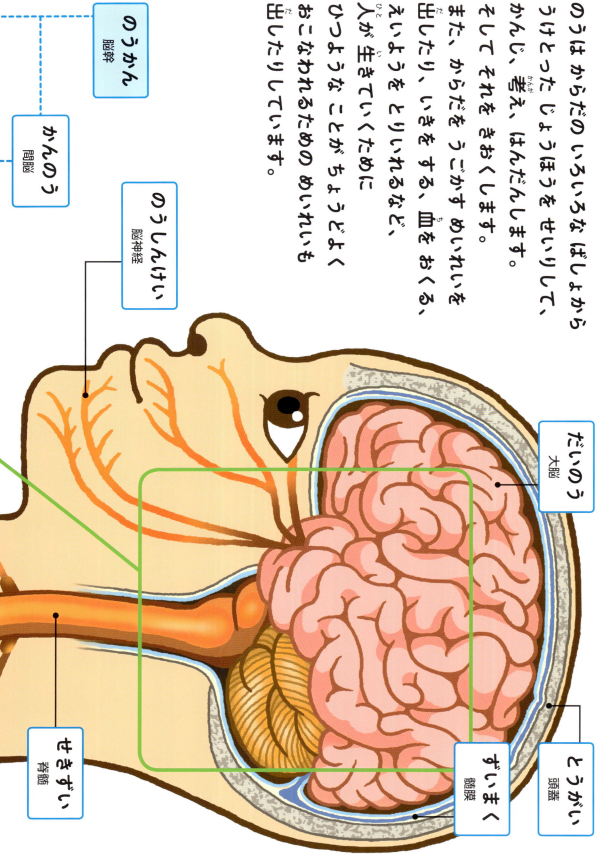

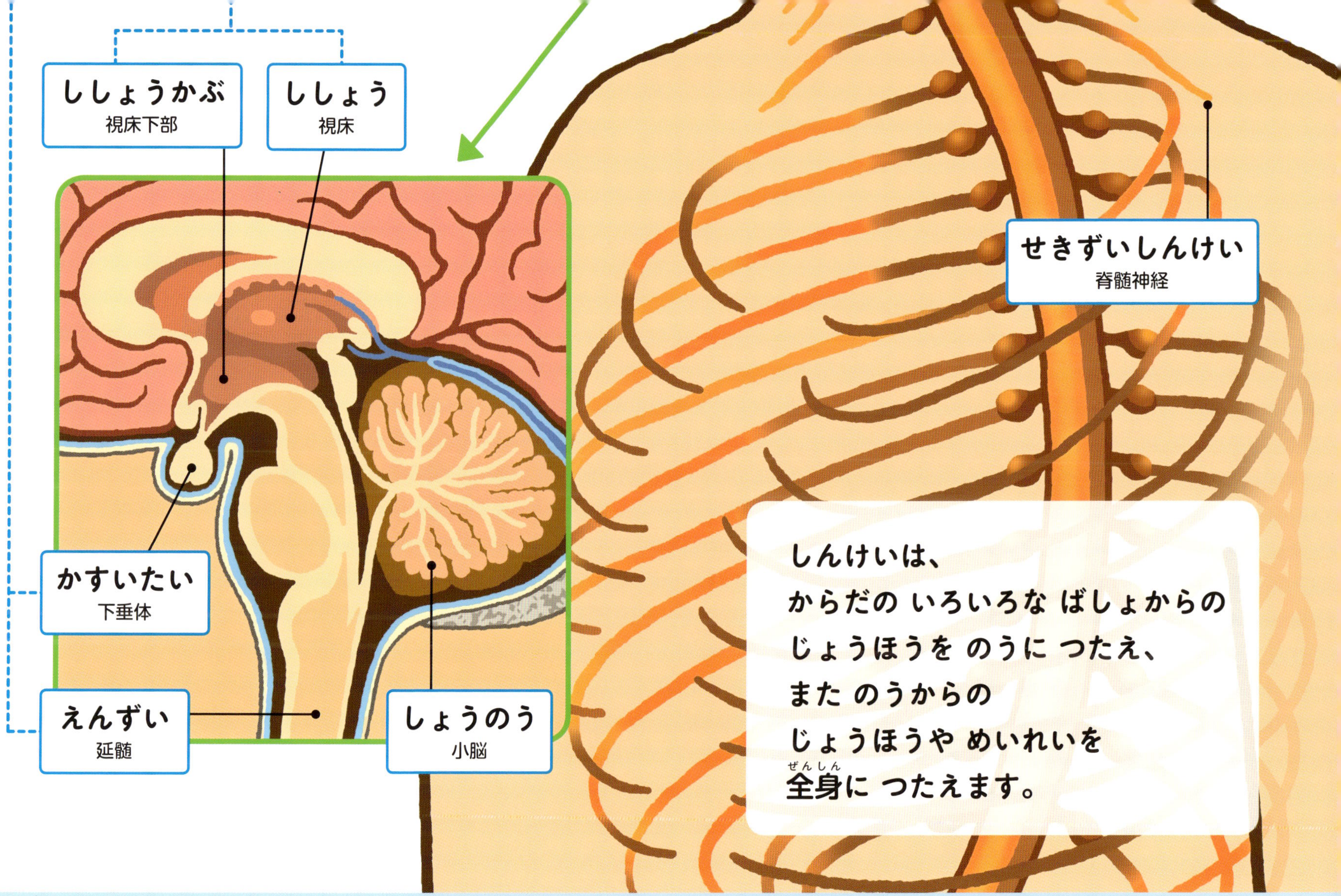
ししょうかぶ
視床下部
ししょう
視床
かすいたい
下垂体
えんずい
延髄
しょうのう
小脳
せきずいしんけい
脊髄神経

しんけいは、
からだの いろいろな ばしょからの
じょうほうを のうに つたえ、
また のうからの
じょうほうや めいれいを
全身《ぜんしん》に つたえます。

おうちのかたへ

脳は、体の中でさまざまな情報をやりとりする働きをもつ神経細胞が、たくさん集まってできています。大脳は脳の大部分を占めており、小脳は背中側にあって半分大脳に隠れています。また、脳幹は脊髄とつながっています。

大脳は、感覚器をはじめ体中から集まってくる情報を受け取って整理し、適切に処理してそれに対応するための命令を出し、記憶します。

小脳は、大脳と連絡を取りながら、おもに体の動きに関して判断し命令を出します。

脳幹は、呼吸や血液の循環、消化器の制御、体温の調節など、生命の維持に関わる働きを行います。

のうを まもる かべ

のうは 人《ひと》の いのちや かつどうを ささえる だいじな ばしょなんだ。だから じょうぶな ほねに つつまれているよ。

のうは「とうがい」と いう かたくて じょうぶな ほねと、「ずいまく」と いう まくに まもられています。のうを まよこから 見《み》ると、とうがいが ヘルメットのように のうを おおっています。

まよこから 見《み》た のう

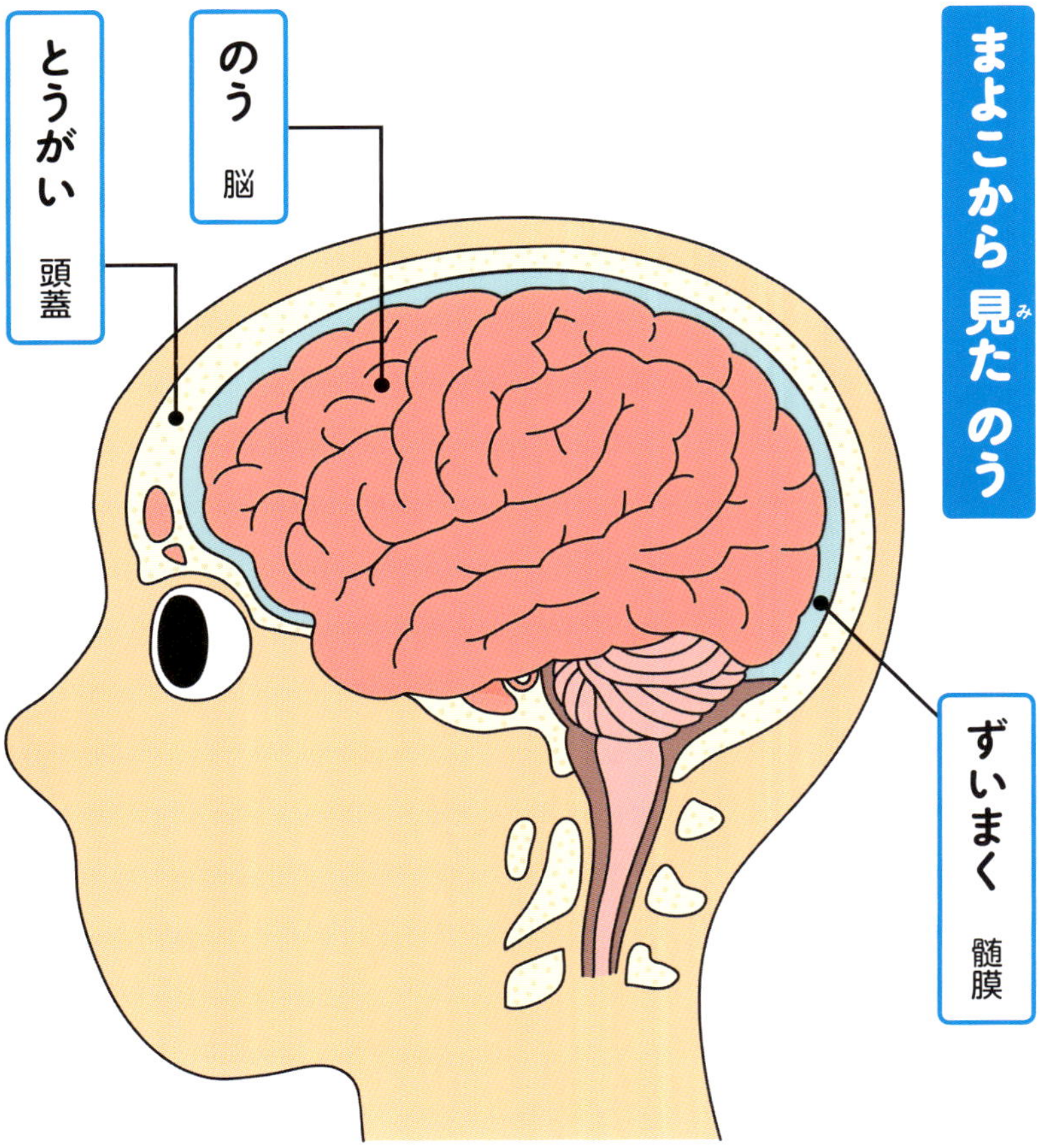

まよこから 見《み》た とうがい

23この ほねが あつまって できていて ほねと ほねの あいだは ぎざぎざに 入《い》りくんでいる。

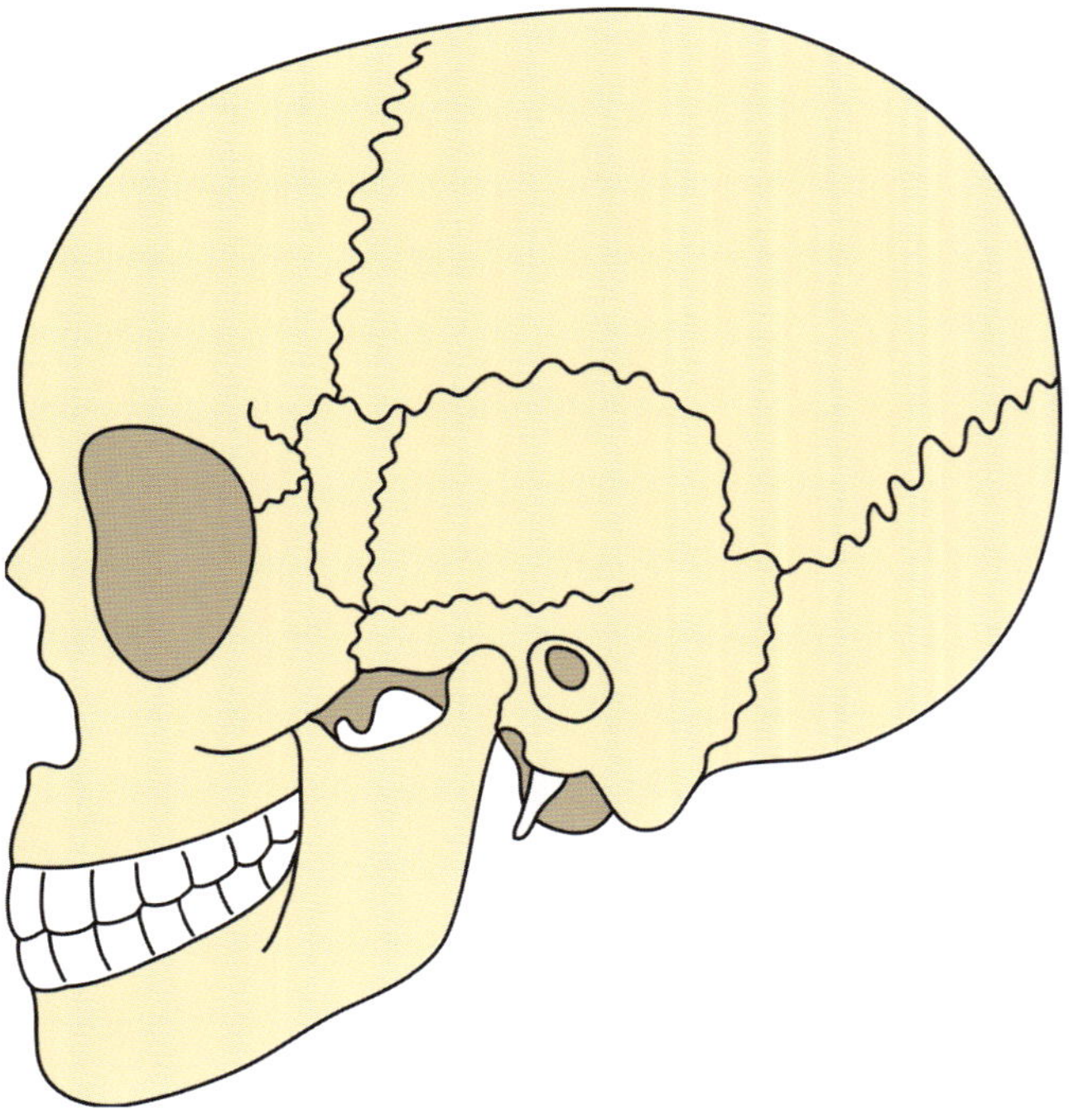

のうを まもる ずいまく

とうがいと のうの あいだに あるのが ずいまくです。ずいまくは 3まいの まくが かさなって できています。

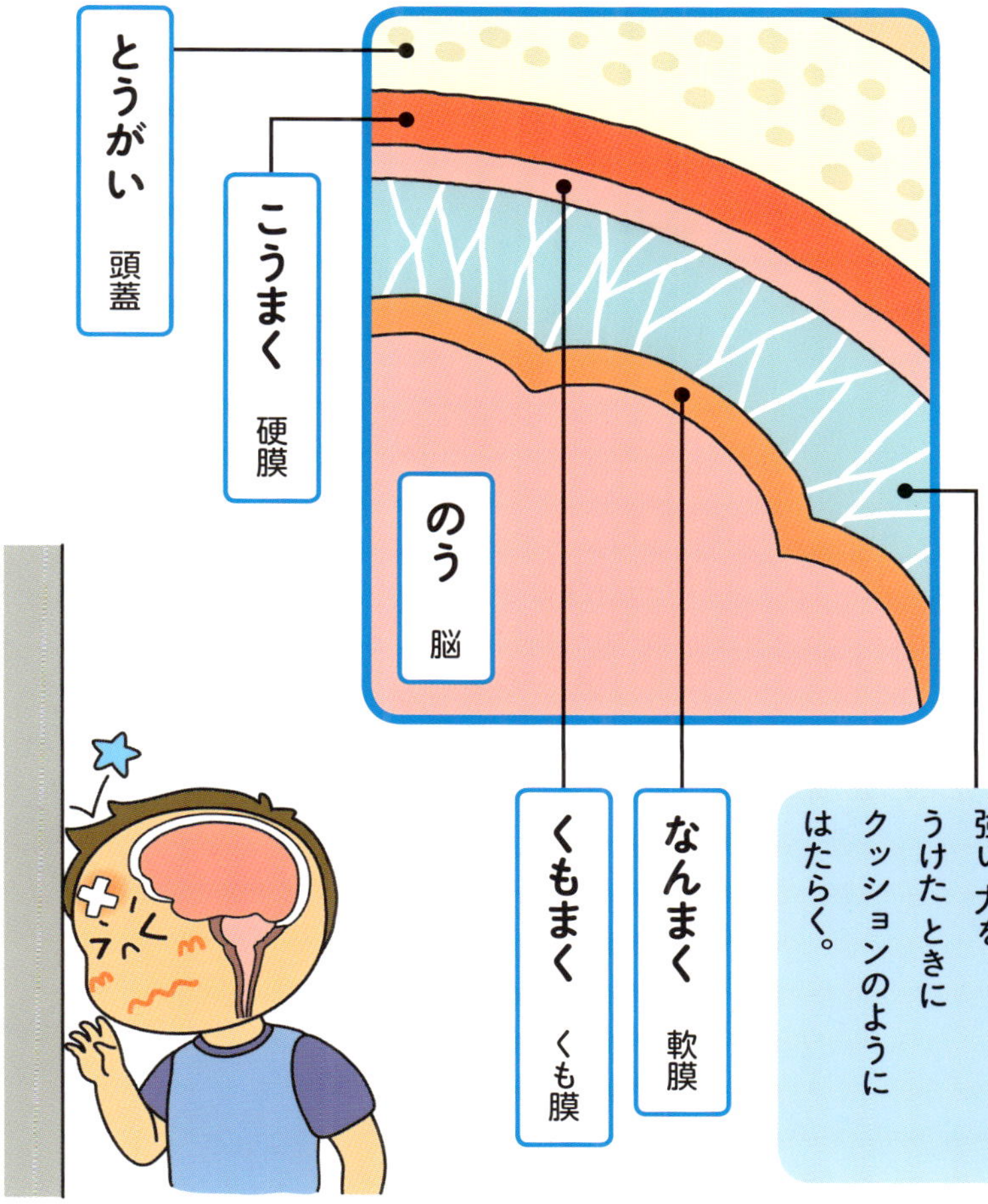

とうがい
頭蓋
こうまく
硬膜
のう
脳
なんまく
軟膜
くもまく
くも膜

くもまくと なんまくの あいだには、えきたいが つまっている。この えきたいは 外《そと》から 強《つよ》い 力《ちから》を うけた ときに クッションのように はたらく。

? 頭《あたま》を ぶつけると たんこぶが できるのは どうして?

からだを ぶつけた とき、ひふが 切《き》れなくても ひふの 下《した》に ある けっかんが やぶれて 血《ち》が 出《で》る 「ないしゅっけつ」を する ことが あります。手《て》や 足《あし》などで ないしゅっけつを すると、青黒《あおぐろ》い あざに なりますが、頭《あたま》で ないしゅっけつを すると、かたい とうがいと ひふの あいだに 血《ち》が たまり、ふくらんで こぶが できるのです。

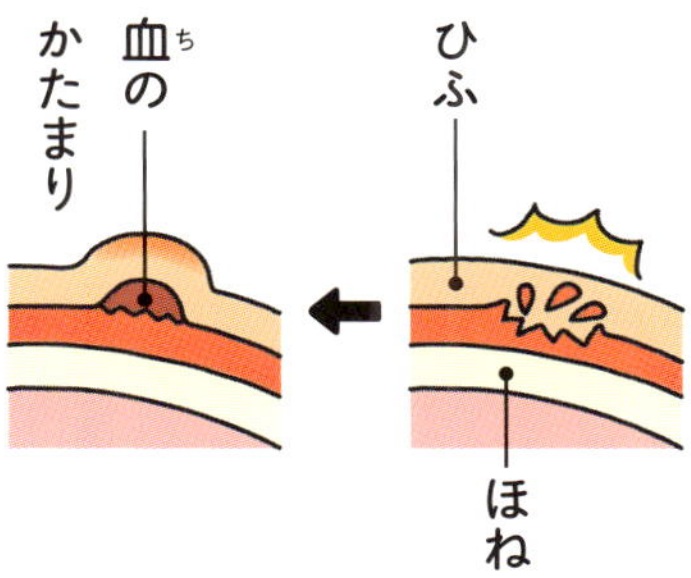

ひふ
ほね
血《ち》の かたまり

おうちの かたへ

大人の頭蓋《とうがい》は、15種類23個の骨が組み合わされてできています。このうち、頭頂部のヘルメットのようになっている部分を脳頭蓋といいます。この部分は、6種類8個の骨でできています。頭蓋の骨同士のつなぎ目は、ぎざぎざになっていて、互いにかみ合うことでしっかりとつながっています。

生まれたばかりの赤ちゃんの頭蓋は、骨と骨のあいだに隙間があります。これは、生まれてくるときに産道の形に合わせて、頭を細長く変形できるようにするためです。頭のてっぺんの前後には、大《だい》泉門《せんもん》、小泉門《しょうせんもん》という比較的大きな隙間があり、触るとぶよぶよしますが、これらは発育とともにだんだんと小さくなります。個人差がありますが、おおむね2歳ごろにはふさがるといわれています。

全身《ぜんしん》から じょうほうを うけとる だいのう

だいのうは のうの いちばん 上《うえ》で 外《そと》がわに ある ぶぶんだよ。だいのうは ばしょごとに やくわりが きまっているんだ。

からだの いろいろな ばしょが うけとった じょうほうは だいのうに つたえられます。だいのうでは それを せいりして、かんじ、考《かんが》え、その けっか ひつようだと はんだんした めいれいを おくりだします。

たいせいかんかくや
体性感覚野

「いたい」「あつい」 などの じょうほうを ひふから うけとる。

ウェルニッケや
ウェルニッケ野

ことばの いみを りかいする。

しかくや
視覚野

目《め》からの じょうほうを うけとり りかいする。

ちょうかくや
聴覚野

耳《みみ》からの 音《おと》の じょうほうを うけとる。

おうちのかたへ

大脳は、領域ごとに異なる機能を担っています。大脳の外側に帯状に並んでいる体性感覚野は、ものに触った感じや、痛みなど、感覚に関する情報を受け取っています。さらにそのなかでも、情報を手から受け取る部位、足から受け取る部位、胴体から受け取る部位など、細かく役割が分かれています。全身の骨格筋に運動の命令を出す体性運動野も、部位ごとに、体のどこに命令を出すか役割が決まっています。感覚野、運動野とも手に対応する部位はほかと比べて面積が大きいことから、手に関する情報の多さが分かります。

また、目や耳、舌などの感覚器から情報を受け取って理解する領域は、それぞれの感覚ごとに決まっています。聞いた言葉を理解する場所と、言葉を話すために必要な命令を出す場所もそれぞれ異なります。

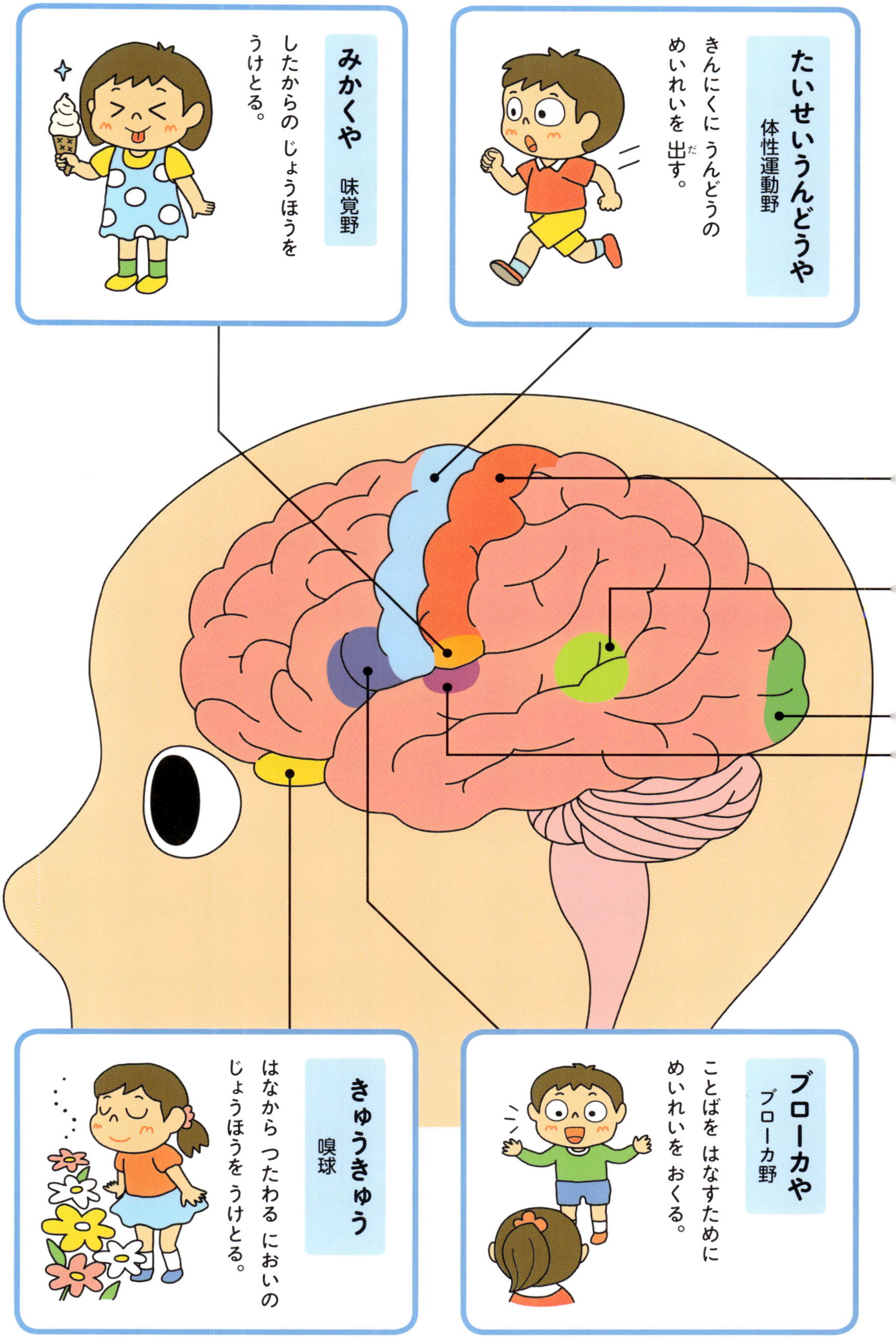
たいせいうんどうや
体性運動野
きんにくに うんどうの めいれいを 出《だ》す。
みかくや
味覚野
したからの じょうほうを うけとる。
きゅうきゅう
嗅球
はなから つたわる においの じょうほうを うけとる。
ブローカや
ブローカ野
ことばを はなすために めいれいを おくる。

いのちを たもつ のうかん

ねている ときも いきを したり、しんぞうが はたらきつづけたりする しくみは のうかんに あるよ。

のうかんは のうの ちゅうしんに あり、人《ひと》が 生《い》きていくために ひつような ことが ちょうどよく おこなわれるための めいれいを 出《だ》しています。

のうかんは 「ししょう」「ししょうかぶ」から なる 「かんのう」と 「えんずい」などに わかれています。

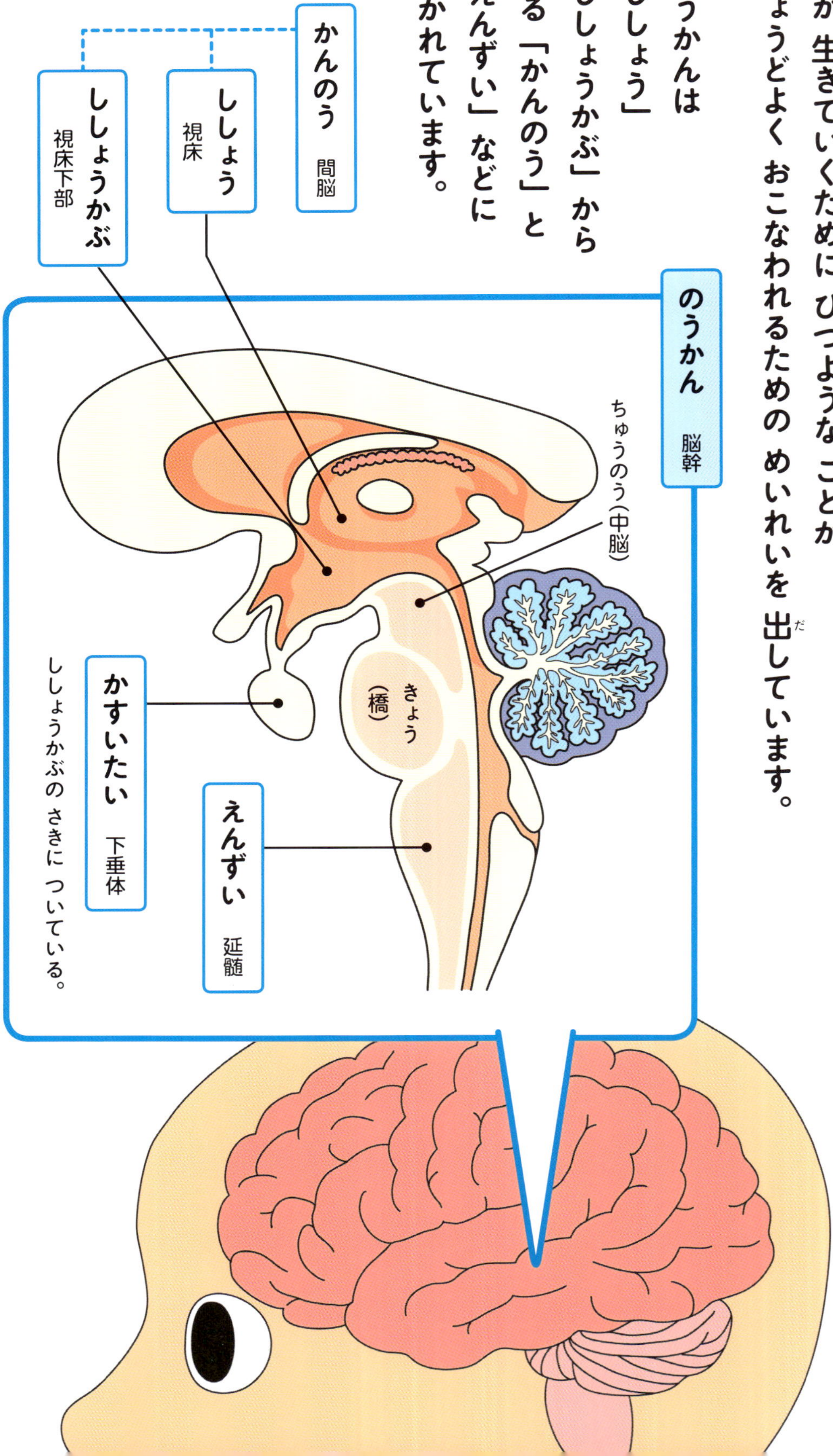

かんのう 間脳
ししょう 視床
ししょうかぶ 視床下部
のうかん 脳幹
ちゅうのう（中脳）
きょう（橋）
かすいたい 下垂体
ししょうかぶの さきに ついている。
えんずい 延髄

しょうかぶが ちょうせつしている こと

あせを 出《だ》させて たいおんが 上《あ》がりすぎ ないように する。

「おなかが すいた」「おなかが いっぱい」と かんじさせて、エネルギーぶそくや 食《た》べすぎを ふせぐ。

かすいたいが ちょうせつしている こと

ほねが のびたり、きんにくが はったつしたりするのを たすける ものを 出《だ》して、からだの せいちょうを すすめる。

えんずいが ちょうせつしている こと

いきを する かいすうを ちょうせつする。

しんぞうが うごく はやさを ちょうせつする。

ごみや どくが からだに 入《はい》らないように くしゃみを したり はきださせたりする。

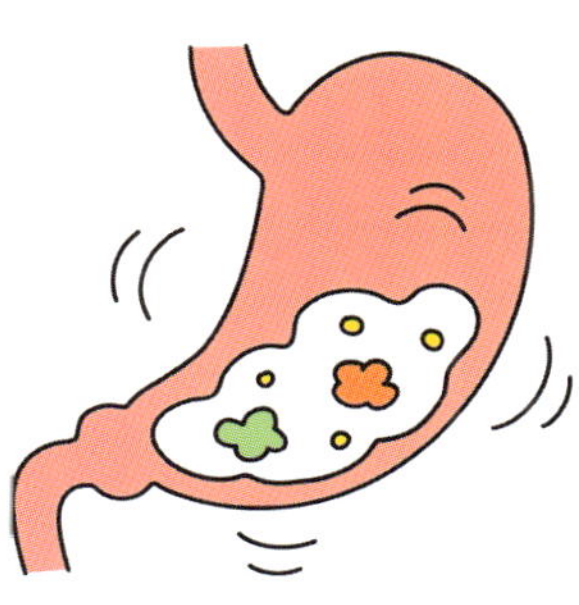

食《た》べたものが いの なかで しょうかされるように めいれいを 出《だ》す。

おうちの かたへ

脳幹は、脳の中心あたりにあり、上から、間脳（視床、視床下部）、中脳、橋《きょう》、延髄《えんずい》に分けられ、生命活動を維持するために重要な働きを担っています。視床下部は、体温や体内の水分量、食欲などを調整しています。また、睡眠、覚醒の命令を出したり、自律神経（↓121ページ）を制御する役割もあります。下垂体は、視床下部の命令を受けて、成長ホルモンなどいろいろなホルモンを分泌しています。

延髄は、呼吸、血液の循環、消化などが適切に行われるように、さまざまな器官の働きを調整しています。なお、間脳を脳幹に含めないこともあります。

病気や事故などで脳に異常が起きても、脳幹の機能が残っていれば自力で呼吸ができ、回復する可能性もあります。一方、大脳、小脳、脳幹の機能がすべて失われると回復不可能で、「脳死」とされます。

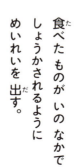

からだを うごかす しょうのう

まっすぐに 立《た》ったり 歩《ある》いたり できるのは しょうのうの はたらきの おかげなんだ。

しょうのうは 全身《ぜんしん》から だいのうに あつめられた じょうほうを もとに からだが うまく うごけるように きんにくに めいれいを 出《だ》します。

人《ひと》が 歩《ある》く ときに おきている こと

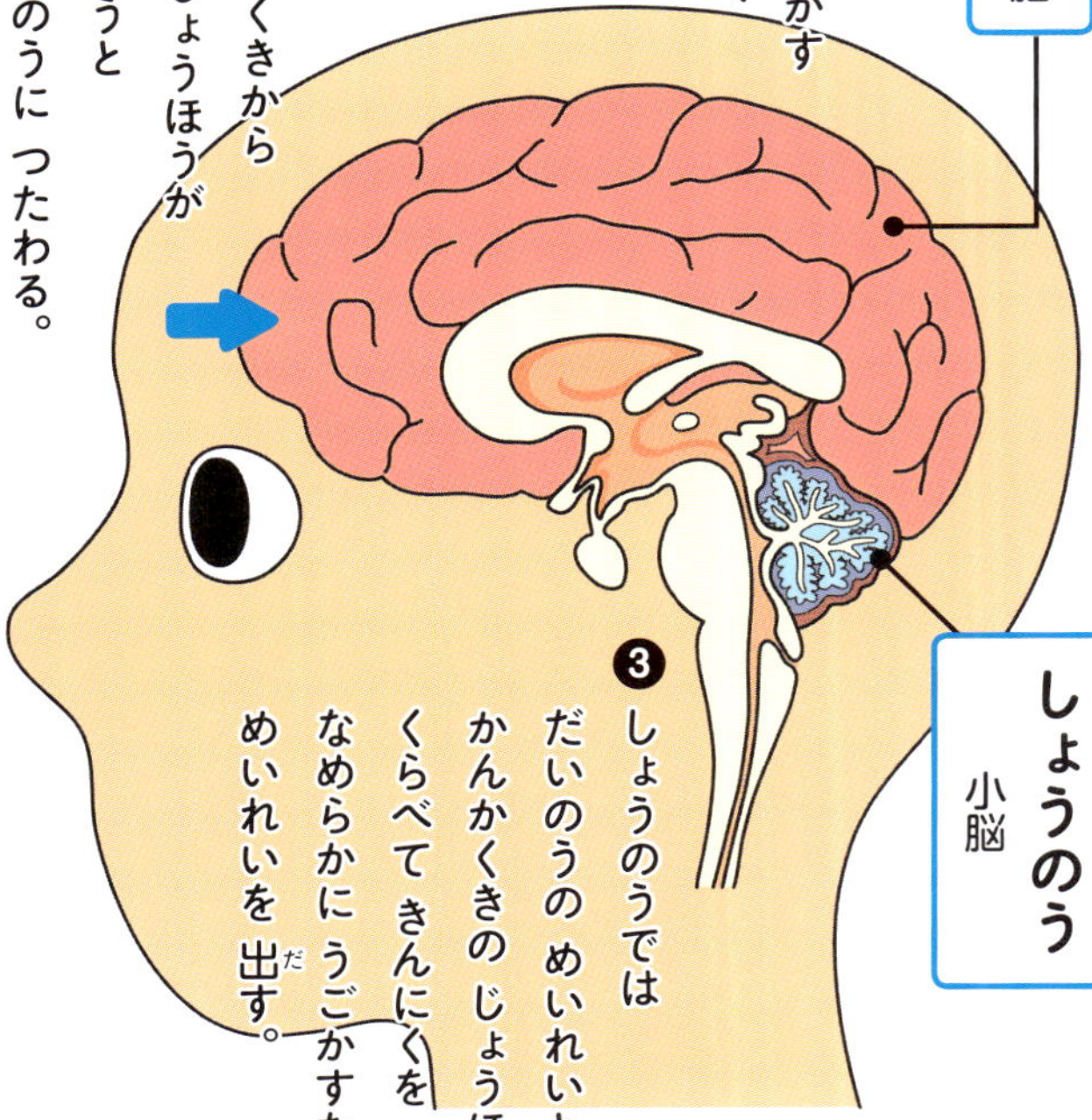

❶ だいのうが きんにくを うごかす めいれいを 出《だ》し、その いちぶが しょうのうにも おくられる。

❷ かんかくきから 入《はい》る じょうほうが だいのうと しょうのうに つたわる。

❸ しょうのうでは だいのうの めいれいと かんかくきの じょうほうを くらべて きんにくを なめらかに うごかすための めいれいを 出《だ》す。

❹ 手足《てあし》を うごかして うまく 歩《ある》く。

しょうのうが きずつくと……

じこや びょうきなどで しょうのうが きずつくと からだが バランスを とって うごくための めいれいが うまく 出《だ》せなくなり、まっすぐに 立《た》ったり 歩《ある》いたり できなくなる ことが あります。

うごきを きおくする しょうのう

しょうのうは くりかえし おこなった どうさや いちど おぼえた うんどうの パターンを 長《なが》い あいだ きおくする はたらきが あります。

なんども れんしゅうを すると からだが なれてきて ボールを うまく けれるように なる。

じてんしゃの のりかたは いちど おぼえると わすれない。

? しょうのうが 大《おお》きな どうぶつが いる?

人《ひと》と おなじように ほかの どうぶつにも のうが あり、それぞれ、だいのう、しょうのう、のうかんが あります。鳥《とり》は からだの 大《おお》きさに たいして しょうのうが 大《おお》きいのが とくちょうです。

鳥《とり》が 空《そら》を じょうずに とぶことが できるのは、からだの バランスを とっている しょうのうが はったつしているからです。

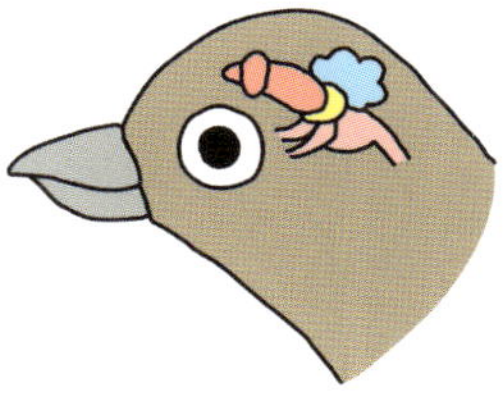

おうちのかたへ

小脳の重さは、成人の場合120~140gで、大脳の10分の1程度です。けれども、表面には、大脳よりも細かくしわが刻まれていて、そのしわを伸ばしたときの面積は、大脳の2倍にもなります。小脳は、大脳から受け取った情報に基づいて、体のバランスを保つためにはどの筋肉をどのように動かせばよいかを判断します。必要な命令は大脳を通して体中に伝えられて体が動きます。その結果、体がどのような姿勢になっているかが再び大脳へと伝えられます。大脳と小脳はこのやりとりをこまめに行って体の動きを調節しています。何度も同じようなパターンの動きを繰り返していると、それを覚えて、長いあいだ忘れなくなります。

のうからの めいれいを つたえる しんけい

しんけいは 全身《ぜんしん》に はりめぐらされているんだ。のうが 出《だ》した めいれいは しんけいを とおって からだの すみずみに つたえられるよ。

わたしたちの からだには 全身《ぜんしん》に たくさんの しんけいが とおっていて からだからの じょうほうと のうからの めいれいを やりとりしています。

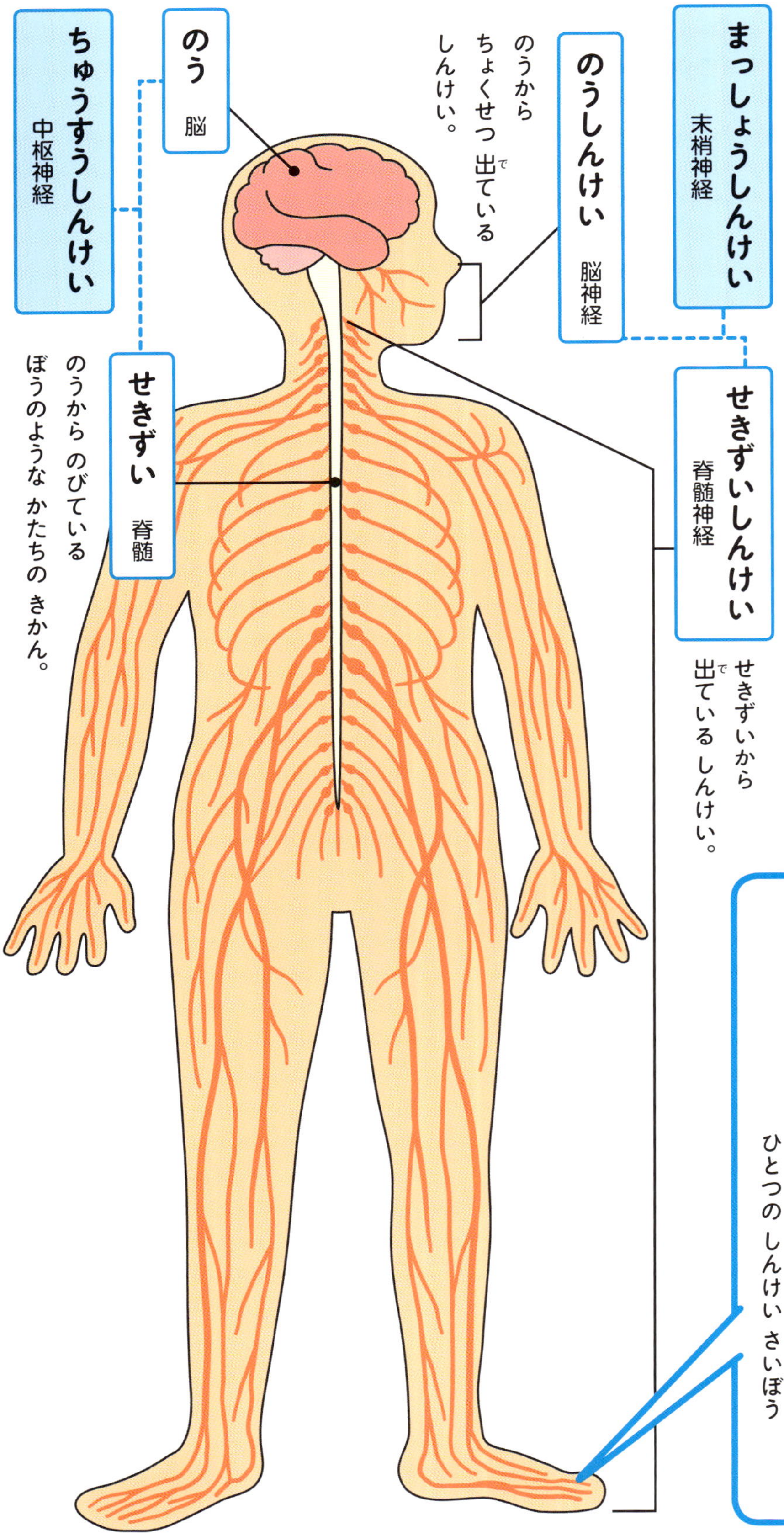

まっしょうしんけい
末梢神経
のうしんけい
脳神経
のうから ちょくせつ 出《で》ている しんけい。
せきずいしんけい
脊髄神経
せきずいから 出《で》ている しんけい。
のう
脳
ちゅうすうしんけい
中枢神経
せきずい
脊髄
のうから のびている ぼうのような かたちの きかん。

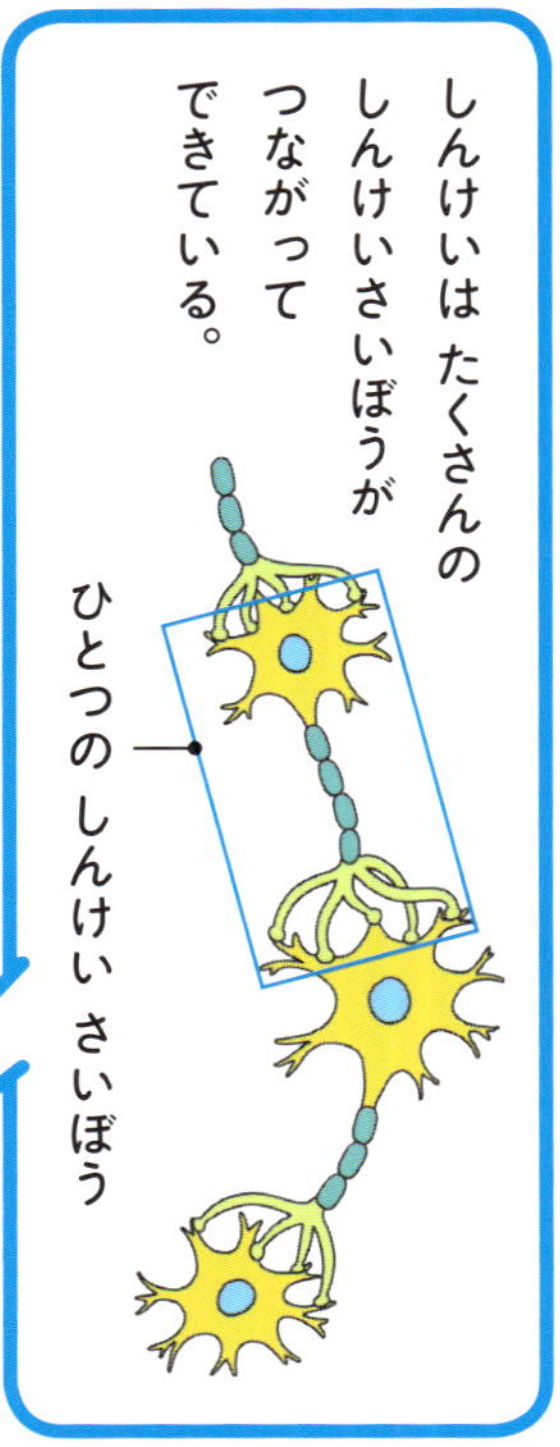

しんけいは たくさんの しんけいさいぼうが つながって できている。
ひとつの しんけい さいぼう

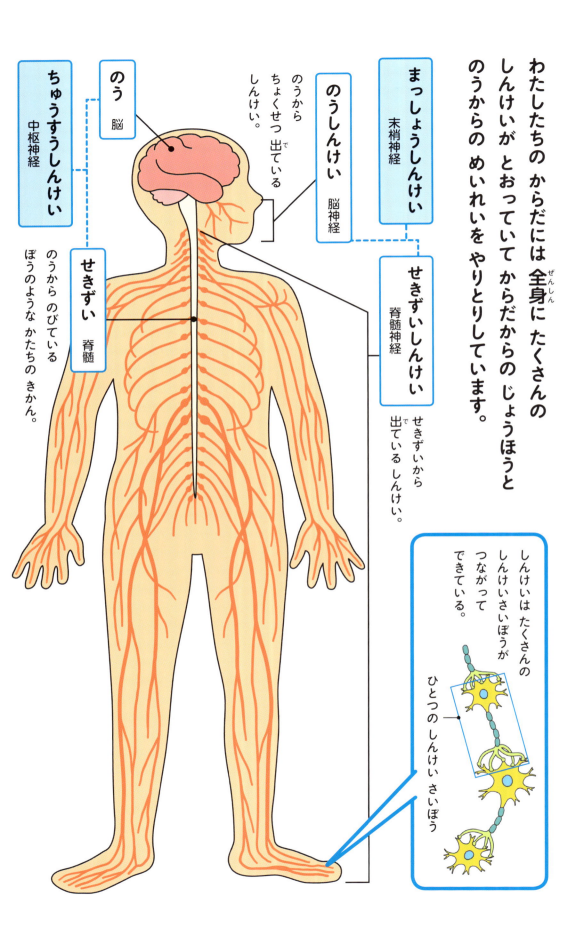

まっしょうしんけいの はたらき

まっしょうしんけいは、その はたらきの ちがいで「たいせいしんけい」と「じりつしんけい」に わけられます。

たいせいしんけい　体性神経

かんかくしんけい（感覚神経）
「あつい」という、ひふが うけとった ようすを のうに つたえる。

うんどうしんけい（運動神経）
おふろから 上《あ》がるために、きんにくを うごかす めいれいを つたえる。

じりつしんけい　自律神経

ふくこうかんしんけい（副交感神経）
からだを 休《やす》ませる ときに しんぞうの うごきを ゆっくりにするよう はたらく。

こうかんしんけい（交感神経）
あせを 出《だ》して たいおんを 下《さ》げるように はたらく。

おうちのかたへ

体性神経には、感覚器からの刺激を受け取って脳に伝える感覚神経と、脳からの命令を筋肉などに伝える運動神経があります。

自律神経は、視床下部とつながっていて、臓器などがちょうどよく働くように調節するための神経です。自律神経には交感神経と副交感神経があり、このふたつは対照的に働きます。交感神経は、体を活発に動かすときに働き、心臓や血管には心拍数や血圧を上げるように、また、消化器には休むように命令を出します。副交感神経は、体を休ませるときに働き、心拍数や血圧を下げ、消化器の働きを活発にします。

ストレスや生活習慣の乱れによって、自律神経のバランスがくずれると、体が休まらなかったり、だるさを感じるようになったりします。

のうで 生《う》まれる きもち

かなしくて なみだが 出《で》たり、うれしくて えがおに なったりするのは どうしてかな。きもちが つくられる ひみつを 見《み》てみよう。

「うれしい」「かなしい」と いった きもちは のうで つくられます。のうで 生《う》み出《だ》された きもちは、しんけいを とおって からだの いろいろな ところに つたわり、外《そと》に あらわれます。

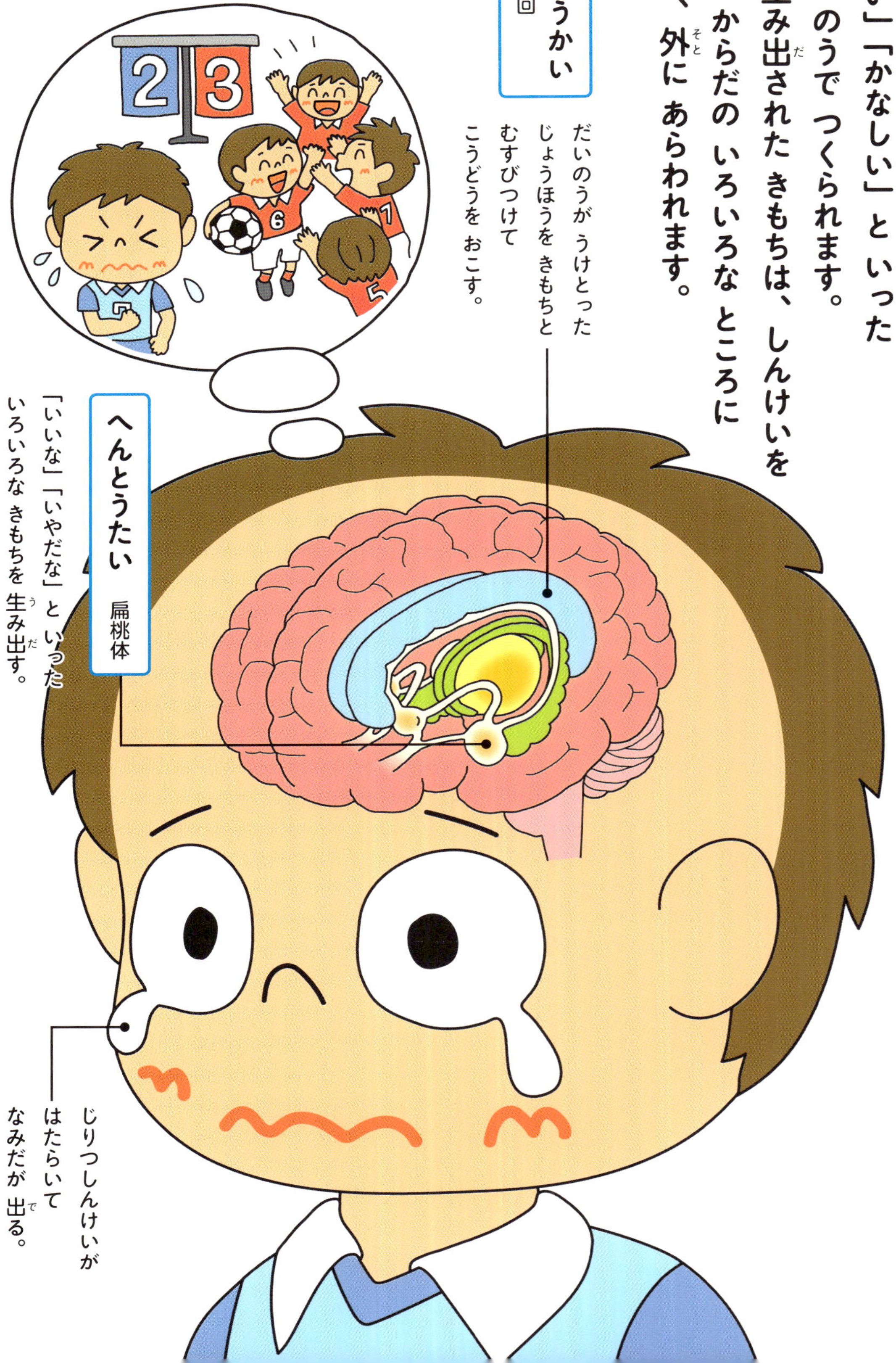

たいじょうかい 帯状回
だいのうが うけとった じょうほうを きもちと むすびつけて こうどうを おこす。
へんとうたい 扁桃体
「いいな」「いやだな」と いった いろいろな きもちを 生《う》み出《だ》す。
じりつしんけいが はたらいて なみだが 出《で》る。

かんじょうによって かわる ひょうじょう

のうの 中心《ちゅうしん》に ある
「だいのうきていかく」は
きもちに したがって
しんけいに めいれいを 出《だ》し、
顔《かお》の ひょうじょうを
つくります。

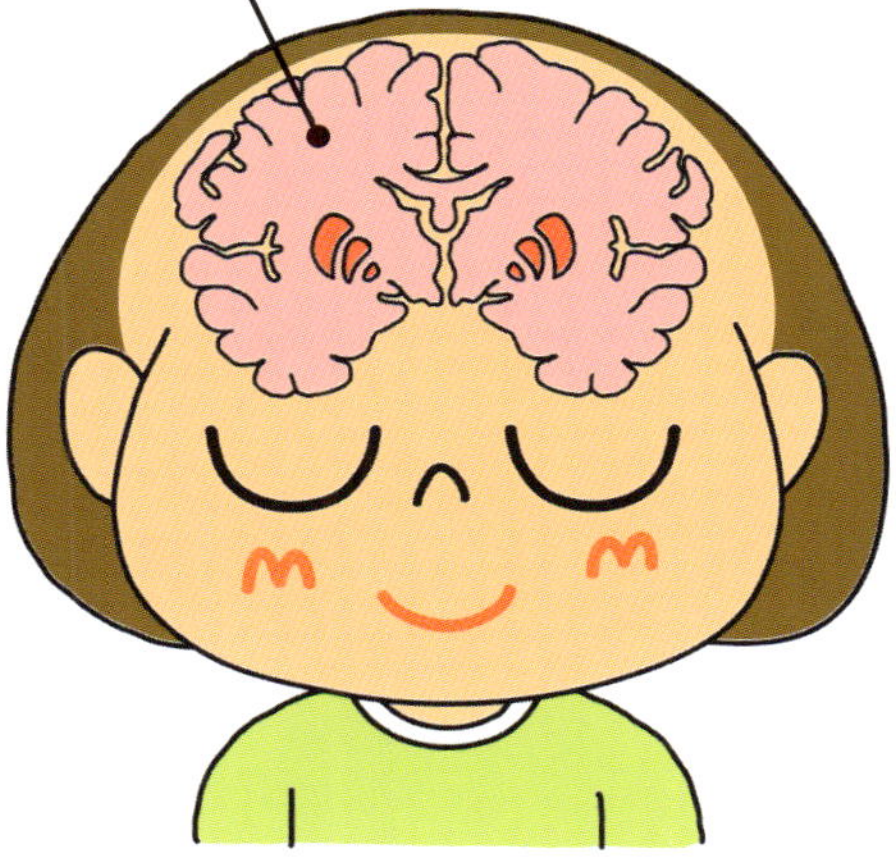

だいのうきていかく
大脳基底核

だいのうきていかくからの めいれいが
顔《かお》の きんにくを うごかす。

うれしい

かなしい

楽《たの》しい

いやだ

「いやだ」と いう きもちで へんかする たいちょう

友《とも》だちと けんかを したり、
ものごとが 思《おも》いどおり いかなかった とき、
「いやだ」と いう きもちが 大《おお》きく なって
いく ことが あります。
これを 「ストレス」と いいます。
ストレスに よって、しょくよくが
なく なったり、ねむれなく なったり
する ことが あります。

じぶんの
すきな ことを したり、
かぞくや 友《とも》だちに
なやみを はなしたり
する ことで ストレスを
へらす ことが できる。

おうちのかたへ

大脳の中でも、感情を生み出す扁桃体や帯状回の周辺の部位をまとめて、「大脳辺縁系」と呼びます。大脳辺縁系は大脳の内側にあります。その外側の部分は、「大脳新皮質」と呼ばれます。これまで見てきた、外部からの刺激を受け取り、考え、判断し、命令を出す働きをもつ部分です。「大脳基底核」はこれらの部分と脳幹を結びつけていて、運動の調整、感情や学習などに関わっています。

人間とほかの動物の大脳を比べてみると、人間は大脳新皮質が大変よく発達しています。そのため、大脳辺縁系で生まれる、本能的な感情に加えて、さまざまな情報を得たり考えたりした上で、ある程度感情をおさえて行動することもできます。

ものを きおくする のう

きのう 食《た》べた ものを おぼえて いるかな。友《とも》だちの 名前《なまえ》を わすれないのは どうして だろう。ものごとを おぼえて おく しくみを さぐって みよう。

のうには ものごとを おぼえて おく はたらきが あります。おぼえた こと、「きおく」を ためる ばしょは きおくの しゅるいに よって ちがいます。

きおくの しゅるい

知《し》った こと・おぼえた ことの きおく

けいさんや ことばの いみなど ものごとの ないようの きおく。

たいけんした ことの きおく

「どこかに 行《い》った」「なにかを した」と いう たいけんの きおく。

うごきに かかわる きおく

うんどうや がっきの えんそうなど からだの うごきの きおく。

きおくを ためる ばしょ

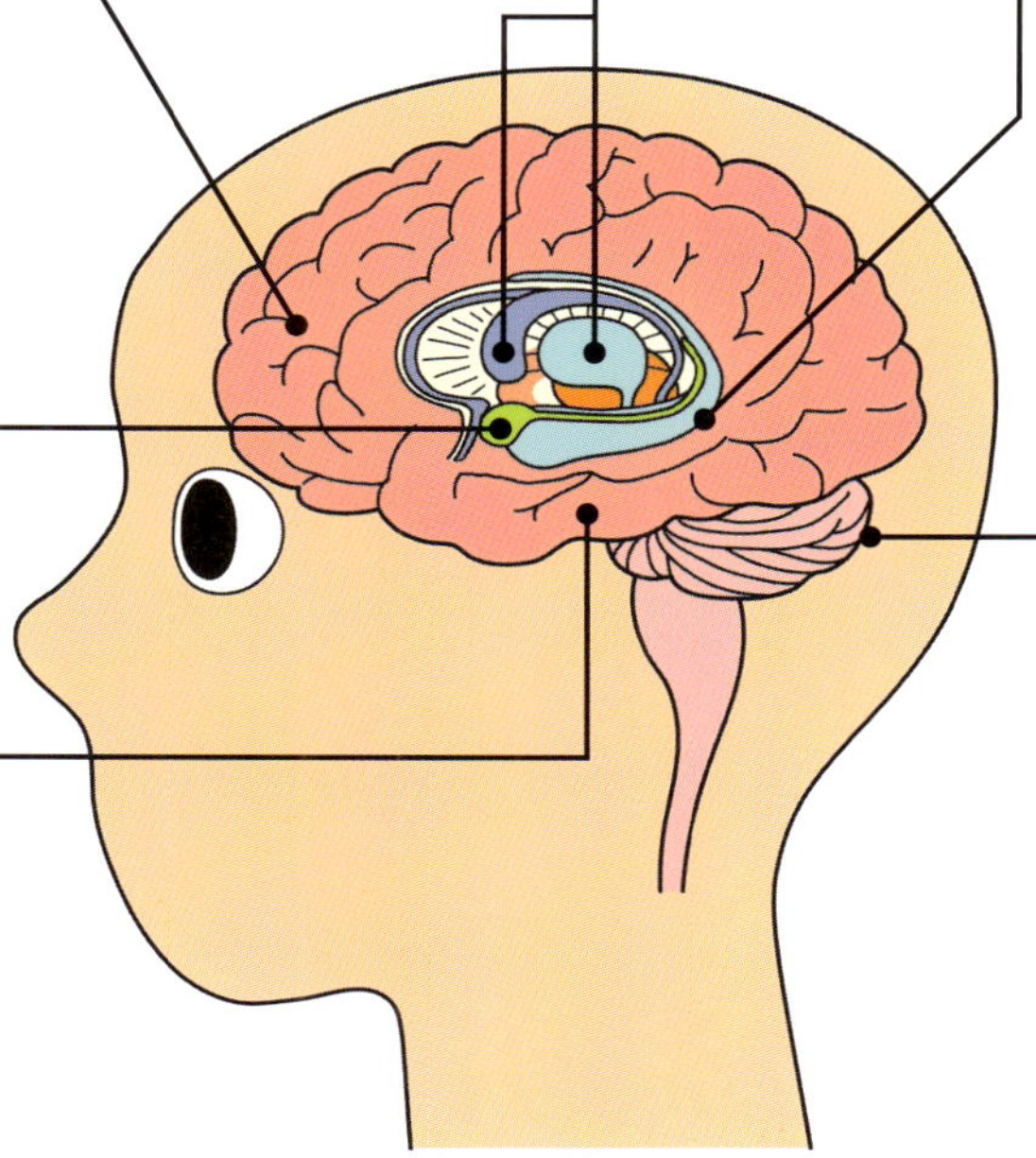

かいば 海馬

きおくを みじかい あいだ ためておき きおくしたい じょうほうを えらぶ。

だいのうきていかく 大脳基底核

うごきに かかわる きおくが ためられる。

ぜんとうよう 前頭葉

たいけんした ことの きおくが ためられる。

へんとうたい 扁桃体

なにかを たいけんした ときの かんじょうの きおくが ためられる。

しょうのう 小脳

うごきに かかわる きおくが ためられる。

そくとうよう 側頭葉

知《し》った こと、おぼえた ことの きおくが ためられる。

？ 赤《あか》ちゃんの ときの きおくが ないのは どうして？

生《う》まれたばかりの ときは からだが 小《ちい》さく、おなじように のうも まだ はったつして いません。とくに、たいけんした ことを きおくする ことに かんけいする ところは、はったつするまでに 時間《じかん》が かかります。たいけんした ことを おぼえて いられるように なるのは 3〜4さいごろと いわれて います。

おうちのかたへ

私たちは、毎日たくさんのことを見たり聞いたり体験したりしています。これらのたくさんの情報をすべてずっと記憶しておくことはできません。記憶すべきことは、まず海馬において、数十秒から数分という短いあいだだけ保持される「短期記憶」として一時的に保存されます。海馬は短期記憶のうち重要と判断したものだけを整理して、記憶の種類ごとにそれぞれ保管されるべき脳の別の場所に送っています。覚えていたことを、時間が経つと忘れてしまうことがあるのはこのためです。

このようにして長いあいだ忘れないように保管された記憶を「長期記憶」と呼びます。長期記憶には、知識に関わる記憶、体験したことに関わる記憶、体の動きに関わる記憶などがあります。

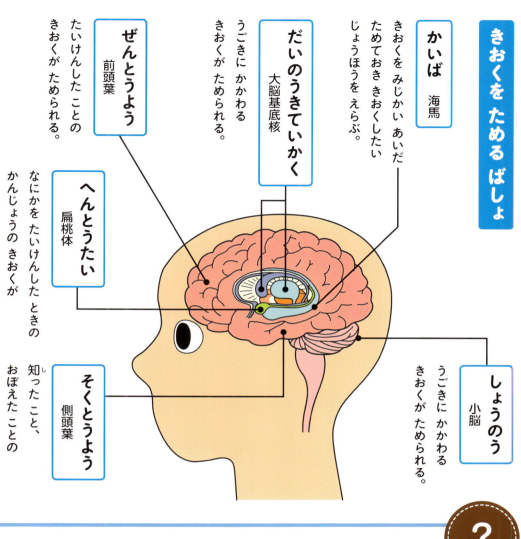

ゆめを 見《み》る のう

こわい ゆめを 見《み》て 目《め》が さめた ことは あるかな。ゆめを つくっているのも のうなんだ。

からだや のうが つかれると ししょうかぶが からだや のうに 休《やす》むように めいれいを 出《だ》します。そして あくびが 出《で》たり まぶたが おもくなったりして いつのまにか ねむりに つきます。

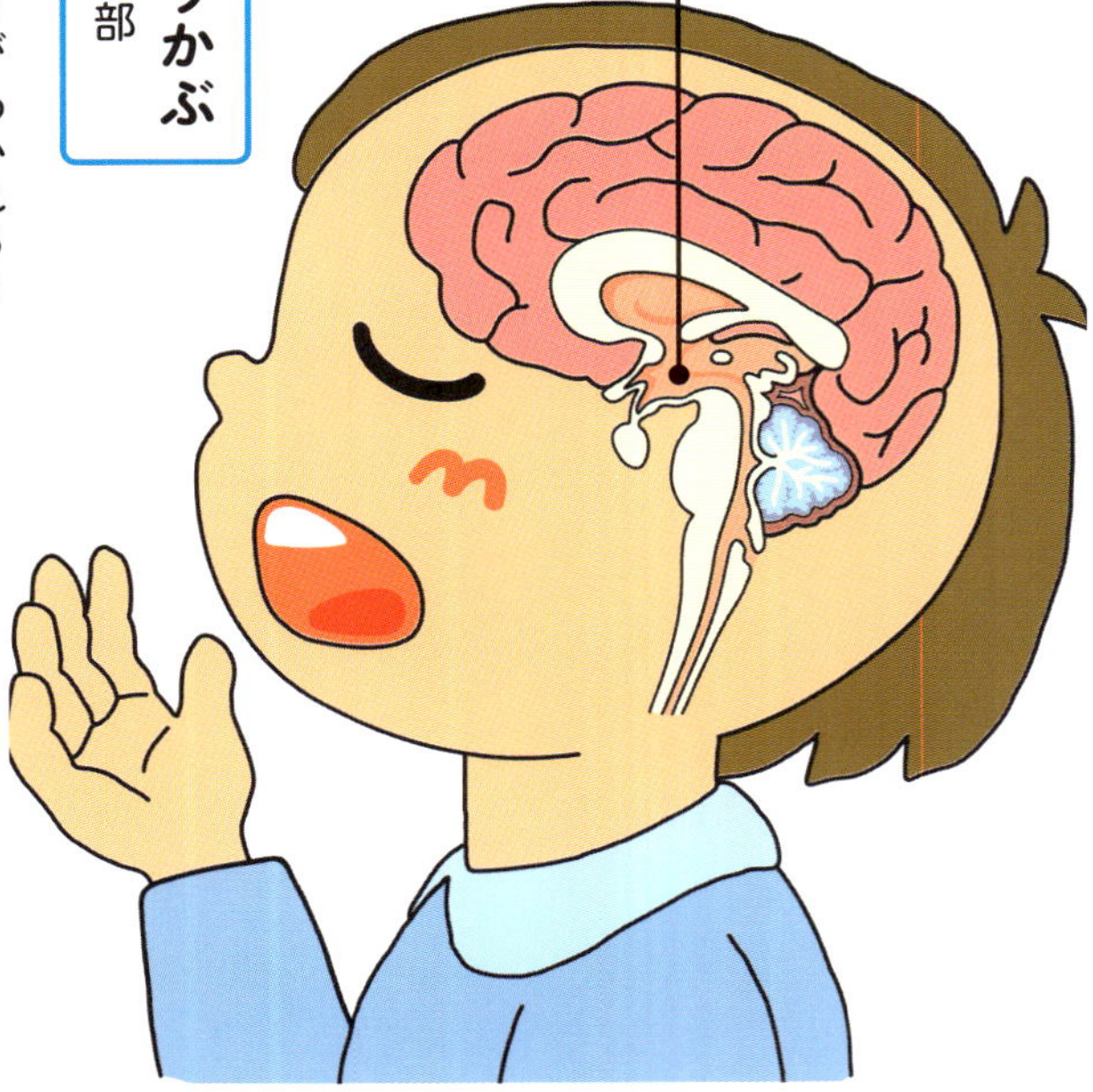

からだや のうが つかれると 休《やす》むように めいれいを 出《だ》す。

ねむりの しゅるい

あさい ねむり

からだは ねていても だいのうは おきている。

ふかい ねむり

からだも だいのうも ねている。

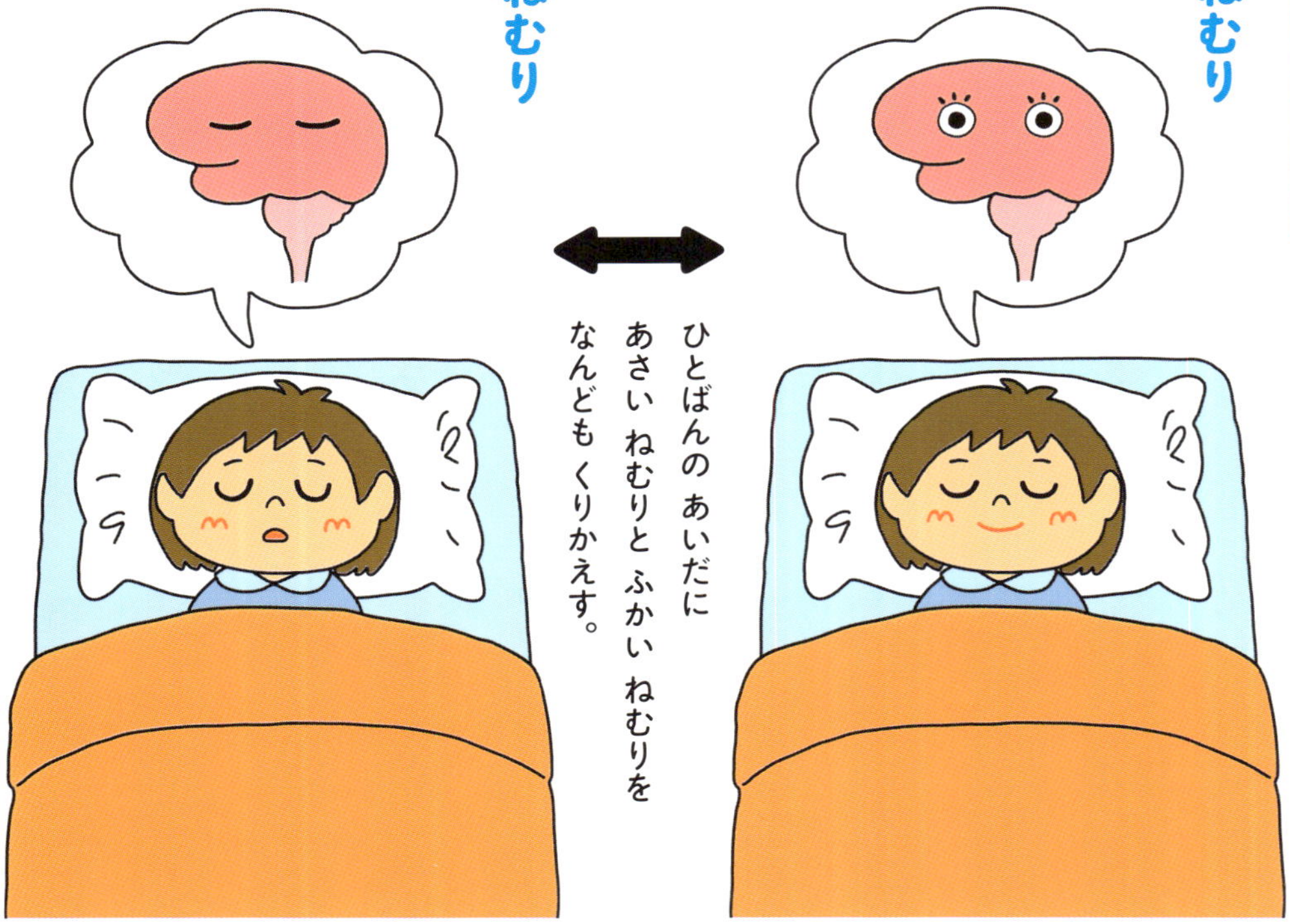

ひとばんの あいだに あさい ねむりと ふかい ねむりを なんども くりかえす。

ゆめを つくる ばしょ

ゆめを 見《み》るのは だいのうが おきている あさい ねむりの ときです。だいのうの たいせいうんどうや、たいせいかんかくや、しかくやが はたらき、ゆめを つくっていると 考《かんが》えられています。

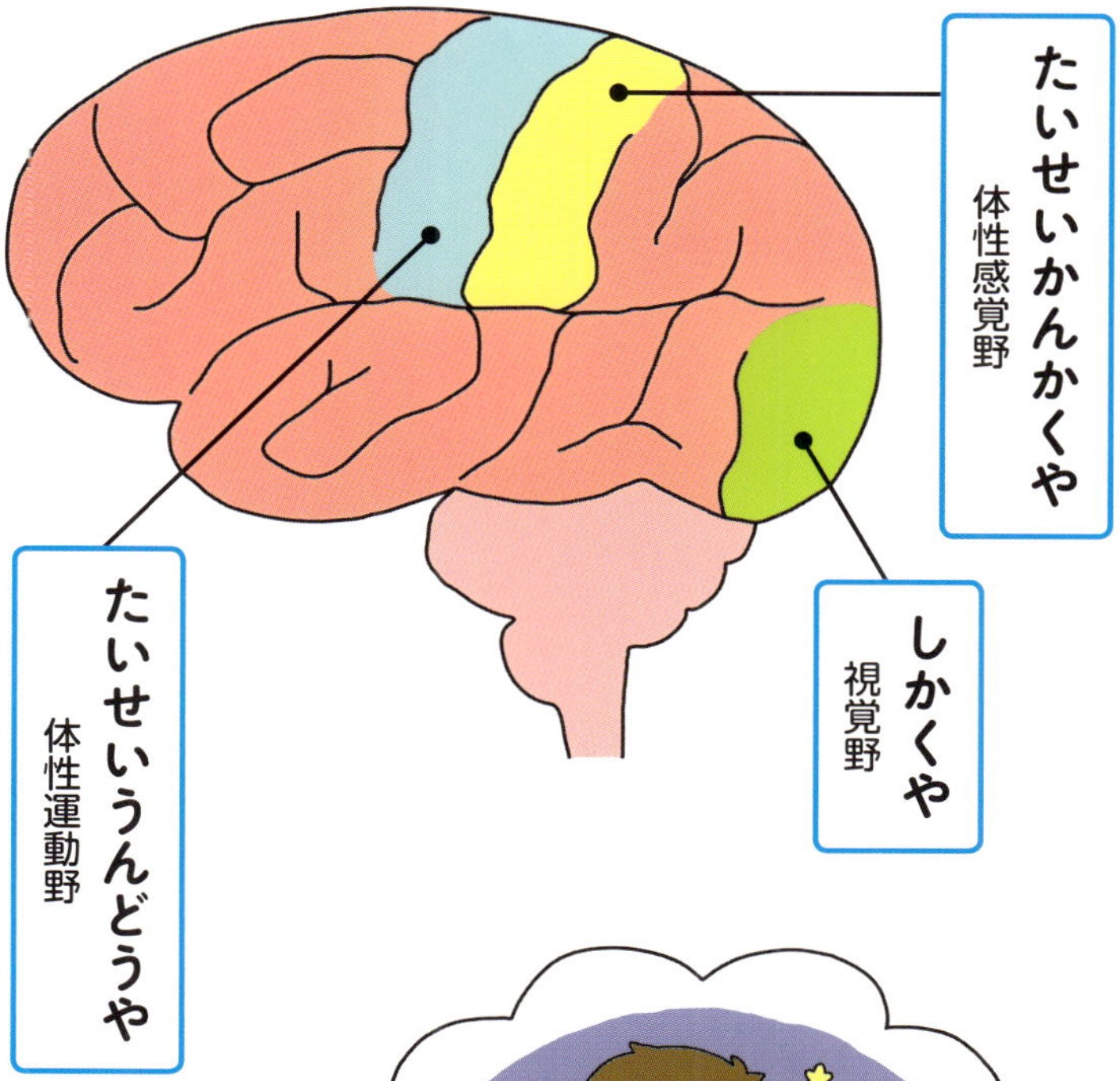

たいせいかんかくや
体性感覚野
しかくや
視覚野
たいせいうんどうや
体性運動野

げんじつには おこらない ことを ゆめに 見《み》る ことも ある。

見《み》たい ゆめを 見《み》る ことが できるの?

ねている ときに ゆめを 見《み》るのは、ねる 前《まえ》に おきた ことや おぼえた ことを せいりするためだと いわれています。そのため、いつも 考《かんが》えている ことや、強《つよ》く おもっている ことを ゆめに 見《み》やすいと いう ことは あるかもしれません。でも、じぶんで えらんだ ゆめを 見《み》る ことは できません。

おうちの かたへ

人間の睡眠には、体は休んでいるが大脳が活動している浅い眠り（レム睡眠）と、体も大脳も休んでいる深い眠り（ノンレム睡眠）があります。それぞれの状態は一般的に90分ぐらいの周期でゆっくり移り変わり、一晩のあいだに4～5回ずつ繰り返しています。ふつう、眠りにつくときは、ゆっくりとノンレム睡眠になっていき、その後レム睡眠、ノンレム睡眠と繰り返します。レム睡眠のときには、脳の中で記憶を整理したり保存したりしていて、このことが夢を見る原因となっています。

また、レム睡眠のときに目が覚めてしまい、意識があるのに体が動かないことがあります。これが「金縛り」といわれる状態です。疲労やストレスがたまっているときに起きやすいと考えられています。

のうに かんけいする ことば ①

のう 脳

とうがいの なかに あり、からだじゅうから じょうほうを うけとったり めいれいを 出《だ》したりしている きかん。

大《おお》きく「だいのう」「しょうのう」「のうかん」の 3つに わけることが できる。

ずいまく 髄膜

とうがいの 下《した》に ある まく。「こうまく」「くもまく」「なんまく」と いう 3まいの まくが かさなっている。

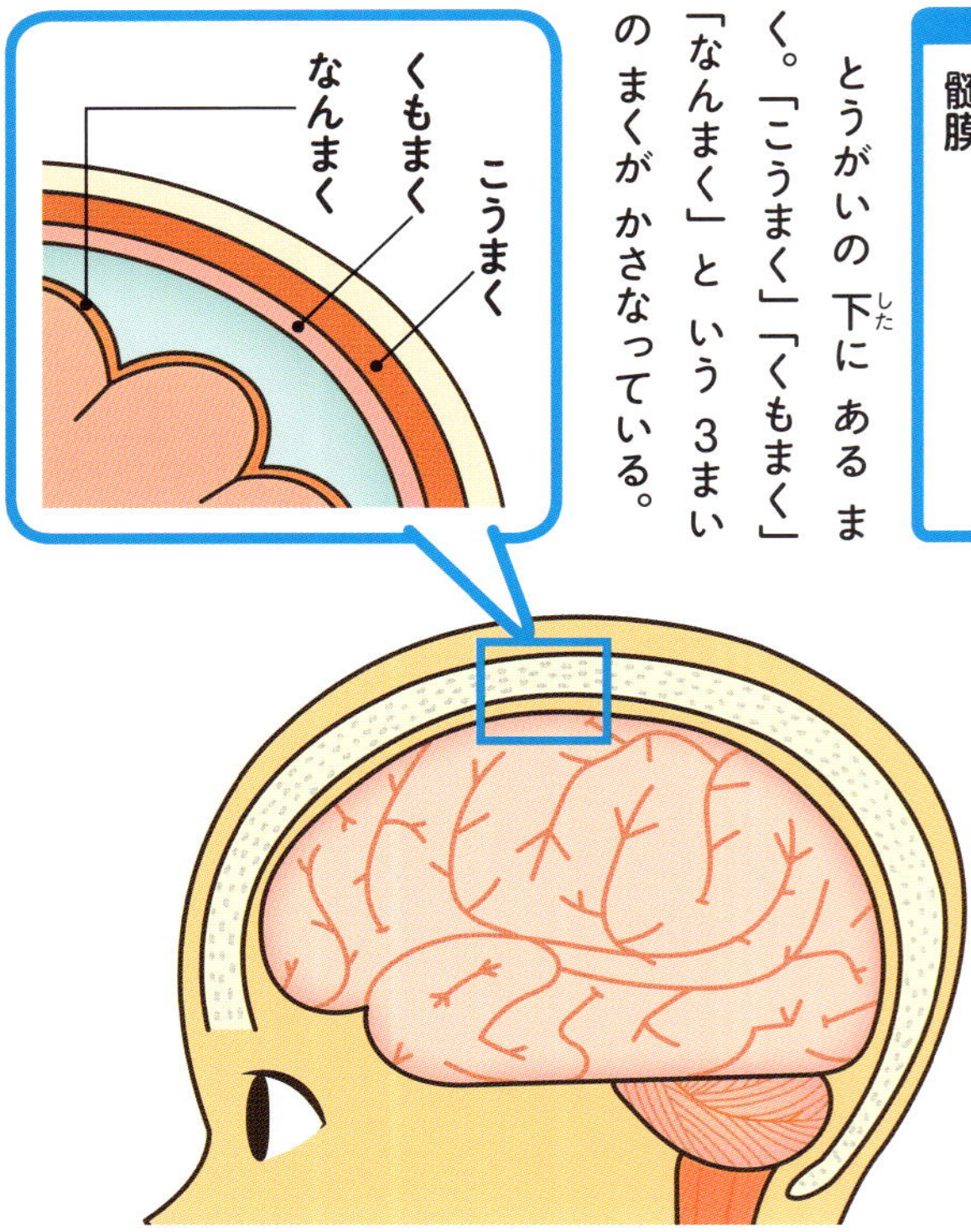

こうまく
くもまく
なんまく

だいのう 大脳

のうの なかで いちばん 大《おお》きな ぶぶん。

だいのうは 上《うえ》から 見《み》ると 左右《さゆう》に わかれていて、からだの 右半分《みぎはんぶん》は 左《ひだり》の のうの めいれいで うごき、からだの 左半分《ひだりはんぶん》は 右《みぎ》の のうの めいれいで うごく。

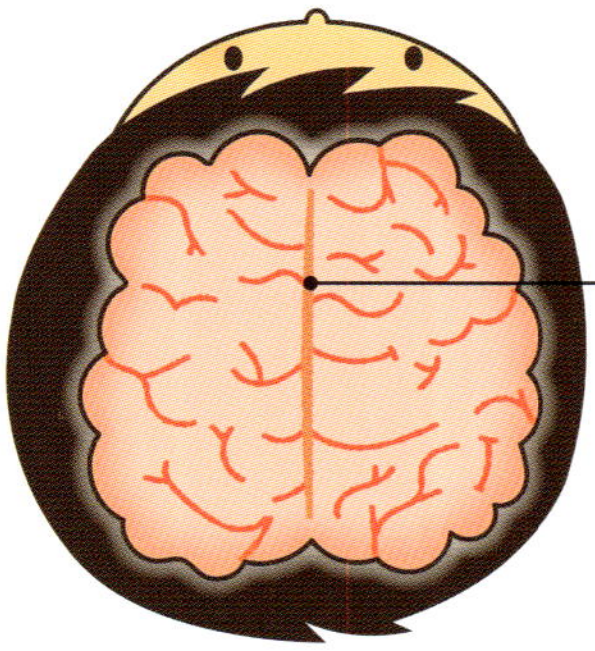

まんなかに みぞが ある。

のうを 上《うえ》から 見《み》ると

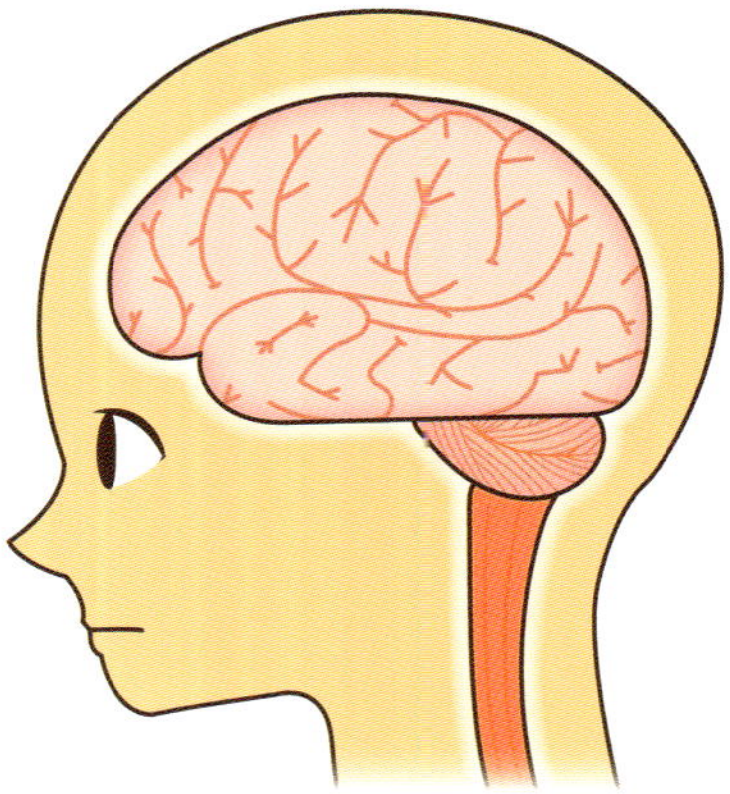

のうを よこから 見《み》ると

だいのうは おおまかに「ぜんとうよう(↓132ページ)」「とうちょうよう」「こうとうよう(↓132ページ)」「そくとうよう」の 4つの ぶぶんに わけられる。

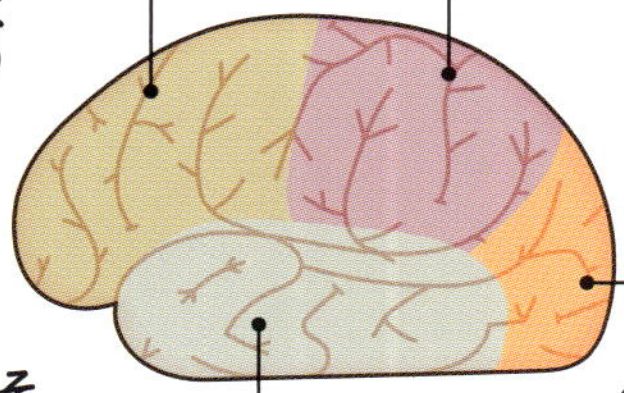

とうちょうよう (頭頂葉)
ぜんとうよう (前頭葉)
こうとうよう (後頭葉)
そくとうよう (側頭葉)

のうに かんけいする ことば ②

のうかんの つくり

のうかん
脳幹

のうの 中心《ちゅうしん》に あり、「ししょう」「ししょうかぶ」「えんずい」「かすいたい」など から なる。

かすいたい
下垂体

ほねが のびたり、きんにくが はったつしたりするのを たすける ものを 出《だ》して、せいちょうを すすめる。

えんずい
延髄

いきを する 回数《かいすう》や しんぞうの うごく はやさなどを ちょうせつする。ねている あいだも 休《やす》まず めいれいを 出《だ》している。

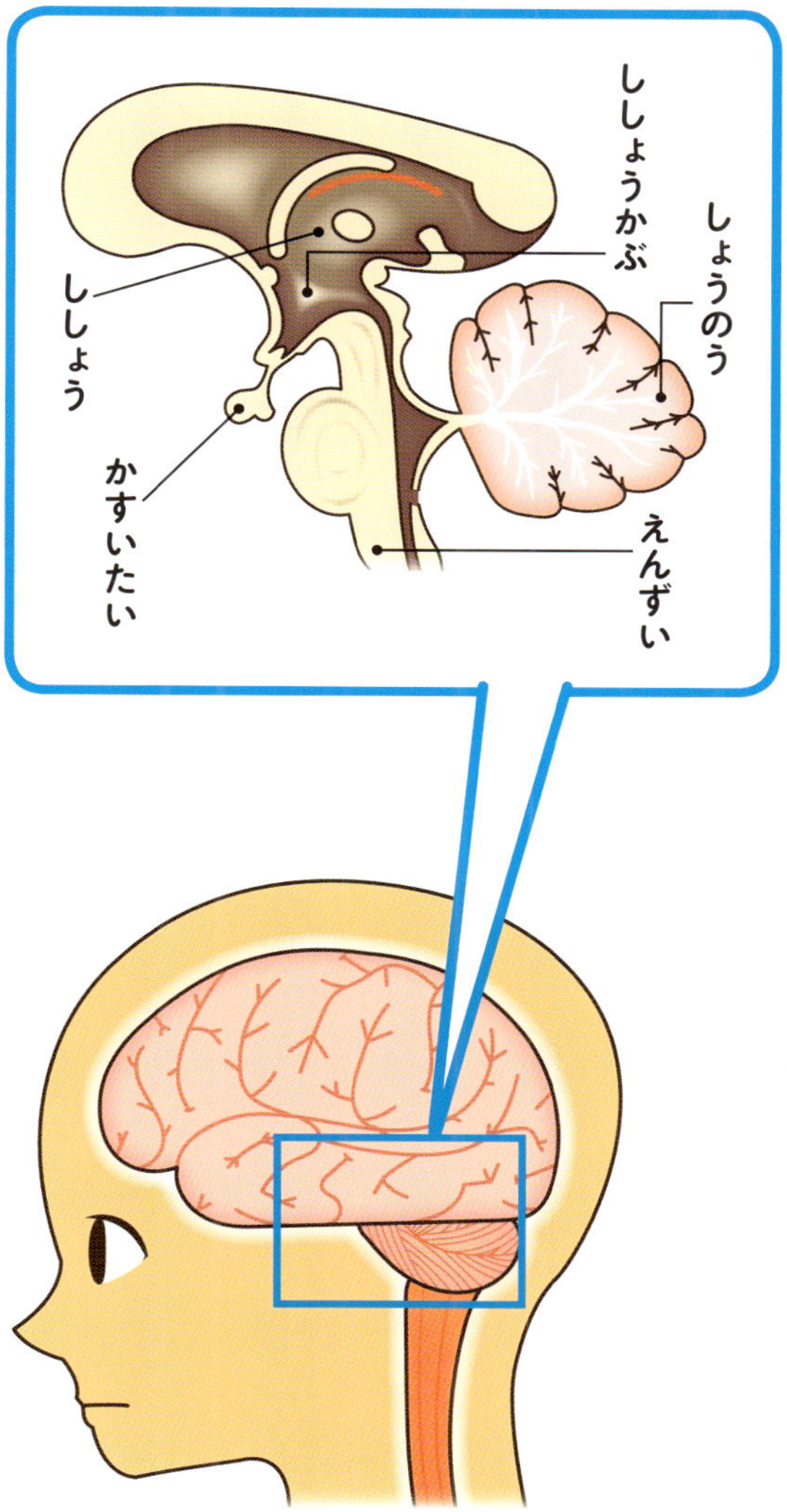

かんのう
間脳

「ししょう」と「ししょうかぶ」から なる。だいのうと ふかく かかわっている ぶぶん。

ししょう
視床

全身《ぜんしん》からの じょうほうを あつめて だいのうに おくる。

ししょうかぶ
視床下部

あせを 出《だ》して たいおんを 下《さ》げたり、くうふくかんや まんぷくかんを つくりだす。からだや のうが つかれた ときには 休《やす》むように めいれいを 出《だ》す。

しょうのう
小脳

だいのうの 下《した》、頭《あたま》の うしろの ほうに ある。からだが うまく バランスを とって うごけるように きんにくに めいれいを 出《だ》す。また、うんどうの パターンを おぼえる。

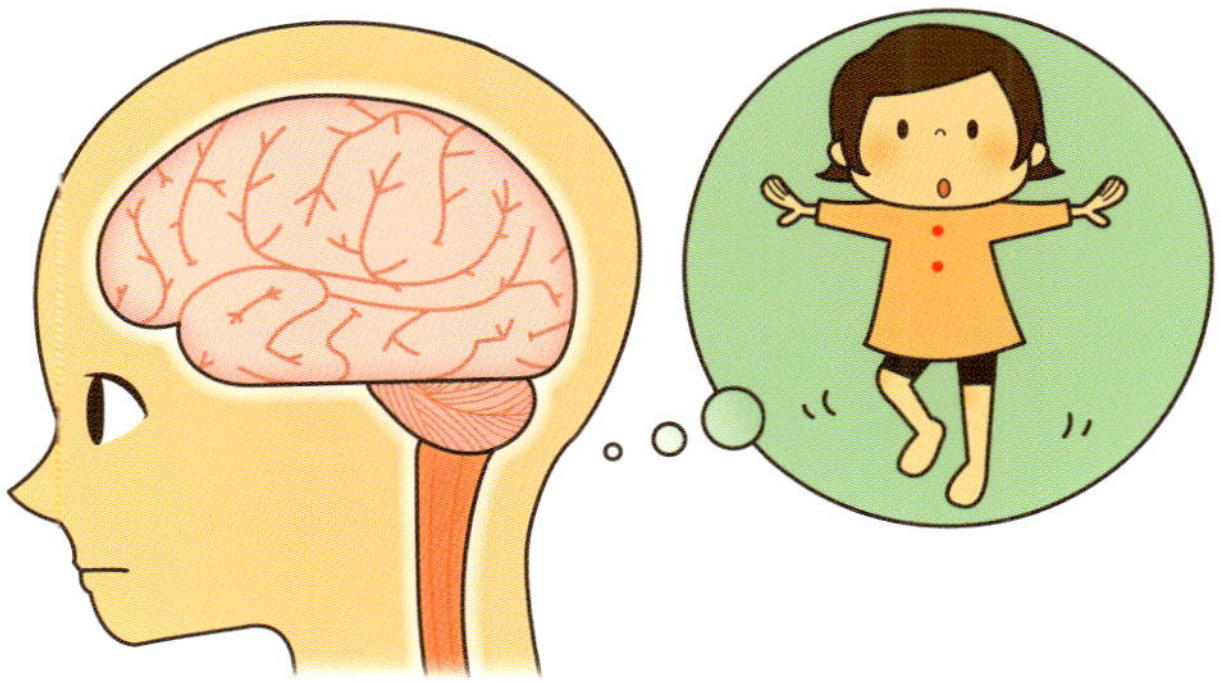

のうに かんけいする ことば ③

ちょうかくや
聴覚野

だいのうの、耳《みみ》から 入《はい》る 音《おと》の じょうほうを うけとる ぶぶん。

みかくや
味覚野

だいのうの、したなどから 入《はい》る あじの じょうほうを うけとる ぶぶん。

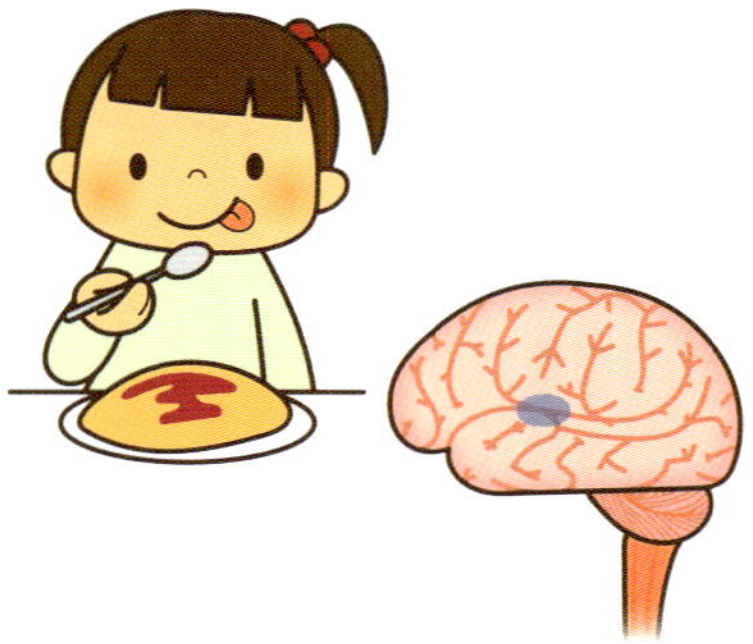

しかくや
視覚野

だいのうの、目《め》から 入《はい》る 光《ひかり》の じょうほうを うけとる ぶぶん。

ブローカや
ブローカ野

だいのうの、きもちや 考《かんが》えを ことばに おきかえて はなすように めいれいを おくる ぶぶん。

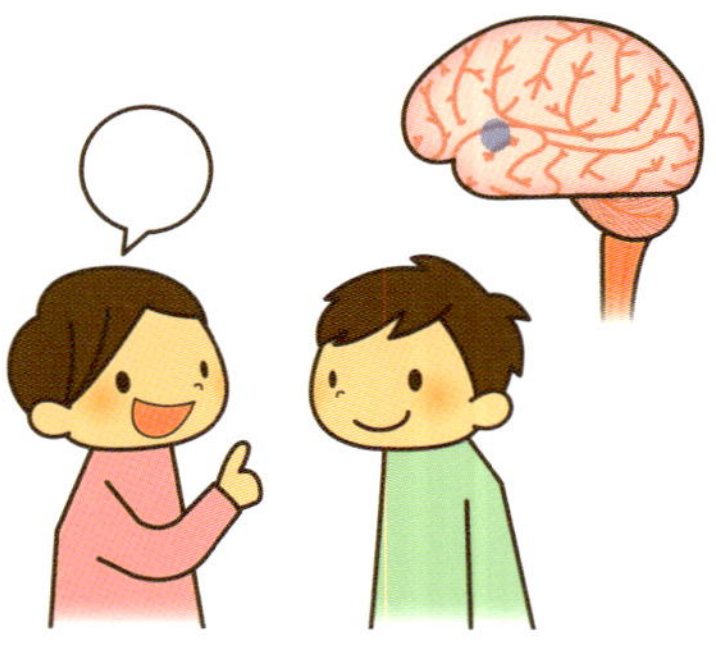

ウェルニッケや
ウェルニッケ野

だいのうの、ことばを きいて いみを りかいする はたらきを する ぶぶん。

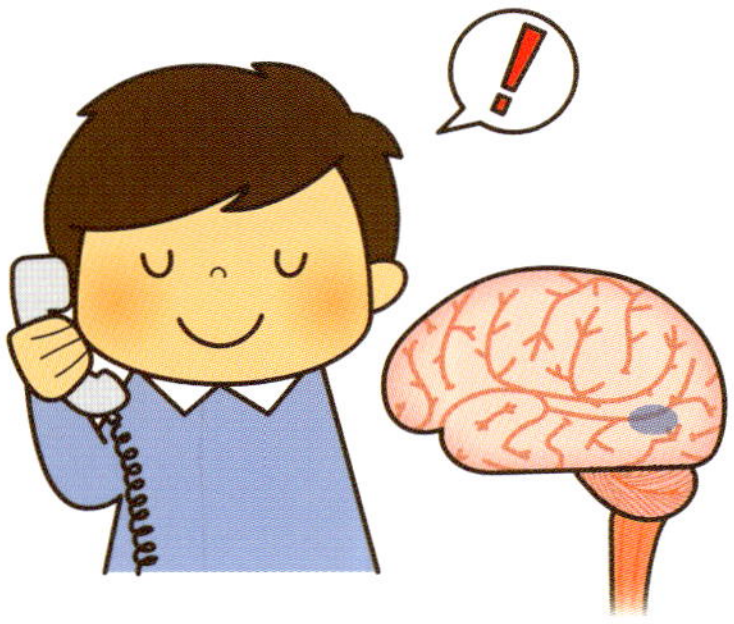

たいせいうんどうや・たいせいかんかくや
体性運動野・体性感覚野

のうを 上《うえ》から 見《み》た ときに 左右《さゆう》に おびじょうに のびて いる ぶぶん。

「たいせいうんどうや」は 全身《ぜんしん》の きんにくに うんどうの めいれいを 出《だ》す。「たいせいかんかくや」は ひふから の かんかくを うけとる。

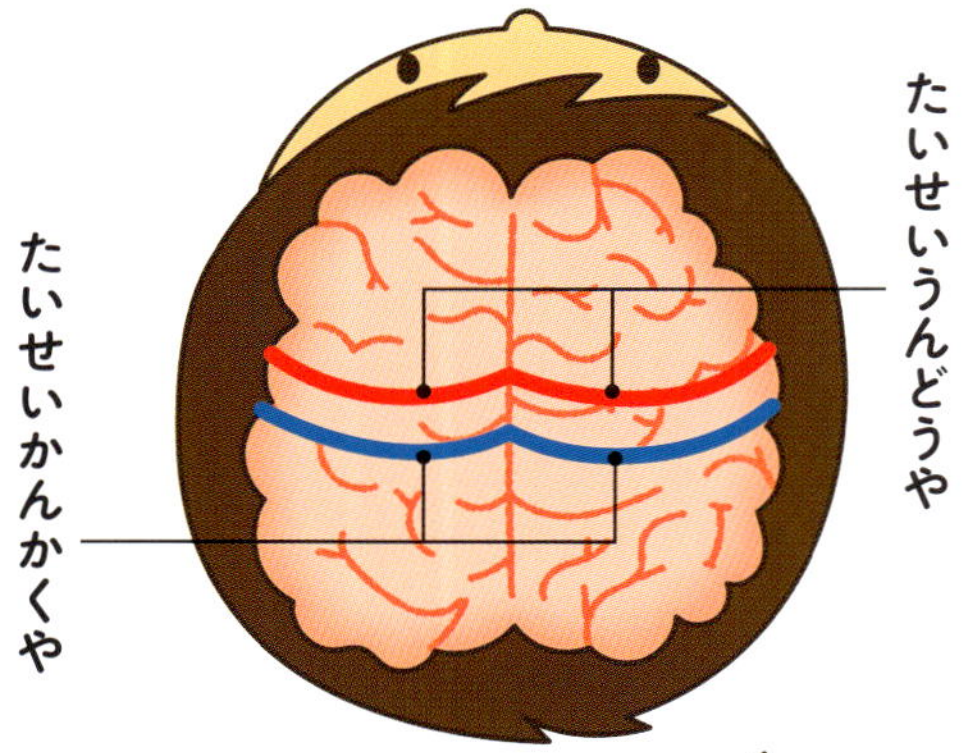

しんけいに かんけいする ことば

せきずい
脊髄

からだじゅうの しんけいと のうを つないでいる。からだの いろいろな ばしょからの じょうほうを のうに つたえたり、のうからの じょうほうや めいれいを からだに つたえたりする。まわりは せきつい（↓24ページ）と いう ほねに おおわれている。

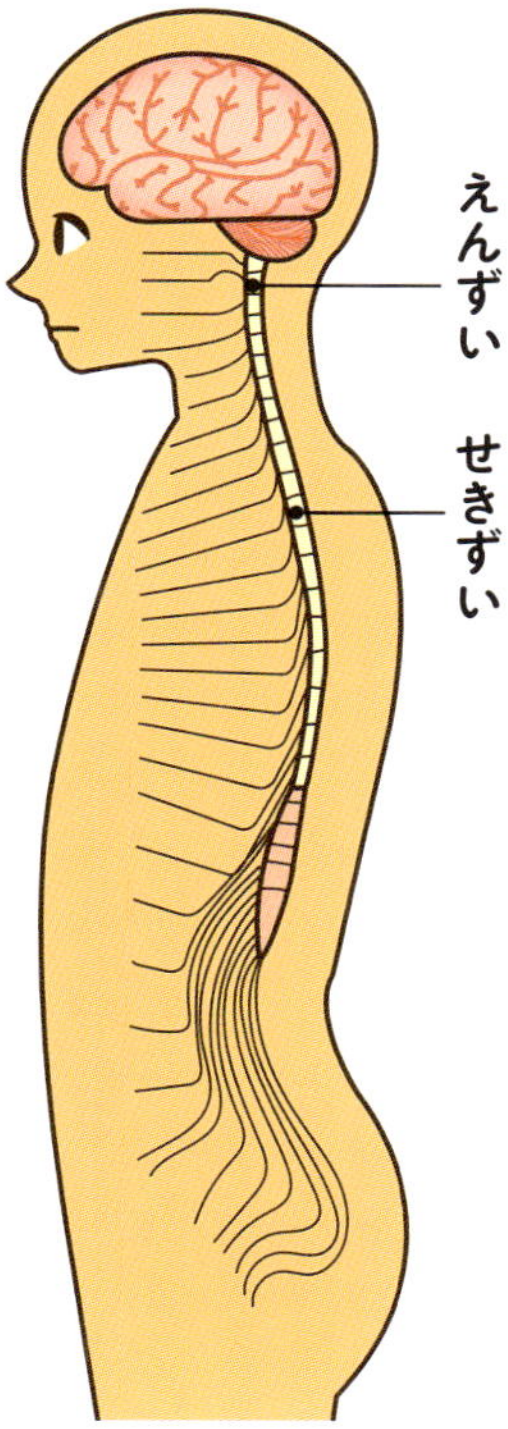

ちゅうすうしんけい・しんけいさいぼう
中枢神経・神経細胞

のうと せきずいを あわせて「ちゅうすうしんけい」と いう。ちゅうすうしんけいは、「しんけいさいぼう」が たくさん あつまって できて いる。

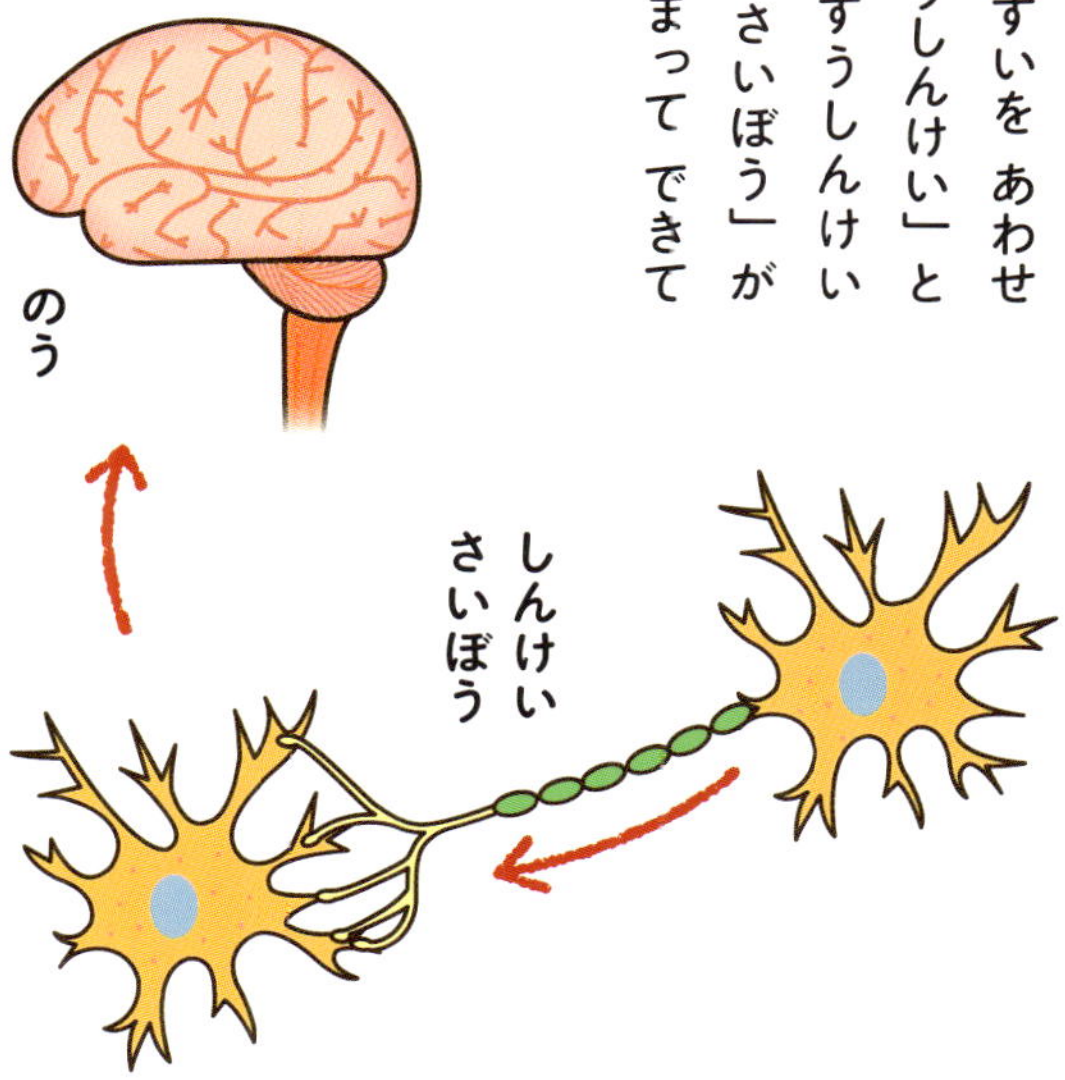

まっしょうしんけいの しゅるい

まっしょうしんけい
末梢神経

ちゅうすうしんけいと 全身《ぜんしん》を つなぐ しんけい。のうからの めいれいを からだの さまざまな ぶぶんに つたえたり、からだの あちこちで うけとった じょうほうを のうに つたえたりする。

のうに つながる「のうしんけい」と、せきずいから 全身《ぜんしん》に つながる「せきずいしんけい」が ある。

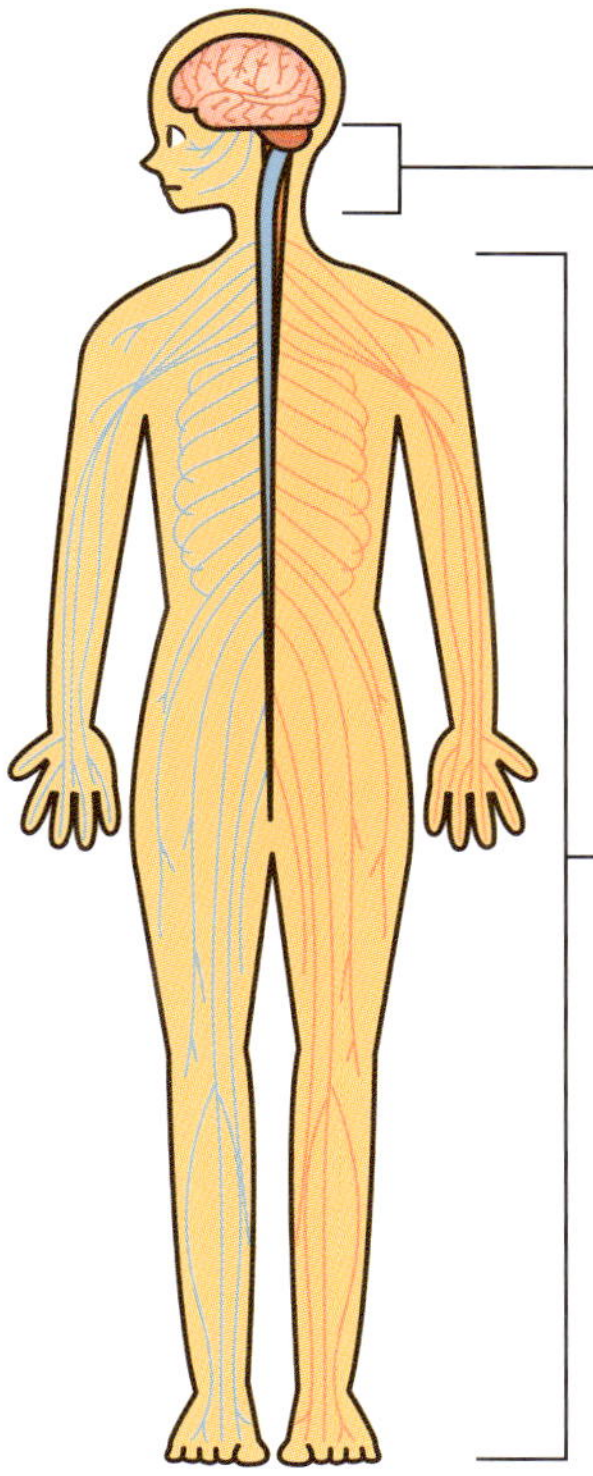

たいせいしんけい
体性神経

まっしょうしんけいの うち、目《め》や 耳《みみ》、ひふなどの かんかくきや きんにくに つながる しんけい。

じりつしんけい
自律神経

まっしょうしんけいの うち、のうから めいれいを うけて ないぞうなどが ちょうどよく はたらくように ちょうせいしている しんけい。

きもちと きおくに かんけいする ことば

だいのうきていかく
大脳基底核

だいのうと のうかんを むすびつけている ところ。ひょうじょうを つくりだしたり うごきを おぼえたり、いろいろな ことに かかわっている。

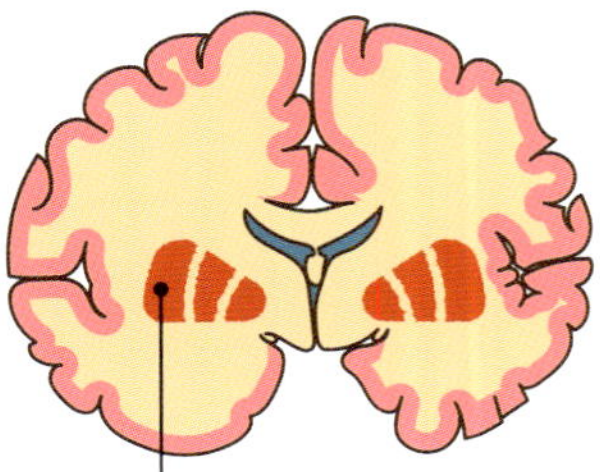

たいじょうかい
帯状回

だいのうの じょうほうを きもちと むすびつける はたらきを もつ ところ。

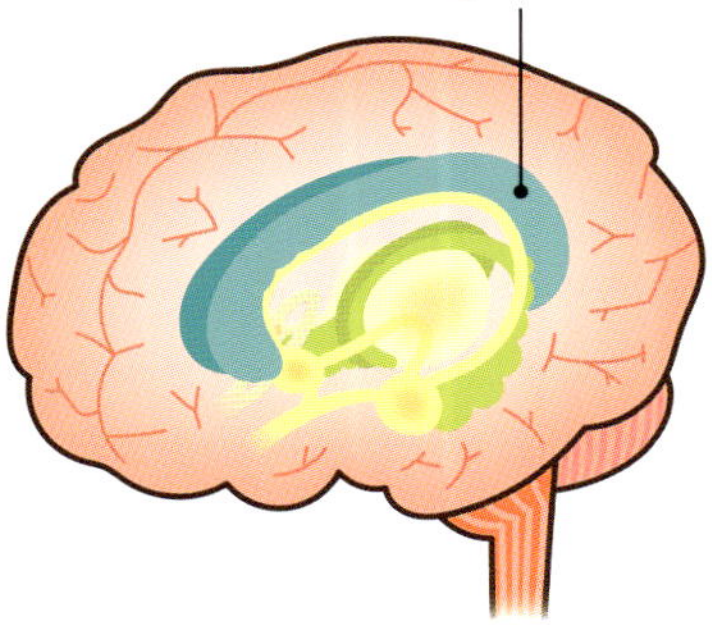

きおくを ほぞんする ばしょ

かいば
海馬

見《み》たり きいたりした じょうほうを みじかい あいだ ためておき、その なかから きおくする じょうほうを えらぶ ところ。

そくとうよう
側頭葉

べんきょうして おぼえた ことなどを きおくする ところ。

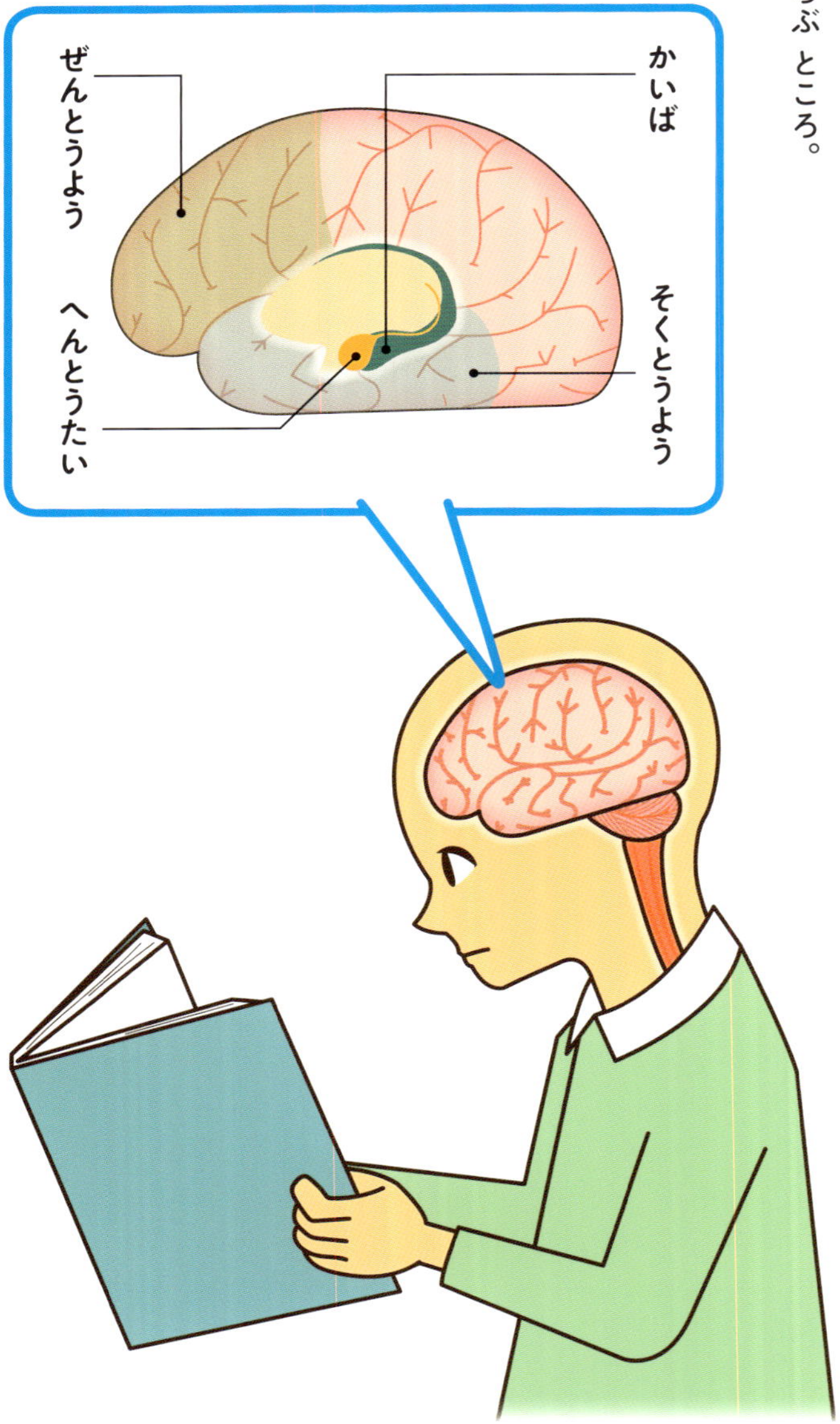

ぜんとうよう
前頭葉

思《おも》い出《で》や たいけんした ことを きおくする ところ。

へんとうたい
扁桃体

見《み》たり きいたりした ことが じぶんにとって いいか わるいかを はんだんする ところ。

本《ほん》を いちど 読《よ》んだだけでは、すぐに ないようを わすれてしまう。くりかえし 読《よ》んだり、本《ほん》について 人《ひと》に はなしたり、人《ひと》から きいたりする ことで、ないようが きおくされる。

もっと しりたい!

のうの ふしぎ

食《た》べものを 食《た》べたり 見《み》たりした ときに おこる はんのうや、しぜんと からだが うごく はんのうは、のうの はたらきが かかわっているよ。

かきごおりを 食《た》べると 頭《あたま》が キーンと するのは どうして?

ふたつの げんいんが あると いわれています。ひとつは、かきごおりを あわてて たくさん 食《た》べると、口《くち》の なかで うけとった じょうほうが 強《つよ》すぎて、のうに「口《くち》の なかが つめたい」と つたえたいのに、「頭《あたま》が いたい」と まちがって つたえてしまうためです。もうひとつは、口《くち》の なかが とても つめたくなるので、いっきに あたためようとして、頭《あたま》の ほうに 血《ち》を たくさん ながすために、のうの けっかんが きゅうに 広《ひろ》がって いたくなるからです。

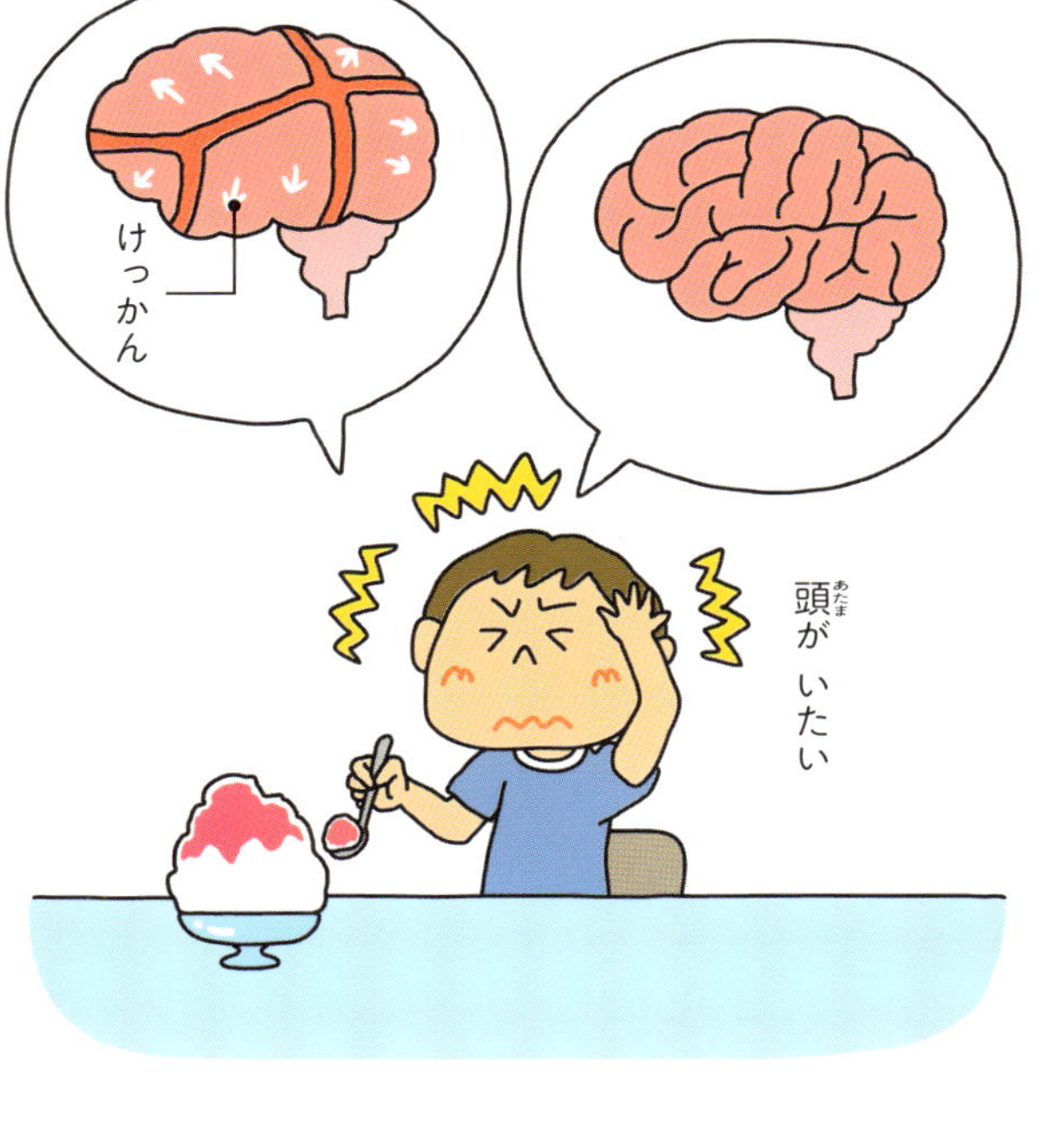

あついものに ふれると しぜんと 手《て》が ひっこむのは どうして?

なにかを かんじた ときに、のうの 手前《てまえ》に ある せきずいまで つたわった ところで「きけん」と はんだんすると すぐに せきずいが その きけんを さけるために うごく めいれいを おくるからです。のうまで つたえる 時間《じかん》を かけずに せきずいが ちょくせつ めいれいして からだを うごかすことを「せきずいはんしゃ」と いいます。

うめぼしを 見《み》ると つばが 出《で》るのは どうして?

多《おお》くの 日本人《にほんじん》は、「うめぼしは すっぱい 食《た》べものだ」と 知《し》っています。この「すっぱい」という きおくが あるために、見《み》ただけで のうの しんけいが しげきされて つばが 出《で》てくるのです。このように ある じょうけんが のうを しげきして ひきおこす はんのうを「じょうけんはんしゃ」と いいます。

うめぼしの あじを 知《し》らない 人《ひと》は つばが 出《で》ない。

からだの せいちょう

生《う》まれた ときは みんな 小《ちい》さな 赤《あか》ちゃんだけど、
せいちょうして だんだん 大《おお》きくなって いくね。

生《う》まれてから 28日目《にちめ》ごろまで

生《う》まれて すぐでも、おっぱいや
ミルクを すうことが できます。
おなかが いっぱいに なったら ねて、
おなかが すいたら おきて のむ ことを
くりかえします。
目《め》は、ちかくしか 見《み》えません。

1さいごろまで

ねがえりを うったり、
ひとりで すわったり、ものに つかまって
立《た》ったりする ことが、だんだん
できるように なります。
おっぱいや ミルクの ほかに、やわらかい
食《た》べものも 食《た》べるように なります。

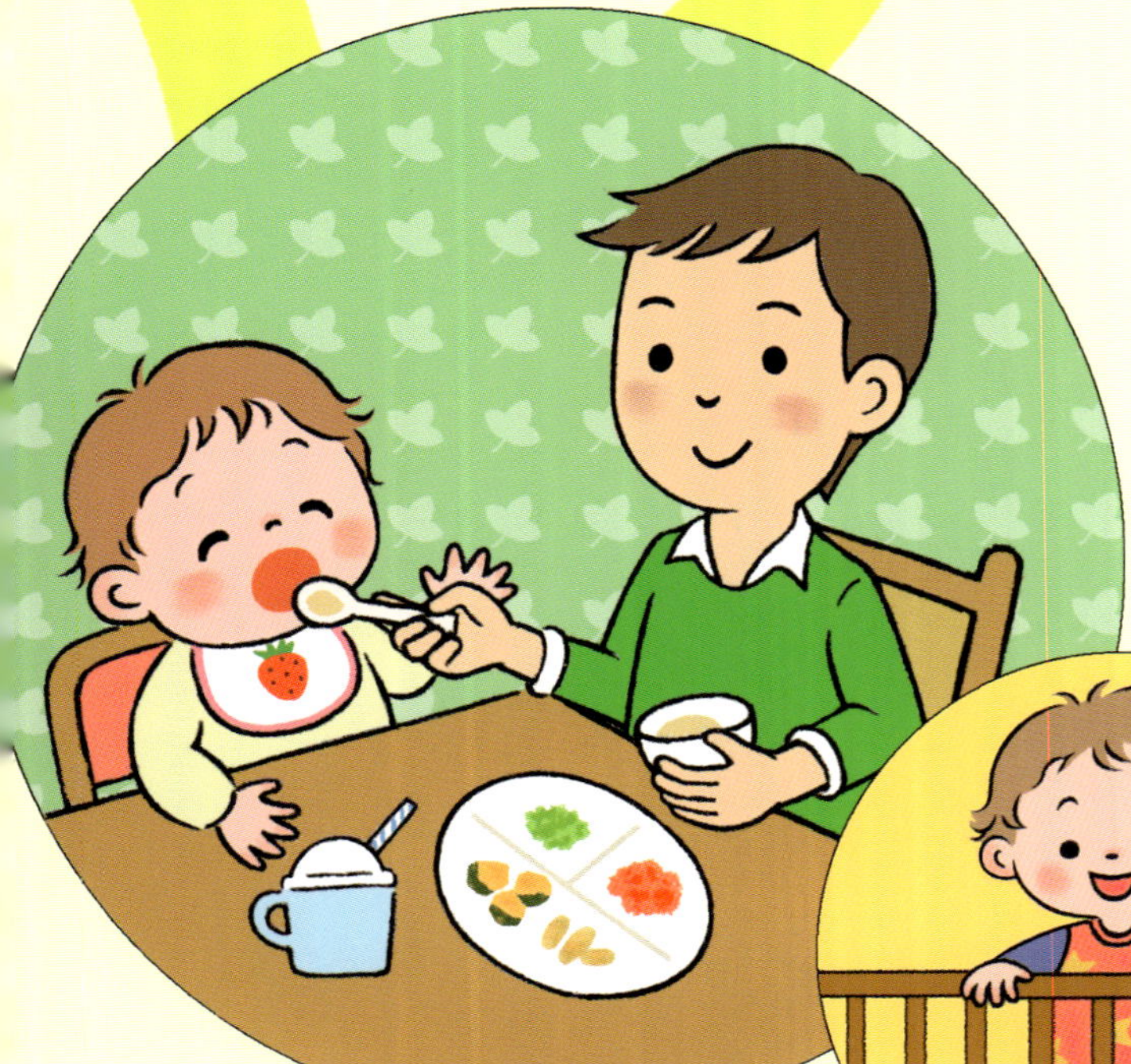

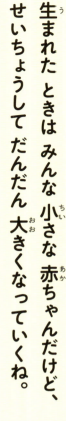

1さいから 6さいごろまで

歩《ある》いたり 走《はし》ったりする ことが
できるように なります。
ことばを おぼえて、
あいての 話《はなし》を きいたり、
じぶんの きもちを
つたえたりする ことが
できるように なります。
トイレで おしっこや
うんちを する ことを
おぼえます。

6さいから 12さいごろまで

たいじゅうや しんちょうが
ゆっくり ふえて いきます。
歯《は》は、だんだん おとなの 歯《は》に
生《は》えかわって いきます。
学校《がっこう》に かようように なって 先生《せんせい》や
友《とも》だちなど いろいろな 人《ひと》と
かかわりあうように なります。

12さいから 18さいごろまで

きゅうに しんちょうが のびて いき、
男《おとこ》の子《こ》と 女《おんな》の子《こ》で からだつきが
かわって いきます。
きもちの めんでも おとなに
かわって いく とちゅうで、
いろいろ 考《かんが》えたり
なやんだり します。

18さいから 40さいごろまで

しんちょうの のびが とまります。
ないぞうなどが かんせいして
女《おんな》の 人《ひと》は 赤《あか》ちゃんを
生《う》めるように なります。
また、考《かんが》える 力《ちから》が
はったつして 社会《しゃかい》で
かつやくするように なります。

40さいから 65さいごろまで

少《すこ》しずつ からだの はたらきが
おとろえます。 しわや
しらがが ふえます。
それまでの 人生《じんせい》で えた ちしきや
のうりょくを やくだてて
すごす ことが できます。

65さいいじょう

新《あた》しい ことを おぼえるのは
むずかしくなってきます。
でも、けいけんを もとに
そなわった ちえは
年《とし》を とっても わすれません。

6 けが・びょうきと けんこう

びょうきに かからないように
てあらい、うがいを しっかり するよ。
ごはんを 食《た》べた あとは 歯《は》みがきも わすれないよ。

きずや びょうきから からだを まもる

びょうきの もとに なる さいきんや ウイルスが からだの なかに 入《はい》っても、からだには それらと たたかう しくみが あるよ。

わたしたちの まわりには びょうきの もとと なる「さいきん（びょうげんきん）」や「ウイルス」が たくさん います。からだの なかに びょうきの もとが 入《はい》ってくると「めんえきさいぼう」が ころして からだを まもります。

さいきん 細菌

目《め》に 見《み》えないほどの とても 小《ちい》さな いきもの。

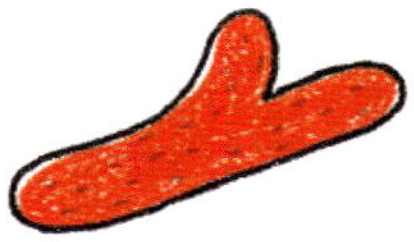

びょうげんたい 病原体

びょうげんきん 病原菌

さいきんの うち、びょうきを ひきおこす もの。

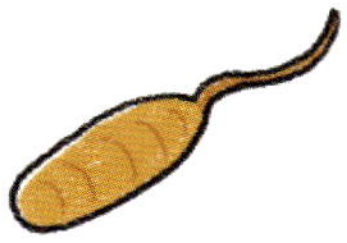

ウイルス

さいきんよりも さらに 小《ちい》さい、びょうきの もと。

いろいろな めんえきさいぼう

びょうきの もとを 食《た》べて ころす

こうちゅうきゅう 好中球

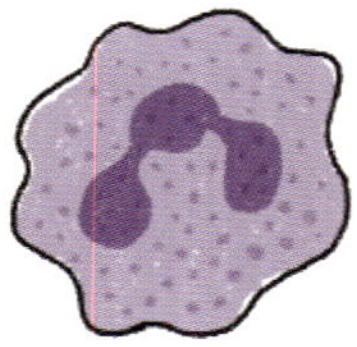

マクロファージ

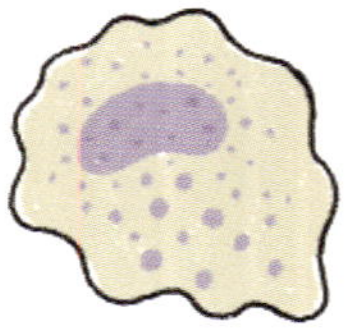

じゅじょうさいぼう 樹状細胞

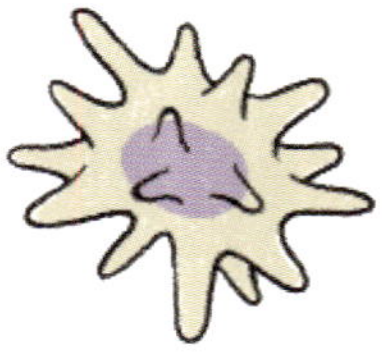

びょうきの もとを こうげきして ころす

ヘルパーティーさいぼう ヘルパーT細胞

ビーさいぼう B細胞

キラーティーさいぼう キラーT細胞

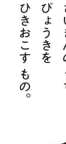

めんえきさいぼうの はたらき

からだに 入《はい》ってきた びょうげんきんを 食《た》べて ころしたり、
ウイルスを 食《た》べたり
こうげきしたりして たいじする。

からだの なかに さいきんなどが 入《はい》ったら

❶ びょうげんたいは、はなや 口《くち》、きずぐちなどから 入《はい》る。

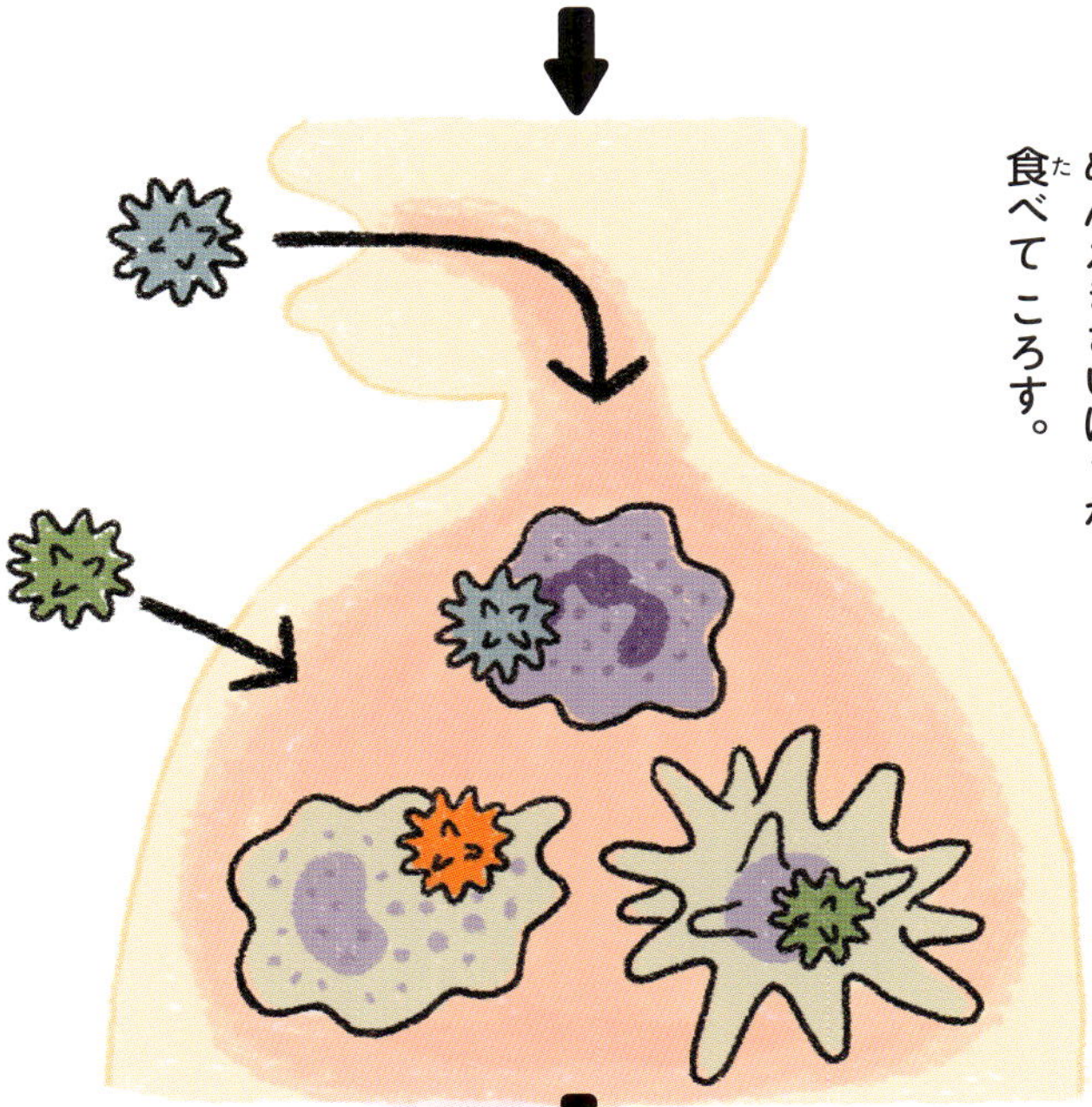

❷ まず はじめに、めんえきさいぼうが 食《た》べて ころす。

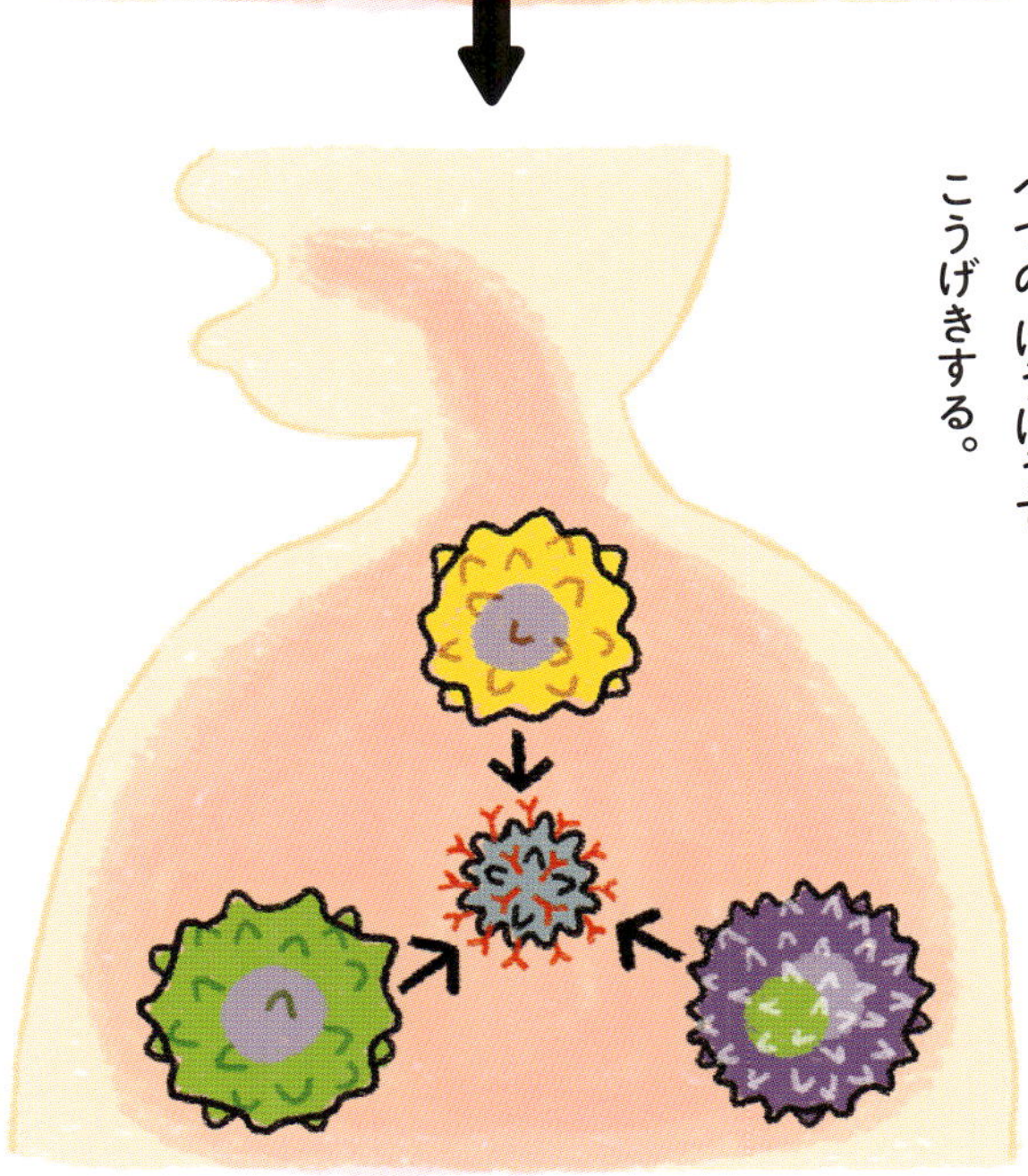

❸ 食《た》べて ころせなかったものは、べつの ほうほうで こうげきする。

おうちのかたへ

細菌＝病原菌ではなく、細菌の多くは無害であり、乳酸菌、ビフィズス菌、納豆菌など、人にとって有益なものも多くあります。また、腸内には何兆もの細菌がすみ、消化を助けています。

人の体には、侵入してきた病原菌やウイルスと戦い排除するしくみ（免疫）があります。そのために働くのが、白血球から分化した免疫細胞です。好中球とマクロファージ、樹状細胞は病原体に反応し、包み込むようにして食べて殺します。このときの病原体の情報は、樹状細胞からほかの免疫細胞に伝えられて記憶されます。そのため、再び同じ病原体が侵入すると、好中球やマクロファージなどに加えて、ヘルパーT細胞の指示で、キラーT細胞が、ウイルスに感染している細胞を攻撃したり、B細胞が病原体を弱らせる抗体をつくったりして、すばやく退治します。

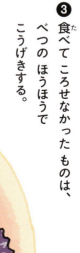

からだじゅうを ながれる リンパえき

からだには、
けつえきとは べつに
「リンパえき」と いう えきたいも
ながれて いるよ。

リンパえきは「リンパかん」の なかを ながれ、
全身《ぜんしん》を めぐって
じょうみゃくに もどります。

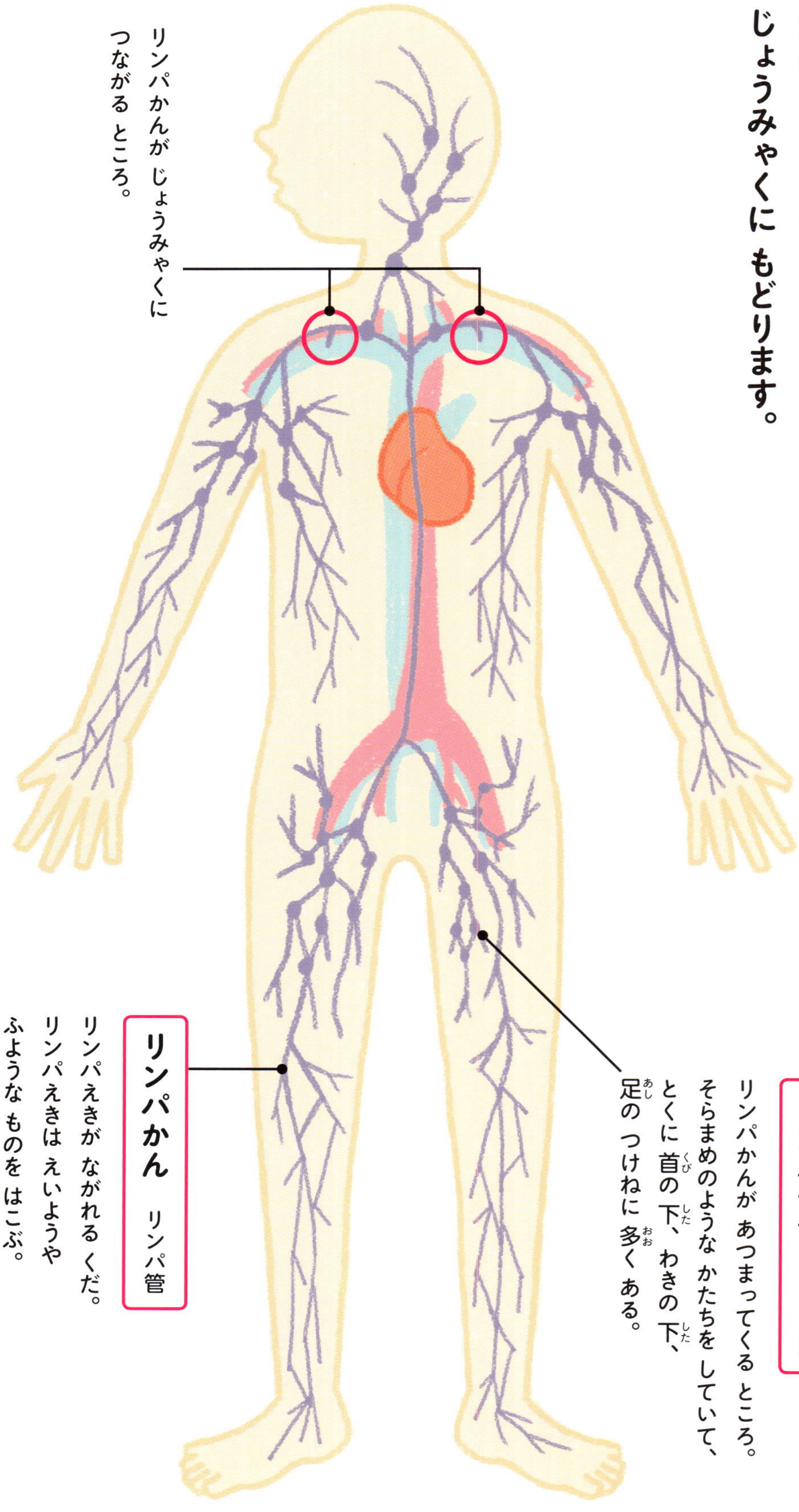

リンパかんが じょうみゃくに つながる ところ。
リンパせつ　リンパ節
リンパかんが あつまって くる ところ。
そらまめのような かたちを していて、
とくに 首《くび》の 下《した》、わきの 下《した》、
足《あし》の つけねに 多《おお》く ある。
リンパかん　リンパ管
リンパえきが ながれる くだ。
リンパえきは えいようや
ふような ものを はこぶ。

めんえきさいぼうが あつまる リンパせつ

リンパせつの なかには たくさんの めんえきさいぼう（→138ページ）が あつまって います。びょうげんきんや ウイルスが 入《はい》ってくると、たいじして リンパえきを きれいに します。

リンパせつの なか

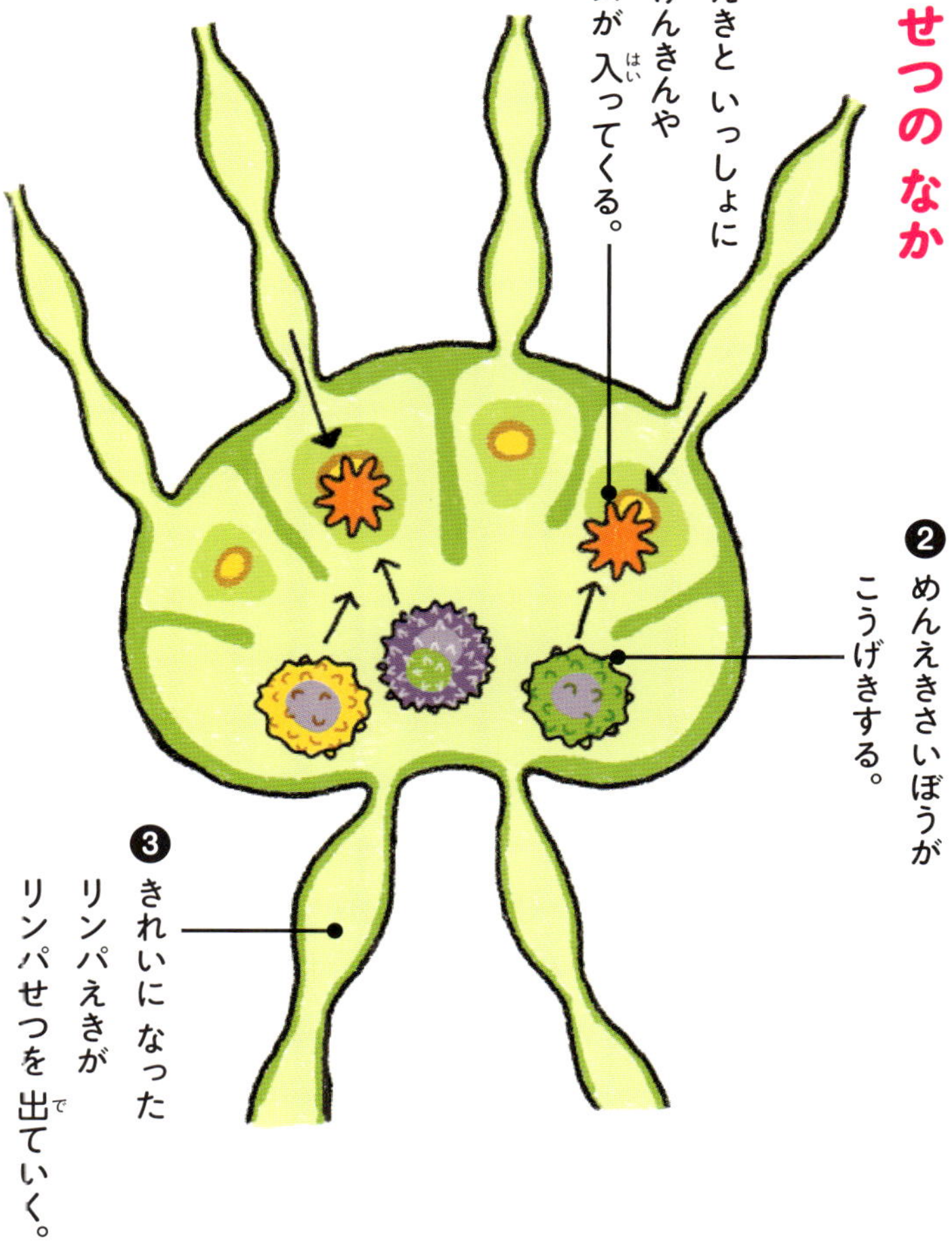
❶ リンパえきと いっしょに びょうげんきんや ウイルスが 入《はい》ってくる。
❷ めんえきさいぼうが こうげきする。
❸ きれいに なった リンパえきが リンパせつを 出《で》ていく。

リンパえきの できかた

リンパえきは もうさいけっかんから しみ出《で》た 血《ち》の いちぶが あつまって リンパかんに 入《はい》った もので、黄色《きいろ》っぽい 色《いろ》を して います。

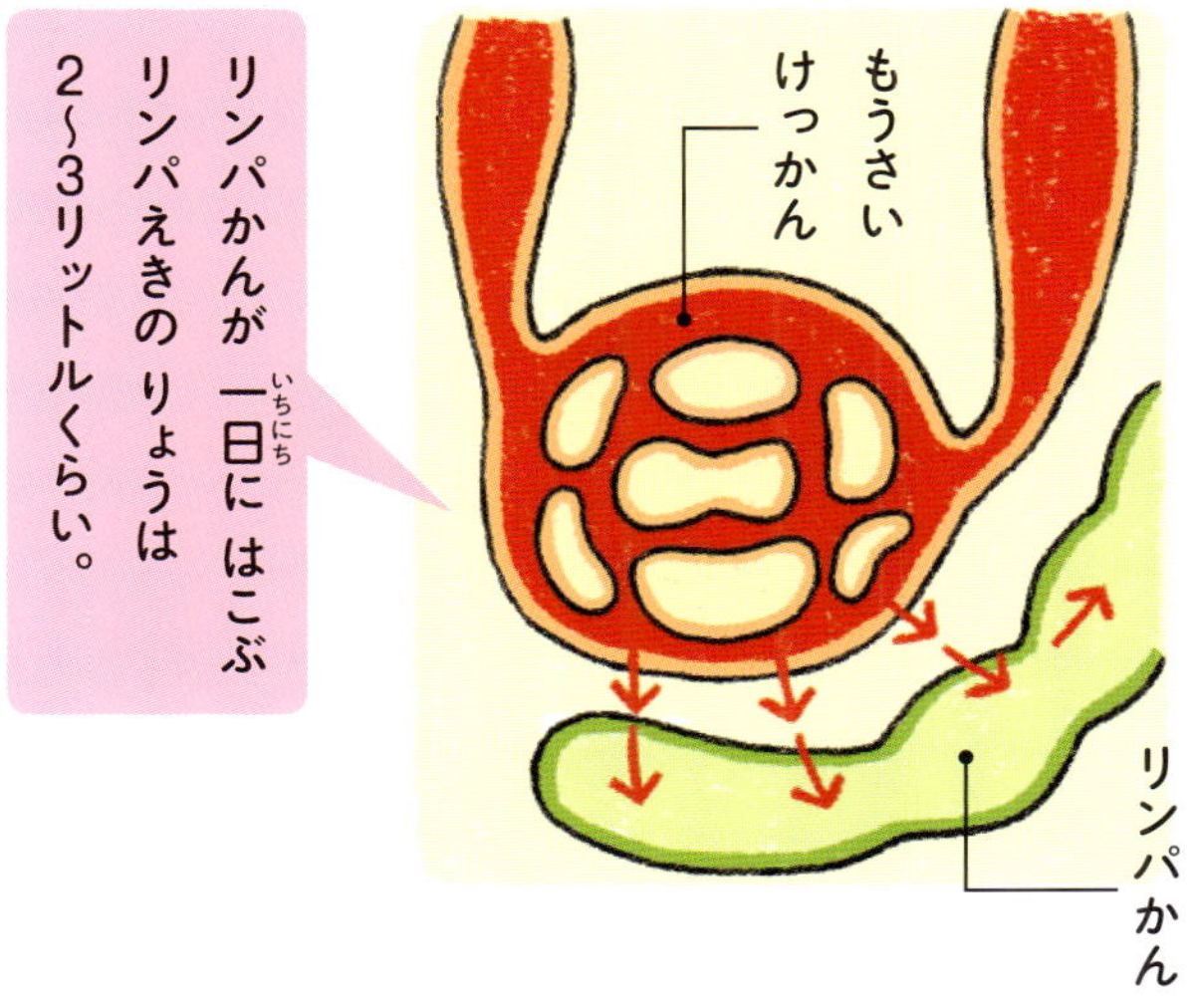
もうさい けっかん
リンパかん
リンパかんが 一日《いちにち》に はこぶ リンパえきの りょうは 2～3リットルくらい。

おうちの かたへ

リンパ液は、血漿《けっしょう》の一部が毛細血管からしみ出した液体です。全身の細胞のあいだを流れながらリンパ管に集まって、その中を流れていき最後には静脈に戻っていきます。

リンパ液は、古くなった細胞などの老廃物を運ぶほか、細菌やウイルスなどの病原体も一緒に運んでいきます。全身のリンパ管には、免疫細胞が多数存在する約８００個のリンパ節があり、リンパ液はここを必ず通ります。リンパ節では、病原体があると集中的に攻撃して排除し、リンパ液をろ過します。きれいになったリンパ液は、左右の鎖骨の下にある静脈角《じょうみゃくかく》から再び静脈に戻されます。

リンパ液は、小腸で消化・吸収された栄養素である脂質を運び、静脈に届ける役割もあります。

いろいろな けが

むちゅうで あそんでいると、ころんだり ぶつけたりして しまう ことが あるよね。けがに よって、からだへの あらわれかたが ちがうんだよ。

からだの どこに どのような ことが おきたかに よって けがの しゅるいを、わける ことが できます。

すりきず・きりきず

擦り傷・切り傷

ひふが こすれたり、切《き》れたりして 血《ち》が 出《で》る。

うちみ・だぼく

打ち身・打撲

からだを 強《つよ》く ぶつけて、ひふの 内《うち》がわの きんにくや けっかんが きずつく。

ねんざ

捻挫

かんせつに 強《つよ》い 力《ちから》が かかって、じんたいなど かんせつの まわりが きずつく。

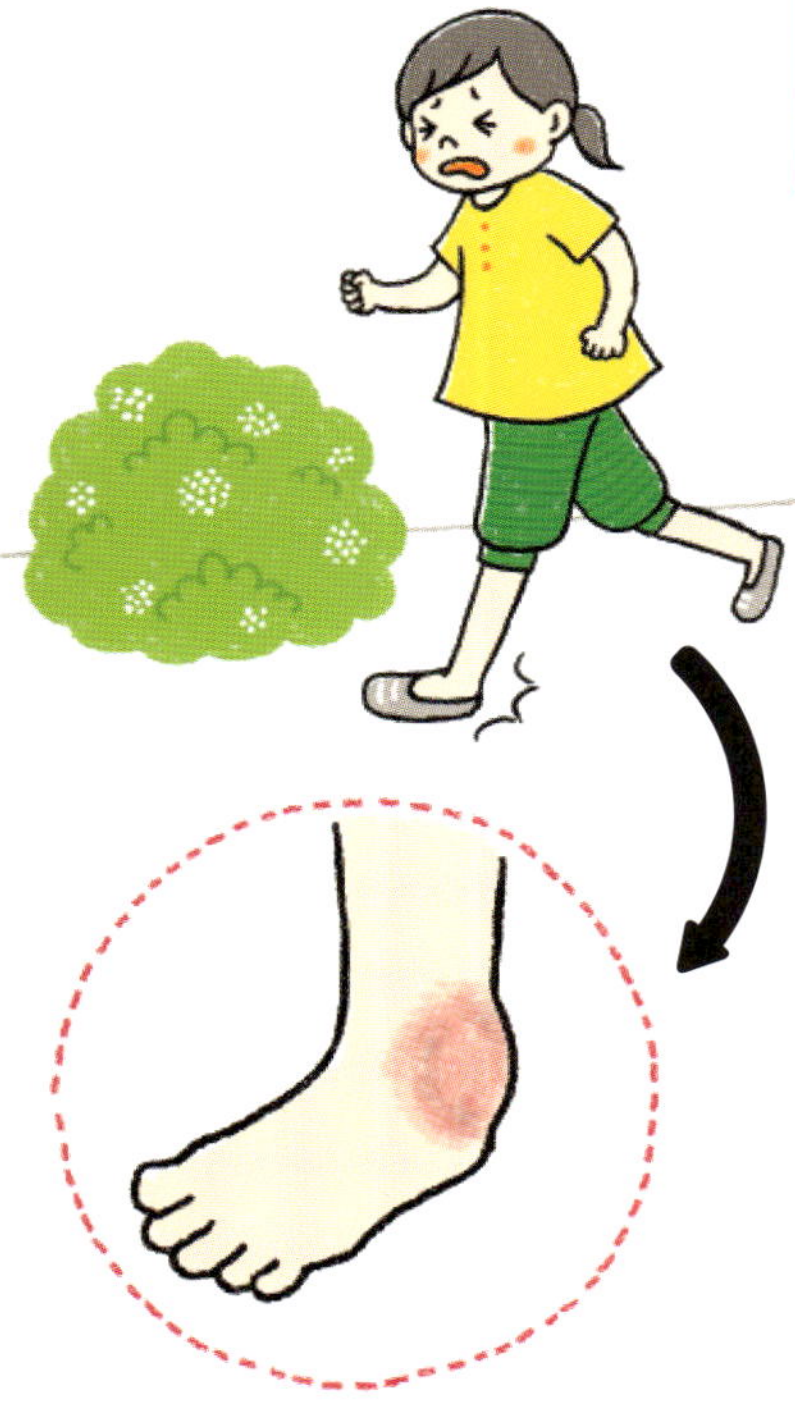

こっせつ

骨折

ほねに 強《つよ》い 力《ちから》が かかって、おれる。

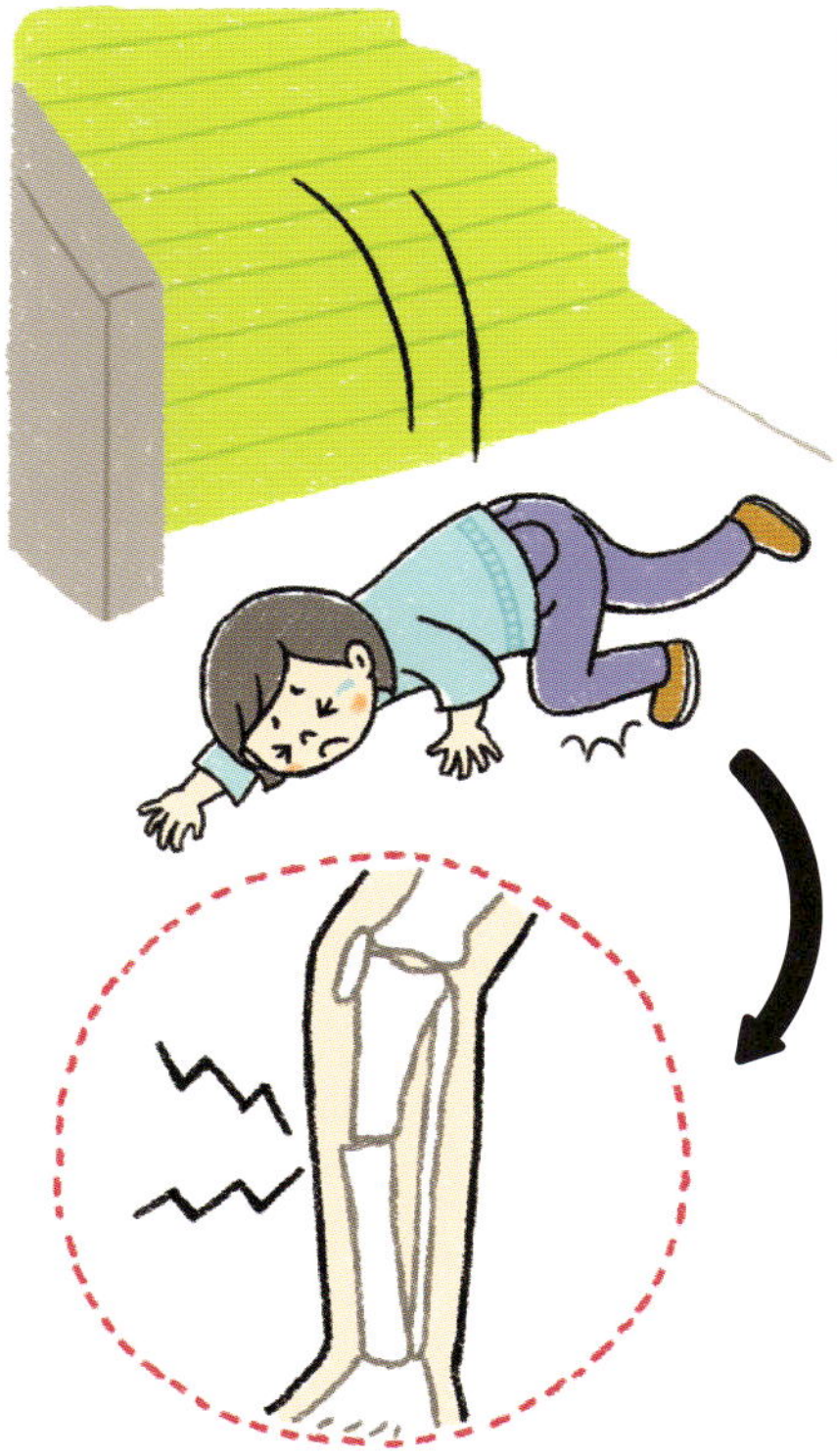

やけど

あつい ものに ふれて、ひふが 赤《あか》く なり いたむ。

むしさされ

虫刺され

虫《むし》に さされて、ひふが はれる。

スポーツしょうがい

スポーツ障害

それぞれの スポーツで よく つかう ばしょが いたく なる。

やきゅう・テニス ↓ ひじ かた など

りくじょうきょうぎ ↓ ひざ あし など

おうちのかたへ

けがをしたときは、直後の応急処置によって、悪化を防ぐことができます。

擦り傷や切り傷の場合、傷口を洗浄して土や砂などの汚れを取り除きます。出血があれば、きれいな布などで傷口を軽く圧迫して止血しましょう。打ち身や打撲、捻挫、骨折の場合は、患部をできるだけ動かさないようにして、氷などで冷やして腫れを和らげます。出血していたら止血し、さらに、患部を包帯などで固定して、心臓より高い位置に置きます。

やけどは、流水や氷などで十分に冷やします。服の上からやけどした場合は、脱がさずに服の上から冷やします。

こうした応急処置はあくまで一時的な処置なので、傷の具合を見て、できるだけ早く医師に診てもらいましょう。

こどもが かかり やすい びょうき ①

こどもは おとなに くらべて、かかりやすい びょうきが 多《おお》いんだね。

こどもの からだは、おとなと ちがって まだ 弱《よわ》い ところが 多《おお》く あるので、おとなは あまり かからない びょうきに なる ことが あります。

ちゅうじえん 中耳炎

びょうげんたいが、はなから 耳《みみ》の なかに 入《はい》り、はれて いたくなる。ねつも 出《で》る。

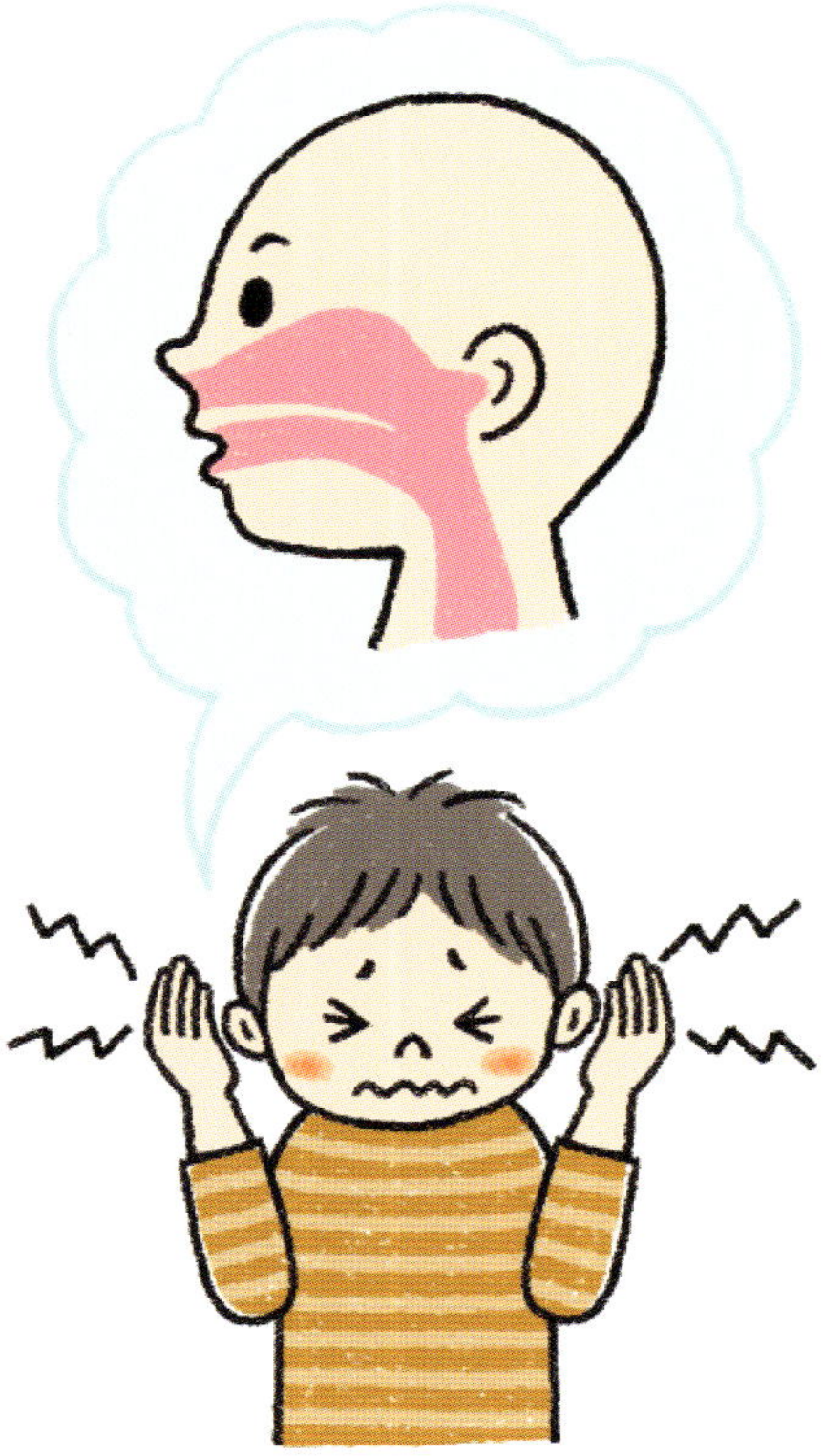

けつまくえん 結膜炎

目《め》に びょうげんたいが 入《はい》って、目《め》が 赤《あか》くなり、かゆくなる。

びえん 鼻炎

びょうげんたいが はなの なかで ふえて、はなが つまったり、はなみずが 出《で》たりする。

へんとうえん
扁桃炎

びょうげんたいが
のどに
入《はい》って ふえ、
のどの 入《い》り口《ぐち》が
はれて いたむ。
高《たか》い ねつも 出《で》る。

じんましん

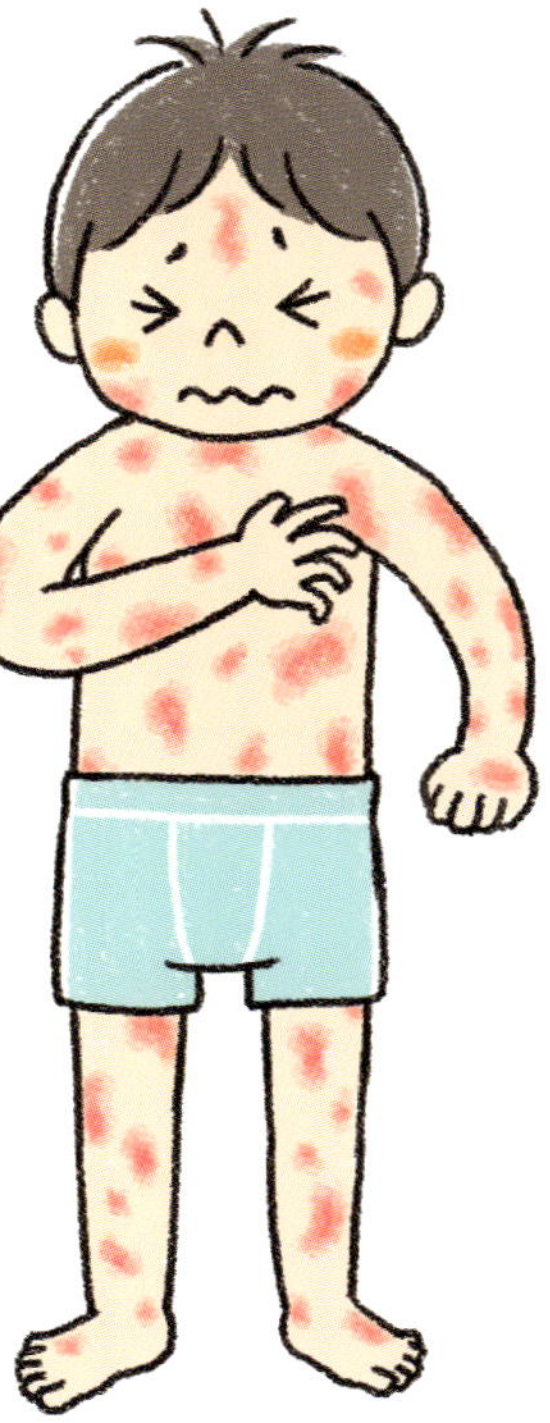

ひふに 赤《あか》い ぶつぶつが できて
かゆくなる。
アレルギー（↓148ページ）による ものや、
なにかに さわる ことで おこる。

とびひ

びょうげんたいに よって
ひふに たくさんの
小《ちい》さい ふくらみが
できたり、かさぶたが
できたりする。
すぐに いろいろな
ところに 広《ひろ》がりやすい。

しもやけ
霜焼け

ゆびさきや あしさきが ひえる ことで、
ひふが 赤《あか》く はれ、
いたがゆくなる。

おうちのかたへ

病原体は、日常生活のあらゆるところに存在します。どのようにして体の中に入るのでしょうか。

多いのは、病気の人のせきやくしゃみによって飛び散ったものに含まれる病原体が口や鼻から入ることによる飛沫《ひまつ》感染や、空気中の病原体を吸い込むことによる空気感染です。影響する範囲が１ｍほどの飛沫感染に対して、空気感染は広範囲におよびます。また、病原体の入った水や食べ物を口にすることによる経口感染、病原体がついているものに触れることによる接触感染などもあります。

外出するときにはマスクを着用する、帰宅したらすぐにうがいと手洗いをするなど、日常的な習慣で感染のリスクを減らすことができます。また、せきやくしゃみが出るときには他者への感染を防ぐためにマスクをしましょう。

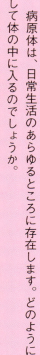

こどもが かかり やすい びょうき②

びょうげんたいが からだに 入《はい》る ことを「かんせん」と いうよ。
こどもが かんせんしやすい
びょうげんたいが あるんだ。

こどもは、びょうげんたいと たたかう 力《ちから》が 弱《よわ》いので、
こどもの うちに とくに かかりやすい びょうきが あります。

みずぼうそう
水ぼうそう

小《ちい》さな 赤《あか》い ぶつぶつが 出《で》て、
すぐに 水《みず》ぶくれに なり、
全身《ぜんしん》に 広《ひろ》がる。
ねつが 出《で》る
ことも ある。

おたふくかぜ
おたふく風邪

耳《みみ》や あごの 下《した》が はれて、
ねつが 出《で》る。

プールねつ
プール熱

のどが はれて 高《たか》い ねつが 出《で》る。
けつまくえんも おきる。
プールで うつる ことも
あるため こうよばれる。

ふうしん
風しん

耳《みみ》の うしろが はれる、
小《ちい》さな 赤《あか》い ぶつぶつが できる、
ねつが 出《で》るなどの
ようすが 見《み》られる。
おとなが かかると、
こどもと くらべて
ねつや いたみが
ひどくなる ことが 多《おお》い。

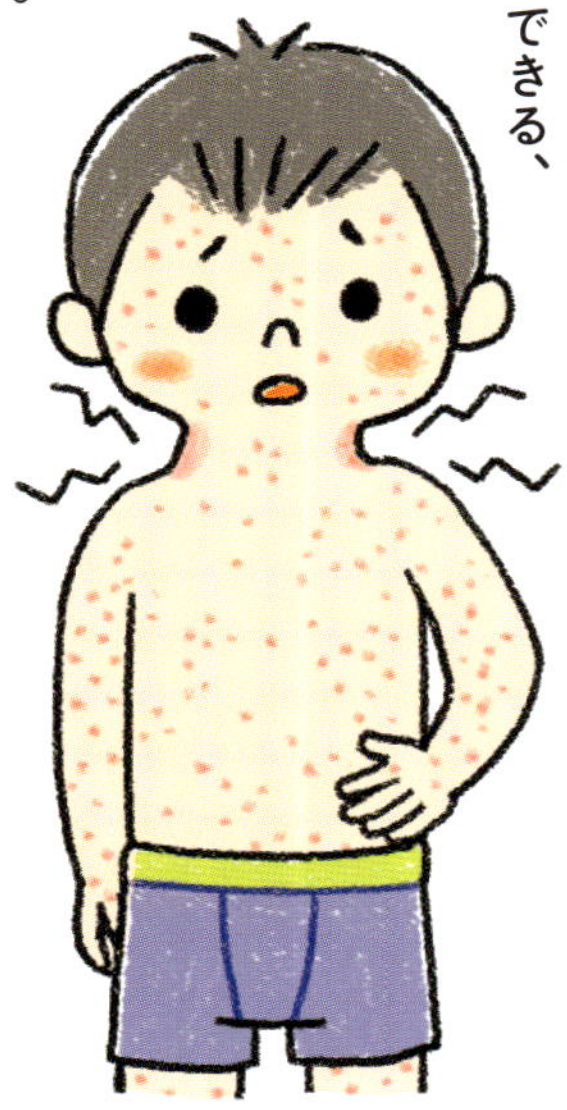

てあしくちびょう　手足口病

ねつが 出《で》た あと、口《くち》の なかや 手足《てあし》に 小《ちい》さな 水《みず》ぶくれが たくさん できる。

インフルエンザ

きゅうに 高《たか》い ねつが 出《で》る。
その あと せきや はなみず、
かんせつの いたみなど、
全身《ぜんしん》に しょうじょうが 出《で》る。

かんせんしょうは いちど かかると かかりにくい

からだを まもる めんえきさいぼう（↓138ページ）は、いちど かんせんした びょうげんきんや ウイルスの とくちょうを おぼえています。そのため、にどめに からだの なかに 入《はい》ってきたときには、こうげきするための ぶきを どんどん よういできるので、すばやく たいじする ことが できます。

よぼうせっしゅは、
びょうきの げんいんに
なる ものを 弱《よわ》らせてから
からだに 入《い》れます。
めんえきさいぼうに
その とくちょうを
おぼえさせるために おこないます。

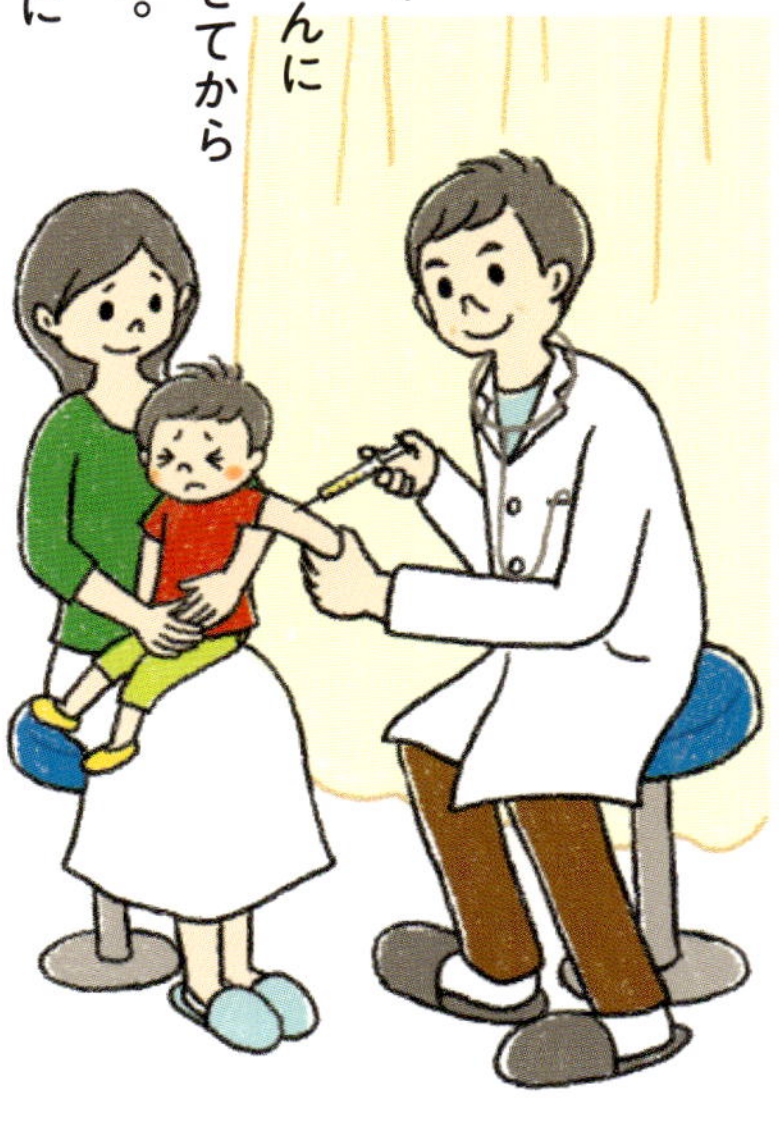

おうちのかたへ

初めて感染した病原体を、好中球とマクロファージ、樹状細胞などでは排除できない場合、次の攻撃の用意が整うまでしばらく時間がかかるため、症状が重くなりがちです。しかし、一度感染した病原体の情報は免疫細胞が記憶しているので、次に同じ病原体が入ってきたときは、すぐに抗体をつくり有効な攻撃ができ、感染を防ぐことができます。ある感染症に一度かかると再度かかりにくくなるのは、そのためです。

予防接種はこのしくみを利用して、弱めたり無毒化したりした病原体を、ワクチンとして体に入れることで、あらかじめその病原体の情報を免疫細胞に記憶させておき、実際に感染したときには、すぐに対応できるようにするものです。医療が発達した現在でも、かかってしまうと治療が難しかったり、重い後遺症を残したりする病気があるので、予防接種があれば、受けておくほうがよいでしょう。

アレルギーの しくみ

アレルギーの もとが
からだの なかに 入《はい》ったり、
ひふに ふれたりすると
くしゃみや じんましんなどが
出《で》る 人《ひと》が いるね。

アレルギーとは、もともとは からだに
わるくない ものに たいして、
からだを まもる めんえきさいぼうが
はたらいてしまって
からだの ぐあいが
わるくなってしまう ことです。

❶ アレルギーの もとが からだに 入《はい》る。
❷ マストさいぼうが はんのうする。
❸ アレルギー はんのうが おこる。

アレルギーを ひきおこす マストさいぼう

めんえきさいぼう（↓138ページ）の なかま。アレルギーの もとに はんのうすると、くしゃみや じんましんを ひきおこす ものを 出《だ》す。

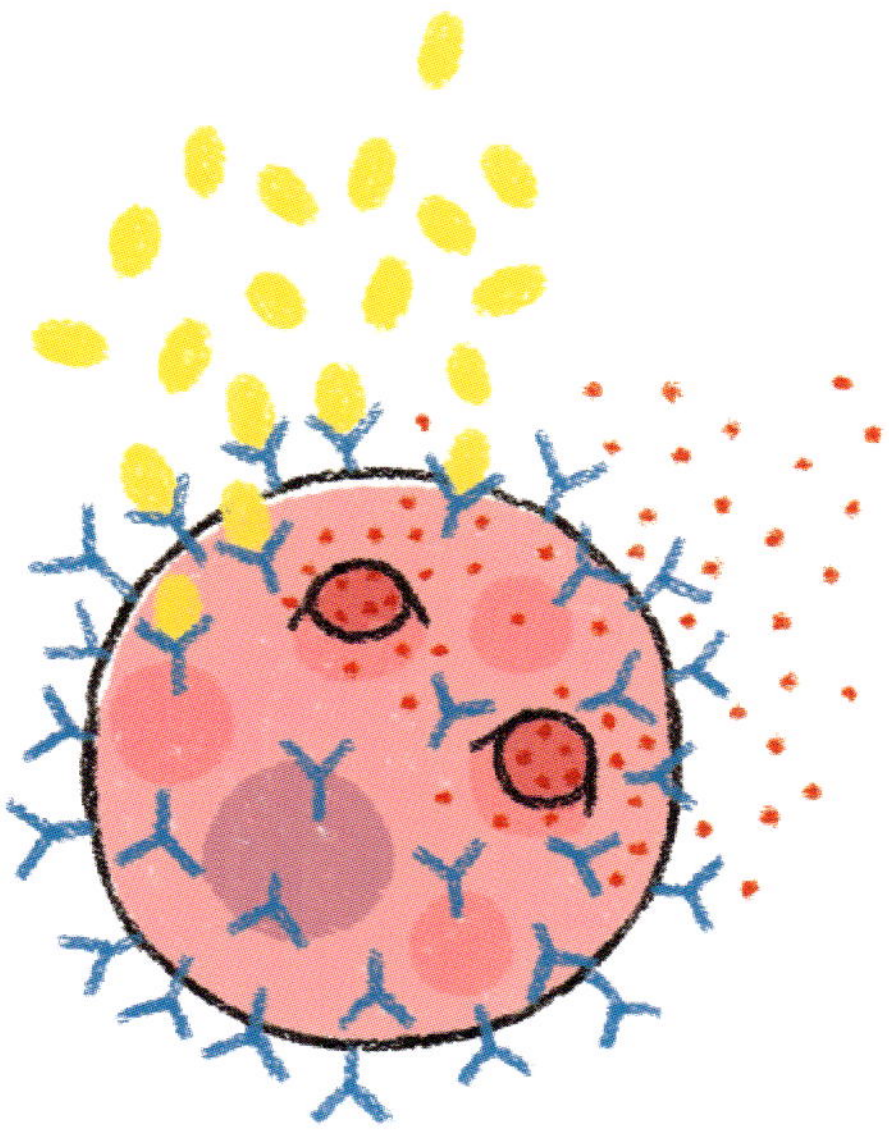

アレルギーはんのうが おこると……

くしゃみや はなみず、せきが 出《で》る。

はきけが おこる。おなかが いたくなる。

じんましんや かゆみが 出《で》る。

あたまが いたくなる。ふらふらする。

おうちのかたへ

アレルギーは、体内の免疫のしくみが過剰に働いてしまうことによって起こります。体に入ってきた本来なら害のないもの（アレルゲン）を異物だと認識することで、それに対する抗体がつくられます。つくられた抗体は、マスト細胞と呼ばれる免疫細胞にくっつき、そこにアレルゲンが結びつくと、マスト細胞からヒスタミンなどの化学物質が放出されます。この物質がくしゃみや鼻水、じんましんなどのアレルギー症状を引き起こすのです。

アレルギーは、体質の問題だけではなく、環境や食生活の変化、運動不足やストレスなどが複合的に影響していると考えられています。対応策として、アレルゲンを遠ざける必要があるので、早めにアレルゲンを特定することが大事です。

さまざまなアレルギー①

いつも 食《た》べている ものが アレルギーの もとに なる 人《ひと》も いるよ。

食《た》べものが アレルギーを ひきおこす ことも あります。人《ひと》によって、どの 食《た》べものが アレルギーの もとと なるかは ちがいます。

しょくもつアレルギー
食物アレルギー

食《た》べものの せいぶんに はんのうして アレルギーが 出《で》る。じんましんや けいれん、げりや はきけなど しょうじょうは さまざま。

お父《とう》さんの ごはんを ひとくち 食《た》べたら……
かゆくなって きた。

アレルギーの もとに なる ことが ある 食《た》べもの

おうちのかたへ

食物アレルギーは、食物に含まれるアレルゲン（主にタンパク質）によって引き起こされます。乳幼児期には、消化機能が未熟なため、消化しきれなかった食べ物の成分を異物ととらえた免疫細胞が反応して、アレルギー症状が出てしまうことがあります。この場合は、成長して体の機能が発達すると、症状が出なくなることもあります。

アレルギー症状が出ても、原因となるアレルゲンを含む食物を食べないことで改善します。症状が出たら、早めに医師の検査と診断を受けて、アレルゲンを特定し、治療を始めることが必要です。
勝手な憶測のもと、必要以上に食べ物を除いてしまうと、発育に必要な栄養が不足し、成長に支障をきたすおそれもあります。

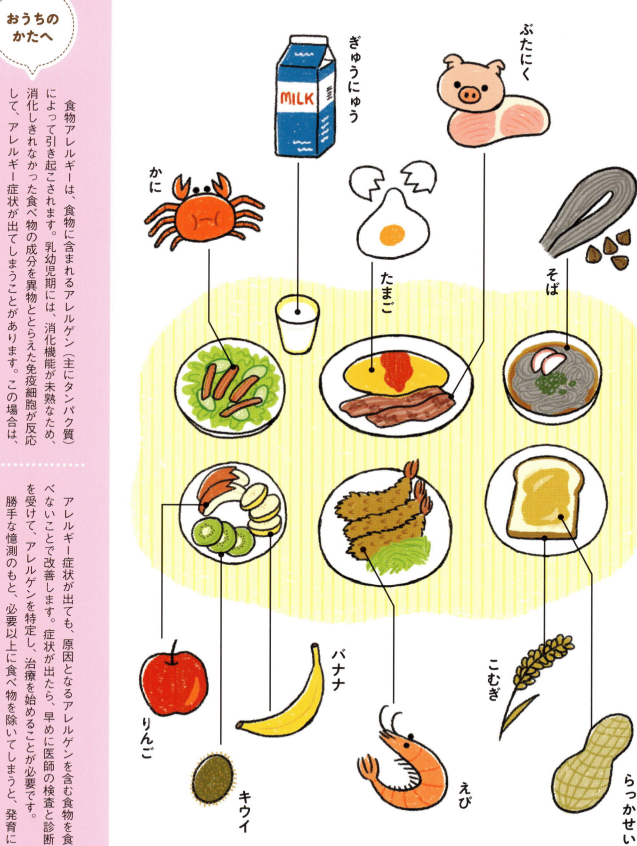

さまざまな アレルギー②

アレルギーの げんいんと なる ものは さけないと いけないから、その げんいんを 知《し》る ことも たいせつだね。

食《た》べものいがいにも、みぢかな ものが げんいんで、アレルギーはんのうが 出《で》てしまう ことが あります。かふんしょうも その ひとつです。

どうぶつアレルギー

動物アレルギー

どうぶつに ふれると、くしゃみや はなみず、目《め》の かゆみなどが 出《で》る。

きんぞくアレルギー・ゴムアレルギー

金属アレルギー

きんぞくや、てんねんゴムを みに つけると、ふれた ぶぶんに 赤《あか》みや じんましん、かゆみなどが 出《で》る。

ほこりアレルギー

空気《くうき》ちゅうに ある ほこりや ダニの ふん などを すうと、くしゃみや はなみずなどが 出《で》る。

しがいせんアレルギー
紫外線アレルギー

たいようから 出《で》ている、「しがいせん」を あびると、ひふの はれや かぶれ、じんましんなどが 出《で》る。

かふんしょう
花粉症

スギや ヒノキなど、しょくぶつから 出《で》る かふんが からだに 入《はい》り、くしゃみや はなみずが 出《で》たり、目《め》が かゆくなったりする。

？ ある日《ひ》 とつぜん かふんしょうに なるのは なぜ？

めんえきさいぼうが かふんを「アレルギーの もと」と はんだんすると かふんしょうに なります。かふんは みんなの からだの なかに 入《はい》る ものですが、なんども からだに 入《はい》ると かふんを たいじしようと する さいぼうが ふえていきます。この さいぼうが ある りょうを こえると かふんしょうに なるのです。その りょうは 人《ひと》それぞれです。

おうちのかたへ

食物以外によるアレルギー症状が出た場合も、アレルゲンを身の回りから取り除くことが大切です。そのためにも、早めに医師の診断を受けて、アレルゲンを特定しましょう。

金属や動物、紫外線などが原因の場合は、それを避けることで症状は改善されます。目に見えないアレルゲンは避けることが難しいですが、ほこりやダニの糞、死骸などは、掃除や洗濯をまめにすること、花粉などは、窓をなるべく開けない、外出時はめがねやマスクを着用する、帰宅の際は服をはらって、洗顔やうがいをすることなどの対策はあります。

環境を整えても、睡眠不足やストレスなどがあると、症状を悪化させてしまいます。体調を整えることも大切です。

さまざまな アレルギー③

その人《ひと》が 生《う》まれた ときから
もっている からだの とくちょうを
「たいしつ」と いうよ。
たいしつは 人《ひと》によって
ちがうんだって。

生《う》まれつきの たいしつによって、外《そと》からの しげきを 強《つよ》く うけてしまい、からだに しょうじょうが 出《で》てしまう びょうきが あります。

アトピーせいひふえん
アトピー性皮膚炎

ひふに しげきを うける たびに、かゆみの ある ぶつぶつが くりかえし 出《で》る。なにかの アレルギーが ある人《ひと》が なりやすいと いわれている。

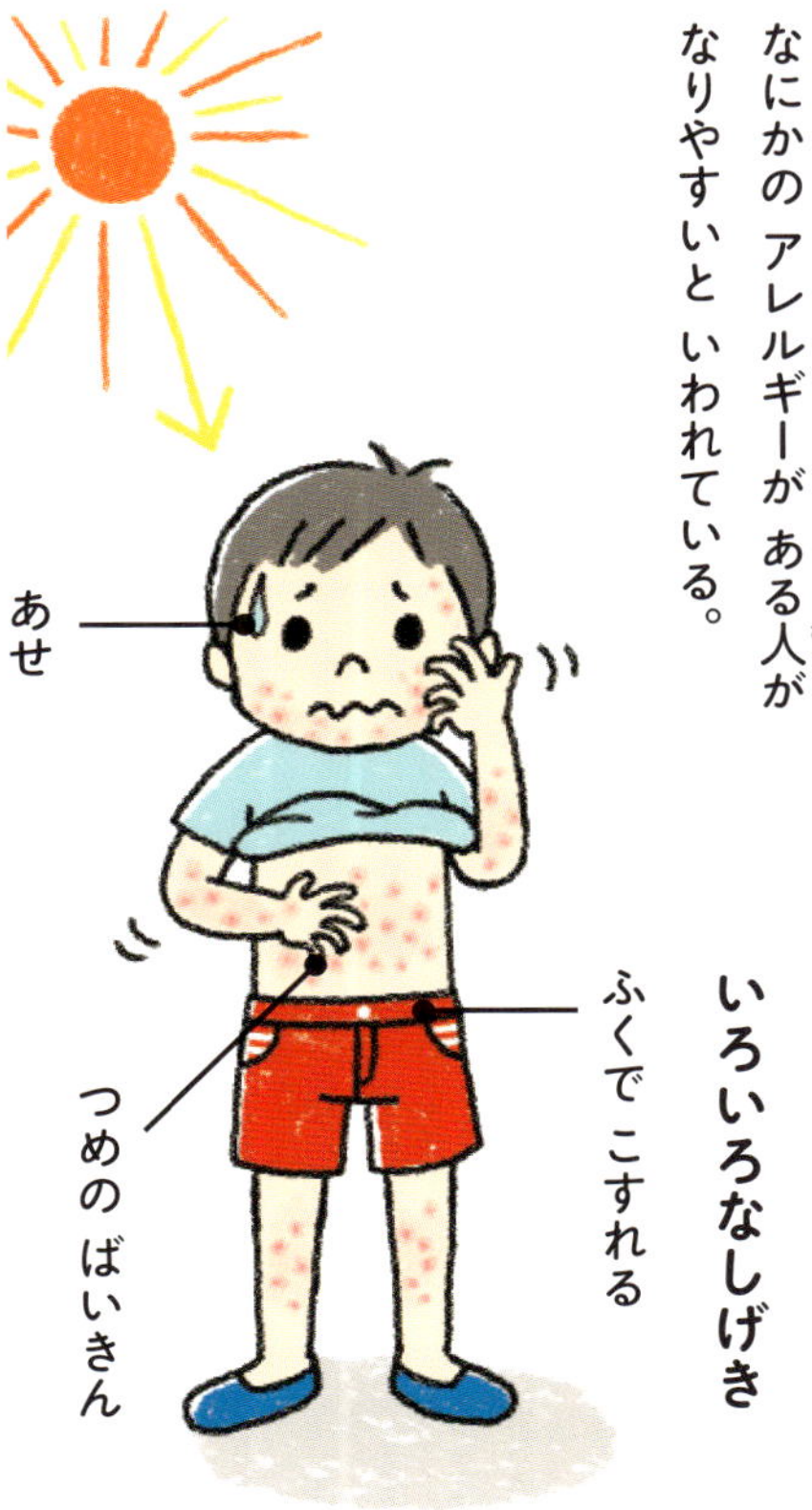
いろいろなしげき
ふくで こすれる
つめの ばいきん
あせ

きかんしぜんそく
気管支ぜんそく

せきが 出《で》ると きかんしが せまくなってしまい、こきゅうが くるしくなる。

アレルギーや びょうきによって せまくなっている 空気《くうき》の とおりみちが、せきによって さらに せまくなってしまう。

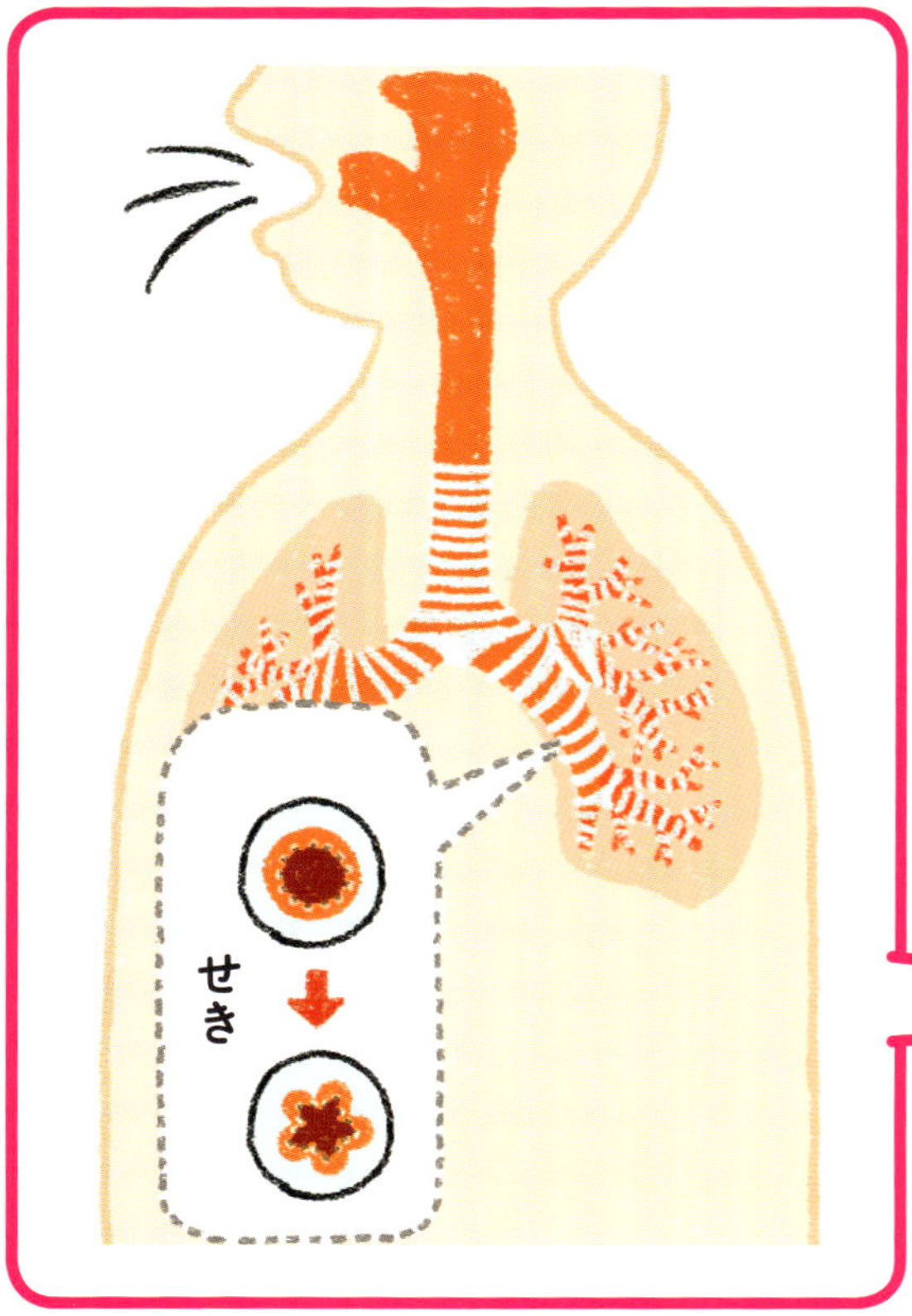
せき

アナフィラキシー

アレルギーの もとに たいする からだの はんのうが
強《つよ》すぎて、いくつかの よくない はんのうが
ほぼ どうじに おこる。
たおれたりした ときは、
すぐに びょういんへ はこんで みてもらう。

おこる はんのう

ひふ

じんましんや
かゆみが 出《で》たり、
まぶたや くちびるが
はれたりする。

こきゅう

くしゃみや はなみず、
せきが 出《で》て、
こきゅうが くるしくなる。

おなか むね

おなかや むねの いたみ、
はきけなどが おこる。

さらに
ひどくなると いしきが
なくなる ことも ある。

おうちのかたへ

アトピー性皮膚炎や気管支ぜんそくは、体を守る機能に弱い部分があることで起こりやすくなります。

アトピー性皮膚炎の人は、皮膚を守る機能が弱いため、水分が抜けてしまい肌が乾燥しています。そのため異物が体に入り込みやすく、刺激されるとかゆみが出ます。

気管支ぜんそくの人は、気道の粘膜が慢性的に炎症を起こしていてはれているため、空気の通り道である気道が狭くなっています。そこに、ほこりやストレスなどの刺激を受けると、分泌物が増えたり、気道がさらに縮んで呼吸が苦しくなります。

どちらも、原因となるものを遠ざけ、薬などを使って、弱い機能を改善する治療が有効です。

歯《は》の びょうき

虫歯《むしば》に なると、しょくじを おいしく 食《た》べられなくなるね。
歯《は》みがきを しっかりしないと いけないよ。

口《くち》の なかには 歯《は》や 歯《は》ぐきの びょうきを ひきおこす びょうげんきんが います。
びょうげんきんが ふえると 歯《は》が びょうきに なります。

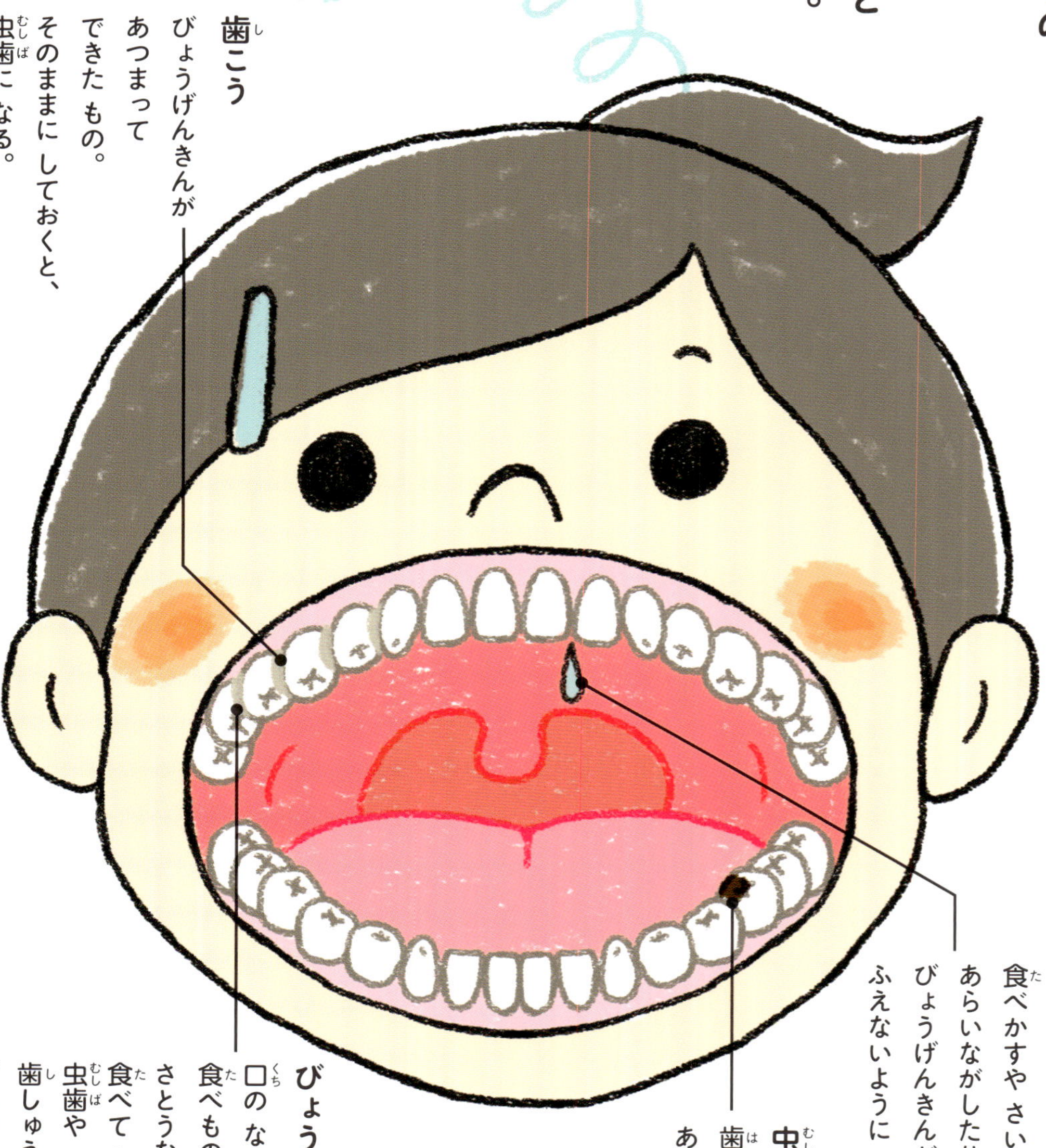
だえき
食《た》べかすや さいきんを あらいながしたり、びょうげんきんが ふえないように したり する。
虫歯《むしば》
歯《は》が とけて、あなが あく。
びょうげんきん
口《くち》の なかに いて、食《た》べものの なかの さとうなどを 食《た》べて ふえる。虫歯《むしば》や 歯《し》しゅうびょうの げんいんに なる。
歯《し》こう
びょうげんきんが あつまって できた もの。そのままに しておくと、虫歯《むしば》に なる。

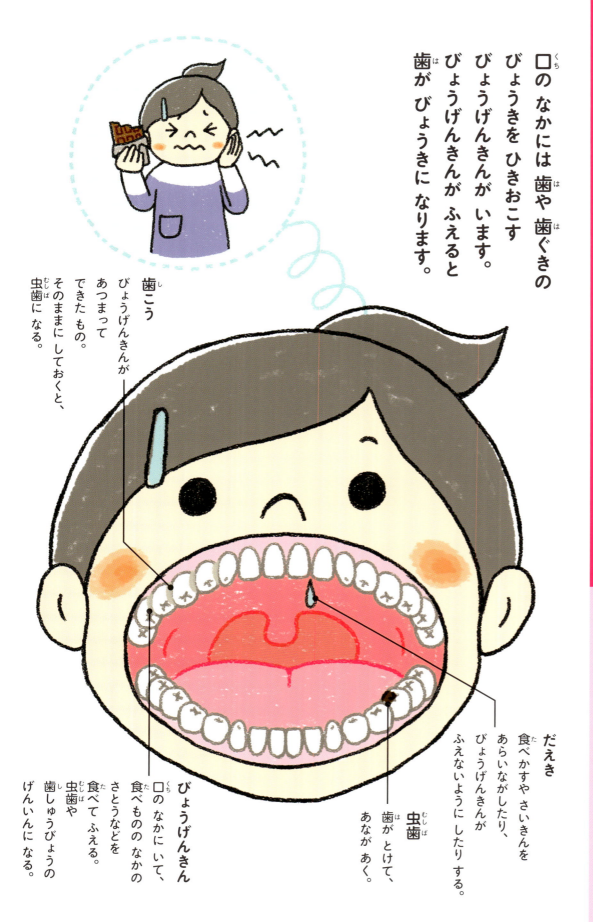

虫歯《むしば》に なる しくみ

❶ びょうげんきんが 歯《は》に のこった 食《た》べかすを とりいれる。

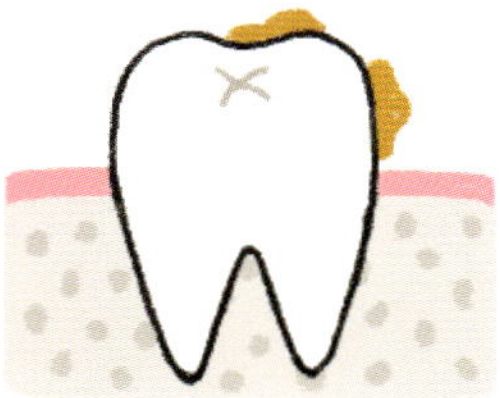

❷ 食《た》べかすを もとに、ひょうめんに まくの ように 歯《し》こうを つくる。

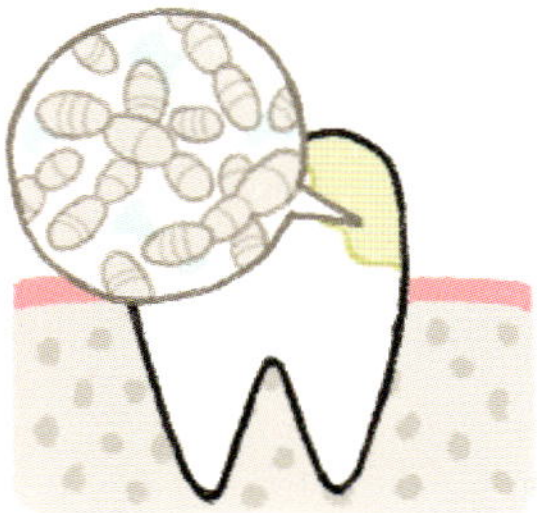

❸ 歯《し》こうの なかで ふえながら、さんを 出《だ》す。

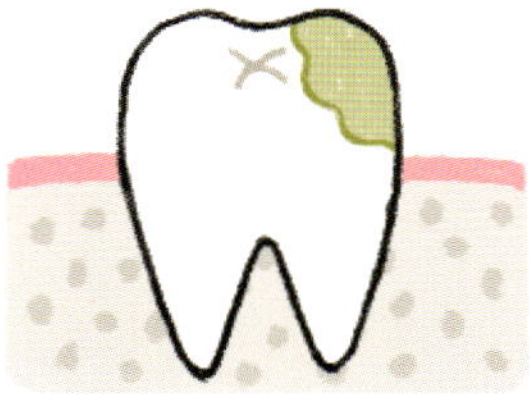

❹ さんが 歯《は》を とかす。

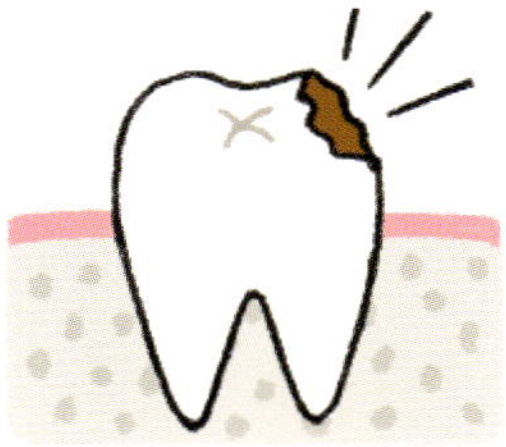

歯《し》しゅうびょうに なる しくみ

❶ びょうげんきんが 歯《は》ぐきに 入《はい》って はれる。

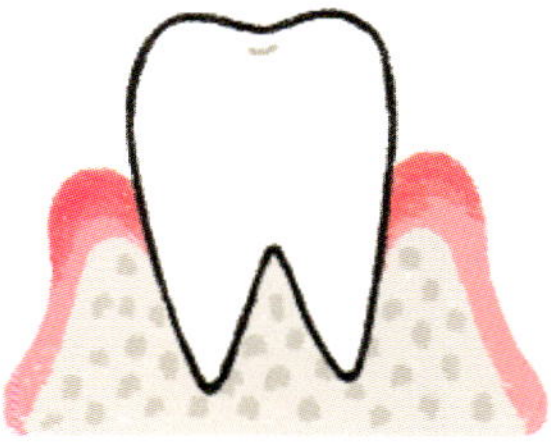

❷ ほねが とけて 歯《は》を ささえられなくなる。

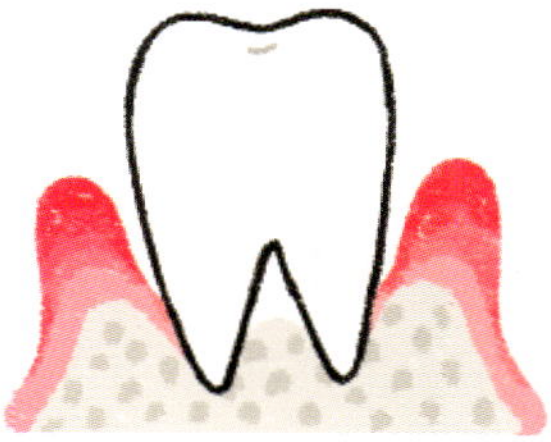

❸ 歯《は》ぐきの はれが 広《ひろ》がり、なかの ほねも とけだす。

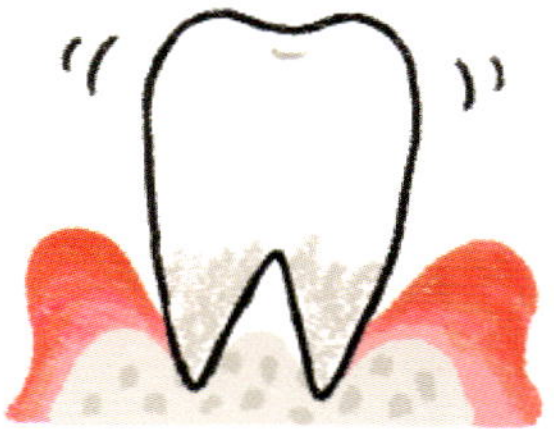

虫歯《むしば》の よぼう

歯《は》に 食《た》べかすが のこらないように、食《た》べたら しっかり はみがきを しましょう。虫歯《むしば》の もとと なる 歯《し》こうも、はみがきで とりのぞく ことが できます。

おうちのかたへ

食事のあと、歯に残った食べかすの中の糖質を栄養として虫歯菌（ミュータンス菌）が増殖し、かたまりとなったものが歯垢《しこう》です。歯垢の中の虫歯菌は糖質を分解して、酸を出して歯のエナメル質を溶かします（脱灰《だっかい》）。また、その一方で、唾液によって、細菌の出す酸を中和して洗い流し、歯の溶けた部分を修復すること（再石灰化）も同時に行われています。

食後は脱灰の働きのほうが強いので、だらだらと食事をしたり、間食が多かったりすると、再石灰化が脱灰に追いつかなくなり、少しずつ虫歯が進行します。虫歯予防には、歯みがきをしっかり行うことが大切ですが、食事のとり方に注意し、しっかりかんで唾液をたくさん出して再石灰化を助けることも必要です。

たいおんが 上《あ》がる ねっちゅうしょう

公園《こうえん》に 行《い》くと あそぶのに むちゅうに なっちゃうけれど、お水《みず》は ちゃんと のまないと いけないよ。

こどもは まだ たいおんが うまく ちょうせつできません。長《なが》い 時間《じかん》、あつい ところに いると、からだの なかの 水分《すいぶん》や えんぶんが たりなくなって、うまく ねつを 下《さ》げる ことが できなくなります。これが 「ねっちゅうしょう」 です。

ねっちゅうしょうに なりやすいのは……

きおんが 高《たか》い、しつどが 高《たか》い、風《かぜ》が 弱《よわ》い ときに なりやすいと、いわれています。

ぼうしを かぶらず、あつい なかで あそぶ。

あつい へやで、あつぎを している。

れいぼうの ついて いない 車《くるま》の なか。

ひなたの どうろを 長《なが》い 時間《じかん》 歩《ある》く。

ねっちゅうしょうの 手当《てあ》て

ねっちゅうしょうに なると、
顔《かお》が 赤《あか》くなったり、
ふらふらしたり、
あせが 出《で》なくなったりします。
そうなったら、
すぐに 手当《てあ》てを しましょう。

はきけなどが なければ
ひかげや へやの なかなど
すずしい ばしょで ねる。

スポーツドリンクや
しおを 少《すこ》し 入《い》れた
水《みず》などを 少《すこ》しずつ のむ。

ぬらした タオルなどで
首《くび》や わきの 下《した》、
足《あし》の つけねを ひやす。

ねっちゅうしょうに ならないために

ねっちゅうしょうは、
ふせぐ ことが できます。

のどが かわいていなくても、
こまめに 少《すこ》しずつ
水分《すいぶん》を とる。

長《なが》い 時間《じかん》
あつい ところに
いない。

外《そと》では つばの ある
ぼうしを かぶる。

すずしい
ふくを きる。

おうちのかたへ

熱中症は気温や湿度が高く、風が弱いときなどに起こりやすくなります。症状に気づいたら、すぐに適切な処置をしましょう。吐き気や意識障害があって、自分で水分を補給できないような重い症状の場合は、すぐに救急車を呼んで、病院で治療を受けてください。

症状が軽い場合は、まず体温を下げるための処置を行います。屋外なら日陰で風通しのいい場所、屋内なら涼しい部屋などに移動させ、衣服を緩めて、足を高くして寝かせます。風を当てたり、ぬらした冷たいタオルを首や脇の下、足のつけ根などに当てたりして体を冷やします。

水分を補給するときには、汗によって失われた塩分も補給する必要があるので、スポーツドリンクなど、なるべく塩分が入っているものを、少しずつ飲ませます。

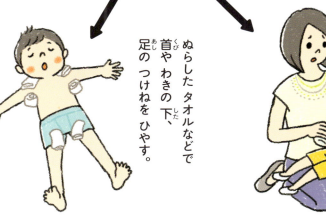

元気《げんき》な からだを つくる

きょうも 朝《あさ》ごはんを
しっかり 食《た》べて、
外《そと》で いっぱい あそんだよ。
それが 元気《げんき》な からだを
つくる ことに なるんだね。

びょうきに まけない、元気《げんき》な からだを つくるために、きそく正《ただ》しい せいかつを おくる ことが たいせつです。

元気《げんき》に あそぶ

外《そと》で 元気《げんき》に あそぶ ことで、しんぞうや はいの はたらきが 強《つよ》くなったり、きんにくが じょうぶに なったりします。
また、びょうきと たたかう 力《ちから》が つきます。

手《て》を あらい、うがいを する

外《そと》から かえってきた ときや しょくじの 前《まえ》は、手《て》を あらい、うがいを しましょう。
びょうきの もとに なる びょうげんきんや ウイルスを からだの なかに 入《い》れない ことが、びょうきの いちばんの よぼうです。

ゆびの あいだや つめと ゆびの あいだも しっかり あらう。
うがいも わすれないように する。
HAND SOAP

はやおき、はやねを する

はやおき、はやねを する ことで
からだの リズムを つくる ことが できます。
また、夜《よる》の あいだに からだや のうを ゆっくり 休《やす》ませる ことは、
せいちょうの ためにも ひつようです。

たいようの 光《ひかり》を
あびると
すっきり めざめる。

すききらいを いわない

食《た》べものには、けんこうな からだを つくり、
からだを うごかすための えいようが
たくさん 入《はい》っています。
すききらいを いわないで、
いろいろな ものを 食《た》べましょう。

朝《あさ》、昼《ひる》、夜《よる》、
3食《しょく》 しっかり
食《た》べる ことも たいせつ。

食《た》べものには
えいようが
たっぷり！

おうちの かたへ

適度な運動や睡眠、バランスのよい食事など、毎日の規則正しい生活の中で健康な体がつくられていきます。

十分な睡眠は子どもの成長に特に大きく関わります。寝ているあいだに、骨や筋肉を成長させる成長ホルモンの分泌が盛んになるので、寝る時間が遅かったり、睡眠時間が短かったりすると、成長ホルモンの分泌は減ってしまいます。また、睡眠時間は、脳が記憶を整理する時間でもあります。学習したことも、寝ることで記憶され、理解しやすくなるといわれています。

天気のよい日は十分に太陽の光を浴びて、元気に運動してお腹をすかせ、食事をしっかりとって、ぐっすり眠ることが、健康で抵抗力のある体をつくることになるのです。

さいぼうに かんけいする ことば

さいきん・びょうげんきん
細菌・病原菌

「さいきん」は 目《め》に 見《み》えない ほど 小《ちい》さな せいぶつ。びょうきの もとと なる さいきんを 「びょうげんきん」と いう。

さいきんには 人《ひと》の やくに 立《た》つ ものや がいの ない ものも 多《おお》い。

ヨーグルトに ふくまれている さいきんは おなかの ちょうしを よくする と いわれている。

ウイルス

さいきんよりも さらに 小《ちい》さく、ほかの さいぼうの なかに 入《はい》って ふえる。

さいぼうは いきものの からだを つくる いちばん 小《ちい》さな たんい。

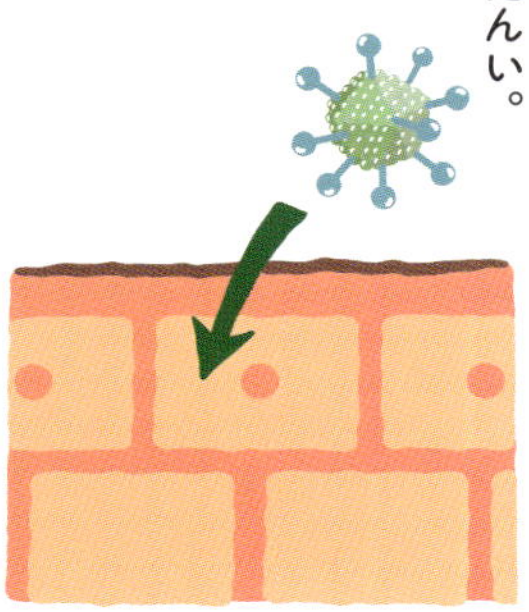

さまざまな めんえきさいぼう

からだに 入《はい》ってきた びょうげんきんや ウイルスなどの びょうきの もとを たいじする。

こうちゅうきゅう
好中球

びょうげんきんを 食《た》べて ころす。食《た》べすぎると しんで、うみに なる。

マクロファージ

びょうげんきんを 食《た》べて ころす。こうちゅうきゅうより ひとまわり 大《おお》きい。

じゅじょう さいぼう
樹状細胞

こうちゅうきゅうや マクロファージでは ころしきれない びょうげんきんなどを 食《た》べて ころす。

食《た》べて ころした びょうげんきんなどの じょうほうを ヘルパーティーさいぼうに つたえる。

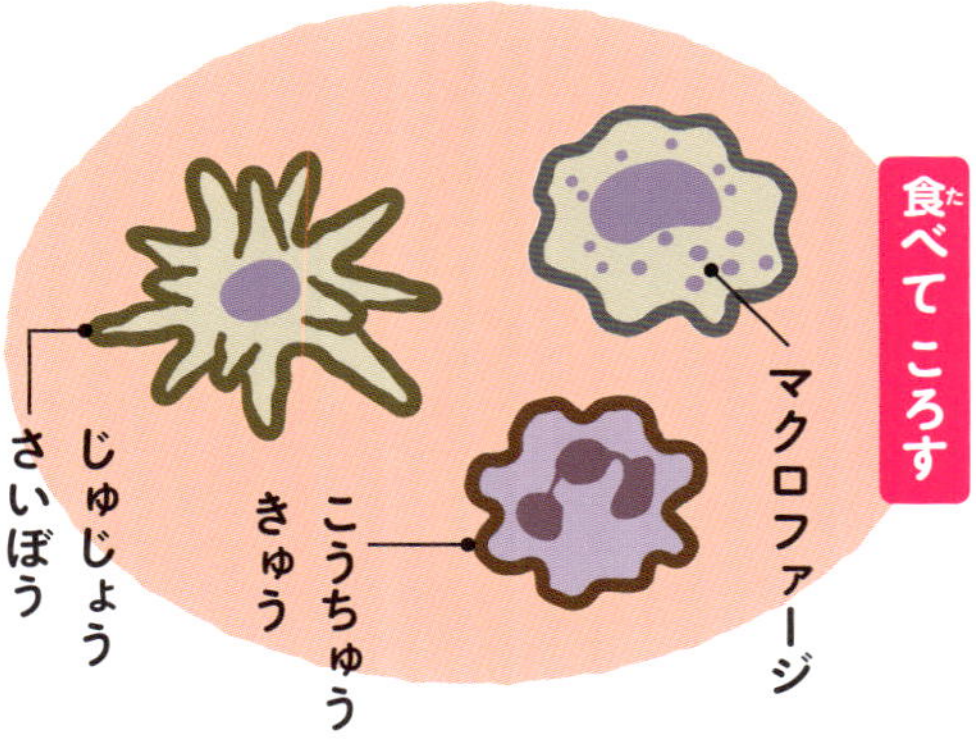

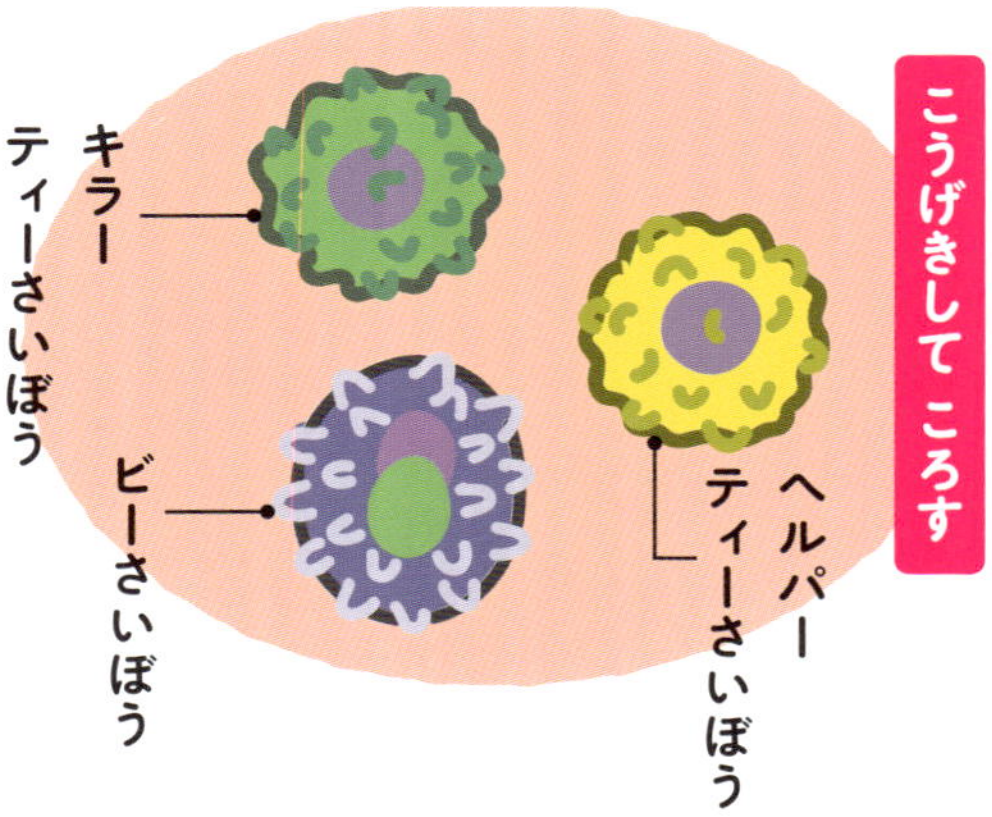

ヘルパーティーさいぼう
ヘルパーT細胞

じゅじょうさいぼうから うけとった じょうほうを キラーティーさいぼうや ビーさいぼうに つたえ、こうげきを めいれいする。

キラーティーさいぼう
キラーT細胞

ヘルパーティーさいぼうの めいれいを うけとって、びょうげんきんや ウイルスを こうげきして ころす。

ビーさいぼう
B細胞

ヘルパーティーさいぼうからの じょうほうを もとに こうげきする ぶきを つくる。また、いちど つくった ぶきを おぼえておく はたらきを もつ。

リンパに かんけいする ことば

リンパかん
リンパ管

リンパえきが ながれる くだで、全身《ぜんしん》に はりめぐらされている。

えいようや からだの なかで いらなくなった ものを はこんで、じょうみゃくに とどける。

べん

リンパかんには 「べん」と いう でっぱりが ついていて リンパえきが ぎゃくに ながれるのを ふせいでいる。

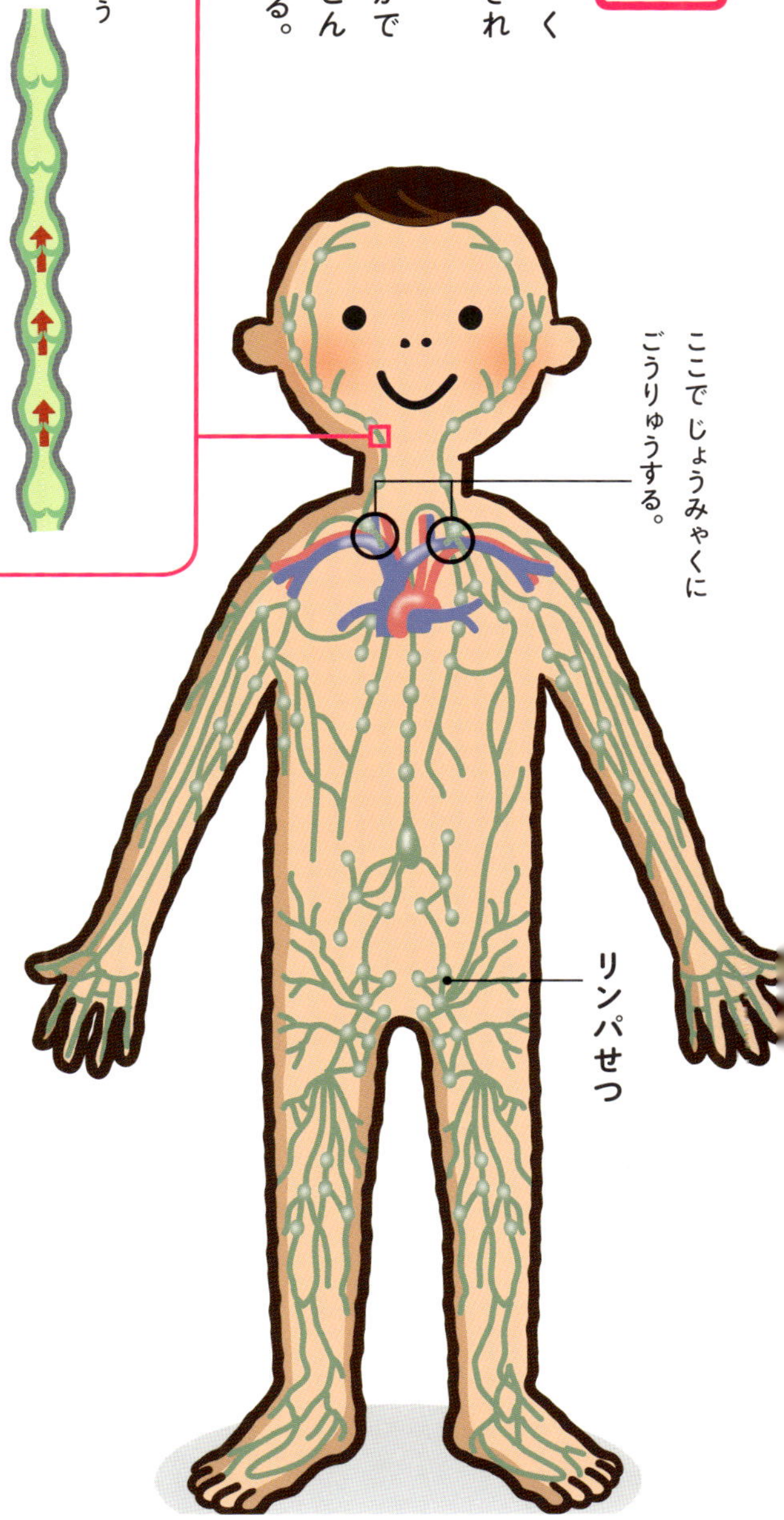

ここで じょうみゃくに ごうりゅうする。
リンパせつ

リンパえき
リンパ液

リンパかんの なかを ながれる えきたい。

もうさいけっかんから もれだした けっしょう（↓70ページ）の いちぶが リンパかんに 入《はい》り、リンパえきとして ながれる。

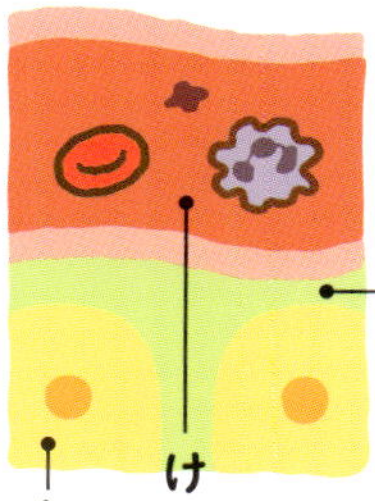

リンパえき
けっしょう
さいぼう

リンパせつ
リンパ節

いくつかの リンパかんが あつまって できた きかん。

なかには たくさんの めんえきさいぼうが あつまっていて、びょうげんきんや ウイルスが 入《はい》りこむと こうげきして リンパえきを きれいにする。

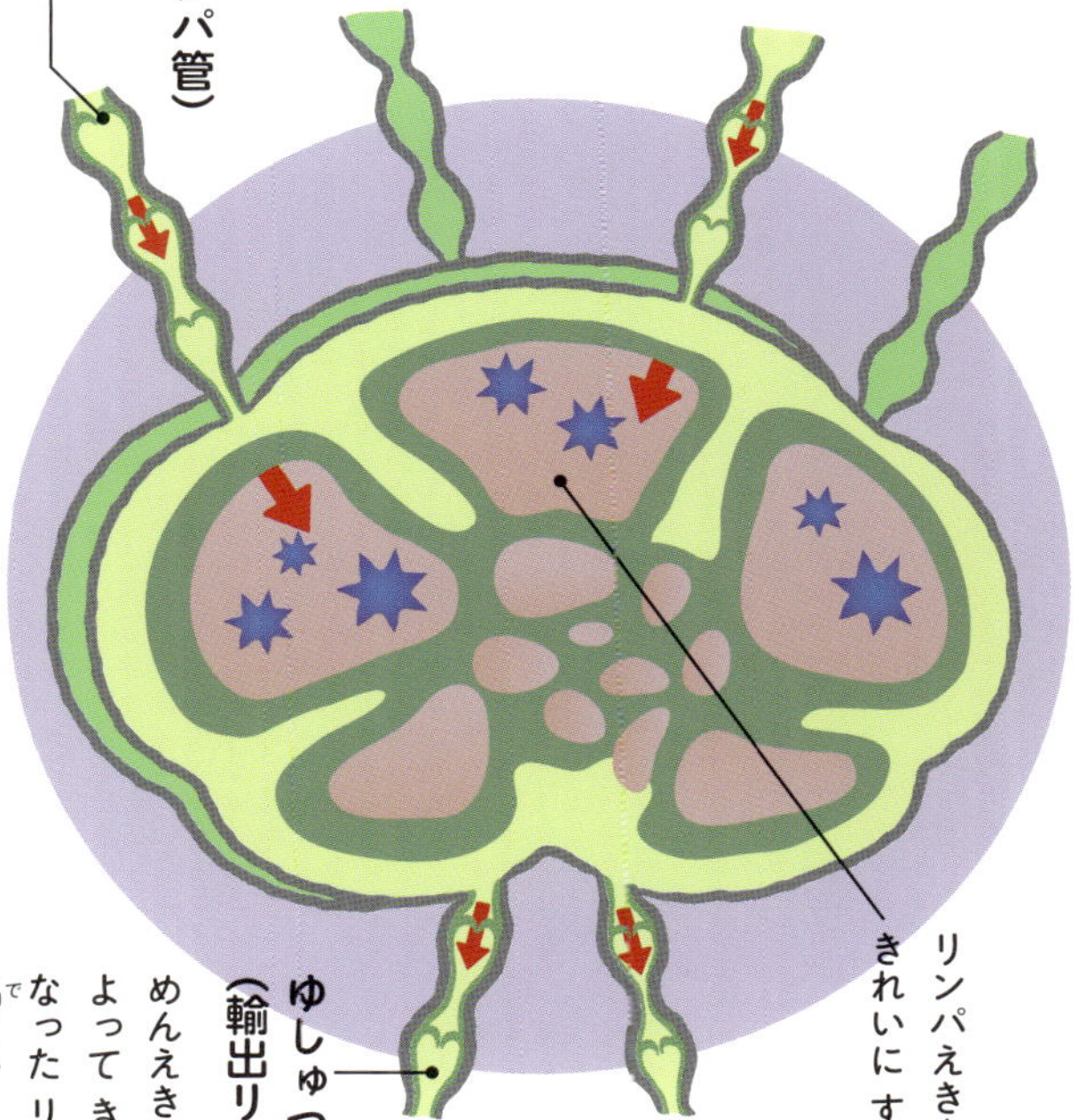

ゆにゅうリンパかん（輸入リンパ管）
びょうきの もとに なる ものが まじった リンパえきを リンパせつに ながしこむ くだ。
リンパえきを きれいに する。
ゆしゅつリンパかん（輸出リンパ管）
めんえきさいぼうに よって きれいに なった リンパえきが 出《で》ていく くだ。

さまざまな けが

すりきず・きりきず
擦り傷・切り傷

ひふの ひょうめんが じめんなどに ぶつかって、すりむいたり けずれたりする。血《ち》が 出《で》る ことが 多《おお》い。

うちみ・だぼく
打ち身・打撲

なにかに 強《つよ》く ぶつかって、ひふの なかや きんにくが きずつき、赤《あか》くなったり、あざが できたりする。ひふに きずは できない。

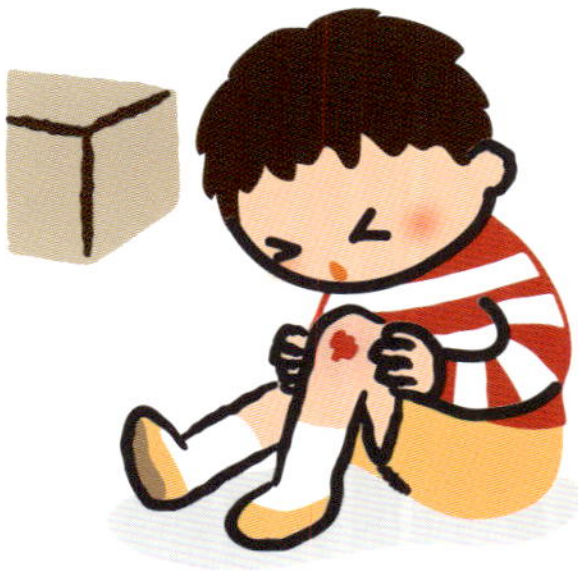

ねんざ
捻挫

手首《てくび》や 足首《あしくび》の かんせつを ひねる ことで、ほねと ほねを つなぐ じんたい（➡22ページ）が のびたり 切《き》れたりして、はれる。

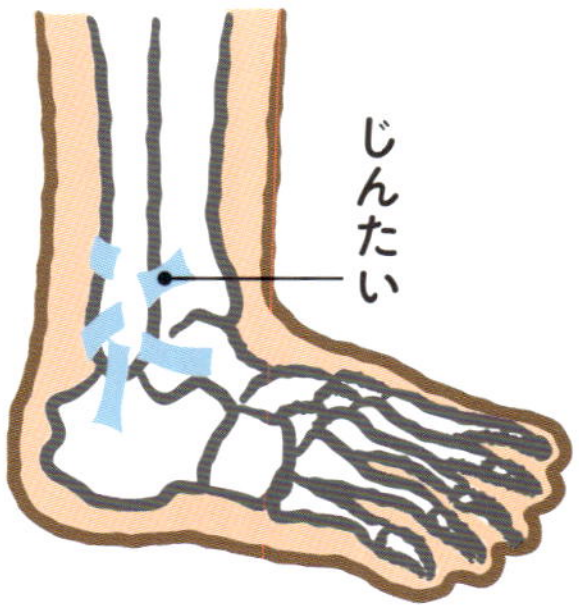

こっせつ
骨折

からだを ぶつけたりした ときに、ほねに 強《つよ》い 力《ちから》が かかって、ひびが 入《はい》ったり おれたりする。

スポーツしょうがい
スポーツ障害

おなじ どうさを、長《なが》い きかん くりかえし おこなう ことで、つかいすぎた ぶぶんに いたみが 出《で》る。スポーツせんしゅに 多《おお》い。

やけど

火《ひ》や ねっとうなど、あついものに ふれる ことで、ひふの なかの ほうまで きずついて 赤《あか》く はれたり 水《みず》ぶくれが できたりする。

むしさされ
虫刺され

カや ハチ、ノミなどの 虫《むし》に さされて 虫《むし》の どくが ひふの なかに 入《はい》り 赤《あか》くなったり、かゆみが 出《で》たりする。

さまざまな びょうき ①

ちゅうじえん
中耳炎

びょうげんたいが はなから耳《みみ》の「ちゅうじ」に 入《はい》り、きゅうに はれる。ねつが 出《で》て、耳《みみ》が いたむ。

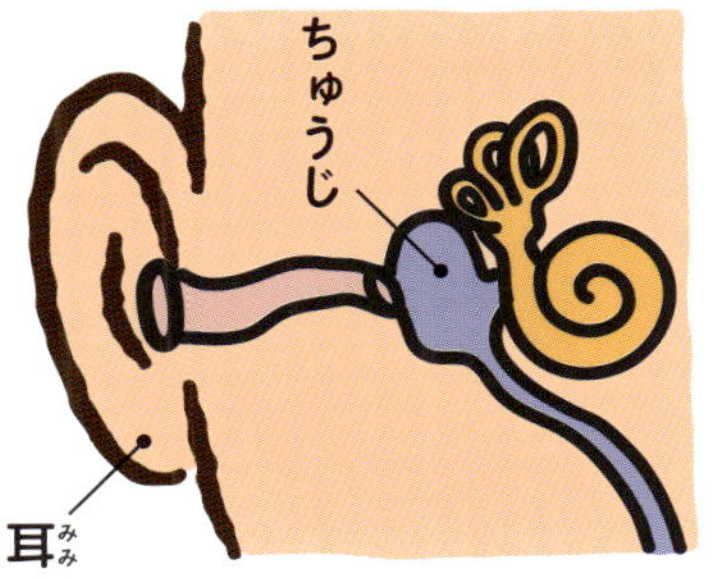

けつまくえん
結膜炎

目《め》の「けつまく」で びょうげんたいが ふえ、えんしょうを おこす。白目《しろめ》や けつまくが 赤《あか》くなったり、目《め》やにが 出《で》たりする。

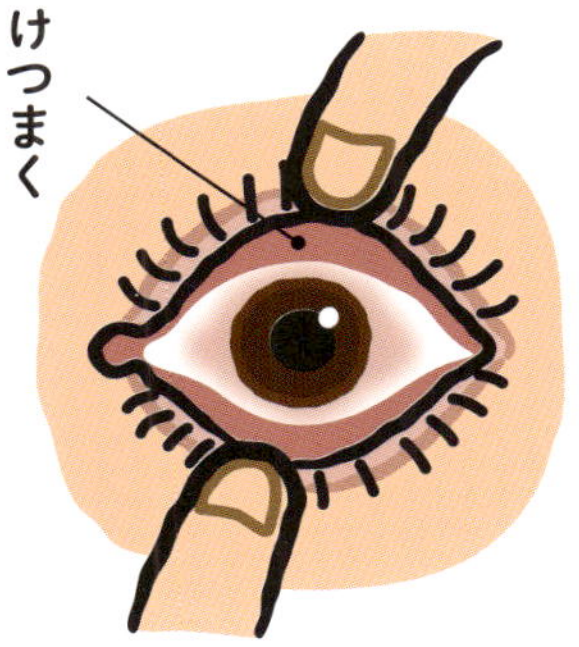

びえん
鼻炎

びょうげんたいや アレルギーの もとが はなに 入《はい》った ために、くしゃみや はなみずが 出《で》る。ひどくなると はなづまりに なり、はなみずも 黄色《きいろ》くなる。

へんとうえん
扁桃炎

のどの 入《い》り口《ぐち》に ある「へんとうせん」で びょうげんたいが ふえ、はれて いたむ。こうねつや ずつうなども おこる。

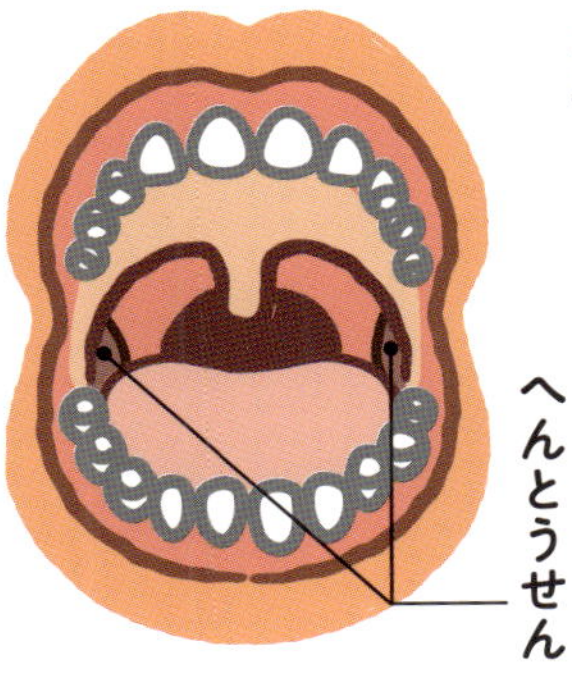

とびひ

びょうげんたいによって できた ぶつぶつを かいてから からだに さわったために、からだじゅうに びょうげんたいが うつって、水《みず》ぶくれや かさぶたが できる。

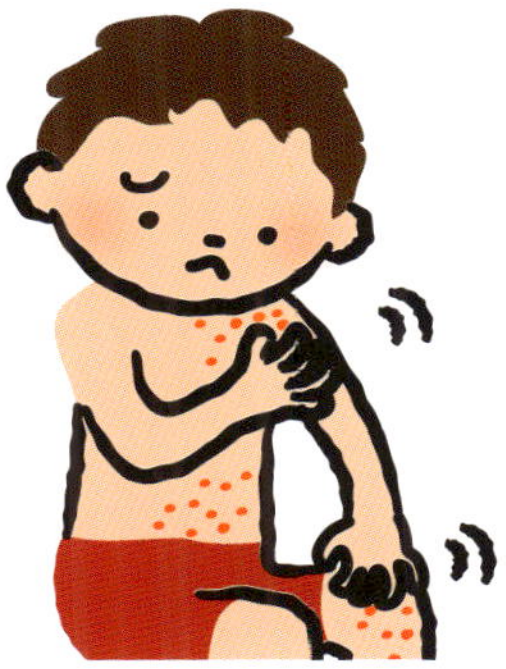

じんましん

とつぜん ひふに 赤《あか》い ぶつぶつが できて 広《ひろ》がり、かゆくなる。食《た》べものや どうぶつなどの アレルギーや、ひふへの しげきなど、いろいろな げんいんが ある。

しもやけ
霜焼け

からだが ひえると、えいようを はこぶ 血《ち》の ながれが わるくなる。とくに ひえやすい 手《て》や 足《あし》の ゆびさきに えいようが まわらなくなり、赤《あか》くなったり いたがゆくなったりする。

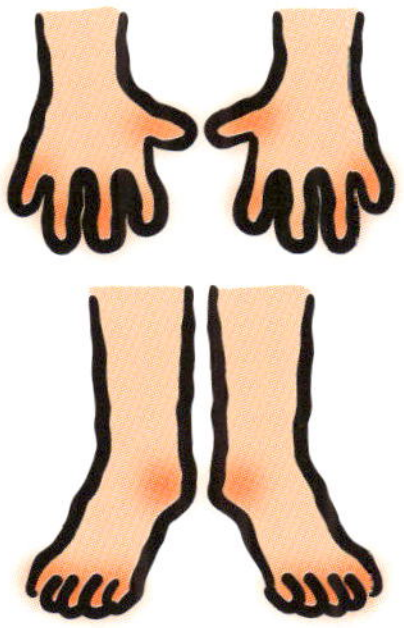

みずぼうそう
水ぼうそう

「すいとうたいじょうほうしんウイルス」に かんせんして おこる。まず 小《ちい》さな 赤《あか》い ぶつぶつが でき、そのあと かゆみの ある 水《みず》ぶくれが できて、全身《ぜんしん》に 広《ひろ》がる。

さまざまな びょうき ②

おたふくかぜ
おたふく風邪

「ムンプスウイルス」に かんせんして おこる。耳《みみ》と あご、したの 下《した》がわに ある、だえきせん（↓42ページ）が はれて いたみが 出《で》る。ねつも 出《で》る。

プールねつ
プール熱

「アデノウイルス」に かんせんして おこる。のどが はれて いたみ、ねつが 出《で》る。けつまくえんも おきる。プールで うつる ことも あるため、こうよばれる。

ふうしん
風しん

「ふうしんウイルス」に かんせんして 耳《みみ》の うしろなどの リンパせつが はれる。ねつが 出《で》て 全身《ぜんしん》に 赤《あか》い ぶつぶつが できる。おとなが かかると ねつや いたみが ひどくなる。

てあしくちびょう
手足口病

「エンテロウイルス」に かんせんして おこる。口《くち》の なかや 手《て》、足《あし》に 小《ちい》さな 水《みず》ぶくれが できる。ねつが 出《で》る ことも ある。

インフルエンザ

「インフルエンザウイルス」に かんせんして おこる。きゅうに こうねつが 出《で》る。さらに、はなみずや せき、ずつうや かんせつつうなど 全身《ぜんしん》にも しょうじょうが 出《で》る。

むしば
虫歯

口《くち》の なかに いる びょうげんきんによって 歯《は》が とける。

歯《は》の なかには いたみを かんじる しんけいが とおっているため、歯《は》に あなが あくと、いたみを かんじる。

ししゅうびょう
歯周病

歯《は》を ささえる 歯《は》ぐきや ほねに びょうげんきんが 入《はい》る。ひどくなると 歯《は》が ぬけてしまう ことも ある。

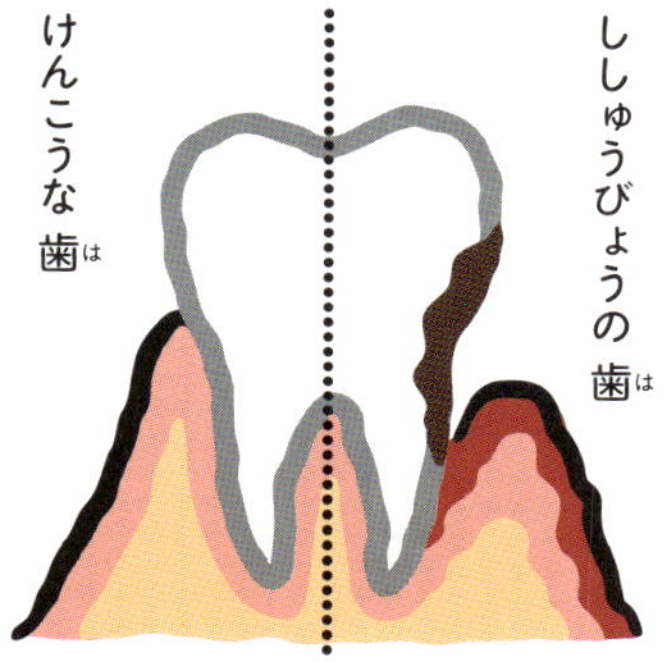

ねっちゅうしょう
熱中症

長《なが》い 時間《じかん》 あつい ところに いて、からだの ねつが 下《さ》がらなくなってしまう。ふらふらしたり きもちが わるくなったりする。

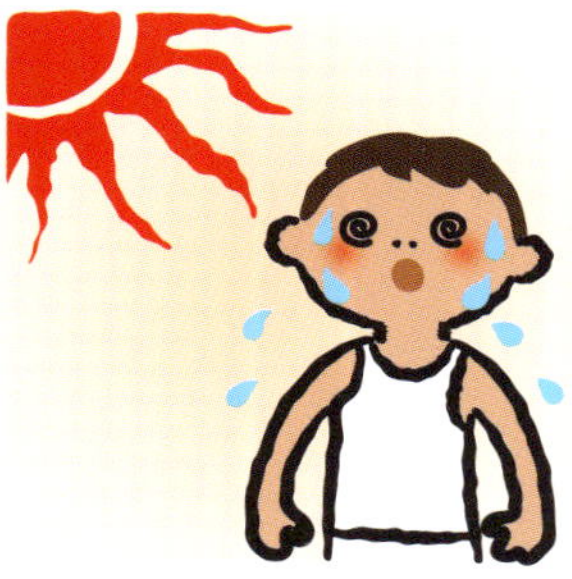

アレルギーに かんけいする ことば ①

マストさいぼう
マスト細胞

アレルギーの もとと むすびつくと、くしゃみや はなみず、じんましんなどの げんいんと なる「ヒスタミン」を 出《だ》す。

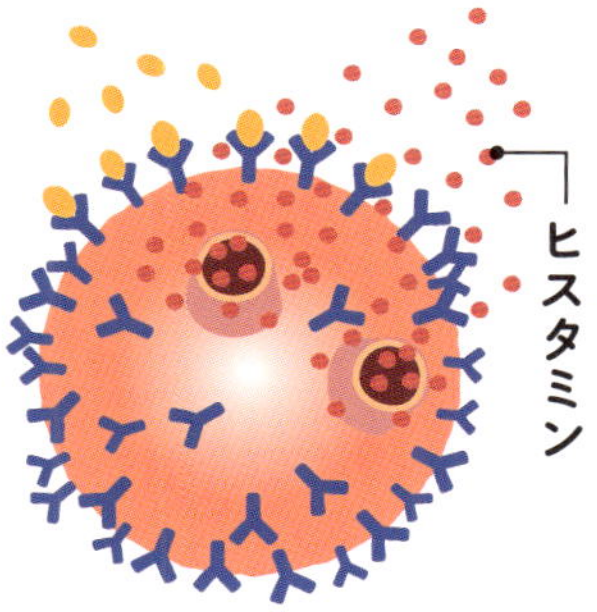

しょくもつアレルギー
食物アレルギー

食《た》べものに ふくまれる ものによって おこる。じんましんや かゆみ、ぜんそく、はきけ、ふくつうなど しょうじょうは さまざま。

食《た》べた あとに うんどうを すると、からだの めんえきさいぼうも かっぱつに はたらくため、アレルギーが 出《で》てしまう ことも ある。

どうぶつアレルギー
動物アレルギー

犬《いぬ》や ねこなど、どうぶつの 毛《け》や ふけ、だえきなどに ふれたり、すいこんだりする ことで、くしゃみや はなみず、目《め》の かゆみ、じんましんなどが 出《で》る。

きんぞくアレルギー
金属アレルギー

からだに つけた きんぞくが、あせなどで とけだし、からだの なかに 入《はい》る ことで、ひふの かぶれや しっしん、かゆみなどの はんのうが 出《で》る。

ゴムアレルギー

ゴム手《て》ぶくろなど、ゴムの きの じゅえきから つくられた てんねんゴムに ひふが ふれると、赤《あか》く はれたり、水《みず》ぶくれに なったりする。

ほこりアレルギー

ペットの 毛《け》や、ダニ、その ふん、かびなどが ふくまれた 空気《くうき》を すう ことで、くしゃみや はなみず、目《め》の かゆみなどが おこる。

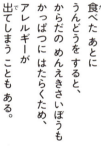

アレルギーに かんけいする ことば②

かふんしょう
花粉症

スギや ヒノキなど、しょくぶつの かふんを すう ことで くしゃみや はなみず、目《め》の かゆみが おこる。

しがいせん アレルギー
紫外線アレルギー

たいようこうせんに ふくまれる「しがいせん」を あびることで、ひふが 赤《あか》くなったり、じんましん、かぶれ、目《め》の じゅうけつなどが おこる。

きかんしぜんそく
気管支ぜんそく

すいこんだ 空気《くうき》の とおりみちである「きかんし」がアレルギーや びょうきで せまくなっている。せきを するとさらに こきゅうが くるしくなる。

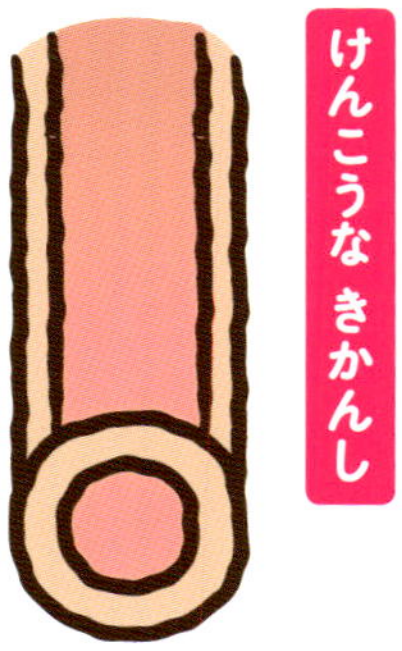
けんこうな きかんし

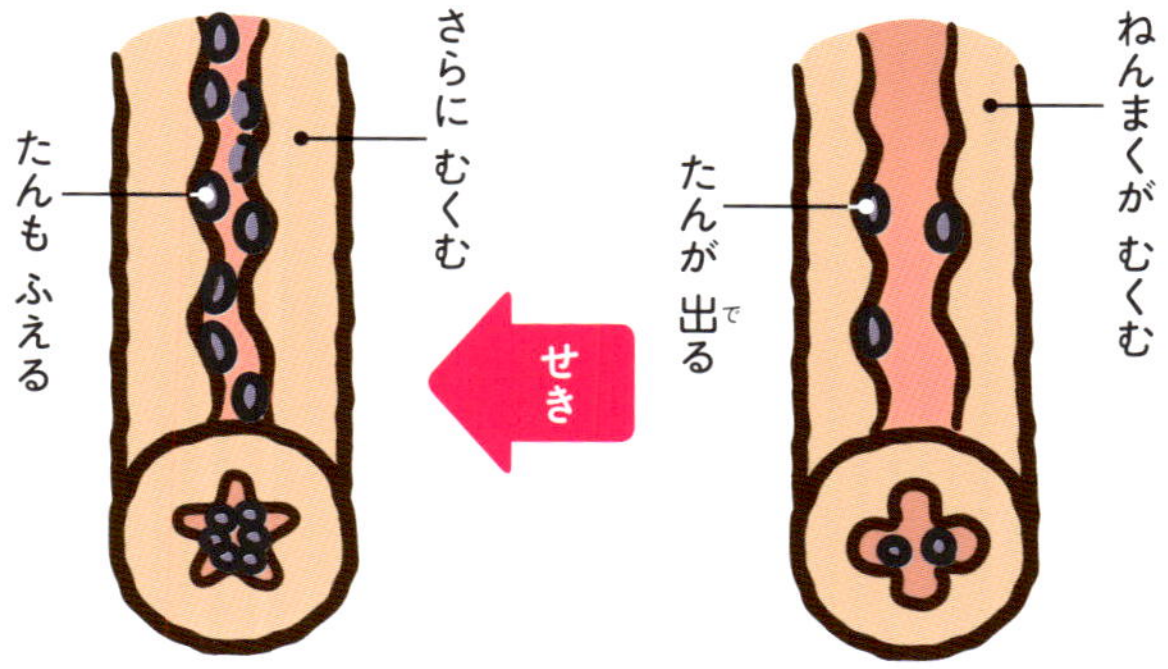
ねんまくが むくむ
たんが 出《で》る
せき
さらに むくむ
たんも ふえる

アトピーせいひふえん
アトピー性皮膚炎

ひふに しげきを うけると、かゆみの 強《つよ》い ぶつぶつが くりかえし 出《で》る。

ひふの 水分《すいぶん》を たもち、いぶつの しんにゅうを ふせぐ力《ちから》が 弱《よわ》いために、アレルギーの もとや ストレスなどの しげきを うけとりやすく、すぐ はんのうが 出《で》てしまう といわれている。

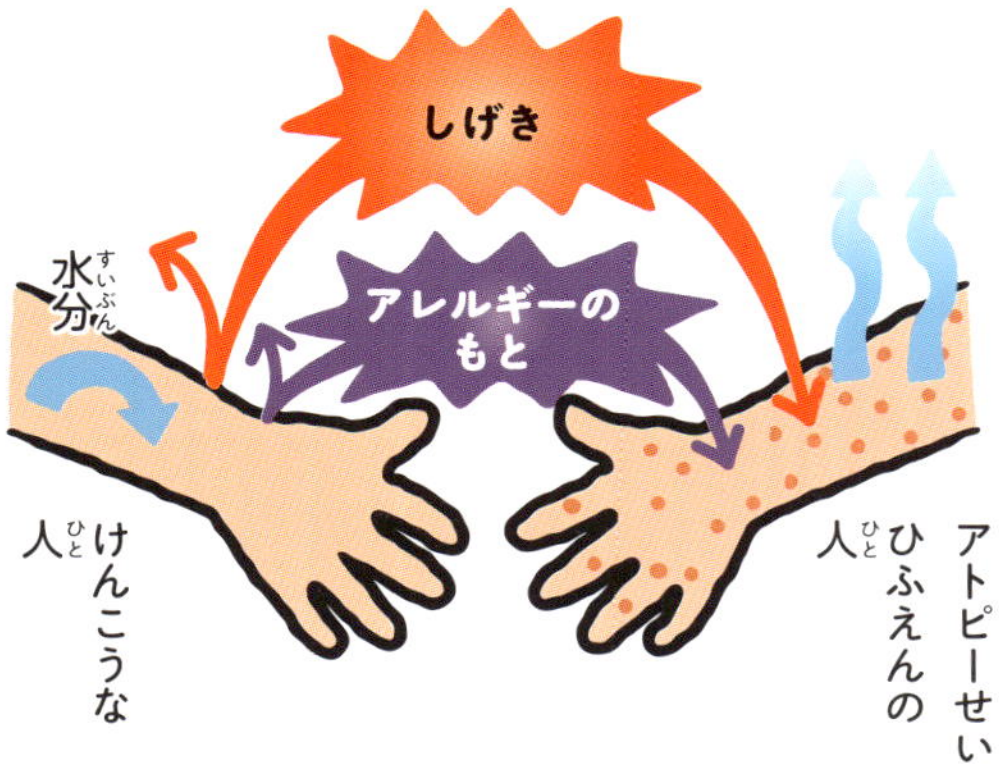
しげき
アレルギーの もと
水分《すいぶん》
アトピーせい ひふえんの 人《ひと》
けんこうな 人《ひと》

アナフィラキシー

アレルギーの もとに たいする はんのうが 強《つよ》すぎて、いくつかの アレルギーはんのうが ほぼ どうじに おこる。

アナフィラキシーの しょうじょうによって いしきが なくなるような きけんな じょうたいを「アナフィラキシーショック」と いう。すぐに びょういんへ はこんで みてもらう ひつようが ある。

けつあつが 上《あ》がる
こきゅうが できない
いしきが ない

おうちのかたへ

保護者が知っておきたい子どもの成長と病気のケア

指導 みやのこどもクリニック院長　宮野孝一

この絵じてんでは、人の命や生活を支える人体のさまざまなしくみや働きについて解説しています。ここでは、お子さんが健やかに成長し、健康に生活するために保護者の方に知ってほしい知識を紹介します。

子どもの成長と健康

子どもの成長に欠かせないのが、成長ホルモンです。成長ホルモンが分泌されることで、骨や筋肉が成長し、身長を伸ばします。身長だけでなく、脳の発達や記憶にも影響するといわれています。

成長ホルモンは、起きているときはあまり分泌されず、深い睡眠（レム睡眠）のときに集中的に分泌されます。また、特に4～5歳くらいまでにたくさん分泌されます。「寝る子は育つ」ともいうように、幼児期の睡眠は、子どもの成長にとってとても重要な意味があるのです。

よい睡眠をとるためには、生活リズムを整えることが大切です。早寝早起きをすること、食事をきちんととること、体をよく動かすこと。これらは、健康な生活を送るために必要なのはもちろんのこと、睡眠の質をよくすることにもつながります。

親が不規則な生活をしていると、子どもに影響してしまいます。子どもは、自分で生活リズムを整えることはできないのですから、規則正しい生活が習慣づけられるように、親が意識して導くことが必要です。

●新生児（生まれてから28日目頃まで）

手を押すと握り返したり、口に触れると吸ったりするなど、一定の刺激に体が反射的に反応します。空腹やおむつの不快感などは、泣いて伝えます。1か月くらい経つと、声や音、光に反応するようになり、あやすと笑うなど、表情も豊かになってきます。

●乳児期（1歳頃まで）

寝返りやはいはい、伝い歩きと、どんどん自分で動くようになり、行動範囲が広がり、運動量が増えていきます。簡単な言葉の意味も分かるようになり、自分でもまねして言葉を発したりします。家族とよその人の区別がつくようになるので、人見知りが激しくなる時期でもあります。

●幼児期（1歳～6歳頃まで）

運動能力が発達して、走ったりジャンプしたりするようになります。手先も器用になり、ボールを投げたり絵を描いたり、服の脱ぎ着もできるようになります。

話せる単語の数も増えてきて、相手の言うことを理解するようになります。その分、喜怒哀楽をはっきり示すようになり、反抗心や自立心が生まれる時期でもあります。5歳くらいになると、集団のルールを守って、友だちとも協力できるようになります。

●児童期（6歳～12歳頃まで）

体重や身長が増えていき、個人差が出始めます。女子は9歳頃、男子は11歳頃から生殖器の発達も始まります。生活範囲も学校を中心に広がり、精神面でも大きく成長する時期です。友だちや先生など、いろいろな人と関わるなかで自分をコントロールできるようになっていきます。グループ活動を通して、思いやりや責任感、自立心なども育まれます。

●思春期（12歳～18歳頃まで）

男女ともに、男らしい、女らしい体つきになってきて、心身ともに大きく成長する時期です。そうした急激な変化に不安や悩みを感じる時期でもあります。

生活においては、親や教師よりも、友だちとの関係が占める割合が大きくなります。自立心も高まり、依存心を残しながら、親に守られる状況に疑問を感じてわけもなく反抗的な態度をとってしまいます。自分を確立しようと模索している時期だといえます。

病気の症状とケア

生まれたばかりの赤ちゃんは、親からもらった免疫があるので、病気にかかることはほとんどありません。しかし、それを過ぎるとさまざまな病気に感染することが増えていきます。子どもは病気の進行が速いので、気づいたときには全身に症状が出てしまっていたということも。体に出る症状も病気によってさまざまです。普段から子どものようすを観察し、異変に早めに気づいて、症状に合ったケアをすることが大切です。

●熱がある

熱があっても病気とは限りません。熱が出たら、機嫌はどうか、せきや鼻水が出ていないか、体に発疹は出ていないかなど、子どものようすを確認しましょう。元気で食欲もあるようならそれほど心配はありませんが、ぐったりしていたり、呼吸が荒い、食欲がないといった場合には、早めに医師の診察を受けてください。

家でのケアとしては、熱の出始めで寒気がしている場合は、室温を25度くらいにして、首のまわりをタオルでくるんだり、足に湯たんぽをあてたりして体を温めましょう。

熱が上がって汗をかいてきたら、室温を20~24度くらいにして、氷枕や氷のう、冷却シートなどを頭にあてて、体を冷やします。氷のうをタオルでくるんで、わきの下やももの付け根にあてるのも効果的です。麦茶や経口電解質液などで、水分補給も忘れないように。

●お腹が痛い

子どもはよく腹痛を起こします。重大な病気の場合もあるので、注意が必要です。痛いのが実際にはお腹でない場合もあるので、子どものようすから察する必要があります。

腹痛に熱や下痢、嘔吐などが伴う場合は、早めに医師の診断を受けましょう。特に激しく痛がったり、血便が出るような場合は、大至急、病院へ連れて行く必要があります。

家では、診断を受けるまで、食事を与えてはいけません。水分は、吐き気がなければようすを見ながらあげてください。心因性による腹痛の場合は、子どもの心に寄り添って、不安を解消できるようにしましょう。

●鼻水が止まらない

子どもの鼻の粘膜は敏感で、ちょっとした刺激で鼻水や鼻づまりを起こします。水っぽい鼻水で、熱や下痢などの症状が出なければ、家で安静にしてようすを見ましょう。

熱が出たり、どろっとした鼻水が出る、汚い色の鼻水が出る、いびきをかくなどの症状があるときや、鼻水が1週間以上続くような場合は、医師の診断を受けましょう。

鼻水が止まらないときは、口やスポイトなどで吸い出してあげましょう。自分でかめる場合は、片方ずつ鼻の穴を押さえてかませます。鼻がつまっているときは、部屋の湿度を高めにして、蒸しタオルを鼻にあてたり、温かいスープなどを食べさせると、鼻の通りがよくなるでしょう。

●せき込んでいる

せきが出たら、どんなせきか、熱はないか、1日の中でいつごろ出やすいかなどを確認します。せきが軽くて、熱がなければ、家でようすを見ても大丈夫でしょう。

熱や嘔吐などの症状が出たり、激しいせきで呼吸困難を起こしたりした場合は、できるだけ早く医師の診断を受けてください。

家では、湿度を60~80%にして、1時間おきくらいに換気をしましょう。寝かせるときは、背中にクッションをあてるなど、上半身を高くします。せき込んだときは、そのまま横向きに寝かせて背中をさすったり、立て抱きにして背中をさすったりします。おさまったら、温かいスープなどを飲ませましょう。

●発疹が出ている

発疹は、アトピー性皮膚炎などの皮膚の病気や、はしかなどの感染症の症状として出ます。症状によって手当てが変わるので、発疹が出たら、全身を見て、発疹の出方や状態、かゆみ、熱の有無などをメモして、医師に伝えられるようにしましょう。

家では、医師の指示に従ってようすを見ます。かゆみがある場合、体が温まるとかゆみが強まるので、薄着にさせて、室温も高すぎないようにします。爪も短く切っておきましょう。入浴は、熱が下がって、発疹が消えるまでできません。熱がなければ、医師に相談して、石鹸は使わず、ぬるめのシャワーで洗ってあげてもいいでしょう。

感染症の予防

感染症の原因となる病原菌は、さまざまな経路で体に入ってきます。多いのは、くしゃみやせきと一緒に飛び出した病原菌を、吸い込んで感染する飛沫感染です。ほかに、指やものについた病原菌を知らずに口に入れることで感染する経口感染や、感染者と触れた皮膚から感染する接触感染などがあります。

感染を防ぐには、感染源に近寄らないことがいちばんです。インフルエンザなどの感染症が流行しているときは、人混みに連れて行かないようにしましょう。また、規則正しい生活をする、うがいや手洗いをしっかりするなど、日頃からの習慣も大切です。予防接種もきちんと受けるようにしましょう。

予防接種を受けるときに気をつけること

- 健康な状態（※）であること。
- 前に受けた接種から、決められた間隔を空けていること。
- 接種後は、アレルギー反応が出ることがあるので、30分くらいは近くで待機すること。
- 接種後は安静にしていること。
- 接種した部位はこすらないこと。

※せきや熱などの心配な症状がない。
※アレルギーがない。
※重い病気の治療を受けていない。

アレルギーとの付き合い方

アレルギーは、体の過剰な防衛反応によって起こります。体質だけではなく、環境や精神的なものなど、さまざまな要因が複雑に絡み合っています。体質は変えられませんが、原因となるアレルゲンを遠ざけたり、アレルゲンが発生しない環境にすることなどによって、症状を軽くしたり、出ないようにしたりすることができます。

治療は長期間かかることが多いので、親としてはつらいところですが、信頼する医師のもとで、焦らずに根気よく治療をしていくことが大切です。

●食物アレルギーの治療

食べ物がアレルゲンとなる場合は、原因となる食品を摂取させないようにします。アレルギーを起こしやすい物質を含む食品は、わかるように表示されているので、食品のパッケージにある原材料名は必ず見て確認し、入っていれば避けるようにします。

誤って口にしてしまい、全身にアレルギー症状が出るアナフィラキシーが引き起こされた場合は、大至急、専門の医師の診断を受けて、処置を受けるようにしましょう。

また、注意したいのは、アレルゲンとなる食材をのぞくことで成長に必要な栄養が不足しないようにすることです。足りない分はほかの食材で補い、バランスのよい食事になるように心がけることも大切です。

●薬による治療

薬による治療には、主に次の3つの目的があります。

ひとつは、ぜんそくやじんましんなどの症状を薬で緩和させる目的。そして、前もって薬を処方することで、症状が出ないように予防する目的。さらに、原因となるアレルゲンを少しずつ体に入れることで体を慣らし、症状が出にくいようにする目的です。3つ目は、広い意味で体質改善といえるかもしれません。

どの方法が合っているかは、人によって異なります。医師と相談しながら、その人に合った薬が処方されることになります。

●環境の改善による治療

特定したアレルゲンを身の回りから取り除くことで、症状を緩和させます。

ほこりやダニの死骸など、部屋に原因があれば、掃除をこまめにし、アレルゲンが発生しそうなものを置かないようにするなど、生活環境を整えます。

花粉など外に原因がある場合は、外出を控えるか、外出時はめがねやマスクで防備して、帰宅時には服からはらい落とすなど、できるだけ部屋にアレルゲンを持ち込まないようにします。

環境を改善したとしても、疲れや睡眠不足、ストレスなどがあると、症状を悪化させせかねません。日常生活を見直して、疲れやストレスをためず、栄養をしっかりとるなど、体調管理も意識して行うことが必要です。

さくいん

あ

顎《あご》 11
足《あし》 16 **20** 102 140
足首《あしくび》 10 23
足《あし》の甲《こう》 11
汗《あせ》 100 117 121
頭《あたま》 11 16 24 41 104 113 133
圧覚《あっかく》 75 99 106
アトピー性皮膚炎《せいひふえん》 154 168
アナフィラキシー 155 168
あぶみ骨《こつ》 15 83 86
甘味《あまみ》 94
アレルギー **148-155 167-168**
アレルゲン 149 151 153

い

胃《い》 17 39 43 44 50 54 117
胃液《いえき》 39 43 44 50
息《いき》 56 58 **60** 66 72 88 110 116
咽頭《いんとう》 43
インフルエンザ 147 166

う

ウイルス 138 141 160 162
ウェルニッケ野《や》 114 130
右心室《うしんしつ》 62 68
右心房《うしんぼう》 62 68
渦形《うずがた》 19
打《う》ち身《み》 142 164
腕《うで》 11 32
うま味《み》 95
上唇《うわくちびる》 12
上《うわ》まぶた 12
うんち **46** 51 54
運動神経《うんどうしんけい》 121

え

栄養《えいよう》 38 **40** 45 46 **53** 54 60 **64** 103 104 110 161
栄養素《えいようそ》 43
S状結腸《エスじょうけっちょう》 46
エネルギー 60 65
えら 71
遠視《えんし》 79
延髄《えんずい》 60 111 116 129 131
塩味《えんみ》 94

お

横隔膜《おうかくまく》 57 58 60 67 72
横行結腸《おうこうけっちょう》 46
おしっこ **48**
おしり 11
おたふく風邪《かぜ》 146 166
おでこ 11
音《おと》 **82**
おなか 10 **38-54**
親指《おやゆび》 11
温覚《おんかく》 75 99 106

か

外耳《がいじ》 86
外耳道《がいじどう》 83 86
外側半規管《がいそくはんきかん》 84
回腸《かいちょう》 45
海馬《かいば》 125 132
外肋間筋《がいろっかんきん》 59
化学的消化《かがくてきしょうか》 39
かかと 11
蝸牛《かぎゅう》 82 87
蝸牛神経《かぎゅうしんけい》 83 87
顎関節《がくかんせつ》 22 28
覚醒《かくせい》 117
角膜《かくまく》 76 79 80 108
下行結腸《かこうけっちょう》 46
下行大動脈《かこうだいどうみゃく》 57 69
下肢《かし》 17 24
渦状紋《かじょうもん》 19
下垂体《かすいたい》 111 116 129
ガス交換《こうかん》 61
肩《かた》 11 23
下大静脈《かだいじょうみゃく》 57 69
肩関節《かたかんせつ》 22 28
滑液《かつえき》 23
括約筋《かつやくきん》 47
金縛《かなしば》り 127
花粉症《かふんしょう》 152 168
髪《かみ》の毛《け》 10 104
辛味《からみ》 95
カルシウム 41
感覚器《かんかくき》 74 115 118 121
感覚神経《かんかくしんけい》 121
眼筋《がんきん》 76 80
寛骨《かんこつ》 15 27
関節《かんせつ》 15 **22** **28** 33 142
汗腺《かんせん》 19 101
感染《かんせん》 146
感染症《かんせんしょう》 147
肝臓《かんぞう》 38 52
杆体細胞《かんたいさいぼう》 77 81
間脳《かんのう》 110 116 129
眼輪筋《がんりんきん》 30 34

き

記憶《きおく》 **124 132**
機械的消化《きかいてきしょうか》 39
気化熱《きかねつ》 101
器官《きかん》 38 **74**
気管《きかん》 43 56 61 66
気管支《きかんし》 61
気管支《きかんし》ぜんそく 154 168
基節骨《きせつこつ》 25 27
きぬた骨《こつ》 83 86
基本味《きほんみ》 93 95
気持《きも》**ち** **122 132**
嗅覚《きゅうかく》 75 90
球関節《きゅうかんせつ》 23
嗅球《きゅうきゅう》 88 90 115
球形嚢《きゅうけいのう》 85 87
嗅細胞《きゅうさいぼう》 88 90
嗅上皮《きゅうじょうひ》 88 90
弓状紋《きゅうじょうもん》 19
嗅神経《きゅうしんけい》 88 90
嗅線毛《きゅうせんもう》 88 90
キューティクル 105
橋《きょう》 116
胸郭《きょうかく》 26 57
胸腔《きょうくう》 57 59
胸骨《きょうこつ》 14 26 57
胸椎《きょうつい》 14 17 24 26 57
強膜《きょうまく》 76 81
距骨《きょこつ》 27
距骨下関節《きょこつかかんせつ》 23
距腿関節《きょたいかんせつ》 23
キラーT細胞《ティーさいぼう》 138 162
切《き》り傷《きず》 142 164
近視《きんし》 79
筋繊維《きんせんい》 31
金属《きんぞく》アレルギー 152 167
筋肉《きんにく》 **30-36** 41 115 118 121 142

く

空気感染《くうきかんせん》 145
空腸《くうちょう》 45
くしゃみ 117
薬指《くすりゆび》 11
口《くち》 10 38 40 42 61
屈折異常《くっせついじょう》 79
首《くび》 10 23
クプラ 85
くも膜《まく》 113 128
くるぶし 11

け

毛《け》 **104**
毛穴《けあな》 101
経口感染《けいこうかんせん》 145

脛骨《けいこつ》 15 27

頸椎《けいつい》 14 17 24

血圧《けつあつ》 121

血液《けつえき》 41 57 61 63 65

血管《けっかん》 36 **56** 61 62 64 **69** 100
103 133

血漿《けっしょう》 65 70 163

血小板《けっしょうばん》 65 70

結腸《けっちょう》 51

結膜《けつまく》 79

結膜炎《けつまくえん》 79 144 165

ケラチン 103

下痢《げり》 51

肩甲骨《けんこうこつ》 14 26 34

原尿《げんにょう》 49

こ

交感神経《こうかんしんけい》 121

咬筋《こうきん》 30 34

虹彩《こうさい》 76 80

酵素《こうそ》 43

抗体《こうたい》 139 147 149

好中球《こうちゅうきゅう》 138 147 162

喉頭《こうとう》 43 56 61 67

後頭葉《こうとうよう》 128

広背筋《こうはいきん》 31 34

後半規管《こうはんきかん》 84

硬膜《こうまく》 113 128

肛門《こうもん》 39 46 51

口輪筋《こうりんきん》 30 34

五感《ごかん》 75 **108**

股関節《こかんせつ》 22 27 28

呼吸《こきゅう》 59 **71** 117

呼吸器《こきゅうき》 56 66

腰《こし》 11

五大栄養素《ごだいえいようそ》 41

骨格筋《こっかくきん》 31 33 115

骨髄《こつずい》 65

骨折《こっせつ》 143 164

骨盤《こつばん》 15 17 27 28

小鼻《こばな》 12

こぶ 113

鼓膜《こまく》 82 86 108

ゴムアレルギー 152 167

こめかみ 11

小指《こゆび》 11

コルチ器《き》 83

さ

細菌《さいきん》 46 78 138 **162**

再石灰化《さいせっかいか》 157

細胞《さいぼう》 **162**

細胞分裂《さいぼうぶんれつ》 103 105

鎖骨《さこつ》 14 26 34

左心室《さしんしつ》 62 68

左心房《さしんぼう》 62 68

三角筋《さんかくきん》 30 34

酸素《さんそ》 57 60 63 65 67 71 72

三大栄養素《さんだいえいようそ》 41

三半規管《さんはんきかん》 82 84 87

酸味《さんみ》 94

し

耳介《じかい》 83 86

紫外線《しがいせん》アレルギー 153 168

視覚《しかく》 74 80

視覚野《しかくや》 114 127 130

耳管《じかん》 82

刺激《しげき》 **98**

歯《し》こう 156

指骨《しこつ》 19 25

趾骨《しこつ》 21 27

視細胞《しさいぼう》 76 81

脂質《ししつ》 40 43 53

歯周病《ししゅうびょう》 156 166

視床《ししょう》 110 116 129

視床下部《ししょうかぶ》 101 111 116 121 126 129

耳小骨《じしょうこつ》 82 86

糸状乳頭《しじょうにゅうとう》 92 96

茸状乳頭《じじょうにゅうとう》 92 96

視神経《ししんけい》 76 81

耳石《じせき》 85 87

舌《した》 12 38 42 50 **75 92-97** 115

下唇《したくちびる》 12

下《した》まぶた 12

膝蓋骨《しつがいこつ》 15 27

膝関節《しつかんせつ》 22 28

しっぽ 17

脂肪《しぼう》 99 106

霜焼《しもや》け 145 165

指紋《しもん》 19

車軸関節《しゃじくかんせつ》 23

しゃっくり 72

尺骨《しゃっこつ》 14 25 35

自由神経終末《じゆうしんけいしゅうまつ》 99 106

十二指腸《じゅうにしちょう》 45 50

柔毛《じゅうもう》 45 51

手根骨《しゅこんこつ》 19 25

樹状細胞《じゅじょうさいぼう》 138 147 162

受容体《じゅようたい》 89

循環《じゅんかん》 117

循環器《じゅんかんき》 56 68

消化《しょうか》 39 117

消化液《しょうかえき》 43

消化器《しょうかき》 38 43 50 121

消化酵素《しょうかこうそ》 43

条件反射《じょうけんはんしゃ》 133

上行結腸《じょうこうけっちょう》 46

上行大動脈《じょうこうだいどうみゃく》 57 69

踵骨《しょうこつ》 27

上肢《じょうし》 17 24

硝子体《しょうしたい》 76 80

小泉門《しょうせんもん》 113

上大静脈《じょうだいじょうみゃく》 57 69

小腸《しょうちょう》 17 39 43-46 51

小脳《しょうのう》 111 **118** 125 129

静脈《じょうみゃく》 57 64 69 140

静脈角《じょうみゃくかく》 141

掌紋《しょうもん》 19

上腕骨《じょうわんこつ》 14 26 34

上腕三頭筋《じょうわんさんとうきん》 30 35

上腕二頭筋《じょうわんにとうきん》 30 35

食道《しょくどう》 38 43 44 50

食物《しょくもつ》アレルギー 150 167

食物繊維《しょくもつせんい》 40 47 53

触覚《しょっかく》 75 99 106

しり→おしり

自律神経《じりつしんけい》 117 121 122 131

心筋《しんきん》 31 62 68

神経《しんけい》 103 **110 120** 122 **131**

神経細胞《しんけいさいぼう》 120 131

腎小体《じんしょうたい》 49

心臓《しんぞう》 17 **56 62** 64 **68 72** 116 121

腎臓《じんぞう》 39 48 52

靭帯《じんたい》 21 22 142

心拍数《しんぱくすう》 121

真皮《しんぴ》 98 106

深部感覚《しんぶかんかく》 75

じんましん 145 165

す

膵液《すいえき》 39 43 45

髄質《ずいしつ》 48

水晶体《すいしょうたい》 76 79 80 108

膵臓《すいぞう》 38 52

錐体細胞《すいたいさいぼう》 77 81

髄膜《ずいまく》 110 112 128

睡眠《すいみん》 117 161

ストレス 121 123 127

すね 10

スポーツ障害《しょうがい》 143 164

擦《す》り傷《きず》 142 164

せ

生活習慣《せいかつしゅうかん》 121

成長《せいちょう》 117 **134-136**

成長《せいちょう》ホルモン 117 161

脊髄《せきずい》 110 120 131

脊髄神経《せきずいしんけい》 111 120 131

脊髄反射《せきずいはんしゃ》 133

脊柱《せきちゅう》 16 24 27
赤血球《せっけっきゅう》 41 65 70
接触感染《せっしょくかんせん》 145
背《せ》中《なか》 11
前脛骨筋《ぜんけいこつきん》 31 35
仙骨《せんこつ》 15 17 24 27
前庭《ぜんてい》 82 85 87
前庭神経《ぜんていしんけい》 87
ぜん動運動《どううんどう》 43
前頭葉《ぜんとうよう》 125 128 132
前半規管《ぜんはんきかん》 84

そ

臓器《ぞうき》 41 121
造血幹細胞《ぞうけつかんさいぼう》 65
爪甲《そうこう》 102 107
爪根《そうこん》 102 107
爪上皮《そうじょうひ》 102 107
爪半月《そうはんげつ》 102 107
僧帽筋《そうぼうきん》 31 34
爪母基《そうぼき》 102 107
側頭筋《そくとうきん》 30 34
側頭葉《そくとうよう》 125 128 132
速筋《そっきん》 33
足根骨《そっこんこつ》 21 27

た

体温《たいおん》 100 117 **158**
体幹《たいかん》 17 24
大胸筋《だいきょうきん》 30 34
体肢《たいし》 16 24
代謝《たいしゃ》 101
体循環《たいじゅんかん》 63
帯状回《たいじょうかい》 122 132
体性運動野《たいせいうんどうや》 115 127 130
体性感覚野《たいせいかんかくや》 114 127 130
体性神経《たいせいしんけい》 121 131
大泉門《だいせんもん》 113
大腿骨《だいたいこつ》 15 17 27 28
大腿四頭筋《だいたいしとうきん》 31 35
大腿二頭筋《だいたいにとうきん》 31 35
大腸《だいちょう》 17 39 45 46 51 54
大殿筋《だいでんきん》 31 35
大脳《だいのう》 110 **114** 118 122 126 128
大脳基底核《だいのうきていかく》 123 125 132
大便《だいべん》 51
唾液《だえき》 39 42 50 156
唾液腺《だえきせん》 42 50
脱灰《だっかい》 157
打撲《だぼく》 142 164
短期記憶《たんききおく》 125
胆汁《たんじゅう》 45
炭水化物《たんすいかぶつ》 40 42 53
胆嚢《たんのう》 39 52
タンパク質《しつ》 40 43 53

ち

血《ち》 36 48 56 **62** **64** 66 68 **70** 72 100 103 110 113 141 142
遅筋《ちきん》 33
肘関節《ちゅうかんせつ》 22 28
中耳《ちゅうじ》 86
中耳炎《ちゅうじえん》 144 165
中手骨《ちゅうしゅこつ》 19 25
中枢神経《ちゅうすうしんけい》 120 131
中節骨《ちゅうせつこつ》 25 27
中足骨《ちゅうそくこつ》 21 27
中脳《ちゅうのう》 116
聴覚《ちょうかく》 74 86
聴覚野《ちょうかくや》 114 130
長期記憶《ちょうききおく》 125
蝶番関節《ちょうつがいかんせつ》 23
腸内環境《ちょうないかんきょう》 41
腸内細菌《ちょうないさいきん》 41 47
直腸《ちょくちょう》 46 51

つ

痛覚《つうかく》 75 99 106
つち骨《こつ》 83 86
土《つち》踏《ふ》まず 11 21
爪先《つまさき》 10
爪《つめ》 11 **102** **106**

て

手《て》 16 **18** 102
手足口病《てあしくちびょう》 147 166
蹄状紋《ていじょうもん》 19
手首《てくび》 10 19
鉄《てつ》 41
手《て》の甲《こう》 11
てのひら 10 19

と

頭蓋《とうがい》 14 25 110 112
瞳孔《どうこう》 76 80
橈骨《とうこつ》 14 25 35
胴体《どうたい》 16 24
頭頂葉《とうちょうよう》 128
動物《どうぶつ》アレルギー 152 167
洞房結節《どうぼうけっせつ》 63
動脈《どうみゃく》 57 64 69
とびひ 145 165
鳥肌《とりはだ》 101

な

内耳《ないじ》 86
内耳神経《ないじしんけい》 82 85 87
内尿道口《ないにょうどうこう》 48
中指《なかゆび》 11
納豆菌《なっとうきん》 139
涙《なみだ》 78 122
軟骨《なんこつ》 23 36
軟膜《なんまく》 113 128

に

におい **88** 93
苦味《にがみ》 95
二酸化炭素《にさんかたんそ》 57 60 63 65 67 71
乳酸菌《にゅうさんきん》 139
乳頭《にゅうとう》 92
尿《にょう》 39 49
尿管《にょうかん》 48 52
尿細管《にょうさいかん》 49
尿道《にょうどう》 52

ね

熱《ねつ》 100
熱中症《ねっちゅうしょう》 **158** 166
捻挫《ねんざ》 142 164

の

脳《のう》 16 54 74 77 82 88 92 94 98 **100 110-133**
脳幹《のうかん》 54 110 **116** 123 129
脳死《のうし》 117
脳神経《のうしんけい》 110 120 131
脳頭蓋《のうとうがい》 113
のど 12 42 108
ノンレム睡眠《すいみん》 127

は

歯《は》 12 38 41 42 50 **156**
肺《はい》 17 **56-63** **66-72**
肺循環《はいじゅんかん》 63
肺胞《はいほう》 61 66
パターン 119
白血球《はっけっきゅう》 65 70 139
鼻《はな》 10 43 61 **75** **88-91** 93 108 115
歯磨《はみが》き 156
はら→おなか

ひ

B細胞《ビーさいぼう》 138 162
鼻炎《びえん》 144 165
皮下組織《ひかそしき》 98 106
鼻腔《びくう》 89 90
腓骨《ひこつ》 15 27
尾骨《びこつ》 15 16 24 27
膝《ひざ》 10 23 32
肘《ひじ》 10 23 32

皮質《ひしつ》 48
ヒスタミン 149 167
脾臓《ひぞう》 39 52
ひたい→おでこ
ビタミン 40 53
蹄形《ひづめがた》 19
人差《ひとさ》し指《ゆび》 11
皮膚《ひふ》 **75 98-107** 142
ビフィズス菌《きん》 139
腓腹筋《ひふくきん》 31 35
飛沫感染《ひまつかんせん》 145
病原菌《びょうげんきん》 138 141 156 160 162
病原体《びょうげんたい》 138 144 146
表情《ひょうじょう》 123
表皮《ひょうひ》 98 106
ヒラメ筋《きん》 31 35
疲労《ひろう》 127

ふ

ファーター－パチニ小体《しょうたい》 99 106
風《ふう》しん 146 166
プール熱《ねつ》 146 166
副交感神経《ふくこうかんしんけい》 121
腹直筋《ふくちょくきん》 30 35
ふくらはぎ 11
腹筋《ふっきん》 35
太《ふと》もも 10
ブローカ野《や》 115 130

へ

平滑筋《へいかつきん》 31
平衡感覚《へいこうかんかく》 75
平衡斑《へいこうはん》 85 87
へそ 10 54
へその緒《お》 54
ヘモグロビン 65
ヘルパーT《ティー》細胞《さいぼう》 138 162
便《べん》 39 51
弁《べん》 62 68 72 163
扁桃炎《へんとうえん》 145 165
扁桃体《へんとうたい》 122 125 132
便秘《べんぴ》 51

ほ

膀胱《ぼうこう》 39 48 52
ボウマン腺《せん》 88 90
頬《ほお》 11
ほこりアレルギー 152 167
骨《ほね》 **14-28** 31 33 **36** 41 143
ホルモン 117

ま

マイスネル小体《しょうたい》 99 107
マクロファージ 138 147 162
マスト細胞《さいぼう》 148 167
まつ毛《げ》 12 78
末梢神経《まっしょうしんけい》 120 131
末節骨《まっせつこつ》 25 27
まぶた 78 126
眉毛《まゆげ》 12 78

み

味覚《みかく》 75 96
味覚神経《みかくしんけい》 92 96
味覚野《みかくや》 115 130
眉間《みけん》 11
味孔《みこう》 92 96
味細胞《みさいぼう》 92 96
水《みず》ぶくれ 146
水《みず》ぼうそう 146 165
ミネラル 41
耳《みみ》 10 **74 82-87** 108 114
耳《みみ》たぶ 11
脈絡膜《みゃくらくまく》 76 81
ミュータンス菌《きん》 157
味蕾《みらい》 92 94 96

む

無機質《むきしつ》 40 53
虫刺《むしさ》され 143 164
虫歯《むしば》 156 166
虫歯菌《むしばきん》 157
胸《むね》 10

め

目《め》 10 **74-81** 108 114 126
目頭《めがしら》 12
目尻《めじり》 12
メラニン色素《しきそ》 105
メルケル小体《しょうたい》 99 107
免疫細胞《めんえきさいぼう》 138 141 147 148 162

も

毛幹《もうかん》 104
毛根《もうこん》 104
毛細血管《もうさいけっかん》 61 64 69
毛周期《もうしゅうき》 105
毛小皮《もうしょうひ》 105
盲腸《もうちょう》 46 51
毛乳頭《もうにゅうとう》 104 107
毛母基《もうぼき》 104 107
網膜《もうまく》 76 79 81 108

や

やけど 143 164

ゆ

有郭乳頭《ゆうかくにゅうとう》 92 96
指《ゆび》 18 **102**
弓形《ゆみがた》 19
夢《ゆめ》 **126**

よ

葉状乳頭《ようじょうにゅうとう》 92 96
腰椎《ようつい》 14 17 24
予防接種《よぼうせっしゅ》 147

ら

卵形嚢《らんけいのう》 85 87
乱視《らんし》 79

り

立毛筋《りつもうきん》 101
リン 41
リンパ液《えき》 83 85 **140** 163
リンパ管《かん》 140 163
リンパ節《せつ》 140 163

る

涙腺《るいせん》 78

れ

冷覚《れいかく》 75 99 106
レム睡眠《すいみん》 127
レンズ 108

ろ

肋軟骨《ろくなんこつ》 14 26
肋間筋《ろっかんきん》 59
肋骨《ろっこつ》 14 26 57 59

わ

腕橈骨筋《わんとうこつきん》 30 35

こども からだのしくみ絵じてん
2016年9月10日　初版発行

p.169-171 内容指導 —— 宮野孝一（みやのこどもクリニック）
装丁 —— 大薮胤美（フレーズ）
梅井靖子（フレーズ）
本文デザイン —— 福田礼花（フレーズ）
表紙立体制作 —— 仲田まりこ
イラスト —— オオイシチエ、オカダケイコ、
車崎則子、坂川由美香（AD・CHIAKI）
ツダタバサ、仲田まりこ、
久本康雄、冬野いちこ、
ヤマタカマキコ、やまもとゆか、
M@R、TICTOC
撮影 —— 上林徳寛
校正 —— 青木一平、村井みちよ
編集協力 —— 漆原泉、田口純子、野口和恵
編集・制作 —— 株式会社 童夢

参考文献

坂井建雄 著『系統看護学講座 専門基礎分野 人体の構造と機能[1] 解剖生理学』医学書院／『新版からだの地図帳』講談社／坂井建雄、橋本尚詞 著『ぜんぶわかる 人体解剖図』成美堂出版／『しくみと病気がわかる からだの事典』成美堂出版／坂井建雄 著『世界一簡単にわかる 人体解剖図鑑』宝島社／『ぜんぶわかる骨の名前としくみ事典』成美堂出版／『動作でわかる筋肉の基本としくみ』マイナビ／『カラー図解 筋肉のしくみ・はたらき事典』西東社／坂井建雄、久光正 著『ぜんぶわかる 脳の事典』成美堂出版／審良静男、黒崎知博 著『新しい免疫入門 自然免疫から自然炎症まで』講談社／河本宏 著『マンガでわかる免疫学』オーム社／『こどもの病気の地図帳』講談社／『カラー版 赤ちゃんと子どもの医学事典』ナツメ社／『ニュートン別冊 人体図』ニュートンプレス／『ニュートン別冊 免疫のしくみと難病治療への期待』ニュートンプレス／『ニュートンムック 脳のしくみ』ニュートンプレス／『ポプラディア大図鑑WONDA 人体』ポプラ社／『講談社の動く図鑑 WONDER MOVE 人体のふしぎ』講談社／『ニューワイド学研の図鑑 人のからだ』学習研究社

監修
坂井建雄（さかい たつお）

順天堂大学医学部解剖学・生体構造科学教授。医学博士。1953年大阪府生まれ。78年東京大学医学部医学科を卒業、同大学の解剖学助手となる。83年医学博士。84～86年西ドイツハイデルベルク大学に留学後、東京大学医学部助教授、90年から現職。著書に『からだの自然誌』（東京大学出版会）、『人体観の歴史』（岩波書店）、『腎臓のはなし』（中央公論新社）、『ぜんぶわかる人体解剖図』（成美堂出版）など。

こども からだのしくみ絵じてん

2016年9月10日　第1刷発行

監　修　坂井建雄
編　者　三省堂編修所
発行者　株式会社三省堂　代表者 北口克彦
発行所　株式会社三省堂
〒101-8371 東京都千代田区三崎町二丁目22番14号
電話　編集（03）3230-9411　営業（03）3230-9412
振替口座　00160-5-54300
http://www.sanseido.co.jp/
印刷所　三省堂印刷株式会社

落丁本・乱丁本はお取り替えいたします。
ISBN 978-4-385-14320-0〈からだ絵じてん・176pp.〉